建筑工程工程量清单计价

（第 3 版）

刘钟莹　茅　剑　卜宏马
徐太朝　陈　萍　仲玲钰　**编著**
董荣伟　徐西宁

东南大学出版社
·南京·

内容提要

本书系统阐述了建筑工程清单计价的基础知识、费用结构、施工资源消耗量的确定、施工资源价格原理、工程量计算与工程量清单计价原理和方法。依据《建设工程工程量清单计价规范》(2013)、《房屋建筑与装饰工程工程量计算规范》(2013),结合《江苏省建筑与装饰工程计价定额》(2014),介绍工程量清单及招标控制价编制方法,对建筑工程承包商投标报价及应用计算机编制建筑工程造价作了较详细的论述。

本书可作为工程管理、土木工程等专业的教材,也可供从事建筑工程造价工作的技术人员参考。

图书在版编目(CIP)数据

建筑工程工程量清单计价/刘钟莹等编著. —3
版. —南京:东南大学出版社,2015.7(2024.7 重印)
(工程造价系列丛书/刘钟莹,卜龙章主编)
ISBN 978-7-5641-5755-5

Ⅰ.①建…　Ⅱ.①刘…　Ⅲ.①建筑工程-工程造
价　Ⅳ.①TU723.3

中国版本图书馆 CIP 数据核字(2015)第 107562 号

书　　名:建筑工程工程量清单计价
编　　著:刘钟莹　茅　剑　卜宏马等
出版发行:东南大学出版社
社　　址:南京市四牌楼 2 号　　　　邮　　编:210096
网　　址:http://www.seupress.com
出 版 人:江建中
印　　刷:广东虎彩云印刷有限公司
开　　本:787 mm×1092 mm　1/16
印　　张:25.75
字　　数:624千
版　　次:2015 年 7 月第 3 版　　　2024 年 7 月第 7 次印刷
书　　号:ISBN 978-7-5641-5755-5
册　　数:1 8501—1 9500 册
定　　价:45.00 元

经　　销:全国各地新华书店
发行热线:025-83790519　83791830

《工程造价系列丛书》编委会

丛 书 主 编：刘钟莹　卜龙章

丛 书 副 主 编：（以姓氏笔画为序）

　　　　　　　朱永恒　李　泉　余璠璟　赵庆华

丛 书 编 写 人 员：（以姓氏笔画为序）

　　　　　　　卜龙章　卜宏马　王国云　朱永恒

　　　　　　　仲玲钰　刘钟莹　孙子恒　严　斌

　　　　　　　李　泉　李　俊　李婉润　李　蓉

　　　　　　　余璠璟　张晶晶　陈冬梅　陈红秋

　　　　　　　陈　艳　陈　萍　茅　剑　周　欣

　　　　　　　孟家松　赵庆华　徐太朝　徐西宁

　　　　　　　徐丽敏　郭仙君　陶运河　董荣伟

　　　　　　　韩　苗

第三版前言

本书 2004 年 9 月出版第一版,当时正处于《建设工程工程量清单计价规范》(GB 50500—2003)的推广阶段;为配合《建设工程工程量清单计价规范》(GB 50500—2008),本书 2009 年 9 月出版第二版。

2013 年以来,《建设工程工程量清单计价规范》(GB 50500—2013)、《房屋建筑与装饰工程工程量计算规范》(GB 50854—2013)、《建筑工程建筑面积计算规范》(GB/T 50353—2013)、《建设工程施工合同(示范文本)》(GF—2013—0201)、《江苏省建设工程费用定额》(2014)、《江苏省建筑与装饰工程计价定额》(2014)等相继实施,本书第三版以此为基础,系统阐述了建筑工程清单计价的基础知识、费用结构、施工资源消耗量的确定、施工资源价格原理、工程量计算与工程量清单计价原理和方法,介绍了工程量清单及招标控制价编制方法,对建筑工程承包商投标报价及应用计算机编制建筑工程造价作了较详细的论述。

2013 版规范由计价规范与工程量计算规范两部分组成。其中计价规范对工程计量、合同价款调整、中期支付、竣工结算、合同解除的价款结算方面做了进一步的细化、完善,更具操作性与实用性。工程量计算规范将建筑、装饰专业合并为一个专业。

2013 版规范总结了《建设工程工程量清单计价规范》(GB 50500—2008)实施以来的经验,针对执行中存在的问题,主要修订了原规范正文中不尽合理、可操作性不强的条款及表格格式,特别增加了采用工程量清单计价如何编制工程量清单和招标控制价、投标报价、合同价款约定以及工程计量与价款支付、工程价款调整、索赔、竣工结算、工程计价争议处理等内容,江苏省建设厅为了贯彻住房和城乡建设部《建设工程工程量清单计价规范》(GB 50500—2013)及其 9 本工程量计算规范,组织编制了《江苏省建筑与装饰工程计价定额》、《江苏省安装工程计价定额》、《江苏省市政工程计价定额》,自 2014 年 7 月 1 日起执行。本书第三版注重结合新规范、新定额,既重视理论概念的阐述,也注意工程实例的讲解,并尽量反映最新的科技成果。由于建筑工程造价工作有较强的实践性和政策性,本书内容如与有关政策不符,应按有关政策文件执行。

本书由刘钟莹编写第 1、3、4、7、8、9 章;扬州市工程造价管理协会陈萍编写第 2 章;江苏唯诚建设咨询有限公司徐西宁编写第 5 章;扬州桩基公司董荣伟编写第 6.1、6.2、6.3 节;扬州市工程造价管理处茅剑编写第 6.4、6.5、6.6、6.7、6.8、6.15、6.16、6.17 节及附录三;江苏唯诚建设咨询有限公司卜宏马编写第 6.9、6.10 节及第 10 章;江苏唯诚建设咨询有限公司徐太朝编写第 6.11、6.12、6.13、6.14 节；江苏唯诚建设咨询有限公司仲玲钰编写附录一、二。全书由刘钟莹统稿。

当前，我国工程造价管理正处于变革与完善时期，不少问题还有待研究探讨，加之作者水平有限，书中存在的缺点和错误，恳请读者批评指正。

作者

2015.2.6

目　　录

1 建筑工程造价概论

1.1 工程造价发展回顾

1.1.1 国际工程造价发展回顾

1）国际工程造价的产生

现代意义上的工程造价随资本主义社会化大生产的出现而出现,最先产生于现代工业发展最早的英国。16～18世纪,技术发展促使大批工业厂房的兴建;许多农民在失去土地后向城市集中,需要大量住房,从而使建筑业逐渐得到发展,设计和施工逐步分离为独立的专业。工程数量和工程规模的扩大要求有专人对已完工程量进行测量、计算工料和造价。从事这些工作的人员逐步专门化,并被称为工料测量师。他们以工匠小组的名义与工程委托人和建筑师洽商,估算和确定工程价款。工程造价由此产生。

2）国际工程造价管理的第一次飞跃

历时23年的英法战争(1793—1815)几乎耗尽了英国的财力,军营建设不仅数量多,还要求速度快,价格便宜,建设中逐渐摸索出了通过竞争报价选择承包商的管理模式,这种方式有效地控制了造价,并被认为是物有所值的最佳方法。

竞争性招标要求业主和承包商分别进行工料测算和估价,后来,为避免重复计算工程量,参与投标的承包商联合雇用一个测量师。到19世纪30年代,计算工程量,提供工程量清单成为业主方工料测量师的职责,投标人基于清单报价,使投标结果具有可比性,工程造价管理逐渐成为独立的专业。1881年英国皇家特许测量师学会成立,实现了工程造价管理的第一次飞跃。

3）国际工程造价管理的第二次飞跃

业主为了使投资更明智,迫切要求在初步设计阶段,甚至投资决策阶段进行投资估算,并对设计进行控制,20世纪50年代,英国皇家特许测量师协会的成本研究小组提出了成本分析与规划方法;英国教育部控制大型教育设施成本,采用了分部工程成本规划法,从而使造价管理从被动变为主动。即在设计前作出估算,影响决策,设计中跟踪控制,实现了工程估价的第二次飞跃。承包商为适应市场,也强化自身的成本控制和造价管理。至20世纪70年代,造价管理涉及工程项目决策、设计、招标、投标及施工各阶段,工程造价从事后算账发展到事先算账,从被动地反映设计和施工,发展到能动地影响设计和施工,实现工程造价管理的第二次飞跃。

4）全生命周期工程造价管理

20世纪70年代末,建筑业有了一种普遍的认识,认为仅仅关注工程建设的初始(建造)

成本是不够的,还应考虑到工程交付使用后的维修和运行成本。20世纪80年代,以英国工程造价管理学界为主,提出了"全生命周期造价管理(Life Cycle Costing,LCC)"的工程项目投资评估和造价管理的理论与方法。全生命周期造价管理是工程项目投资决策的一种分析工具,全生命周期管理是建筑设计方案比选的指导思想和手段,全生命周期造价管理关注项目建设前期、建设期、使用期、翻修改造期和拆除期等各个阶段的总造价最小化的方法。由于全生命周期造价的不确定因素太多,全生命周期造价管理主要应用于投资决策和设计方案比选。这一思想得到许多国际性投资组织的认可和大力推广,但是寻找适用和实用的全生命周期造价管理的方法是十分困难的。

5)全过程造价管理

20世纪80年代中后期,我国工程造价管理领域的实际工作者,先后提出了对工程项目进行全过程管理的思想。有人指出:造价管理与定额管理的根本区别就在于对工程造价开展全过程跟踪管理,从定额管理到造价管理,并不是单纯的名称变更,而是任务、职责的扩大和增加,要从可行性研究报告开始,到结算全过程进行跟踪管理,把握工程造价的方向、标准,处理出现的纠纷。在此期间,国内外有很多学者从不同角度阐述和丰富了全过程造价管理的理论。相对而言,我国学者对工程造价全过程管理思想和观念给予了极高的重视,并将这一思想作为工程造价管理的核心指导思想,这是我们中国工程造价管理学界对工程造价管理科学的重要贡献。经多年努力,中国工程造价管理协会2009年发布《建设项目全过程造价咨询规程》,我国建设项目全过程造价管理进入实际操作阶段。

6)全面造价管理

1991年美国造价工程师协会学术年会上,提出了"全面造价管理(Total Cost Management,TCM)"的概念和理论,为此该协会于1992年更名为"国际全面造价管理促进协会(AACE-I)"。20世纪90年代以来,人们对全面造价管理的理论与方法进行了广泛的研究,可以说20世纪90年代是工程造价管理步入全面造价管理的阶段。但直到今天,全面造价管理的理论及方法的研究依然处在初级阶段,建立全面造价管理系统的方法论尚待时日。

1.1.2 中国工程造价的产生与发展

1)我国古代工程造价

在生产规模小、技术水平低的生产条件下,生产者在长期劳动中积累起生产某种产品所需的知识和技能,也获得生产一件产品需要投入的劳动时间和材料的经验。这种生产管理的经验,其中也包括算工算料方面的方法和经验,常应用于组织规模宏大的生产活动之中,在古代的土木建筑工程中尤为多见。

春秋战国时期的科技名著《考工记》就创立了工程造价管理的雏形,认识到在建造工程之前计算工程造价的重要性;北宋李诫所著的《营造法式》共三十四卷,第十六至二十五卷谈功限,第二十六至二十八卷谈料例,功限和料例即工料定额,这是人类采用定额进行工程造价管理的最早的文字记录之一。明清两代,工程造价也随工程建设而发展,清工部《工程做法则例》主要是一部算工算料的书。

2)新中国成立以前的工程造价

我国现代意义上的工程造价的产生,应追溯到19世纪末至20世纪上半叶。当时在外国资本侵入的一些口岸和沿海城市,工程投资的规模有所扩大,出现了招投标承包方式,建筑市场开始形成,为适应这一形势,国外工程造价方法和经验逐步传入。但是,由于受历史条件的限制,特别是受到经济发展水平的限制,工程造价及招投标仅在狭小的地区和少量的工程建设中采用。

3) 1950—1997 年

1950 年到 1957 年是我国在计划经济条件下,工程造价管理体制的基本确立阶段。1958 年到 1966 年工程造价管理的方法和支持体系受到重创,1967 年到 1976 年工程造价管理体系遭受了毁灭性的打击。1977 年后至 90 年代初,工程造价管理工作得到恢复、整顿和发展。自 1992 年开始,工程造价管理的模式、理论和方法开始了全面的变革,变革的核心是顺应社会主义市场经济体系的建立与完善。1997 年开始了造价工程师执业资格考试与认证及工程造价咨询单位资质审查等工作,这些工作促进了造价咨询服务业的迅猛发展。

4) 1997—2014 年

2001 年,我国顺利加入 WTO。为逐步建立起符合中国国情的、与国际惯例接轨的工程造价管理体制,《建设工程工程量清单计价规范》(简称《计价规范》)(GB 50500—2003)于 2003 年 2 月 17 日发布,GB 50500—2008 于 2008 年 7 月 9 日发布,GB 50500—2013 于 2012 年 12 月 25 日发布,自 2013 年 7 月 1 日起在全国范围内实施。《计价规范》的发布实施开创了工程造价管理工作的新格局,推动了工程造价管理改革的深入和体制的创新,建立了由政府宏观调控、市场有序竞争的新机制。

1.2 建筑工程造价的概念与特点

1.2.1 建筑工程造价的概念

概念的研究是学科发展的基础性工作,20 世纪 90 年代以来,有关工程造价概念的争议没有间断过,不论是国内还是国外,有关工程造价的概念的研究与争论都在不断地推进着工程造价管理向前发展。

1) 工程造价的两种含义

1995 年中国建设工程造价管理协会(CAMCC)对建设工程造价给出的定义为:建设工程造价系指完成一项建设工程所需花费的费用总和。其中建筑安装工程费,也即建筑、安装工程的造价,在涉及承发包的关系时,与建筑、安装工程造价意义相同。这实际给建设工程造价赋予了建设投资(费用总和)和工程价格两个不同的内涵,由此在中国工程造价学界引起了一场争论。争论使得我们对工程造价的理解不断深化,从单纯的费用观点,逐步向价格和投资的观点转化,并且出现了对建设投资和工程价格的分别定义,进而引导我国工程造价管理向着建设投资管理和工程价格管理两个方向分别深入下去。

投资方开展建设投资管理的目标是完善功能,提高质量,降低投资,按期或提前交付。工程价格管理是业主与承包商双方关注的问题。建设投资管理应遵照投资的规律和科学,开展市场调研、投资决策和投资管理。工程价格管理应遵循市场经济下的价格规律,强化市场定价的原则。这是两个不同的研究方向。

中文的造价与英文的 cost 相对应,cost 可以表示费用、成本、价格、造价等含义,国际学术团体对 cost 的理解也有不同的定义和争论,这使得许多人在展开对工程造价的研讨之前首先要对 cost 作出具体的定义。

2)造价工程与造价管理

(1)造价工程(Cost Engineering,CE)

国际造价工程联合会对于"造价工程"的定义是:"造价工程是涉及造价预算,造价控制和经营规划与管理科学的工程领域,它包括对工程项目和过程的管理、计划、排产及盈利分析"。相对造价管理而言,造价工程从工程科学的角度出发,更注重采用工程的方法,更强调造价管理的科学性。

(2)造价管理(Cost Management,CM)

中国建设工程造价管理协会对造价管理的定义是:"建设工程造价管理系指运用科学、技术原理和经济与法律等管理手段,解决工程建设活动中的造价的确定与控制、技术与经济、经营与管理等实际问题,从而提高投资效益和经济效益"。造价管理从管理科学的角度出发,在注重管理方法科学性的同时,兼顾工程造价管理的艺术性,即注意到工程造价管理中的沟通、全团队协作等内容,因为任何管理都必须由人来完成。

(3)广义的造价管理

国内普遍意义上的造价管理,兼有上述"造价工程"和"造价管理"两方面的含义,即包含工程科学的科学性,也兼顾了管理科学所特有的艺术性。造价工程和造价管理的客体都是工程项目的造价,主体是业主、设计者、承包商以及中介机构,核心内容是对工程项目造价的确定和控制。

1.2.2 工程造价计价特点

建设工程的生产过程周期长、规模大、造价高,可变因素多,因此工程造价具有下列特点:

1)单件计价

建设工程是按照特定使用者的专门用途,在指定地点逐个建造的。每项建筑工程为适应不同使用要求,其面积和体积、造型和结构、装修与设备的标准及数量都会有所不同。而且特定地点的气候、地质、水文、地形等自然条件及当地政治、经济、风俗习惯等因素必然使建筑产品实物形态千差万别。再加上不同地区构成投资费用的各种价值要素(如人工、材料)的差异,最终导致建设工程造价的千差万别。所以建设工程和建筑产品不可能像工业产品那样统一地成批定价,而只能根据它们各自所需的物化劳动和活劳动消耗量,按国家统一规定的一整套特殊程序来逐项计价,即单件计价。

2)多次计价

建设工程周期长,按建设程序要分阶段进行,相应地,也要在不同阶段多次计价,以保证工程造价确定与控制的科学性。多次计价是一个逐步深化、逐步细化和逐步接近实际造价的过程。其过程如图 1.2.1 所示。

① 投资估算。在编制项目建议书和可行性研究阶段,对投资需要量进行估算是一项不可缺少的组成内容。投资估算是指在项目建议书和可研阶段对拟建项目所需投资,通过编制估算文件预先测算和确定的过程。也可表示估算出的建设项目的投资额,或称估算造价。就一个工程来说,如果项目建议书和可行性研究分不同阶段,例如分规划阶段、项目建议书

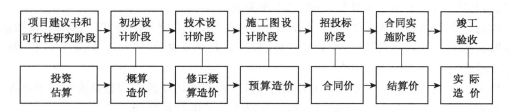

图 1.2.1　工程多次性计价示意图

阶段、可行性研究阶段、评审阶段,相应的投资估算也分为 4 个阶段。投资估算是决策、筹资和控制造价的主要依据。

② 概算造价。指在初步设计阶段,根据设计意图,通过编制工程概算文件预先测算和确定的工程造价。概算造价较投资估算造价准确性有所提高,但它受估算造价的控制。概算造价的层次性十分明显,分建设项目概算总造价、各个单项工程概算综合造价、各单位工程概算总造价。

③ 修正概算造价。指在采用三阶段设计的技术设计阶段,根据技术设计的要求,通过编制修正概算文件预先测算和确定的工程造价。它对初步设计概算进行修正调整,比概算造价准确,但受概算造价控制。

④ 预算造价。指在施工图设计阶段,根据施工图纸通过编制预算文件,预先测算和确定的工程造价。它比概算造价或修正概算造价更为详尽和准确。但同样要受前一阶段所确定的工程造价的控制。

⑤ 合同价。指在工程招投标阶段通过签订总承包合同、建筑安装工程承包合同、设备材料采购合同,以及技术和咨询服务合同确定的价格。合同价属于市场价格的性质,它是由承发包双方,也即商品和劳务买卖双方根据市场行情共同议定和认可的成效价格,但它并不等同于实际工程造价。按现行有关规定的三种合同价形式是固定合同价、可调合同价和工程成本加酬金确定合同价。

⑥ 结算价。是指在合同实施阶段,在工程结算时按合同调价范围和调价方法,对实际发生的工程量增减、设备和材料价差等进行调整后计算和确定的价格。结算价是该结算工程的实际价格。

⑦ 实际造价。是指竣工决算阶段,通过为建设项目编制竣工决算,最终确定的实际工程造价。

以上说明,多次性计价是一个由粗到细、由浅入深、由概略到精确的计价过程,也是一个复杂而重要的管理系统。

3) 动态计价

一项工程从决策到竣工交付使用,有一个较长的建设周期,由于不可控因素的影响,在预计工期内,许多影响工程造价的动态因素,如工程变更,设备材料价格,工资标准以及费率、利率、汇率等会发生变化,这种变化必然会影响到造价的变动。此外,计算工程造价还应考虑资金的时间价值。所以,工程造价在整个建设期中处于不确定状态,直至竣工决算后才能最终确定工程的实际造价。

静态投资是以某一基准年、月的建设要素的价格为依据所计算出的建设项目投资的瞬时值。但它会因工程量误差而引起工程造价的增减。静态投资包括建筑安装工程费,设备和工、器具购置费,工程建设其他费用,基本预备费。

动态投资是指为完成一个工程项目的建设,预计投资需要量的总和。它除了包括静态投资所含内容之外,还包括建设期贷款利息、投资方向调节税、涨价预备金、新开征税费以及汇率变动部分等。

静态投资和动态投资虽然内容有所区别,但二者有密切联系。动态投资包含静态投资,静态投资是动态投资最主要的组成部分,也是动态投资的计算基础。

4)组合计价

一个建设项目可以分解为许多有内在联系的独立和不能独立的工程,从计价和工程管理的角度,分部分项工程还可以分解。由上可以看出,建设项目的这种组合性决定了计价的过程也是一个逐步组合的过程。这一特征在计算概算造价和预算造价时尤为明显,所以也反映到合同价和结算价。其计算过程和计算顺序是:分部分项工程单价→单位工程造价→单项工程造价→建设项目总造价。

5)市场定价

工程建设产品作为交易对象,通过招投标、承发包或其他交易方式,在进行多次预估的基础上,最终由市场形成价格。交易对象可以是一个建设项目,可以是一个单项工程,也可以是整个建设工程的某个阶段或某个组成部分。常将这种市场交易中形成的价格称为工程承发包价格,承发包价格或合同价是工程造价的一种重要形式,是业主与承包商共同认可的价格。

1.3 工程建设各阶段造价管理

1.3.1 投资决策阶段造价管理

在投资决策阶段,项目的各项技术经济决策对建设工程造价以及项目建成后的经济效益有着决定性的影响,是建设工程造价控制的重要阶段,这一阶段建设工程造价控制的难点是:第一,项目模型还没有,估算难以准确;第二,投资估算所选用的数据资料信息有时难以真实地反映实际情况,所以误差较大,一般误差在+30%到-20%之间。

因此,这一阶段建设工程造价控制的重点有两个方面:一是协助业主或接受业主委托编制可行性研究报告,并对拟建项目进行经济评价,选择技术上可行、经济上合理的建设方案;二是在优化建设方案的基础上,编制高质量的项目投资估算,使其在项目建设中真正起到控制项目总投资的作用。编制投资估算分两部分:写项目建议书时应编制初步投资估算,做可行性研究报告时应编制投资估算,为避免在建设项目的实施中出现超支和补充投资计划的情况,确定投资额应由工程造价专业人员进行,按科学的方法,根据掌握的大量已完工的工程数据,结合建筑市场和材料市场的发展趋势,力求把投资打足。

1.3.2 设计阶段造价管理

拟建项目经过决策确定后,设计就成为工程造价控制的关键。在设计阶段,设计单位应根据业主的设计任务委托书的要求和设计合同的规定,努力将概算控制在委托设计的投资内。在设计阶段内作为控制建设工程造价来说,一般又分为三或四个设计的小阶段:① 方案阶段,应根据方案图纸和说明书,做出含有各专业的详尽的建安造价估算书。② 初步设计阶段,应根据初步设计图纸和说明书及概算定额编制初步设计总概算;概算一经批准,即为控制拟建项目工程造价的最高限额。③ 技术设计阶段,应根据技术设计的图纸和说明书及概算定额编制初步设计修正总概算。这一阶段往往是针对技术比较复杂、工程比较大的项目而设立的。④ 施工图设计阶段,应根据施工图纸和说明书及预算定额编制施工图预算。设计阶段的造价控制是一个有机联系的整体,各设计阶段的造价相互制约,相互补充,前者控制后者,后者补充前者,共同组成工程造价的控制系统。

在设计阶段造价控制是一个全过程的控制,同时,又是一个动态的控制。在设计阶段,由于针对的是单体设计,是从方案到初步设计,又从初步设计到施工图,使建设项目的模型显露出来,并使之可以实施。因此,这一阶段控制造价比较具体、直观,似乎有看得见、摸得着的感觉。首先,在方案阶段,可以利用价值工程对设计方案进行经济比较,对不合理的设计提出意见,从而达到控制造价、节约投资的目的。例如在实际工作中,就曾提出过:多层住宅的基础一般就没有必要采用大口径扩孔桩;高层建筑可利用架空层作为辅助用房,而没必要回填大量的土方,这样做既节省了资金又增加了面积。因此,能否做好优化工作,不仅关系到工程建设的整体质量和建成后的效益,而且直接关系到工程建设的总造价。

其次,设计阶段是项目即将实施而未实施的阶段,为了避免施工阶段不必要的修改,减少设计洽商造成的工程造价的增加,应把设计做细、做深入。因为,设计的每一笔每一线都是需要投资来实现,所以在没有开工之前,把好设计关尤为重要,一旦设计阶段造价失控,就必将给施工阶段的造价控制带来很大的负面影响。由于设计阶段毕竟是纸上谈兵,建设项目还没有开始施工,因此,是调整还是改动都比较容易,而施工阶段改起来就麻烦多了。长期以来,我国普遍忽视工程建设项目设计阶段的造价控制,结果出现有些设计粗糙,初步设计深度不够,设计概算质量不高,有些项目甚至不要概算。而该阶段的造价控制不只是表面意义上的控制估算、概算、预算,而其实际意义在于通过控制三算,达到提高设计质量、降低工程成本的目的,即取得真正意义上的控制造价。

现在,有的业主往往为了赶周期、压低设计费,人为造成设计质量不高,结果到施工阶段给造价控制造成困难。据西方一些国家分析,设计费一般只相当于建设工程全寿命费用的1%以下,但正是这少于1%的费用对工程造价的影响度占到75%以上。由此可见,设计质量对整个工程建设的效益是至关重要的,提高设计质量,对促进施工质量的提高,加快进度,高质优效地把工程建设好,降低工程成本也是大有益处的。

虽然在设计阶段控制造价比在施工阶段的效果好得多,但它并不是无条件的,设计阶段控制造价依然需要主客观条件。没有条件就根本谈不上控制造价。

设计阶段控制造价的主观条件是:业主非常真诚而且迫切需要控制造价,设计单位不但有水平非常高的设计师,而且还有非常精通造价业务的造价师。这样,业主、设计师、造价师三方密切配合才有可能在设计阶段控制好造价,缺一方都是不可以的。设计单位应有完善的造价控制系统,每一建设项目都有一套完整的估算、概算、预算。

设计阶段控制造价的客观条件:要有资质的单位和人才能编估算、概算、预算,不能是什么人都能干。同时,要赋予造价师一定的权力,还要建立责任追究制度。

只有在主客观条件都具备的前提下,设计阶段控制造价才能实现,也才能做到真正意义上的造价控制。

1.3.3 建设工程施工招投标阶段造价控制

施工招投标阶段也是签订建设工程合同的阶段。建设工程合同包括工程范围和内容、工期、物资供应、付款和结算方式、工程质量标准和验收、安全生产、工程保修、奖罚条款、双方的责任等重要内容,是项目法人单位与建筑企业进行工程承发包的主要经济法律文书,是双方实施施工、监理和验收,享有权利和承担义务的主要法律依据,直接关系到建设单位和建筑企业的根本利益。招标、投标、定标实际是承发包双方合同的签订过程。业主发出的招标文件是要约邀请,投标人提交投标文件是要约,经过评标,定标是一个承诺的过程,最后签订施工合同,成为以该工程质量、工期、价格为主要内容的法律文件。

施工招标文件是由招标单位或受其委托的招标代理机构编制,并向投标单位提供的为进行招标工作所必需的重要文件,它的基本内容包括投标须知、合同条件、合同协议条款、合同格式、技术、投标书及投标书附录、工程量清单与报价表、辅助资料表、资格审查表、施工图纸等。

从中我们可以看出,施工招投标文件中的主要条款,例如材料供应的方式、计价依据、付款方式等都是造价控制的直接影响因素。招标文件规定的合同条件和协议条款是投标单位中标后与甲方签订合同的依据,签订的合同内容与招标文件实质性内容不得相违背。合同中的定价,就是该工程的承发包价格,一旦甲乙双方在工程造价上出现争议,合同条款就是索赔的依据,所以招标文件的编制直接影响最终的工程造价。

1.3.4 建设工程施工阶段造价控制

1) 做好施工前期工作

(1) 加强图纸会审工作

加强图纸会审,尽早发现问题,并在施工之前解决,也就是做好主动控制,从而尽量减少变更和洽商。如在设计阶段发现问题,则只需改图纸,损失有限;如果在采购阶段发现问题,不仅需要修改图纸,而且设备、材料还须重新采购;若在施工阶段发现问题,除上述费用外,已施工的工程还必须部分拆除,势必造成重大损失。

(2) 慎重地选择施工队伍

施工队伍的优劣关系到建设单位工程造价控制的成败。选择承担过此类工程的项目经理,特别要求施工队伍资信可靠和有足够的技术实力,从而使建筑工程施工做到高效、优质、低耗,并在工程造价上给业主合理优惠。

(3) 要签订好施工合同

中标单位确定后,建设单位要根据中标价及时同中标单位签订合同,合同条款应严谨、细致,工期合理,尽量减少甲乙双方责任不清,以防引起日后扯皮。对直接影响工程造价的有关条款,要有详细的约定,以免造价失控。

2) 充分认识工程变更对工程造价的影响

(1) 工程变更对建设各方的影响分析

频繁的工程变更往往会增加业主和监理工程师的组织协调工作量,打乱业主和监理工程师正常的工作程序,同时也增加了承包商的现场管理难度。例如,为处理工程变更,尤其是处理关系项目全局的一些变更,业主和监理工程师需要召集一系列的专题协调会议,组织业主、监理、勘察、设计、总承包商及分包商对工程变更事项进行研究和协商。一些重大的设计变更还需增加施工现场补充勘察和调研环节。总之,由于工程变更的复杂性和不确定性,处理工程变更会耗用建设项目参与各方的管理资源,降低项目管理效率,增大业主的管理费用和监理费用支出,对建设项目管理带来不利的影响。

由于工程变更会影响工期和造价,一旦业主和监理工程师确定的变更价款和变更工期达不到承包商的期望值,而双方又协商不成或久拖不决,势必会带来承包商的施工索赔,若索赔不成,进而会发展为合同纠纷和争端,这将会加剧承包商、业主和监理工程师之间的矛盾,损坏承发包双方的共同利益。

(2) 工程变更管理存在的问题

① 建设项目管理机构中变更管理职能虚空

工程变更有广义和狭义之分,广义的工程变更只包含合同变更的全部内容,狭义的工程变更只包括传统的以工程变更令形式变更的内容,如建筑物标高的变动、道路线形的调整、施工技术方案的变化等等。

大多数业主和监理对于工程变更的受理、评估和确认以及变更工程量的计量和变更价款的商定,大都缺乏规范明确的组织职责、岗位职责和处理程序。

② 缺乏对工程变更的科学评审

大多数项目的工程变更均缺乏对其技术、经济、工期、安全、质量、工艺性等诸多因素的综合评审,不能对工程变更方案进行有效的价值分析和多方案比选,使得一些没有意义的工程变更得以发生,或者是工程变更方案未经优化,造成不必要的费用和工期损失。由于对工程变更缺乏有效的评审环节,甚至会出现一些错误的变更。

③ 缺乏对工程变更责任的追究制度和激励机制

大多数建设项目对工程变更管理的绩效缺乏严格而科学的考评。由于没有制定完善的建设项目工程变更控制指标体系及相应的责任追究制度和激励机制,项目管理人员既没有管理工程变更的压力,也没有控制工程变更的动力,造成工程变更管理的失控,容易给职业道德较差的项目管理人员和信誉度较低的承包商以可乘之机。这也是我国建设项目长期以来投资失控,"三超"现象频频发生的症结所在。

④ 合同变更条款有待扩充和细化

建设部和国家工商行政管理局于 1999 年发布的《建设工程施工合同》(GF—1999—0201)示范文本中,工程变更仅包括设计变更、其他变更和确定变更价款三项内容,对工程变更管理实践中出现的诸多问题缺乏规范和约定。如监理工程师在工程变更管理中的责任、权力和地位,工程变更的评审程序,工程变更文件的格式内容,计日工单价使用范围,等等。此外,现行建设工程委托监理合同和勘察设计委托合同标准文本中同样缺乏关于承发包双方工程变更管理责任和义务的相关条款,不利于业主方约束监理单位和勘察设计单位的工程变更行为。

⑤ 现阶段建设工程变更管理的信息化程度低

我国建设项目工程变更管理基本上还处于传统的手工作业状态,工程变更管理流程缺乏计算机和网络支持。业主、承包商、设计方和监理方内部及相互之间有关工程变更的文档处理仍采用纸介质进行,运行效率低,传递时间长,容易发生工程变更信息的丢失,造成工程管理的混乱。此外,迄今为止国内还没有一个成熟的建设项目工程变更管理软件问世,致使项目实施过程中,大量的工程变更信息无法及时反馈到项目各级管理部门和决策者手中。

3)加强建设工程变更管理

(1)分类控制工程变更

在建设项目工程变更的管理实践中,按照工程变更的性质和费用影响实施分类控制,有利于合理区分业主和监理工程师在处理不同属性变更问题上的职责、权限及其工作流程,有助于提高工程变更管理的效率和效益。实施分类控制可把工程变更分为三个重要性不同的等级,即重大变更,重要变更,一般变更。

① 重大变更是指一定限额以上的涉及设计方案、施工措施方案、技术标准、建设规模和建设标准等内容的变动。重大变更一般由监理工程师初审,总监理工程师复审,报送业主后,由业主组织勘察、设计、监理,共同商定。

② 重要变更是指一定限额区间内的不属于重大变更的较大变更。如建筑物局部标高的调整、工序作业方案的变动等。重要变更一般由监理工程师初审,总监理工程师批准后实施。

③ 一般变更系指一定限额以下的设计差错、设计遗漏、材料代换以及施工现场必须立即作出决定的局部修改等。

一般变更由监理工程师审查批准后实施。

三类变更的限额依建设项目投资规模、合同控制目标和两级监理工程师执业能力等因素综合设定。

(2)合理确定工程变更价款

工程变更价款的确定,既是工程变更方案经济性评审的重要内容,也是工程变更发生后调整合同价款的重要依据。一般情况下,承包商在工程变更确定后规定的时间内应提出工程变更价款的报告,经监理工程师批准后方可调整合同价款。

国内现行建设工程施工合同条件和相关研究文献均有关于工程变更价款确定方法和原则的论述,其确定原则一般包括以下内容:

① 合同中已有适用于变更工程的价格,按合同已有的价格变更合同价款。

② 合同中只有类似于变更工程的价格,可以参照类似价格变更合同价款。

③ 合同中没有适用或类似于变更工程的价格,由承包商提出适当的变更价格,经监理工程师确认后执行。

④ 承包商在双方确定变更后 14 天内不向监理工程师提出变更工程价款报告时,视为该项变更不涉及合同价款的变更。

⑤ 监理工程师应在收到变更工程价款报告之日起 14 天内予以确认,监理工程师无正当理由不确认时,自变更工程价款报告送达之日起 14 天后视为变更工程价款报告已被确认。

⑥ 监理工程师不同意承包商提出的变更价款,按关于合同争议的约定处理。

⑦ 因承包商自身原因导致的工程变更,承包商无权要求追加合同价款。

确定工程变更的价格可包括如下四种方法:

① 采用工程量清单中的综合单价或费率。

② 参考工程所在地工程造价管理机构发布的计价表,工程量清单项目综合单价定额或工程量清单项目工、料、机消耗量定额确定。

③ 根据现场施工记录和承包商实际的人工、材料、施工机构台班消耗量以及投标书中的工料机价格、管理费率和利润率综合确定。但是,由于承包商管理不善,设备使用效率降低以及工人技术不熟练等因素造成的成本支出应从变更价格中剔除。

④ 采用计日工方式。此方式适用于规模较小,工作不连续,采用特殊工艺措施,无法规范计量以及附带性的工程变更项目。合同中未包括计日工清单项目的,不宜采用计日工方式。

工程变更价格确定过程可用图 1.3.1 表示。

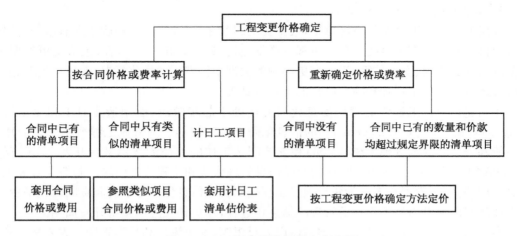

图 1.3.1　工程变更价格的确定过程

4) 重视工程项目的风险管理

工程风险是随机的,不以人的意志为转移,风险在任何工程项目中都有存在。工程项目作为集经济、技术、管理、组织等方面于一体的、综合性社会活动,在各方面都存在着不确定性,这些不确定性会造成工程项目实施的失控现象,因此,项目管理人员必须充分重视工程项目的风险管理。

(1) 加强合同风险管理

工程合同即是项目管理的法律文件,也是项目全面风险和管理的主要依据。项目管理者必须具有强烈的风险意识。学会从风险分析与风险管理的角度研究合同的每一个条款,对项目可能遇到的风险因素有全面深刻的了解,否则将给项目带来巨大的损失。这就要做好四方面的防范措施。

① 在指导思想上,力争签订一个有利的合同,这是减少或转移风险最重要的方式。

② 在人员配备上,让熟悉和知情的专业人员参与商签合同,要求合同谈判人员既懂工程技术,又懂法律,既懂管理,又懂估价和财务等方面的专业知识,以增强谈判力量。

③ 在策略安排上,善于在合同中限制风险和风险转移,达到风险在双方中合理分配。

④ 在合同正式签订前应进行严格的审查把关,使合同条款无懈可击。

(2) 控制索赔,减少工程风险

因为索赔是合同主体对工程风险的重新界定,工程索赔贯穿项目实施的全过程,重点在施工阶段,涉及范围相当广泛,比如工程量变化,设计有误,加速施工,施工图变化,不利自然条件或非乙方原因引起的施工条件的变化和工期延误等,都会使工程造价发生变化。利用合同条款成功控制索赔不仅是减少工程风险的手段,也反映项目合同管理的水平。

(3) 利用合同进行风险控制

根据工程项目的特点和实际,适当选择计价合同形式,降低工程项目的风险,例如,对于地质条件稳定且承包单位有类似施工经验的中小型工程项目,实际造价突破计划造价的可能性不大,其风险量较小,可以采用总价合同的报价方式。对于工程量变化的可能性及变化幅度均较大的工程项目,其风险量较大,应采用风险转移策略,用单价合同报价方式,使双方共担风险;对于无法预测成本状况的工程,贸然估价将导致极大风险,可以采用成本加酬金合同。

5) 工程造价控制及变更管理信息化

如何准确地反映动态的市场价格,最主要的因素在于及时、全面地收集现有市场价格信息。项目实施中所有发生的工程变更都应详细地记录,反映出变更内容(包括变更类型、变更范围)、变更原因、变更估算、受此变更影响的关键事件费用的变化情况、变更申请者、业主认可方式以及主管工程师和项目经理的审批意见等。

我国建设项目工程变更管理信息化研究尚处于起步阶段,而制造业对工程变更管理(Engineering Change Management)的信息化研究起步较早。制造业工程变更管理应用系统一般基于产品数据管理系统(PDM)和支持团队工作的工作流技术平台开发,实现 ECM 与 PDM 的集成,以充分利用 PDM 的产品信息管理模块和流程管理模块。制造业有关工程变更管理的概念、模型和方法为建设项目工程变更管理信息化搭建了高起点的研究平台,有助于加速我国建设项目工程变更管理的信息化进程,缩短相关应用系统开发周期。

实现工程变更管理信息化,必须构建以人员组织、变更流程和数据管理三大要素为核心的工程变更管理信息系统。建立以数据管理系统为基础,以变更流程为主线的工程变更管理策略是实施有效工程变更管理的关键所在。

1.3.5　竣工阶段的造价管理

竣工阶段的造价管理主要包含竣工验收、工程计量以及办理竣工结算等工作。这一阶段是工程实施的总结性阶段,所有建筑安装工程实际的投资将在这一阶段进行汇总,进而分析投资是否超标。竣工结算阶段要检查隐蔽工程验收记录、落实变更洽商、按竣工图纸与设计变更等竣工资料重新准确计算实际完成工程量、核实各分项工程使用的综合单价是否与投标时或合同签订时的综合单价一致,并多到现场进行核对。在这一阶段结算时要有耐心细致的工作方法。

1.4　全面造价管理

1.4.1　工程项目全面造价管理的产生与发展

1) 全面造价管理的诞生

全面造价管理的理念在 20 世纪 70 年代末提出,主要针对加工制造企业、电力、煤炭等行业。基本观点是：对已有经营过程进行全面再造,这是战略层面的全面造价管理;从持续改善的角度,全面、持续地改进经营与工作中所使用的具体方法,这是战术层面的全面造价管理;从造价(成本)核算与管理的技术、方法的角度,应用基于活动的核算和管理方法,这是具体的技术、方法层面的全面造价管理。战略、战术和技术方法三个层面相结合,进而实现企业的全面造价(成本)管理。

2) 工程项目全面造价管理的产生与发展

原美国造价工程师协会主席 R. E. Westney 于 20 世纪 90 年代初提出了工程项目全面造价管理的理念。美国造价工程师协会更名为国际全面造价管理促进协会。

1993 年 11 月国际全面造价管理促进协会会刊 COST ENGINEERING(《造价工程》)给出的全面造价管理的定义是:全面造价管理是一种用于任何企业、作业、设施、项目、产品或服务的全生命周期造价管理的系统方法。它在造价管理过程中以造价工程及造价管理的科学原理、已获验证的技术方法和最新的作业技术支持而得以实现。

二十多年来,全面造价管理的理论、方法和实践不断进步,20 世纪 90 年代中期,我国也有部分学者开展了全面造价管理的理论研究。但是由于国际全面造价管理促进协会把工作重点放在利用全面造价管理名称促进协会的发展方面,没有在全面造价管理的理论和实践方面推出系统性的理论与方法体系。由于我国的工程实践与国际惯例有较大的差距,我国的工程造价管理体制尚未完全摆脱计划经济体制的束缚,未能很好地追踪和开展国际先进的工程项目全面造价管理的理论与方法的研究与实践。

1.4.2 全面造价管理综述

1) 全面造价管理的含义

(1) 全面造价管理是指在全部战略资产的全生命周期造价管理中采用全面的方法对投入的全部资源进行全过程的造价管理。例如,开发商开发一幢写字楼,既要关注大楼建造、维护、使用成本,更要关注投资机遇、规划方案、建设计划、投资控制,所有这些都是全面造价管理的内容。

(2) 全面造价管理中的造价包括时间、资金、人力资源和物质资源。资源的投入可以建成项目,项目的主要内容可以形成战略资产,战略资产是指对企业具有长期和未来价值的,达到一定规模、数量的物质或知识财产。

(3) 全面造价管理的"全面"至少包括以下几个方面的含义:

① 全过程、全生命周期造价管理:决策、前期、实施、使用等过程。

② 全要素造价管理:工期要素、质量要素、成本要素、安全要素、环境要素等。

③ 全风险造价管理:确定性造价因素、完全不确定性造价因素、风险性造价因素等。

④ 全团队造价管理:与项目造价相关各方建立合作伙伴关系,争取双赢、多赢。

2) 全面造价管理的基本原理与方法

(1) 全过程、全生命周期造价管理

工程项目建设过程被划分为几个阶段,每个阶段包含若干项活动,每项活动消耗若干种、若干数量的资源,全面造价管理必须从两方面入手:一是合理确定各项活动的造价构成;二是科学控制各项活动的造价构成。基于活动与过程的全过程、全生命周期造价管理是全面造价管理的基础和出发点。

（2）全要素造价管理

工程项目造价不仅受造价要素的影响，还受到工期质量等要素的影响，必须对造价（成本）、工期、质量、安全等要素进行集成管理，分析、预测各要素的变动和发展趋势，研究如何控制各要素的变动，从而实现全面造价管理的目标。

（3）全风险造价管理

工程项目建设过程存在许多风险和不确定因素，这些都会造成工程项目造价的变动。我们可以将造价划分为确定性造价因素，其资源消耗相对稳定；风险性因素，可以研究其发生概率及不同发生概率下的造价分布；另一部分是完全不确定性造价，我们不知道是否会发生，也不知道发生概率的分布。工程项目造价的不确定性表现为三个方面：一是工程项目具体活动或过程的不确定性；二是各项活动或过程的规模及所消耗资源的数量、质量的不确定性；三是所消耗的各项资源的价格的不确定性。由此可见，工程项目造价的不确定性是绝对的，确定性是相对的，我们必须研究一整套全风险造价管理的技术方法。

（4）全团队造价管理

工程项目建设中的各方主体有着各自相关的利益，其中业主是工程项目的投资者，是购买设施建设和建筑服务的一方；其他各方是各种不同的建设与服务的提供者。卖方与买方存在着利益冲突，任何一方过分强调了己方的利益，另一方都会以不同的方式寻求对损失的补偿。全团队成员之间应建立合作伙伴关系，并将全面造价管理的收益合理分配到每一个合作方。各方真诚的合作，有利于实现项目造价的全面降低。

全过程、全要素、全风险都侧重于技术层面，全团队造价管理侧重于宣传新理念，强调合作伙伴关系，共同建立工程项目造价管理合作团队，约定协调各方造价管理是理念，全生命周期造价管理是基础，全要素造价管理是要点，全风险造价管理是重点，全团队造价管理是核心，相辅相成，共同构成全面造价管理的方法体系。

全面造价管理的基本原理和方法可以绘制成下列逻辑框架表 1.4.1。

表 1.4.1　全面造价管理逻辑框架表

全过程、全生命周期造价管理	投资决策 投资时机选择 投资过程控制	设计方案比选 合理的招标方法 科学的合同管理系统	实施过程造价控制	使用阶段成本控制
全要素造价管理	造价要素的分析、确定、控制	工期要素的分析、变动、控制	质量要素的分析、变动、控制	安全、环保等要素的分析、控制
全风险造价管理	确定性因素的分析、确定、控制	工程项目、活动的不确定的分析、控制	各项活动消耗资源的不确定性的分析、控制	各项资源的价格的不确定性的分析、控制
全团队造价管理	强调合作产生效益的理念	合作促进人以第三者身份充当团队造价管理的合作促进者	业主方只是合作伙伴之一，与其他团队成员是完全平等的协作关系	设计单位、承包商、咨询单位、供应商、分包商等团队各方都是平等的合作伙伴关系

广义的造价管理包含了造价工程和造价管理的双重含义，要求我们关注造价的科学性和艺术性，处理造价问题，要将工程技术与管理艺术相结合；全过程造价管理关注工程项目实现过程的造价，全生命周期造价管理还要关注维护和使用成本，这是两种不同性质的造价

管理思想和方法；全面造价管理包含全过程、全生命周期造价管理、全要素造价管理、全风险造价管理和全团队造价管理等理论和方法，国际全面造价管理促进协会的全面造价管理思想还包括有利于企业形成全面有效战略资产的内容。

推行清单计价，促进建筑业管理模式的深层次变革，全过程、全生命周期、全面造价管理将立体地影响工程造价管理改革的深化，造价工作者必将认识到只有通过全团队的合作，工程造价管理才能达到科学和艺术的顶峰。

2 建筑工程费用结构

2.1 建筑工程费用构成

2.1.1 建筑工程费用构成

在工程建设中,建筑安装工程是创造价值的生产活动。建筑安装工程费用作为建筑安装工程的货币表现,也被称为建筑安装工程造价。

为适应深化工程计价改革的需要,根据国家有关法律、法规及相关政策,在总结原建设部、财政部《关于印发〈建筑安装工程费用项目组成〉的通知》(建标〔2003〕206 号)执行情况的基础上修订完成了《建筑安装工程费用项目组成》(简称《费用组成》),明确规定自 2013 年7 月 1 日起施行。

根据《建筑安装工程费用项目组成》(建标〔2013〕44 号)规定,将建筑安装工程费用项目按费用构成要素组成划分为人工费、材料费、施工机具使用费、企业管理费、利润、规费和税金。

为指导工程造价专业人员计算建筑安装工程造价,将建筑安装工程费用按工程造价形成顺序划分为分部分项工程费、措施项目费、其他项目费、规费和税金。

1)按照费用构成要素划分

建筑安装工程费按照费用构成要素划分:由人工费、材料(包含工程设备,下同)、施工机具使用费、企业管理费、利润、规费和税金组成。其中人工费、材料费、施工机具使用费、企业管理费和利润包含在分部分项工程费、措施项目费、其他项目费中(见图 2.1.1)。

(1) 人工费:是指按工资总额构成规定,支付给从事建筑安装工程施工的生产工人和附属生产单位工人的各项费用。内容包括:

① 计时工资或计件工资:是指按计时工资标准和工作时间或对已做工作按计件单价支付给个人的劳动报酬。

② 奖金:是指对超额劳动和增收节支支付给个人的劳动报酬。如节约奖、劳动竞赛奖等。

③ 津贴补贴:是指为了补偿职工特殊或额外的劳动消耗和因其他特殊原因支付给个人的津贴,以及为了保证职工工资水平不受物价影响支付给个人的物价补贴。如流动施工津贴、特殊地区施工津贴、高温(寒)作业临时津贴、高空津贴等。

④ 加班加点工资:是指按规定支付的在法定节假日工作的加班工资和在法定日工作时间外延时工作的加点工资。

⑤ 特殊情况下支付的工资：是指根据国家法律、法规和政策规定，因病、工伤、产假、计划生育假、婚丧假、事假、探亲假、定期休假、停工学习、执行国家或社会义务等原因按计时工资标准或计时工资标准的一定比例支付的工资。

注意人工费中不包括：材料管理、采购及保管员，驾驶或操作施工机械及运输工具的工人，材料到达工地仓库或施工地点存放材料的地方以前的搬运、装卸工人和其他由管理费支付工资的人员的工资。以上人员的工资应分别列入采购保管费、材料运输费、机械费等各相应的费用项目中去。

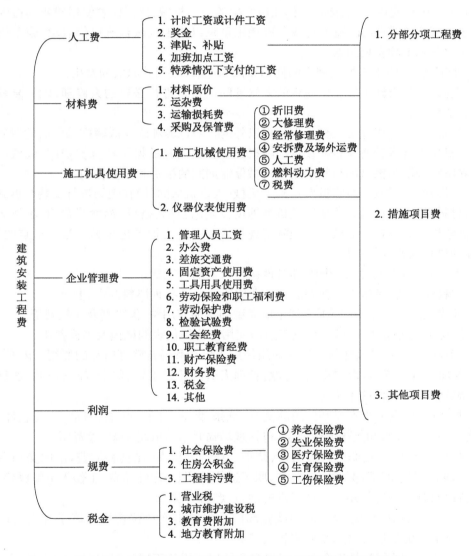

图 2.1.1　建筑安装工程费用项目组成表（按费用构成要素划分）

（2）材料费：是指施工过程中耗费的原材料、辅助材料、构配件、零件、半成品或成品、工程设备的费用。内容包括：

① 材料原价：是指材料、工程设备的出厂价格或商家供应价格。

② 运杂费：是指材料、工程设备自来源地运至工地仓库或指定堆放地点所发生的全部费用。

③ 运输损耗费：是指材料在运输装卸过程中不可避免的损耗。

④ 采购及保管费：是指为组织采购、供应和保管材料、工程设备的过程中所需要的各项费用。包括采购费、仓储费、工地保管费、仓储损耗。

工程设备是指构成或计划构成永久工程一部分的机电设备、金属结构设备、仪器装置及其他类似的设备和装置。

（3）施工机具使用费：是指施工作业所发生的施工机械、仪器仪表使用费或其租赁费。

① 施工机械使用费：以施工机械台班耗用量乘以施工机械台班单价表示，施工机械台班单价应由下列七项费用组成：

A. 折旧费：指施工机械在规定的使用年限内，陆续收回其原值的费用。

B. 大修理费：指施工机械按规定的大修理间隔台班进行必要的大修理，以恢复其正常功能所需的费用。

C. 经常修理费：指施工机械除大修理以外的各级保养和临时故障排除所需的费用。包括为保障机械正常运转所需替换设备与随机配备工具附具的摊销和维护费用，机械运转中日常保养所需润滑与擦拭的材料费用及机械停滞期间的维护和保养费用等。

D. 安拆费及场外运费：安拆费指施工机械（大型机械除外）在现场进行安装与拆卸所需的人工、材料、机械和试运转费用以及机械辅助设施的折旧、搭设、拆除等费用；场外运费指施工机械整体或分体自停放地点运至施工现场或由一施工地点运至另一施工地点的运输、装卸、辅助材料及架线等费用。

E. 人工费：指机上司机（司炉）和其他操作人员的人工费。

F. 燃料动力费：指施工机械在运转作业中所消耗的各种燃料及水、电等。

G. 税费：指施工机械按照国家规定应缴纳的车船使用税、保险费及年检费等。

② 仪器仪表使用费：是指工程施工所需使用的仪器仪表的摊销及维修费用。

（4）企业管理费：是指建筑安装企业组织施工生产和经营管理所需的费用。内容包括：

① 管理人员工资：是指按规定支付给管理人员的计时工资、奖金、津贴补贴、加班加点工资及特殊情况下支付的工资等。

② 办公费：是指企业管理办公用的文具、纸张、账表、印刷、邮电、书报、办公软件、现场监控、会议、水电、烧水和集体取暖降温（包括现场临时宿舍取暖降温）等费用。

③ 差旅交通费：是指职工因公出差、调动工作的差旅费、住勤补助费，市内交通费和误餐补助费，职工探亲路费，劳动力招募费，职工退休、退职一次性路费，工伤人员就医路费，工地转移费以及管理部门使用的交通工具的油料、燃料等费用。

④ 固定资产使用费：是指管理和试验部门及附属生产单位使用的属于固定资产的房屋、设备、仪器等的折旧、大修、维修或租赁费。

⑤ 工具用具使用费：是指企业施工生产和管理使用的不属于固定资产的工具、器具、家具、交通工具和检验、试验、测绘、消防用具等的购置、维修和摊销费。

⑥ 劳动保险和职工福利费：是指由企业支付的职工退职金、按规定支付给离休干部的经费，集体福利费、夏季防暑降温、冬季取暖补贴、上下班交通补贴等。

⑦ 劳动保护费：是企业按规定发放的劳动保护用品的支出。如工作服、手套、防暑降温

饮料以及在有碍身体健康的环境中施工的保健费用等。

⑧ 检验试验费:是指施工企业按照有关标准规定,对建筑以及材料、构件和建筑安装物进行一般鉴定、检查所发生的费用,包括自设试验室进行试验所耗用的材料等费用。不包括新结构、新材料的试验费,对构件做破坏性试验及其他特殊要求检验试验的费用和建设单位委托检测机构进行检测的费用,对此类检测发生的费用,由建设单位在工程建设其他费用中列支。但对施工企业提供的具有合格证明的材料进行检测不合格的,该检测费用由施工企业支付。

⑨ 工会经费:是指企业按《工会法》规定的全部职工工资总额比例计提的工会经费。

⑩ 职工教育经费:是指按职工工资总额的规定比例计提,企业为职工进行专业技术和职业技能培训,专业技术人员继续教育、职工职业技能鉴定、职业资格认定以及根据需要对职工进行各类文化教育所发生的费用。

⑪ 财产保险费:是指施工管理用财产、车辆等的保险费用。

⑫ 财务费:是指企业为施工生产筹集资金或提供预付款担保、履约担保、职工工资支付担保等所发生的各种费用。

⑬ 税金:是指企业按规定缴纳的房产税、车船使用税、土地使用税、印花税等。

⑭ 其他:包括技术转让费、技术开发费、投标费、业务招待费、绿化费、广告费、公证费、法律顾问费、审计费、咨询费、保险费等。

(5) 利润:是指施工企业完成所承包工程获得的盈利。

目前,由于建筑施工队伍生产能力大于建筑市场需求,使得建筑施工企业与其他行业的利润水平之间存在着较大的差距,并且可能在一段时间内不能有大幅度的提高,但从长远发展趋势来看,随着建设管理体制的改革和建筑市场的完善和发展,这个差距一定会逐步缩小的。

(6) 规费:是指按国家法律、法规规定,由省级政府和省级有关权力部门规定必须缴纳或计取的费用。包括:

① 社会保险费

A. 养老保险费:是指企业按照规定标准为职工缴纳的基本养老保险费。

B. 失业保险费:是指企业按照规定标准为职工缴纳的失业保险费。

C. 医疗保险费:是指企业按照规定标准为职工缴纳的基本医疗保险费。

D. 生育保险费:是指企业按照规定标准为职工缴纳的生育保险费。

E. 工伤保险费:是指企业按照规定标准为职工缴纳的工伤保险费。

② 住房公积金:是指企业按规定标准为职工缴纳的住房公积金。

③ 工程排污费:是指按规定缴纳的施工现场工程排污费。

④ 其他应列而未列入的规费,按实际发生计取。

(7) 税金:是指国家税法规定的应计入建筑安装工程造价内的营业税、城市维护建设税、教育费附加以及地方教育附加。

① 营业税

是指对从事建筑业、交通运输业和各种服务行业的单位和个人,就其营业收入征收的一种税。营业税应纳税额的税率为3%,计征基数为直接工程费、间接费、利润等全部收入(即工程造价)。

② 城市维护建设税:是国家为了加强城市的维护建设,扩大和稳定城市维护建设资金来源,而对有经营收入的单位和个人征收的一种税。城市维护建设税应纳税额的税率按纳税人工程所在地不同分为三个档次,纳税人工程所在地在市区的,税率为7%,纳税人工程所在地在县城、镇的,税率为5%,纳税人工程所在地不在市区、县城、镇的,税率为1%,计征基数为营业税额。

③ 教育费附加以及地方教育附加:是指为加快发展地方教育事业,扩大地方教育资金来源而征收的一种地方税。教育费附加应纳税额的税率按工程所在地政府规定执行,计征基数为营业税额。

2) 按造价形成划分

建筑安装工程费按照工程造价形成由分部分项工程费、措施项目费、其他项目费、规费、税金组成,分部分项工程费、措施项目费、其他项目费包含人工费、材料费、施工机具使用费、企业管理费和利润(见图 2.1.2)。

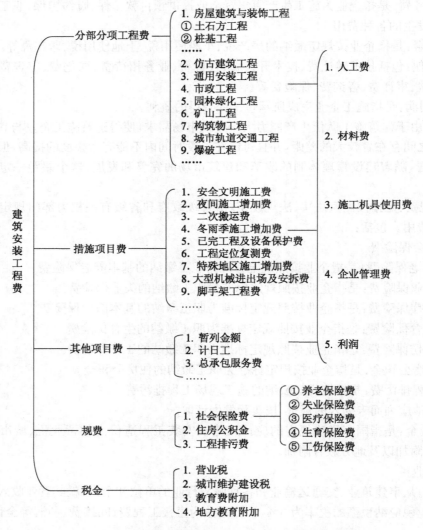

图 2.1.2 建筑安装工程费用项目组成表(按造价形成划分)

（1）分部分项工程费：是指各专业工程的分部分项工程应予列支的各项费用。

① 专业工程：是指按现行国家计量规范划分的房屋建筑与装饰工程、仿古建筑工程、通用安装工程、市政工程、园林绿化工程、矿山工程、构筑物工程、城市轨道交通工程、爆破工程等各类工程。

② 分部分项工程：指按现行国家计量规范对各专业工程划分的项目。如房屋建筑与装饰工程划分的土石方工程、地基处理与桩基工程、砌筑工程、钢筋及钢筋混凝土工程等。

各类专业工程的分部分项工程划分见现行国家或行业计量规范。

（2）措施项目费：是指为完成建设工程施工，发生于该工程施工前和施工过程中的技术、生活、安全、环境保护等方面的费用。内容包括：

① 安全文明施工费

A. 环境保护费：是指施工现场为达到环保部门要求所需要的各项费用。

B. 文明施工费：是指施工现场文明施工所需要的各项费用。

C. 安全施工费：是指施工现场安全施工所需要的各项费用。

D. 临时设施费：是指施工企业为进行建设工程施工所必须搭设的生活和生产用的临时建筑物、构筑物和其他临时设施费用。包括临时设施的搭设、维修、拆除、清理费或摊销费等。

② 夜间施工增加费：是指因夜间施工所发生的夜班补助费、夜间施工降效、夜间施工照明设备摊销及照明用电等费用。

③ 二次搬运费：是指因施工场地条件限制而发生的材料、构配件、半成品等一次运输不能到达堆放地点，必须进行二次或多次搬运所发生的费用。

④ 冬雨季施工增加费：是指在冬季或雨季施工需增加的临时设施、防滑、排除雨雪，人工及施工机械效率降低等费用。

⑤ 已完工程及设备保护费：是指竣工验收前，对已完工程及设备采取的必要保护措施所发生的费用。

⑥ 工程定位复测费：是指工程施工过程中进行全部施工测量放线和复测工作的费用。

⑦ 特殊地区施工增加费：是指工程在沙漠或其边缘地区、高海拔、高寒、原始森林等特殊地区施工增加的费用。

⑧ 大型机械设备进出场及安拆费：是指机械整体或分体自停放场地运至施工现场或由一个施工地点运至另一个施工地点，所发生的机械进出场运输及转移费用及机械在施工现场进行安装、拆卸所需的人工费、材料费、机械费、试运转费和安装所需的辅助设施的费用。

⑨ 脚手架工程费：是指施工需要的各种脚手架搭、拆、运输费用以及脚手架购置费的摊销（或租赁）费用。

措施项目及其包含的内容详见各类专业工程的现行国家或行业计量规范。

（3）其他项目费。

① 暂列金额：是指建设单位在工程量清单中暂定并包括在工程合同价款中的一笔款项。用于施工合同签订时尚未确定或者不可预见的所需材料、工程设备、服务的采购，施工中可能发生的工程变更、合同约定调整因素出现时的工程价款调整以及发生的索赔、现场签证确认等的费用。

② 计日工：是指在施工过程中，施工企业完成建设单位提出的施工图纸以外的零星项

目或工作所需的费用。

③ 总承包服务费:是指总承包人为配合、协调建设单位进行的专业工程发包,对建设单位自行采购的材料、工程设备等进行保管以及施工现场管理、竣工资料汇总整理等服务所需的费用。

(4) 规费。

(5) 税金。

2.1.2 工程量清单计价的费用构成

1) 费用项目构成

《建设工程工程量清单计价规范》(GB 50500—2013)规定了采用工程量清单计价,建设工程造价由分部分项工程费、措施项目费、其他项目费、规费、税金五部分组成。

(1) 分部分项工程是指各专业工程的分部分项工程应予列支的各项费用,由人工费、材料费、施工机具使用费、企业管理费和利润构成。

(2) 措施项目是指为完成建设工程施工,发生于该工程施工前和施工过程中的技术、生活、安全、环境保护等方面的费用。

① 单价措施项目费指在现行工程量清单计算规范中有对应工程量计算规则,按人工费、材料费、施工机具使用费、管理费和利润形式组成综合单价的措施项目。

② 总价措施项目费指在现行工程量清单计算规范中无工程量计算规则,以总价(或计算基础乘费率)计算的措施项目。

(3) 其他项目费包括暂列金额、暂估价、计日工、总承包服务费。

① 暂列金额:招标人在工程量清单中暂定并包括在合同价款中的一笔款项。用于工程合同签订时尚未确定或者不可预见的所需材料、工程设备、服务的采购,施工中可能发生的工程变更、合同约定调整因素出现时的合同价款调整以及发生的索赔、现场签证等确认的费用。

② 暂估价:招标人在工程量清单中提供的用于支付必然发生但暂时不能确定价格的材料、工程设备的单价以及专业工程的金额。

③ 计日工:在施工过程中,承包人完成发包人提出的工程合同范围以外的零星项目或工作,按合同中约定的单价计价的一种方式。

④ 总承包服务费:总承包人为配合协调发包人进行的专业工程发包,对发包人自行采购的材料、工程设备等进行保管以及施工现场管理、竣工资料汇总整理等服务所需的费用。

(4) 规费:根据国家法律、法规规定,由省级政府或省级有关权力部门规定施工企业必须缴纳的,应计入建筑安装工程造价的费用。

(5) 税金:国家税法规定的应计入建筑安装工程造价内的营业税、城市维护建设税、教育费附加和地方教育附加。

2) 费用项目分类

(1) 按限制性规定分

① 不可竞争费用包括:现场安全文明施工措施费、工程排污费、建设工程安全监督管理费、劳动保障费、公积金、税金、有权部门批准的其他不可竞争费用。

② 可竞争费用。

除不可竞争费用以外的其他费用。

（2）按工程取费标准划分

① 建筑工程（按工程类别划分）。

一类、二类、三类工程。

② 单独装饰工程（不分工程类别）。

③ 包工不包料工程。

④ 点工。

（3）按计算方式分

① 按照计价表定额子目计算

A. 分部分项工程费。

B. 措施项目中的单价措施项目费。

a. 脚手架费；b. 模板费用；c. 垂直运输机械费；d. 二次搬运费；e. 施工排水降水、边坡支护费；f. 大型机械进（退）场及安拆费。

② 按照费用计算规则系数计算

A. 措施项目中的总价措施费。

a. 环境保护费；b. 临时设施费；c. 夜间施工增加费；d. 检验试验费；e. 工程按质论价费；f. 赶工措施费；g. 现场安全文明施工措施费；h. 特殊条件下施工增加费。

B. 其他项目费。

③ 按照有关部门规定标准计算。

A. 规费。

B. 税金。

2.2 《江苏省建设工程费用定额》

1. 为了规范建设工程计价行为，合理确定和有效控制工程造价，根据《建设工程工程量清单计价规范》（GB 50500—2013）及其 9 本计算规范和《建筑安装工程费用项目组成》（建标〔2013〕44 号）等有关规定，结合江苏省实际情况，江苏省住房和城乡建设厅组织编制了《江苏省建设工程费用定额》（以下简称本定额）。

2. 本定额是建设工程编制设计概算、施工图预（结）算、最高投标限价（招标控制价）、标底以及调解处理工程造价纠纷的依据，是确定投标价、工程结算审核的指导，也可作为企业内部核算和制订企业定额的参考。

3. 本定额适用于在江苏省行政区域内新建、扩建和改建的建筑与装饰、安装、市政、仿古建筑及园林绿化、房屋修缮、城市轨道交通工程等，与江苏省现行的建筑与装饰、安装、市政、仿古建筑及园林绿化、房屋修缮、城市轨道交通工程计价表（定额）配套使用，原有关规定与本定额不一致的，按照本定额规定执行。

4. 本定额费用内容是由分部分项工程费、措施项目费、其他项目费、规费和税金组成。其中，安全文明施工措施费、规费和税金为不可竞争费，应按规定标准计取。

5. 包工包料、包工不包料和点工说明：

（1）包工包料：是施工企业承包工程用工、材料、机械的方式。

（2）包工不包料：指只承包工程用工的方式。施工企业自带施工机械和周转材料的工程按包工包料标准执行。

（3）点工：适用于在建设工程中由于各种因素所造成的损失、清理等不在定额范围内的用工。

（4）包工不包料、点工的临时设施应由建设单位（发包人）提供。

2.2.1 建设工程费用构成

1）分部分项工程费

分部分项工程费是指各专业工程的分部分项工程应予列支的各项费用，由人工费、材料费、施工机具使用费、企业管理费和利润构成。

（1）人工费：是指按工资总额构成规定，支付给从事建筑安装工程施工的生产工人和附属生产单位工人的各项费用。内容包括：

① 计时工资或计件工资：是指按计时工资标准和工作时间或对已做工作按计件单价支付给个人的劳动报酬。

② 奖金：是指对超额劳动和增收节支支付给个人的劳动报酬。如节约奖、劳动竞赛奖等。

③ 津贴补贴：是指为了补偿职工特殊或额外的劳动消耗和因其他特殊原因支付给个人的津贴，以及为了保证职工工资水平不受物价影响支付给个人的物价补贴。如流动施工津贴、特殊地区施工津贴、高温（寒）作业临时津贴、高空津贴等。

④ 加班加点工资：是指按规定支付的在法定节假日工作的加班工资和法定日工作时间外延时工作的加点工资。

⑤ 特殊情况下支付的工资：是指根据国家法律、法规和政策规定，因病、工伤、产假、计划生育假、婚丧假、事假、探亲假、定期休假、停工学习、执行国家或社会义务等原因按计时工资标准或计时工资标准的一定比例支付的工资。

（2）材料费：是指施工过程中耗费的原材料、辅助材料、构配件、零件、半成品或成品、工程设备的费用。内容包括：

① 材料原价：是指材料、工程设备的出厂价格或商家供应价格。

② 运杂费：是指材料、工程设备自来源地运至工地仓库或指定堆放地点所发生的全部费用。

③ 运输损耗费：是指材料在运输装卸过程中不可避免的损耗。

④ 采购及保管费：是指为组织采购、供应和保管材料、工程设备的过程中所需要的各项费用。包括采购费、仓储费、工地保管费、仓储损耗。

工程设备是指房屋建筑及其配套的构成或计划构成永久工程一部分的机电设备、金属结构设备、仪器装置等建筑设备，包括附属工程中电气、采暖、通风空调、给排水、通信及建筑智能等为房屋功能服务的设备，不包括工艺设备，具体划分标准见《建设工程计价设备材料划分标准》（GB/T 50531—2009）。明确由建设单位提供的建筑设备，其设备费不作为计取税金的基数。

（3）施工机具使用费：是指施工作业所发生的施工机械、仪器仪表使用费或其租赁费。

包含以下内容：

① 施工机械使用费：以施工机械台班耗用量乘以施工机械台班单价表示，施工机械台班单价应由下列七项费用组成：

A. 折旧费：指施工机械在规定的使用年限内，陆续收回其原值的费用。

B. 大修理费：指施工机械按规定的大修理间隔台班进行必要的大修理，以恢复其正常功能所需的费用。

C. 经常修理费：指施工机械除大修理以外的各级保养和临时故障排除所需的费用。包括为保障机械正常运转所需替换设备与随机配备工具附具的摊销和维护费用，机械运转中日常保养所需润滑与擦拭的材料费用及机械停滞期间的维护和保养费用等。

D. 安拆费及场外运费：安拆费指施工机械（大型机械除外）在现场进行安装与拆卸所需的人工、材料、机械和试运转费用以及机械辅助设施的折旧、搭设、拆除等费用；场外运费指施工机械整体或分体自停放地点运至施工现场或由一施工地点运至另一施工地点的运输、装卸、辅助材料及架线等费用。

E. 人工费：指机上司机（司炉）和其他操作人员的人工费。

F. 燃料动力费：指施工机械在运转作业中所消耗的各种燃料及水、电等。

G. 税费：指施工机械按照国家规定应缴纳的车船使用税、保险费及年检费等。

② 仪器仪表使用费：是指工程施工所需使用的仪器仪表的摊销及维修费用。

（4）企业管理费：是指施工企业组织施工生产和经营管理所需的费用。内容包括：

① 管理人员工资：是指按规定支付给管理人员的计时工资、奖金、津贴补贴、加班加点工资及特殊情况下支付的工资等。

② 办公费：是指企业管理办公用的文具、纸张、账表、印刷、邮电、书报、办公软件、监控、会议、水电、燃气、采暖、降温等费用。

③ 差旅交通费：是指职工因公出差、调动工作的差旅费、住勤补助费，市内交通费和误餐补助费，职工探亲路费，劳动力招募费，职工退休、退职一次性路费，工伤人员就医路费，工地转移费以及管理部门使用的交通工具的油料、燃料等费用。

④ 固定资产使用费：指企业及其附属单位使用的属于固定资产的房屋、设备、仪器等的折旧、大修、维修或租赁费。

⑤ 工具用具使用费：是指企业施工生产和管理使用的不属于固定资产的工具、器具、家具、交通工具和检验、试验、测绘、消防用具等的购置、维修和摊销费，以及支付给工人自备工具的补贴费。

⑥ 劳动保险和职工福利费：是指由企业支付的职工退职金、按规定支付给离休干部的经费，集体福利费、夏季防暑降温、冬季取暖补贴、上下班交通补贴等。

⑦ 劳动保护费：是企业按规定发放的劳动保护用品的支出。如工作服、手套、防暑降温饮料、高危险工作工种施工作业防护补贴以及在有碍身体健康的环境中施工的保健费用等。

⑧ 工会经费：是指企业按《工会法》规定的全部职工工资总额比例计提的工会经费。

⑨ 职工教育经费：是指按职工工资总额的规定比例计提，企业为职工进行专业技术和职业技能培训，专业技术人员继续教育、职工职业技能鉴定、职业资格认定以及根据需要对职工进行各类文化教育所发生的费用。

⑩ 财产保险费：指企业管理用财产、车辆的保险费用。

⑪ 财务费：是指企业为施工生产筹集资金或提供预付款担保、履约担保、职工工资支付担保等所发生的各种费用。

⑫ 税金：指企业按规定交纳的房产税、车船使用税、土地使用税、印花税等。

⑬ 意外伤害保险费：企业为从事危险作业的建筑安装施工人员支付的意外伤害保险费。

⑭ 工程定位复测费：是指工程施工过程中进行全部施工测量放线和复测工作的费用。建筑物沉降观测由建设单位直接委托有资质的检测机构完成，费用由建设单位承担，不包含在工程定位复测费中。

⑮ 检验试验费：是施工企业按规定进行建筑材料、构配件等试样的制作、封样、送达和其他为保证工程质量进行的材料检验试验工作所发生的费用。不包括新结构、新材料的试验费，对构件(如幕墙、预制桩、门窗)做破坏性试验所发生的试样费用和根据国家标准和施工验收规范要求对材料、构配件和建筑物工程质量检测检验发生的第三方检测费用，对此类检测发生的费用，由建设单位承担，在工程建设其他费用中列支。但对施工企业提供的具有合格证明的材料进行检测不合格的，该检测费用由施工企业支付。

⑯ 非建设单位所为四小时以内的临时停水停电费用。

⑰ 企业技术研发费：建筑企业为转型升级、提高管理水平所进行的技术转让、科技研发、信息化建设等费用。

⑱ 其他：业务招待费、远地施工增加费、劳务培训费、绿化费、广告费、公证费、法律顾问费、审计费、咨询费、投标费、保险费、联防费、施工现场生活用水电费等等。

(5) 利润：是指施工企业完成所承包工程获得的盈利。

2) 措施项目费

措施项目费是指为完成建设工程施工，发生于该工程施工前和施工过程中的技术、生活、安全、环境保护等方面的费用。

根据现行工程量清单计算规范，措施项目费分为单价措施项目与总价措施项目。

(1) 单价措施项目是指在现行工程量清单计算规范中有对应工程量计算规则，按人工费、材料费、施工机具使用费、管理费和利润形式组成综合单价的措施项目。单价措施项目建筑与装饰工程包括：脚手架工程；混凝土模板及支架(撑)；垂直运输；超高施工增加；大型机械设备进出场及安拆；施工排水、降水。

单价措施项目中各措施项目的工程量清单项目设置、项目特征、计量单位、工程量计算规则及工作内容均按现行工程量清单计算规范执行。

(2) 总价措施项目是指在现行工程量清单计算规范中无工程量计算规则，以总价(或计算基础乘费率)计算的措施项目。其中各专业都可能发生的通用的总价措施项目如下：

① 安全文明施工：为满足施工安全、文明、绿色施工以及环境保护，职工健康生活所需要的各项费用。本项为不可竞争费用。

A. 环境保护包含范围：现场施工机械设备降低噪音、防扰民措施费用；水泥和其他易飞扬细颗粒建筑材料密闭存放或采取覆盖措施等费用；工程防扬尘洒水费；土石方、建渣外运车辆冲洗、防洒漏等费用；现场污染源的控制、生活垃圾清理外运、场地排水排污措施的费用；其他环境保护措施费用。

B. 文明施工包含范围："五牌一图"的费用；现场围挡的墙面美化(包括内外粉刷、刷白、标语等）、压顶装饰费用；现场厕所便槽刷白、贴面砖、水泥砂浆地面或地砖费用，建筑物内临时便溺设施费用；其他施工现场临时设施的装饰装修、美化措施费用；现场生活卫生设施费用；符合卫生要求的饮水设备、淋浴、消毒等设施费用；生活用洁净燃料费用；防煤气中毒、防蚊虫叮咬等措施费用；施工现场操作场地的硬化费用；现场绿化费用、治安综合治理费用、现场电子监控设备费用；现场配备医药保健器材、物品费用和急救人员培训费用；用于现场工人的防暑降温费、电风扇、空调等设备及用电费用；其他文明施工措施费用。

C. 安全施工包含范围：安全资料、特殊作业专项方案的编制，安全施工标志的购置及安全宣传的费用；"三宝"（安全帽、安全带、安全网）、"四口"（楼梯口、电梯井口、通道口、预留洞口）、"五临边"（阳台围边、楼板围边、屋面围边、槽坑围边、卸料平台两侧），水平防护架、垂直防护架、外架封闭等防护的费用；施工安全用电的费用，包括配电箱三级配电、两级保护装置要求、外电防护措施；起重机、塔吊等起重设备（含井架、门架）及外用电梯的安全防护措施（含警示标志）费用及卸料平台的临边防护、层间安全门、防护棚等设施费用；建筑工地起重机械的检验检测费用；施工机具防护棚及其围栏的安全保护设施费用；施工安全防护通道的费用；工人的安全防护用品、用具购置费用；消防设施与消防器材的配置费用；电气保护、安全照明设施费；其他安全防护措施费用。

D. 绿色施工包含范围：建筑垃圾分类收集及回收利用费用；夜间焊接作业及大型照明灯具的挡光措施费用；施工现场办公区、生活区使用节水器具及节能灯具增加费用；施工现场基坑降水储存使用、雨水收集系统、冲洗设备用水回收利用设施增加费用；施工现场生活区厕所化粪池、厨房隔油池设置及清理费用；从事有毒、有害、有刺激性气味和强光、噪音施工人员的防护器具；现场危险设备、地段、有毒物品存放地安全标识和防护措施；厕所、卫生设施、排水沟、阴暗潮湿地带定期消毒费用；保障现场施工人员劳动强度和工作时间符合国家标准《体力劳动强度分级》（GB 3869—1997）的增加费用等。

此项费用是为了切实保护人民生产生活的安全，保证安全和文明施工措施落实到位，江苏省规定此费用作为不可竞争费用，建设单位不得任意压低费用标准，施工单位不得让利。此项费用的计取由各市造价管理部门根据工程实际情况予以核定，并进行监督，未经核定不得计取。

② 夜间施工：规范、规程要求正常作业而发生的夜班补助、夜间施工降效、夜间照明设施的安拆、摊销、照明用电以及夜间施工现场交通标志、安全标牌、警示灯安拆等费用。

③ 二次搬运：由于施工场地限制而发生的材料、成品、半成品等一次运输不能到达堆放地点，必须进行的二次或多次搬运费用。

例如：场内堆置材料有困难的沿街建筑；单位工程的外边线有一长边自外墙边线向外推移小于 3 m 或单位工程四周外边线往外推移平均小于 5 m 的建筑；汽车不能直接进入巷内的城镇市区建筑；不具备施工组织设计规定的地点堆放材料的工程，所需的材料需用人工或人力车二次搬运到单位工程现场的，其所需费用可考虑列为材料二次搬运费。由施工单位根据工程的具体情况报价或可参考计价定额计算，发承包双方在合同中约定。

④ 冬雨季施工：在冬雨季施工期间所增加的费用。包括冬季作业、临时取暖、建筑物门窗洞口封闭及防雨措施、排水、工效降低、防冻等费用。不包括设计要求混凝土内添加防冻剂的费用。

⑤ 地上、地下设施、建筑物的临时保护设施：在工程施工过程中，对已建成的地上、地下

设施和建筑物进行的遮盖、封闭、隔离等必要保护措施。在园林绿化工程中，还包括对已有植物的保护。

⑥ 已完工程及设备保护费：对已完工程及设备采取的覆盖、包裹、封闭、隔离等必要保护措施所发生的费用。

⑦ 临时设施费：施工企业为进行工程施工所必需的生活和生产用的临时建筑物、构筑物和其他临时设施的搭设、使用、拆除等费用。

江苏省规定该费用建筑工程按分部分项工程费的 1‰～2.2‰计算；单独装饰工程按分部分项的 0.3‰～1.2‰计算。由施工单位根据工程的具体情况报价，发承包双方在合同中约定。

A. 临时设施包括：临时宿舍、文化福利及公用事业房屋与构筑物、仓库、办公室、加工场等。

B. 建筑、装饰、安装、修缮、古建园林工程规定范围内（建筑物沿边起 50 m 以内，多幢建筑两幢间隔 50 m 内）围墙、临时道路、水电、管线和轨道垫层等。

建设单位同意在施工就近地点临时修建混凝土构件预制场所发生的费用，应向建设单位结算。

⑧ 赶工措施费：施工合同约定工期比我省现行工期定额提前，施工企业为缩短工期所发生的费用。如施工过程中，发包人要求实际工期比合同工期提前时，由发承包双方另行约定。

目前，江苏省规定：现行定额工期按《关于贯彻执行〈全国统一建筑安装工程工期定额〉的通知》（苏建定〔2000〕283 号）执行，赶工措施费由发承包双方在合同中约定。

⑨ 工程按质论价：施工合同约定质量标准超过国家规定，施工企业完成工程质量达到经有权部门鉴定或评定为优质工程所必须增加的施工成本费。

⑩ 特殊条件下施工增加费：地下不明障碍物、铁路、航空、航运等交通干扰而发生的施工降效费用。

在有毒有害气体和有放射性物质区域范围内的施工人员的保健费，与建设单位职工享受同等特殊保险津贴，享受人数根据现场实际完成的工作量（区域外加工的制品不应计入）的计价表耗工数，并加计 10%的现场管理人员的人工数确定。

该部分费用由施工单位根据工程实际情况报价，发承包双方在合同中约定。

⑪ 总价措施项目中，除通用措施项目外，建筑工程专业措施项目如下：

建筑与装饰工程：

A. 非夜间施工照明：为保证工程施工正常进行，在如地下室、地宫等特殊施工部位施工时所采用的照明设备的安拆、维护、摊销及照明用电等费用。

B. 住宅工程分户验收：按《江苏省住宅工程质量分户验收规程》（DGJ32/TJ 103—2010）的要求对住宅工程进行专门验收（包括蓄水、门窗淋水等）发生的费用。室内空气污染测试不包含在住宅工程分户验收费用中，由建设单位直接委托检测机构完成，由建设单位承担费用。

注意：在编制工程预算时需注意地下室、地宫等应与上部结构分开计算，因为上部结构是不计取非夜间施工照明，地下室及非住宅楼层不计取住宅工程分户验收费用。

3）其他项目费

（1）暂列金额：建设单位在工程量清单中暂定并包括在工程合同价款中的一笔款项。

用于施工合同签订时尚未确定或者不可预见的所需材料、工程设备、服务的采购,施工中可能发生的工程变更、合同约定调整因素出现时的工程价款调整以及发生的索赔、现场签证确认等的费用。由建设单位根据工程特点,按有关计价规定估算;施工过程中由建设单位掌握使用,扣除合同价款调整后如有余额,归建设单位。

引起工程量变化和费用增加的原因很多,归纳一般主要有以下几个方面:

① 清单编制人员在计算工程量时发生的漏算、错算等引起的工程量增加;

② 设计深度不够、设计质量低造成的设计变更引起的工程量增加;

③ 在现场施工过程中,应业主要求,并由设计或监理工程师出具的工程变更增加的工程量;

④ 其他原因引起的,且应由业主承担的费用增加,如各种索赔费用。

该费用由清单编制人根据业主意图和设计文件的深度、设计质量的高低、拟建工程的成熟程度以及工程风险的性质来确定其额度。设计深度深,设计质量高,已经成熟的工程设计,一般按分部分项工程费的 3%～5%即可,工程设计不成熟的,可稍微多一些,江苏省规定不宜超过分部分项工程费的 10%。

(2) 暂估价:建设单位在工程量清单中提供的用于支付必然发生但暂时不能确定价格的材料的单价以及专业工程的金额。包括材料暂估价和专业工程暂估价。材料暂估价在清单综合单价中考虑,不计入暂估价汇总。工程投标时,材料暂估单价和专业工程暂估价投标单位不得调整。

(3) 计日工:是指在施工过程中,施工企业完成建设单位提出的施工图纸以外的零星项目或工作所需的费用。

本费用不仅包括人工,还包括材料和机械。一般适用于施工现场建设单位零星用工或其他可能发生的零星工作量,待工程竣工结算时再根据实际完成的工作量按投标时报的单价进行调整。

编制招标工程量清单时,计日工中的工料机计量,要根据工程的复杂程度、工程设计质量的优劣,以及工程项目设计的成熟程度等因素来确定其数量。一般工程以人工计量为基础,按人工消耗总量的 1%取值即可。材料消耗主要是辅助材料消耗,按不同专业工人消耗材料类别列项,按工人每日消耗的材料数量计入。机械列项计量,除了考虑人工因素外,还要参考各单位工程机械消耗的种类,可按机械消耗总量的 1%取值。计日工表见表 2.2.1。

表 2.2.1 计日工表

工程名称:　　　　　　　　标段:　　　　　　　　　　第 页 共 页

编号	项目名称	单位	暂定数量	实际数量	综合单价（元）	合价（元）	
						暂定	实际
一	人 工						
1	一级工	工日	30.00				
2	二级工	工日	40.00				
3	三级工	工日	50.00				
4							
		人工小计					

续表

编号	项目名称	单位	暂定数量	实际数量	综合单价（元）	合价（元）	
						暂定	实际
二	材　料						
1	水泥 32.5	kg	10 000.00				
2	石子 5~31.5 mm	kg	20 000.00				
3	砂（江砂）	kg	30 000.00				
4							
5							
6							
	材料小计						
三	施工机械						
1	25 t 履带吊	台班	3.00				
2	40 t 汽车吊	台班	5.00				
3	夯实机	台班	1.00				
4							
	施工机械小计						
四	企业管理费和利润						
	总　计						

注意：上表项目名称、暂定数量由招标人填写，编制招标控制价时，单价由招标人按有关计价规定确定，投标时，单价由投标人自主报价，按暂定数量计算合价计入投标总价中。结算时，按承发包双方确认的实际数量计算合价。

（4）总承包服务费：是指总承包人为配合、协调建设单位进行的专业工程发包，对建设单位自行采购的材料、工程设备等进行保管以及施工现场管理、竣工资料汇总整理等服务所需的费用。总包服务范围由建设单位在招标文件中明示，并且发承包双方在施工合同中约定。

① 本费用适用于建设项目从开始立项至竣工投产的全过程承包的"交钥匙"工程，包括建设工程的勘察、设计、施工、设备采购等阶段的工作。此费用应根据总承包的范围、深度按工程总造价的百分比向建设单位收取。

② 遇建设单位单独分包时总分包的配合费由建设单位、总包单位、分包单位三方在合同中约定；当总包单位自行分包时，总包管理费由总分包单位之间解决；安装单位与土建单位的施工配合费由双方协商确定。

③ 江苏省计价标准：建设单位仅要求对分包的专业工程进行总承包和协调时，按分包的专业工程估算造价的 1% 计算；建设单位要求对分包的专业工程进行总承包管理和协调，并同时要求提供配合服务时，根据招标文件中列出的配合服务内容和提出的要求，按分包的专业工程估算造价的 2%~3% 计算。

4）规费

规费是指有权部门规定必须缴纳的费用。

（1）工程排污费：包括废气、污水、固体及危险废物和噪声排污费等内容。

（2）社会保险费：企业应为职工缴纳的养老保险、医疗保险、失业保险、工伤保险和生育保险等五项社会保障方面的费用。建筑工程社会保险费费率为3%。

（3）住房公积金：企业应为职工缴纳的住房公积金。建筑工程住房公积金费率为0.5%。

5）税金

税金是指国家税法规定的应计入建筑安装工程造价内的营业税、城市维护建设税、教育费附加及地方教育附加。

（1）营业税：是指以产品销售或劳务取得的营业额为对象的税种。

（2）城市建设维护税：是为加强城市公共事业和公共设施的维护建设而开征的税，它以附加形式依附于营业税。

（3）教育费附加及地方教育附加：是为发展地方教育事业，扩大教育经费来源而征收的税种。它以营业税的税额为计征基数。

① 税金计算公式：

$$税金＝税前造价×综合税率（\%）$$

② 综合税率：

A. 纳税地点在市区的企业

$$综合税率（\%）＝\frac{1}{1-3\%-(3\%×7\%)-(3\%×3\%)-(3\%×2\%)}-1$$

B. 纳税地点在县城、镇的企业

$$综合税率（\%）＝\frac{1}{1-3\%-(3\%×5\%)-(3\%×3\%)-(3\%×2\%)}-1$$

C. 纳税地点不在市区、县城、镇的企业

$$综合税率（\%）＝\frac{1}{1-3\%-(3\%×1\%)-(3\%×3\%)-(3\%×2\%)}-1$$

D. 实行营业税改增值税的，按纳税地点现行税率计算。

【例2.2.1】 江苏省××市×××工程税前造价为1 500万元，该市的营业税税率为3%，城市维护建设税税率为3%，教育费附加税率为4%，请计算该市的税率和该工程的税金。

【解】 综合税率（%）$＝\dfrac{1}{1-3\%-(3\%×7\%)-(3\%×3\%)-(3\%×2\%)}-1＝3.477\%$

税金 $＝1\,500×3.477\%＝52.155（万元）$

2.2.2 工程类别运用要点

《江苏省建筑与装饰工程计价定额》中定额子目的基价由人工费、材料费、机械费、管理费、利润构成。建筑工程将工程类别划分为三类工程，不同类别的项目管理费不同。计价定额中一般建筑工程、单独打桩与制作兼打桩项目的管理费与利润是按照三类工程计入综合单价内的,若工程类别实际是一、二类工程和单独装饰工程的,其费率与计价表中三类工程费率不符的,应根据 2014 年《江苏省建设工程费用定额》的规定,对管理费和利润进行调整后再计入综合单价内。

江苏省根据建筑市场历年来的实际施工项目,按施工难易程度,对不同的单位工程划分了类别,各单位工程按核定的类别取费。

1) 工程分类

(1) 工业建筑工程:指从事物质生产和直接为生产服务的建筑工程,主要包括生产(加工)车间、实验车间、仓库、独立实验室、化验室、民用锅炉房、变电所和其他生产用建筑工程。

(2) 民用建筑工程:指直接用于满足人们的物质和文化生活需要的非生产性建筑,主要包括商住楼、综合楼、办公楼、教学楼、宾馆、宿舍及其他民用建筑工程。

(3) 构筑物工程:指和工业与民用建筑工程相配套且独立于工业与民用建筑的工程,主要包括烟囱、水塔、仓类、池类、栈桥等。

(4) 桩基础工程:指天然地基上的浅基础不能满足建筑物、构筑物稳定要求而采用的一种深基础。主要包括各种现浇和预制桩。

(5) 大型土石方工程:指单独编制概预算或在一个单位工程内挖方或填方在 5 000 m³(含 5 000 m³)以上的工民建土石方工程。包括土石方挖或填等。

2) 工程类别划分指标设置

(1) 工业建筑:单层按檐口高度、跨度两个指标划分;多层按檐口高度一个指标划分。

(2) 民用建筑:分住宅和公共建筑,按檐口高度、层数两个指标划分。

(3) 构筑物:分烟囱、水塔、筒仓、贮池、栈桥。

(4) 大型机械吊装工程:按檐口高度、跨度两个指标划分。

(5) 桩基础工程:分预制混凝土(钢板)桩和灌注混凝土桩,按桩长指标划分。

(6) 大型土石方工程:根据挖或填的土(石)方容量划分。

(7) 桩基础工程:分预制桩和灌注混凝土桩,按桩长指标划分。

注意:凡工程类别标准中,有两个指标控制的,只要满足其中一个指标即可按该指标确定工程类别。建筑工程类别划分表见表 2.2.2。

表 2.2.2 建筑工程类别划分表

工程类型			单位	工程类别划分标准		
				一类	二类	三类
工业建筑	单层	檐口高度	m	≥20	≥16	<16
		跨度	m	≥24	≥18	<18
	多层	檐口高度	m	≥30	≥18	<18
民用建筑	住宅	檐口高度	m	≥62	≥34	<34
		层数	层	≥22	≥12	<12
	公共建筑	檐口高度	m	≥56	≥30	<30
		层数	层	≥18	≥10	<10
构筑物	烟囱	混凝土结构高度	m	≥100	≥50	<50
		混凝土结构高度	m	≥50	≥30	<30

续表

工程类型			单位	工程类别划分标准		
				一类	二类	三类
构筑物	水塔	高度	m	≥40	≥30	<30
	筒仓	高度	m	≥30	≥20	<20
	贮池	容积(单体)	m³	≥2 000	≥1 000	<1 000
	栈桥	高度	m	——	≥30	<30
		跨度	m	——	≥30	<30
大型机械吊装工程		檐口高度	m	≥20	≥16	<16
		跨度	m	≥24	≥18	<18
大型土石方工程		单位工程挖或填土(石)方容量	m³	≥5 000		
桩基础工程		预制混凝土(钢板)桩长	m	≥30	≥20	<20
		灌注混凝土桩长	m	≥50	≥30	<30

【例 2.2.2】 某工业重型单层厂房,跨度 21 m,檐口高度 15 m;某综合楼 16 层,檐口高度 56.45 m,地下一层,地下室面积 5 000 m²。请判断以上两个项目的工程类别。

【分析】 查上表,工业建筑单层,跨度 21 m>18 m,跨度指标达到二类,檐口高度 15 m<16 m,跨度指标达到三类,有两个指标控制的,只要满足其中一个指标即可按该指标确定,因此为二类工程。民用建筑公共建筑,层数 16 层>10 层,层数指标达到二类,檐口高度 56.45 m>56 m,檐口高度指标达到一类,有地下室建筑物,工程类别至少二类。因此该综合楼为一类工程。

3)注意点

(1)工程类别划分是根据不同的单位工程按施工难易程度,结合我省建筑工程项目管理水平确定的。

(2)不同层数组成的单位工程,当高层部分的面积(竖向切分)占总面积 30% 以上时,按高层的指标确定工程类别,不足 30% 的按低层指标确定工程类别。

【例 2.2.3】 某建筑工程写字楼,由中间主楼周围裙楼组成,主楼 12 层,檐口高度 36 m,裙楼 3 层,檐口高度 9 m,主楼每层建筑面积 2 000 m²,裙楼(含 1~3 层主楼部分)30 000 m²,无地下室,请判断工程类别。

【分析】 以竖向切分判断,主楼面积 2 000×12=24 000(m²),总面积 30 000×3+2 000×9=108 000(m²),主楼面积占总面积百分比 24 000÷108 000=22.22%<30%,因此按裙楼的指标套工程类别为三类工程。

(3)建筑物、构筑物高度系指设计室外地面标高至檐口顶标高(不包括女儿墙,高出屋面电梯间、楼梯间、水箱间等的高度),跨度系指轴线之间的宽度。

(4)强夯法加固地基、基础钢筋混凝土支撑和钢支撑均按建筑工程二类标准执行。深层搅拌桩、粉喷桩、基坑锚喷护壁按制作兼打桩三类标准执行。专业预应力张拉施工如主体为一类工程按一类工程取费,主体为二、三类工程均按二类工程取费。钢板桩按打预制桩标准取费。

(5)预制构件制作工程类别划分按相应的建筑工程类别划分标准执行。

(6)与建筑物配套的零星项目,如化粪池、检查井、围墙、道路、下水道、挡土墙等,均按三类标准执行。

(7) 建筑物加层扩建时要与原建筑物一并考虑套用类别标准。

(8) 确定类别时,地下室、半地下室和层高小于 2.2 m 的楼层均不计算层数。空间可利用的坡屋顶或顶楼的跃层,当净高超过 2.1 m 部分的水平面积与标准层建筑面积相比达到 50% 以上时应计算层数。底层车库(不包括地下或半地下车库)在设计室外地面以上部分不小于 2.2 m 时,应计算层数。

(9) 基槽坑回填砂、灰土、碎石工程量不执行大型土石方工程,按相应的主体建筑工程类别标准执行。如回填土(石)方,需考虑工程量的大小,确定是否执行大型土石方工程。

(10) 单独地下室工程按二类标准取费,如地下室建筑面积≥10 000 m² 则按一类标准取费。

(11) 有地下室的建筑物,工程类别不低于二类。

【例 2.2.4】 檐高 30 m,地上层数 10 层,有地下室的住宅,请核定工程类别。

【分析】 根据地上部分指标属于三类工程,但根据本条规定由于有地下室应划分为二类。

(12) 多栋建筑物下有连通的地下室时,地上建筑物的工程类别同有地下室的建筑物;其地下室部分的工程类别同单独地下室工程。

【例 2.2.5】 地下车库 30 000 m²,车库地上住宅楼三栋,檐高 33 m,层数 11 层,请核定工程类别。

【分析】 地下车库为连通地下室,建筑面积 30 000 m²＞10 000 m²,按一类标准取费。车库地上住宅楼三栋,檐高 33 m,层数 11 层,属于三类标准,但由于有连通的地下室,工程类别同有地下室的建筑物,有地下室的建筑物,工程类别不低于二类,因此车库地上的三栋住宅楼工程类别为二类。

(13) 桩基工程类别有不同桩长时,按照超过 30% 根数的设计最大桩长为准。同一单位工程内有不同类型的桩时,应分别计算。

【例 2.2.6】 某桩基工程,共需打 500 根预制管桩和 100 根钻孔灌注桩,其中预制管桩设计桩长 40 m 的桩 100 根,35 m 的桩 60 根,25 m 的桩 340 根,钻孔灌注桩长都为 40 m,请核定该打桩工程类别。

【分析】 本项目有两种不同类型的桩,需分开套类别。首先看预制管桩,大于等于 30 m 的有 160 根,占总数 500 根的 32%,因此应按一类工程套用;再看灌注桩,大于 30 m 小于 50 m,因此应按二类工程套用。

(14) 对钢结构部分的工程类别划分比较复杂。首先应区别加工地:一是施工现场完成加工制作的钢结构工程安全文明施工措施费、管理费和利润费用标准按照建筑工程执行;二是加工厂完成制作,到施工现场安装的钢结构工程(包括网架屋面),安全文明施工措施费按单独发包的构件吊装标准执行。然后再区分加工厂是否为企业自有:一是加工厂为施工企业自有的,钢结构除安全文明施工措施费外,其他费用标准按建筑工程执行;二是加工厂不是施工企业自有的,钢结构为企业成品购入的,钢结构以成品预算价格计入材料费,费用标准按照单独发包的构件吊装工程执行。

(15) 在确定工程类别时,对于工程施工难度很大的(如建筑造型、结构复杂,采用新的施工工艺的工程等),以及工程类别标准中未包括的特殊工程,如展览中心、影剧院、体育馆、游泳馆等,由当地工程造价管理机构根据具体情况确定。

2.2.3　工程造价计算程序

1）费用计算

（1）分部分项工程费用计算公式如下：

$$分部分项工程费用＝综合单价×工程量$$
$$综合单价＝人工费＋材料费＋机械费＋管理费＋利润$$
$$管理费＝（人工费＋机械费）×费率$$
$$利润＝（人工费＋机械费）×费率$$

（2）措施项目费用计算公式如下：

$$单价措施项目费＝综合单价×工作量$$
$$总价措施项目费＝（分部分项工程费－工程设备费＋单价措施项目费）×费率$$

（3）其他项目费用计算如下：

① 暂列金额、暂估价按发包人给定的标准计取。

② 计日工：由发承包双方在合同中约定。

③ 总承包服务费：应根据招标文件列出的内容和向总承包人提出的要求，参照下列标准计算：

A. 建设单位仅要求对分包的专业工程进行总承包管理和协调时，按分包的专业工程估算造价的1％计算；

B. 建设单位要求对分包的专业工程进行总承包管理和协调，并同时要求提供配合服务时，根据招标文件中列出的配合服务内容和提出的要求，按分包的专业工程估算造价的2％～3％计算。

（4）规费计算如下：

① 工程排污费：招投标时，招标控制价和投标报价暂按费率1‰计算，计算基数为"分部分项费用＋措施项目费用＋其他项目费用－工程设备费"，待工程结算时按工程所在地环境保护等部门规定的标准缴纳，按实计取计入。

② 社会保险费及住房公积金计算公式为

$$社会保险费及住房公积金＝（分部分项费用＋措施项目费用$$
$$＋其他项目费用－工程设备费）×费率$$

（5）税金计算公式如下：

$$税金＝（分部分项费用＋措施项目费用＋其他项目费用$$
$$＋规费－按规定不计税的工程设备费）×税率$$

（6）工程造价计算公式如下：

$$工程造价＝分部分项费用＋措施项目费用＋其他项目费用＋规费＋税金$$

2）费用说明

（1）《江苏省建筑与装饰工程计价定额》中人工工资标准分为三类：一类工标准为85元/工日；二类工标准为82元/工日；三类工标准为77元/工日。单独装饰工程的人工工资可在计价定额单价基础上按每期发布的省人工工资单价调整，装饰人工工资单价标准是幅度范围,具体在投标报价或由双方在合同中予以明确。

(2)包工不包料、点工单价包括了管理费、利润、社会保险费和公积金。

(3)建筑工程管理费和利润计算标准:建筑工程计价表中的管理费是以三类工程的标准列人子目,其计算基础为人工费加机械费。利润不分工程类别按规定计算。

(4)土建工程中的机械施工大型土石方工程、基础打桩工程、幕墙工程应单独取费。

3)建筑与装饰工程造价计算程序

(1)工程量清单法计算程序(包工包料)(见表2.2.3)

表2.2.3 建筑与装饰工程造价计算程序表(包工包料)

序号	费用名称		计算公式
一	分部分项工程量清单费用		清单工程量×综合单价
	其中	1. 人工费	人工消耗量×人工单价
		2. 材料费	材料消耗量×材料单价
		3. 机械费	机械消耗量×机械单价
		4. 管理费	(1+3)×费率
		5. 利润	(1+3)×费率
二	措施项目费		
	其中	单价措施项目费	清单工程量×综合单价
		总价措施项目费	(分部分项工程费+单价措施项目费-工程设备费)×费率或以项计算
三	其他项目费		
四	规费		
	其中	1. 工程排污费	(一+二+三-工程设备费)×费率
		2. 社会保险费	
		3. 住房公积金	
五	税金		(一+二+三+四-按规定不计税的工程设备金额)×费率
六	工程造价		一+二+三+四+五

(2)工程量清单法计算程序(包工不包料)(见表2.2.4)

表2.2.4 建筑与装饰工程造价计算程序表(包工不包料)

序号	费用名称		计算公式
一	分部分项工程量费中人工费		清单人工消耗量×人工单价
二	措施项目费中人工费		
	其中	单价措施项目中人工费	清单人工消耗量×人工单价
三	其他项目费用		
四	规费		
	其中	工程排污费	(一+二+三)×费率
五	税金		(一+二+三+四)×费率
六	工程造价		一+二+三+四+五

3 施工资源消耗量定额

　　江苏省建设厅为了贯彻住房和城乡建设部《建设工程工程量清单计价规范》(GB 50500—2013)及其9本工程量计算规范,组织编制了《江苏省建筑与装饰工程计价定额》(简称《计价定额》),为方便工程量清单计价的操作,《计价定额》注意与《计价规范》相衔接。《计价定额》项目以工序划分项目;施工工艺、施工方法根据大多数企业的施工方法综合取定;人工、材料、机械消耗量根据"社会平均水平"综合测定。但今后承包商为科学报价必须自行确定施工资源消耗量定额。

3.1 工程定额概论

3.1.1 工程定额分类

　　建设工程定额是指在工程建设中单位产品的人工、材料、机械、资金消耗的规定额度。建设工程定额可以按照不同的原则和方法对它进行科学的分类。

　　1) 按定额反映的生产要素消耗内容分类

　　按定额反映的生产要素消耗内容分类,可以把工程建设定额划分为劳动消耗定额、机械消耗定额和材料消耗定额三种。

　　(1) 劳动消耗定额也称人工定额,是指在正常施工技术组织条件下,生产单位合格产品所需要的劳动消耗量标准。

　　(2) 材料消耗定额是指在合理和节约使用材料的前提下,生产单位合格产品所必须消耗的建筑材料(半成品、配件、燃料、水、电)的数量标准。

　　(3) 机械台班消耗定额,是指在正常的施工、合理的劳动组织和合理使用施工机械的条件下,生产单位合格产品所必需的一定品种、规格施工机械作业时间的消耗标准。

　　2) 按定额的编制程序和用途分类

　　按定额的编制程序和用途分类,可以把工程建设定额分为施工定额、预算定额、概算定额、概算指标、投资估算指标等五种。

　　(1) 施工定额是指施工企业(建筑安装企业)组织生产和加强管理在企业内部使用的一种定额,属于企业定额的性质。这是工程建筑定额中分项最细、定额子目最多的一种定额,也是基础性定额。施工定额本身由劳动定额、机械定额和材料定额三个相对独立的部分组成。

　　(2) 预算定额是以建筑物或构筑物各个分部分项工程为对象编制的定额。内容包括劳动定额、机械台班定额、材料消耗定额三个基本部分,并列有工程费用,是一种计价性定额。

预算定额是编制概算定额的基础。

（3）概算定额是以扩大的分部分项工程为对象编制的，计算和确定该工程项目的劳动、机械台班、材料消耗量所使用的定额，同时它也列有工程费用，也是一种计价性定额。概算定额是编制扩大初步设计概算、确定建设项目投资额的依据。

（4）概算指标是概算定额的扩大与合并，是以整个建筑物和构筑物为对象，以更为扩大的计量单位来编制的。概算指标的内容包括劳动、机械台班、材料定额三个基本部分，同时还列出了各结构分部的工程量及单位建筑工程（以体积计或面积计）的造价，是一种计价定额。

（5）投资估算指标是在项目建议书和可行性研究阶段编制投资估算、计算投资需要量时使用的一种定额，但其编制基础仍然离不开预算定额和概算定额。

3）按照投资的费用性质分类

按照投资的费用性质分类，可以把工程建设定额分为建筑工程定额、设备安装工程定额、建筑安装工程定额、建筑安装工程费用定额、工器具定额以及工程建筑其他费用定额等。

（1）建筑工程定额是建筑工程的施工定额、预算定额、概算定额和概算指标的统称。建筑工程一般理解为房屋和构筑物工程。建筑工程定额在整个建设工程定额中占有突出的地位。

（2）设备安装工程定额是安装工程的施工定额、预算定额、概算定额和概算指标的统称。设备安装工程一般是指对需要安装的设备进行定位、组合、校正、调试等工作的工程。在通用定额中有时把建筑工程定额和安装工程定额合二为一，称为建筑安装工程定额。建筑安装工程定额属于直接费定额，仅仅包括施工过程中人工、材料、机械台班消耗的数量标准。

（3）建筑安装勤务员费用定额包括措施费定额和间接费定额。

（4）工器具定额是为新建或扩建项目投产运转首次配置的工具、器具数量标准。工具和器具是指按照有关规定不够固定资产标准而起劳动手段作用的工具、器具和生产用具。

（5）工程建设其他费用定额是指从工程筹建起到工程竣工验收交付使用的整个建设期间，除了建筑安装工程费用和设备、工器具购置费以外的，为保证工程建设顺利完成和交付使用后能够正常发挥效用而发生的各项费用开支的标准。

4）按照专业性质划分

按照专业性质划分，工程建设定额分为全国通用定额、行业通用定额和专业专用定额三种。

（1）全国通用定额是指部门间和地区间都可以使用的定额。

（2）行业通用定额是指具有专业特点在行业部门内可以通用的定额。

（3）专业专用定额是特殊专业的定额，只能在指定的范围内使用。

5）按主编单位和管理权限分类

工程建设定额可以分为全国统一定额、行业统一定额、地区统一定额、企业定额、补充定额五种。

（1）全国统一定额是由国家建设行政主管部门，综合全国工程建设中技术和施工组织管理的情况编制，并在全国范围内执行的定额。

（2）行业统一定额是由行业建设行政主管部门，考虑到各行业部门专业工程技术特点以及施工生产和管理水平所编制的，一般只在本行业和相同专业性质的范围内使用。

（3）地区统一定额是由地区建设行政主管部门，考虑地区性特点和全国统一定额水平作适当调整和补充而编制的,仅在本地区范围内使用。

（4）企业定额是指由施工单位考虑本企业具体情况,参照国家、部门或地区定额的水平制定的定额,是建设、安装企业在其生产经营过程中用自己积累的资料,结合本企业的具体情况自行编制的定额,供本企业内部管理使用和企业投标报价用,是企业素质的一个标志。企业定额水平一般应高于国家现行定额,只有这样,才能满足生产技术发展、企业管理和市场竞争的需要。

（5）补充定额是指随着设计、施工技术的发展,现行定额不能满足需要的情况下,为了补充缺陷所编制的定额。补充定额只能在指定的范围内使用,可以作为以后修订定额的基础。

3.1.2 定额的产生与发展

定额的产生和发展与管理科学的产生与发展有着密切的关系。19 世纪末 20 世纪初,在技术最发达、资本主义发展最快的美国,形成了系统的经济管理理论。现在被称为"古典管理理论"的代表人物是美国人泰勒（F. W. Taylor）、法国人法约尔和英国人厄威克等。而管理成为科学应该说是从泰勒开始的。因而,泰勒在西方赢得"管理之父"的尊称。著名的泰勒制也是以他的名字命名的。

在 19 世纪末 20 世纪初,美国的科学技术虽然发展很快,机器设备虽然先进,但在管理上仍然沿用传统的经验方法。当时生产效率低、生产能力得不到充分发挥的严重状况,不但阻碍了社会经济的进一步发展和繁荣,而且也不利于资本家赚取更多的利润。这样,改善管理就成了生产发展的迫切要求了。泰勒适应了这一客观要求,提倡科学管理,主要着眼于提高劳动生产率,提高工人的劳动效率。他突破了当时传统管理方法的羁绊,通过科学试验,对工作时间的合理利用进行细致的研究,制定出所谓标准的操作方法;通过对工人进行训练,要求工人改变原来习惯的操作方法,取消那些不必要的操作程序,并且在此基础上制定出较高的工时定额;用工时定额评价工人工作的好坏。为了使工人能达到定额,大大提高工作效率,又制定了工具、机器、材料和作业环境的标准化原理;为了鼓励工人努力完成定额,还制定了一种有差别的计件工资制度。如果工人能完成定额,就采用较高的工资率;如果工人完不成定额,就采用较低的工资率,以刺激工人为多拿 60% 或更多的工资去努力工作,去适应标准操作法的要求。

从泰勒制的标准操作方法、工时定额、工具和材料等要素的标准化,有差别的计件工资制等主要内容来看,工时定额在其中占有十分重要的位置。首先,较高的定额直接体现了泰勒制的主要目标,即提高工人的劳动效率,降低产品成本,增加企业盈利。而其他方面内容则是为了达到这一主要目标而制定的措施。其次,工时定额作为评价工人工作的尺度,并和有差别的计件工资制度相结合,使其本身也成为提高劳动效率的有力措施。

由此可见,工时定额产生于科学管理,产生于泰勒制,并且构成泰勒制中不可缺少的内容。泰勒制的产生和推行,在提高劳动生产率方面取得了显著的效果,也给资本主义企业管理带来了根本性的变革和深远的影响。

工时定额作为生产管理者对工人劳动效率的一种要求,作为评价工人工作状况的一种尺度,为提高工人的劳动效率,降低产品成本,增加企业盈利等企业生产目标作出了巨大的贡献。继泰勒之后,科学管理的重点从研究操作方法、作业水平等生产过程的管理问题向着研究科学的生产组织方法上扩展。甘特图的发明使人们在编制生产计划时能够充分考虑各项工作在时间上的相互关系,从而为合理地安排生产资源、提高生产效率创造了必要条件。为了合理地安排生产活动,人们在编制生产计划时需要能反映现实生产效率的、相对稳定的构成该生产活动的各项工作的资源消耗指标,而工时定额只是反映生产过程的人工消耗指标。为了合理地安排生产活动,人们进一步提出了机械消耗定额和材料消耗定额,从而使定额在消耗内容上能反映生产过程的所有消耗。为合理安排生产活动而编制的定额称为作业性定额,作业性定额作为企业编制的反映生产过程中资源消耗的数量标准,它不仅是一种强制力量,一种引导和激励的力量,而且也是安排生产以及整个生产管理的重要依据。

虽然泰勒制下的定额主要是指作业性定额,而作业性定额的作用主要集中在生产管理及对工人工作状况的评价上。但是,定额产生的信息,对于计划、组织、指挥、协调、控制等管理活动,以至决策过程都是不可缺少的。所以,定额虽然是管理科学发展初期的产物,但是在其后的企业管理工作中,定额一直发挥着重要的作用。定额是企业管理科学化的产物,也是科学管理企业的基础和必备条件,即使在企业管理现代化的今天,定额仍然在企业管理工作中发挥着重要的作用。

建筑业是较早地应用定额原理进行管理的行业之一,在建筑业中,定额除了作为合理组织生产、评价工人工作状况以及制定奖励制度等生产管理的重要依据外,还在投标报价、确定工程造价等方面起着重要的作用。在计划经济体制下,定额作为经济管理的重要手段,在政府的经济管理工作中一直发挥着重要作用。我国工程建设定额的发展,经历了一个从无到有,建立发展到削弱破坏,又整顿发展和改革完善的曲折过程。它的发展与整个国家的形势、经济发展状况息息相关。

3.1.3 时间研究

泰勒主张把生产过程中的某一项工作(某一项工作过程)按照生产的工艺要求及顺序分解成一系列基本的操作(一般为工序),由若干名有代表性的操作人员把这项基本的操作(一般为工序)反复进行若干次,观测分析人员用秒表测出每一个基本操作(一般为工序)所需要的时间。以此为基础,定出该项操作(工序)的标准时间。这个过程被称为时间研究(Time Study)。时间研究的结果是编制劳动定额和机械消耗定额的直接依据。

1) 概念

时间研究,它是在一定的标准测定的条件下,确定人们完成作业活动所需时间总量的一套程序和方法。时间研究用于测量完成一项工作所必需的时间,以便建立在一定生产条件下的工人或机械的产量标准。

时间研究的结果是编制人工消耗量定额和机械消耗量定额的直接依据,在建筑业中,正确的定额数据对工程估价和施工计划人员来说都是绝对需要的,但那样的数据必须从有计划的工作环境中测得,而不能从一个无组织且无效率的施工现场中得来。因为完成同样一项工作,在不同的施工现场条件下所花费的工作时间是不一样的。时间研究的方法企图运用现场测量和统计分析的原理,排除施工过程中的一系列影响工作效率的干扰因素,从而确定在既定的标准工作条件下的时间消耗标准,为完成某项施工作业确定"合适"的时间标准。

2) 时间研究的作用

时间研究所产生的数据可以在很多方面加以利用,除了作为编制人工消耗量定额和机

械消耗量定额的依据外,还可用于:

(1) 在施工活动中确定合适的人员或机械的配置水平,组织均衡生产;

(2) 制定机械利用和生产成果完成标准;

(3) 为制定金钱奖励目标提供依据;

(4) 确定标准的生产目标,为费用控制提供依据;

(5) 检查劳动效率和定额的完成情况;

(6) 作为优化施工方案的依据。

3) 施工中工人工作时间的分类

工人在工作班内消耗的工作时间,按其消耗的性质可以分为两大类:必须消耗的时间(定额时间)和损失时间(非定额时间)。

必须消耗的时间是工人在正常施工条件下,为完成一定产品所消耗的时间。它是制定定额的主要依据。必须消耗的时间包括有效工作时间、不可避免的中断时间、休息时间。

有效工作时间是从生产效果来看与产品生产直接有关的时间消耗。包括基本工作时间、辅助工作时间、准备与结束工作时间。基本工作时间是工人完成基本工作所消耗的时间,也就是完成一定产品的施工工艺过程所消耗的时间。基本工作时间的长短与工作量的大小成正比。辅助工作时间是为保证基本工作能顺利完成所做的辅助性工作消耗的时间。如工作过程中工具的校正和小修、机械的调整、工作过程中机器上油、搭设小型脚手架等所消耗的工作时间。辅助工作时间的长短与工作量的大小有关。准备与结束工作时间是执行任务前或任务完成后所消耗的工作时间。如工作地点、劳动工具和劳动对象的准备工作时间、工作结束后的整理工作时间等。准备与结束工作时间的长短和所担负的工作量的大小无关,但往往和工作内容有关。这项时间消耗可分为班内的准备与结束工作时间和任务的准备与结束工作时间。

不可避免的中断所消耗的时间是由于施工工艺特点引起的工作中断所必需的时间。如汽车司机在汽车装卸货时消耗的时间。与施工过程工艺特点有关的工作中断时间,应包括在定额时间内;与工艺特点无关的工作中断所占用的时间,是由于劳动组织不合理引起的,属于损失时间,不能计入定额时间。

休息时间是工人在工作过程中为恢复体力所必需的短暂休息和生理需要的时间消耗,在定额时间中必须进行计算。

损失时间,是和产品生产无关,而和施工组织和技术上的缺点、工作过程中个人过失或某些偶然因素有关的时间消耗。损失时间中包括有多余和偶然工作、停工、违背劳动纪律所引起的工时损失。所谓多余工作,就是工人进行了任务以外的工作而又不能增加产品数量的工作。如重砌质量不合格的墙体、对已磨光的水磨石进行多余的磨光等。多余工作的工时损失不应计入定额时间中。偶然工作也是工人在任务以外进行的工作,但能够获得一定产品。如电工铺设电缆时需要临时在墙上开洞、抹灰工不得不补上偶然遗留的墙洞等。在拟定定额时,可适当考虑偶然工作时间的影响。停工时间可分为施工本身造成的停工时间和非施工本身造成的停工时间两种。施工本身造成的停工时间,是由于施工组织不善、材料供应不及时、工作面准备工作做得不好、工作地点组织不良等情况引起的停工时间。非施工本身造成的停工时间,是由于气候条件以及水源、电源中断引起的停工时间。后一类停工时间在定额中可适当考虑。违背劳动纪律造成的工作时间损失,是指工人迟到、早退、擅自离开工作岗位、工作时间内聊天等造成的工时损失。这类时间在定额中不予考虑。

必须明确的是,时间研究只有在工作条件(包括环境条件、设备条件、工具条件、材料条件、管理条件等)不变,且都已经标准化、规范化的前提下,才是有效的。时间研究在生产过程相对稳定、各项操作已经标准化了的制造业中得到了较广泛的应用,但在建筑业中应用该技术相对来说要困难得多。主要原因是建筑工程的单件性,大多数施工项目的施工方案和生产组织方式是临时性质的,每个工程项目差不多都是完成独特的工作任务,而且施工过程受到的干扰因素多,完成某项工作时的工作条件和现场环境相对不稳定,操作的标准化、规范化程度低。

虽然在建筑业中应用时间研究的方法有一定的困难,但是它还是在建筑业的定额管理工作中发挥着重要的作用。通过改善施工现场的工作条件以提高操作的标准化和规范化,时间研究将在建筑业的管理工作中发挥越来越重要的作用。

3.1.4 施工过程研究

施工过程是指在施工现场对工程所进行的生产过程。研究施工过程的目的是帮助我们认识工程建造过程的组成及其构造规律,以便根据时间研究的要求对其进行必要的分解。

按时间研究的程序看,首先必须根据工程施工的技术及组织要求,把施工过程分解成一系列"工作"并对该工作所包括的工作内容及条件进行定义,分解并定义后的"工作"是时间研究的对象;其次必须按完成该工作的工艺特点及操作程序,把该工作分解成一系列有利于对其进行时间集成的"基本操作"并对该基本操作所包括的工作内容及条件进行定义,分解并定义后的"基本操作"是现场进行计时观察的对象。

施工过程作为整个工程的生产过程或其组成部分,是由不同工种、不同技术等级的建筑工人完成的,并且必须有一定的劳动对象(建筑材料、半成品、配件、预制品等)和一定的劳动工具(手动工具、小型机具和施工机械等)。

对施工过程的研究,主要包括两个环节:第一是对施工过程进行分类;第二是对施工过程的组成及其各组成部分的相互关系进行描述。

1) 施工过程的分类

按不同的分类标准,施工过程可以分成不同的类型。

(1) 按施工过程的完成方法分类,可以分为手工操作过程(手动过程)、机械化过程(机动过程)和机手并动过程(半机械化过程)。

(2) 按施工过程劳动分工的特点不同分类,可以分为个人完成的过程、工人班组完成的过程和施工队完成的过程。

(3) 按施工过程组织上的复杂程度分类,可以分为工序、工作过程和综合工作过程。

工序是组织上分不开和技术上相同的施工过程。工序的主要特征是:工人班组、工作地点、施工工具和材料均不发生变化。如果其中有一个因素发生了变化,就意味着从一个工序转入了另一个工序。工序可以由一个人来完成,也可以由工人班组或施工队几名工人协同完成;可以由手动完成,也可以由机械操作完成。将一个施工过程分解成一系列工序的目的,是为了分析、研究各工序在施工过程中的必要性和合理性。测定每个工序的工时消耗,分析各工序之间的关系及其衔接时间,最后测定工序上的时间消耗标准。

工作过程是由同一工人或同一工人班组所完成的在技术操作上相互有机联系的工序的

总和。其特点是在此过程中生产工人的编制不变、工作地点不变,而材料和工具则可以发生变化。例如,同一组生产工人在工作面上进行铺砂浆、砌砖、刮灰缝等工序的操作,从而完成砌筑砖墙的生产任务,在此过程中生产工人的编制不变、工作地点不变,而材料和工具则发生了变化,由于铺砂浆、砌砖、刮灰缝等工序是砌筑砖墙这一生产过程不可分割的组成部分,它们在技术操作上相互紧密地联系在一起,所以这些工序共同构成一个工作过程。从施工组织的角度看,工作过程是组成施工过程的基本单元。

综合工作过程是同时进行的、在施工组织上有机地联系在一起的、最终能获得一种产品的工作过程的总和。例如,现场浇筑混凝土构件的生产过程,是由搅拌、运送、浇捣及养护混凝土等一系列工作过程组成。

施工过程的工序或其组成部分,如果以同样次序不断重复,并且每经一次重复都可以生产同一种产品,则称为循环的施工过程。反之,若施工过程的工序或其组成部分不是以同样的次序重复,或者生产出来的产品各不相同,这种施工过程则称为非循环的施工过程。

2) 工作过程的描述

工作过程的描述,是在施工过程分类的基础上,对某个工作过程的各个组成部分之间存在的相互关系的描述。研究施工过程的分类有助于我们对施工过程进行正确的分解,而研究对工作过程的描述方法则是为了对工作过程各组成部分之间的相互关系进行正确的分析,从而为时间测量创造条件。

如上所述,时间研究的目的是测量完成一项工作所需的时间消耗标准,而所谓"工作"是指整个施工生产过程的一个环节。对工作过程的描述,是指对工作过程的各个组成部分之间存在的相互关系的描述。通过对工作过程的描述,有助于我们全面地认识和掌握工作过程各组成部分在工艺逻辑和组织逻辑上的相互关系,而对这种关系的掌握是进行时间消耗的测定和综合工作所必需的。

3.1.5 时间测量技术

为了得到工人或机械完成一项指定工作所需的时间,必须采用一定的方法对该工作过程进行观察、记录、整理、分析并最终取得相应的消耗数据。而如何对工作过程进行观察、记录、整理、分析并最终取得相应的消耗数据则是时间测量技术要讨论的主要问题。

时间测量技术的主要任务是测定工序上的时间消耗标准,它以工时消耗为对象,以观察测时为手段,通过抽样技术进行直接的时间研究。

1) 时间测量的一般步骤

(1) 确定并定义进行测时的施工过程。

(2) 按工艺要求将施工过程分解成一系列基本工作单元(即工序)。

(3) 设定施工过程所处的正常施工条件。

(4) 选择观察测时的对象(操作工人或机械)。

(5) 进行观察测时。

(6) 整理和分析观察测时资料。

(7) 确定最终的时间消耗标准。

2) 确定并定义进行测时的施工过程

在进行时间测量时,首先必须明确测定的对象,也即必须明确进行时间测定的施工过程。所谓明确进行时间测定的施工过程，其含义包括两个方面：

第一，按施工规律将施工现场的施工活动进行划分，划分成相对独立的工作单元，这种相对独立的工作单元即上述所谓的施工过程（一般分解到工作过程），它们是时间测量的测定对象。在划分施工过程时，必须对施工过程所包含的工作内容及各个施工过程之间的边界进行明确的定义。

第二，对划分好的施工过程（一般是指工作过程）进行进一步的研究，目的是为了正确地安排观察测时工作和收集可靠的原始资料。

3）设定施工过程所处的正常施工条件

绝大多数施工企业和施工队、班组在合理组织施工的条件下所处的施工条件，称之为施工的正常条件。施工条件一般包括：工人的技术等级是否与工作等级相符、工具与设备的种类和质量、工程机械化程度、材料实际需要量、劳动的组织形式、工资报酬形式、工作地点的组织和其准备工作是否及时、安全技术措施的执行情况、气候条件、劳动竞赛开展情况等。所有这些条件，都有可能影响产品生产中的工时消耗。

施工的正常条件应该符合有关的技术规范，符合正确的施工组织和劳动组织条件，符合已经推广的先进的施工方法、施工技术和操作。施工的正常条件是施工企业和施工队（班组）应该具备也能够具备的施工条件。

4）选择观察测时的对象

制定劳动定额，应选择有代表性的班组或个人，包括各类先进的或比较后进的班组或个人；制定机械消耗定额，应选择在施工过程中发挥主导作用的机械。

5）调查所测定施工过程的影响因素

施工过程的影响因素包括技术、组织及自然因素。例如：产品和材料的特征（规格、质量、性能等）；工具和机械性能、型号；劳动组织和分工；施工技术说明（工作内容、要求等），并附施工简图和工作地点平面布置图。

6）其他准备工作

进行观察测时还必须准备好必要的用具和表格。如测时用的秒表或电子计时器，测量产品数量的工器具，记录和整理测时资料用的各种表格等。如果有条件并且也有必要，还可以配备摄影摄像和电子记录设备。

7）进行观察测时

在上述工作的基础上，为了取得工时消耗的数据，必须深入施工现场，对事先确定的施工过程中各工序的工作过程进行观察研究，直接记录被观察对象（具体的生产工人或施工机械）在完成工序作业时的时间消耗，并通过对记录数据的整理分析最终得到该施工过程中各工序的基本时间消耗标准。同时，通过对整个工作日中被观察对象（具体的生产工人或施工机械）的时间分配情况进行观察、记录、整理、分析，最终可以得到有关合理的时间损耗的数据。综合某个工序的基本时间消耗标准和合理的时间损耗即可得到该工序的时间消耗标准。而工序的时间消耗标准是编制作业性劳动定额和机械定额的基础，当拥有了工程施工所包括的大多数工序的时间消耗标准后，在编制作业性定额时原则上可以免去直接观察。

8）标准时间的计算

在通过观察测时获得测时数列的基础上，使用"平均修正法"来对观察资料进行系统的分析研究和整理,分别计算工序的基本时间及相应的时间损耗,最终得到工序的标准时间。

平均修正法是一种在对测时数列进行修正的基础上求出平均值的方法。修正测时数列,就是剔除或修正那些偏高、偏低的可疑数值,目的是保证不受那些偶然性因素的影响。确定偏高和偏低的时间数值方法,是计算出最大极限数值和最小极限数值以确定可疑值。超过极限值的时间数值就是可疑值。

9) 定额时间的确定

在取得各工序的标准时间消耗基础上,按某个工作过程中各工序之间在工艺及组织上的逻辑关系,可综合成反映该工作过程消耗情况的定额时间;如果按综合工作过程进一步综合,即可得到反映该综合工作过程消耗情况的定额时间。

由于时间研究是编制劳动定额和机械台班消耗定额的基础性工作,而劳动定额和机械台班消耗定额又是施工企业生产管理的重要依据,所以在建筑业中用好时间研究这一管理技术对提高建筑业的管理水平有着重要的意义。

3.2　人工消耗量定额

3.2.1　人工消耗量定额的概念及表达形式

1) 概念

人工消耗量定额是指在正常施工技术条件和合理劳动组织条件下,为完成单位合格施工作业过程(工作过程)的施工任务所需消耗生产工人的工作时间,或在一定的工作时间中生产工人必须完成合格施工作业过程(工作过程)施工任务的数量。人工消耗量定额以时间定额或产量定额表示。

2) 人工消耗量定额的表达形式

(1) 时间定额

时间定额是完成单位合格施工作业过程(工作过程)的施工任务所必须消耗的生产工人的工时数量。它以正常的施工技术和合理的劳动组织为条件,以一定技术等级的工人小组或个人完成质量合格的施工作业过程(工作过程)的施工任务为前提。定额时间包括准备与结束工作时间、基本工作时间、辅助工作时间、不可避免的中断时间及必需的休息时间等。

时间定额以一个工人 8 小时工作日的工作时间为 1 个"工日"单位。例如,某定额规定:人工挖土方工程,工作内容包括挖土、装土、修整底边等全部操作过程,挖 1 m³ 较松散的二类土壤的时间定额是 0.192 工日。

(2) 产量定额

产量定额是指在单位时间(一个工日)内,必须完成合格施工作业过程(工作过程)施工任务的数量。这同样是要以正常的施工技术和合理的劳动组织为条件,以一定技术等级的工人小组或个人完成质量合格的施工作业过程(工作过程)的施工任务为前提。

从以上有关时间定额和产量定额的概念可以看出,时间定额与产量定额二者互为倒数。

3.2.2　制定人工消耗量定额的原则与方法

1) 制定人工消耗量定额的原则

(1) 取平均先进水平的原则

平均先进水平即在正常的施工条件下,使大多数生产工人经过努力可以达到或超过定额,并促使少数工人可赶上或接近的水平。

(2) 成果要符合质量要求的原则

完成后的施工作业过程(工作过程),其质量要符合国家颁发的有关工种工程的施工及验收规范和现行《建筑安装工程质量检验评定标准》的质量要求。

(3) 采用合理劳动组织的原则

根据施工过程的技术复杂程度和工艺要求,合理地组织劳动力,按照国家颁发的《建筑安装工人技术等级标准》,配套安排适当技术等级的工人及其合理的数量。

(4) 明确劳动手段与对象的原则

不同的劳动手段(设备、工具等)和劳动对象(材料、构件等)得到不同的生产率,因此,必须规定设备、工具,明确材料与构件的规格、型号等。

(5) 简明适用的原则

劳动定额的内容和项目划分,需满足施工管理的各项要求,如计件工资的计算、签发任务单、制订计划等。对常用的、主要的工程项目要求划分详细、适用、简明。

2) 人工消耗量定额的制定方法

(1) 经验估计法

经验估计法,是由定额专业人员、工程技术人员和工人三结合,根据实践经验座谈讨论制定定额的方法。这种方法适用于产品品种多、批量小或不易计算工程量的施工作业。经验估计法制定定额简便易行,速度快,缺点是缺乏科学依据,容易出现偏高或偏低现象。所以对常用的施工项目,不宜采用经验估计法来制定定额。

(2) 比较类推法

比较类推法,是以同类型工序或产品的典型定额为标准,用比例数示法或图示坐标法,经过分析比较,类推出相邻项目定额水平的方法。这种方法适用于同类型产品规格多、批量小的施工过程。只要定额选择恰当,分析比较合理,类推出的定额水平也比较合理。

(3) 统计分析法

将同类工程或同类产品的工时消耗统计资料,结合当前的技术、组织条件进行分析、研究制定定额的方法。这种方法适用于施工条件正常、产品稳定、统计制度健全、统计工作真实可信的情况,它比经验估计法更真实地反映实际生产水平。缺点是不能剔除不合理的时间消耗。

(4) 技术测定法

技术测定法是通过深入调查,拟定合理的施工条件、操作方法、劳动组织,在考虑挖掘生产潜力的基础上经过严格的技术测定和科学的数据处理而制定定额的方法。

技术测定法通常采用的方法有测时法、写实记录法、工作日写实法和简易测定法 4 种方法。测时法研究施工过程中各循环组成部分定额工作时间的消耗,即主要研究基本工作时间;写实记录法研究所有性质的工作时间消耗,包括基本工作时间、辅助工作时间、不可避免中断时间、准备与结束时间、休息时间以及各种损失时间;工作日写实法则研究工人全部工作时间中各类工时的消耗,运用这种方法分析哪些工时消耗是有效的,哪些是无效的,进而找出工时损失的原因,并拟定改进的技术、组织措施;简易测定法是保持现场实地观察记录的原则,对前几种测定方法予以简化。

技术测定法测定的定额水平科学、精确,但技术要求高、工作量大,在技术测定机构不健全或力量不足的情况下,不宜选用此法。

3.3 材料消耗量定额

3.3.1 材料消耗量定额的概念

材料消耗量定额是指在合理使用材料的条件下,完成单位合格施工作业过程(工作过程)的施工任务所需消耗一定品种、一定规格的建筑材料(包括半成品、燃料、配件、水、电等)的数量标准。

在我国建设工程(特别是房屋建筑工程)的直接成本中,材料费平均占 70%左右。材料消耗量的多少、消耗是否合理,关系到资源的有效利用,对建设工程的造价确定和成本控制有着决定性影响。

材料消耗量定额是编制材料需要量计划、运输计划、供应计划,计算仓库面积,签发限额领料单和经济核算的根据。制定合理的材料消耗定额,是组织材料的正常供应,保证生产顺利进行,以及合理利用资源,减少积压、浪费的必要前提。

工程施工中所消耗的材料,按其消耗的方式可以分成两种:一种是在施工中一次性消耗的、构成工程实体的材料,如砌筑砖墙用的标准砖、浇筑混凝土构件用的混凝土等,我们一般把这种材料称为实体性材料;另一种是在施工中周转使用,其价值是分批分次地转移到工程实体中去的,这种材料一般不构成工程实体,而是在工程实体形成过程中发挥辅助作用,它是为有助于工程实体的形成而使用并发生消耗的材料,如砌筑砖墙用的脚手架、浇筑混凝土构件用的模板等,我们一般把这种材料称为周转性材料。

3.3.2 实体性材料消耗量定额

1) 实体性材料消耗量定额的构成分析

施工中材料的消耗,一般可分为必须消耗的材料和损失的材料两类。其中必须消耗的材料是确定材料定额消耗量所必须考虑的消耗;对于损失的材料,由于它是属于施工生产中不合理的耗费,可以通过加强管理来避免这种损失,所以在确定材料定额消耗量时一般不考虑损失材料的因素。

所谓必须消耗的材料,是指在合理用料的条件下,完成单位合格施工作业过程(工作过程)的施工任务所必须消耗的材料。它包括直接用于工程(即直接构成工程实体或有助于工程形成)的材料、不可避免的施工废料和不可避免的材料损耗。其中,直接用于工程的材料数量称为材料净耗量,不可避免的施工废料和材料损耗数量称为材料合理损耗量。用公式表示如下:

$$材料消耗量＝材料净耗量＋材料合理损耗量$$

材料损耗量是不可避免的损耗,例如,在操作面上运输及堆放材料时,在允许范围内不可避免的损耗、加工制作中的合理损耗及施工操作中的合理损耗等。常用计算方法是

$$材料合理损耗量＝材料净耗量×材料损耗率$$

材料的损耗率通过观测和统计而确定。

在定额的编制过程中,一般可以使用观测法、试验法、统计法和理论计算法等四种方法来确定材料的定额消耗量。

2）实体性材料消耗量的确定方法

（1）观测法

观测法亦称现场测定法,是在合理使用材料的条件下,在施工现场按一定程序对完成合格施工作业过程（工作过程）施工任务的材料耗用量进行测定,通过分析、整理,最后得出材料消耗定额的方法。

利用现场测定法主要是确定材料的合理损耗率,也可以提供确定材料净耗量的数据。观测法的优点是能通过现场观察、测定,取得完成工作过程的数量和与之相应的材料消耗情况的数据,为编制材料消耗定额提供技术根据。

观测法的首要任务是选择典型的工程项目,其施工技术、组织及产品质量,均要符合技术规范的要求;材料的品种、型号、质量也应符合设计要求;产品检验合格,操作工人能合理使用材料和保证产品质量。

在观测前要充分做好准备工作,如选用标准的运输工具和衡量工具,采取减少材料损耗的措施等。

观测的成果是取得完成单位合格施工作业过程（工作过程）施工任务的材料消耗量。观测中要区分不可避免的材料损耗和可以避免的材料损耗,后者不应包括在定额的合理损耗量内。必须经过科学的分析研究以后,确定确切的材料消耗标准,列入定额。

（2）试验法

试验法是指在材料试验室中进行试验和测定数据。例如,以各种原材料为变量因素,求得不同强度等级混凝土的配合比,从而计算出每立方米混凝土的各种材料耗用量。

利用试验法,主要是确定材料净耗量。通过试验,能够对材料的结构、化学成分和物理性能以及按强度等级控制的混凝土、砂浆配比作出科学的结论,为编制材料消耗定额提供有技术根据的、比较精确的计算数据。

但是,试验法不能取得在施工现场实际条件下,由于各种客观因素对材料耗用量影响的实际数据,这是该法的不足之处。

试验室试验必须符合国家有关标准规范,计量要使用标准容器和称量设备,质量要符合施工与验收规范要求,以保证获得可靠的定额编制依据。

（3）统计法

统计法是指通过对现场进料、用料的大量统计资料进行分析计算,获得材料消耗的数据。这种方法由于不能分清材料消耗的性质,因而不能作为确定材料净耗量和材料合理损耗量的精确依据。

对积累的各分部分项工程结算的产品所耗用材料的统计分析,是根据各分部分项工程

拨付材料数量、剩余材料数量及总共完成产品数量来进行计算。

采用统计法,必须要保证统计和测算的耗用材料和相应产品一致。在施工现场中的某些材料,往往难以区分用在各个不同部位上的准确数量。因此,要有意识地加以区分,才能得到有效的统计数据。

(4)理论计算法

理论计算法是根据施工图,运用一定的数学公式,直接计算材料耗用量。计算法只能计算出单位产品的材料净耗量,材料的合理损耗量仍要在现场通过实测取得。这是一般板块类材料计算常用的方法。

3.3.3　周转性材料消耗量定额

周转性材料是指在施工过程中能多次周转使用,经过修理、补充而逐渐消耗尽的材料。如模板、钢板桩、脚手架等,实际上它是作为一种施工工具和措施性的手段而被使用的。

周转性材料的定额消耗量是指每使用一次摊销的数量,按周转性材料在其使用过程中发生消耗的规律,其摊销量的计算公式如下:

$$摊销量＝一次使用量×损耗率＋一次使用量×\frac{(1－回收折价率)×(1－损耗率)}{周转次数}$$

上述公式反映了摊销量与一次使用量、损耗率、周转次数及回收折价率的数量关系。

(1)一次使用量

一次使用量是指周转性材料一次使用的基本量,即一次投入量。周转性材料的一次使用量根据施工图计算,其用量与各分部分项工程部位、施工工艺和施工方法有关。

例如,现浇钢筋混凝土构件模板的一次使用量的计算,需先求构件混凝土与模板的接触面积,再乘以该构件每平方米模板接触面积所需要的材料数量。计算公式如下:

$$一次使用量＝混凝土模板接触面积×每平方米接触面积需模量×(1＋制作损耗率)$$

混凝土模板接触面积应根据施工图计算;每平方米接触面积的需模量应根据不同材料的模板及模板的不同安装方式通过计算确定;制作损耗率也应根据不同材料的模板及模板的不同制作方式通过统计分析确定。

(2)损耗率

损耗率是周转性材料每使用一次后的损失率。为了下一次的正常使用,必须用相同数量的周转性材料对上次的损失进行补充,用来补充损失的周转性材料的数量称为周转性材料的"补损量"。按一次使用量的百分数计算,该百分数即为损耗率。

周转性材料的损耗率应根据材料的不同材质、不同的施工方法及不同的现场管理水平通过统计工作来确定。

(3)周转次数

周转次数是指周转性材料从第一次使用起可重复使用的次数。它与不同的周转性材料、使用的工程部位、施工方法及操作技术有关。

周转次数的确定要经现场调查、观测及统计分析,取平均合理的水平。正确规定周转次数,对准确计算用料、加强周转性材料管理和经济核算起重要作用。

(4)回收折价率

回收折价率是对退出周转的材料(周转回收量)作价收购的比率。其中周转回收量指周转性材料在周转使用后除去损耗部分的剩余数量,即尚可以回收的数量;而回收折价率则应根据不同的材料及不同的市场情况来加以确定。

从上述计算周转性材料摊销量的公式可以看出,周转性材料的摊销量由两部分组成:一部分是一次周转使用后所损失的量,用一次使用量乘以相应的损耗率确定;另一部分是退出周转的材料(报废的材料)在每一次周转使用上的分摊,其数量用最后一次周转使用后除去损耗部分的剩余数量(再考虑一些折价回收的因素)除以相应的周转次数确定。

3.4 施工机械消耗量定额

施工机械消耗定额,是指在正常施工条件、合理劳动组织、合理使用材料的条件下,某种专业、某种等级的工人班组使用机械,完成单位合格产品所需的定额时间。施工机械消耗定额的表现形式有机械时间定额和机械产量定额两种,两者互为倒数。

3.4.1 机械工作时间消耗的分类

机械的工作时间分为必须消耗的时间和损失时间两部分。

必须消耗的工作时间包括有效工作时间、不可避免的无负荷工作时间和不可避免的中断时间这三项时间消耗。有效工作时间包括正常负荷下、有根据地降低负荷下和低负荷下的工时消耗。不可避免的无负荷工作时间,是由施工过程的特点和机械结构的特点造成的机械无负荷工作时间。不可避免的中断工作时间,分为与工艺过程的特点有关、与机器的使用和保养有关及与工人休息有关三种。

损失的工作时间,包括多余工作时间、停工和违背劳动纪律所消耗的工作时间。多余工作时间,是机械进行任务内和工艺过程内未包括的工作而延续的时间。如搅拌机搅拌灰浆超出了规定的时间,工人没有及时供料而使机械空运转的时间。停工时间,按其性质可分为施工本身造成的停工和非施工本身造成的停工。前者是由于施工组织得不好而引起的停工现象,如由于未及时供给机器水、电、燃料而引起的停工;后者是由于气候条件所引起的停工现象。违反劳动纪律引起的机械的时间损失,是指操作人员迟到、早退或擅离岗位等原因引起的机械停工时间。

3.4.2 机械台班消耗定额的制订方法

确定机械台班消耗定额的步骤如下:

(1) 拟定机械正常工作条件

拟定机械正常工作条件,包括施工现场的合理组织和合理的工人编制。施工现场的合理组织,是指对机械的放置位置、工人的操作场地等作出科学合理的布置,最大限度地发挥机械的性能。合理的工人编制,往往要通过计时观察、理论计算和经验资料来确定。拟定的工人编制,应保持机械的正常生产率和工人正常的劳动效率。

(2) 确定机械纯工作时间的正常生产率

机械的纯工作时间,包括满载和有根据地降低负荷下的工作时间、不可避免的无负荷工作时间和不可避免的中断时间。机械纯工作时间的正常生产率,就是在正常工作条件下,由具备必需的知识和技能的技术工人操作机械 1 小时的生产率。工作时间内生产的产品数量以及工作时间的消耗,可以通过多次现场观测并参考机械说明书确定。

(3) 确定施工机械的正常利用系数

施工机械的定额时间包括机械纯工作时间、机械台班准备与结束时间、机械维护时间等,不包括迟到、早退、返工等非定额时间。施工机械的正常利用系数,就是机械纯工作时间占定额时间的百分数。

(4) 计算机械台班消耗定额

机械台班消耗定额可用下式计算:

$$机械台班产量定额=机械纯工作 1 小时正常生产率×工作班延续时间×$$
$$机械正常利用系数$$

根据机械台班产量定额,可计算机械台班时间定额。

4　施工资源价格原理

建筑工程计价,必须仔细地考虑工程所需的劳动力、材料、施工设备和分包商等资源的需用量,并确定其最合适的来源和获取方式,以便正确地确定施工资源的价格。在此基础上,可以算出使用这些资源的费用,并最终编制出合理的计价值。

不同性质的工程计价需用不同水平的资源价格,编制招标控制价时,其资源价格水平应取当时当地的社会平均水平;编制投标报价时,其资源价格水平应根据该工程及本企业具体情况来确定。

4.1　人工单价

4.1.1　人工费的构成

人工费是指按工资总额构成规定,支付给从事建筑安装工程施工的生产工人和附属生产单位工人的各项费用。内容包括:

(1)计时工资或计件工资:是指按计时工资标准和工作时间或对已做工作按计件单价支付给个人的劳动报酬。

(2)奖金:是指因超额劳动和增收节支支付给个人的劳动报酬。如节约奖、劳动竞赛奖等。

(3)津贴补贴:是指为了补偿职工特殊或额外的劳动消耗和因其他特殊原因支付给个人的津贴,以及为了保证职工工资水平不受物价影响支付给个人的物价补贴。如流动施工津贴、特殊地区施工津贴、高温(寒)作业临时津贴、高空津贴等。

(4)加班加点工资:是指按规定支付的在法定节假日工作的加班工资和在法定日工作时间外延时工作的加点工资。

(5)特殊情况下支付的工资:是指根据国家法律、法规和政策规定,因病、工伤、产假、计划生育假、婚丧假、事假、探亲假、定期休假、停工学习、执行国家或社会义务等原因按计时工资标准或计时工资标准的一定比例支付的工资。

以上内容是建设行政主管部门对人工费构成的规定,工程计价定额、工程费用定额中的人工单价也据此测算。

4.1.2　综合人工单价的确定

1)概念

所谓综合人工单价是指在具体的资源配置条件下,某具体工程上不同工种、不同技术等级的工人的平均人工单价。综合人工单价是进行工程计价的重要依据,其计算原理是将具体工程上配置的不同工种、不同技术等级的工人的人工单价进行加权平均。在理解上述概

念时,必须注意如下问题:

(1) 人工单价是指生产工人的人工费用,而企业经营管理人员的人工费用不属于人工单价的概念范围。

(2) 在我国人工单价一般是以工日来计量的,是计时制下的人工工资标准。

(3) 人工单价是指在工程计价时应该并可以计入工程造价的人工费用,所以,在确定人工单价时,必须根据具体的工程计价方法所规定的核算口径来确定其费用。

2) 实际人工单价的费用构成

在确定人工单价时可以考虑计算如下费用:

(1) 生产工人的工资。生产工人的工资一般由雇佣合同的具体条款确定,不同的工种、不同的技术等级以及不同的雇佣方式(如固定用工、临时用工等),其工资水平是不同的。在确定生产工人工资水平时,必须符合政府有关劳动工资制度的规定。

(2) 工资性质的补贴。生产工人工资性补贴是指为了补偿工人额外或特殊的劳动消耗以及为了保证工人的工资水平不受特殊条件影响,而以补贴形式支付给工人的劳动报酬,它包括按规定标准发放的交通费补贴、住房补贴、流动施工津贴及异地施工津贴等。

(3) 生产工人辅助工资。生产工人辅助工资是指生产工人年有效施工天数以外非作业天数的工资,包括职工学习、培训期间的工资,调动工作、探亲、休假期间的工资,因气候影响的停工工资,女工哺乳时间的工资,病假在六个月以内的工资及产、婚、丧假期的工资。

(4) 有关法定的费用。法定费用是指政府规定的有关劳动及社会保障制度所要求支付的各项费用。如职工福利费、生产工人劳动保护费等。

(5) 工人的雇佣费、有关的保险费及辞退工人的安置费等。

至于在确定具体人工单价时应考虑哪些费用,应根据具体的工程估价方法所规定的造价费用构成及其相应的计算方法来确定。

3) 影响人工单价的因素

(1) **政策因素**:如政府指定的有关劳动工资制度、最低工资标准、有关保险的强制规定等。确定具体工程的人工工资单价时,必须充分考虑为满足上述政策而应该发生的费用。

(2) **市场因素**:如市场供求关系对劳动力价格的影响、不同地区劳动力价格的差异、雇佣工人的不同方式(如当地临时雇佣与长期雇佣的人工单价可能不一样)以及不同的雇佣合同条款等。在确定具体工程的人工单价时,同样必须根据具体的市场条件确定相应的价格水平。

(3) **管理因素**:如生产效率与人工单价的关系、不同的支付系统对人工单价的影响等。不同的支付系统在处理生产效率与人工单价的关系方面是不同的。例如,在计时工资制的条件下,不论施工现场的生产效率如何,由于是按工作时间发放工资,所以其生产工人的人工单价是一样的。但是,在计件工资制的条件下,由于工人一个工作班的劳动报酬与其在该工作班完成的产品产量成正比关系,所以施工现场的生产效率直接影响到人工单价的水平。在确定具体工程的人工单价时,必须结合一定的劳动管理模式,在充分考虑所使用的管理模式对人工单价的影响的基础上,确定人工单价水平。

4) 综合人工单价计算步骤

(1) 根据一定的人工单价的费用构成标准,在充分考虑影响单价各因素的基础上,分别计算不同工种、不同技术等级的工人的人工单价。

（2）根据具体工程的资源配置方案，计算不同工种、不同技术等级的工人在该工程上的工时比例。

（3）把不同工种、不同技术等级的工人的人工单价按其相应的工时比例进行加权平均，即可得到该工程的综合人工单价。

5）综合人工单价确定示例

【例 4.1.1】 临时雇佣工人综合人工单价的确定。

【分析】 雇佣条件：① 正常工作时间，技术工作 80 元/工日，普通工作 60 元/工日。② 加班工作时间，按正常工作时间工资标准的 1.5 倍计算。③ 如工人的工作效率能达到定额的标准，则除按正常工资标准支付外，还可得基本工资的 30% 作为奖金。④ 法定节假日按正常工资支付。⑤ 病假工资 40 元/天。⑥ 工器具费为 8 元/工日。⑦ 劳动保险费为工资总额的 10%。⑧ 非工人原因停工照正常工作工资标准计算。

工作时间的设定：① 每年按 52 周计，每周正常工作 5 天，每周双休日加班。② 节假日规定：除 7 天法定节假日外，每年放假 15 天，均安排在双休日休息。③ 非工人原因停工 35 天，5 天病假，全年 40 天，其中 35 天在正常上班时间，5 天在双休日。

工作时间计算：

① 正常工作时间：日历天数为 52×5＝260 天；法定假期 10 天；非工人原因停工 35 天；合计正常工作时间 215 天。

② 加班工作时间：日历天数为 52×2＝104 天；法定假期 15 天；非工人原因停工 5 天；合计加班工作时间 84 天。

③ 非工人原因停工：35 天。

④ 法定节假日：10 天。

⑤ 病假：5 天。

年人工费计算

费用项目	公式	技工	普工
① 正常工作工资	215×工资标准	17 200	12 900
② 非工人原因停工工资	35×工资标准	2 800	2 100
基本工资合计		20 000	15 000
③ 奖金	基本工资×30%	6 000	4 500
④ 加班工资	84×工资标准×1.5	10 080	7 560
⑤ 法定节假日工资	10×工资标准	800	600
⑥ 病假工资	5×病假工资	200	200
⑦ 工具费	工作天数×8	2 392	2 392
⑧ 劳动保险费	工资总额×10%	3 947.20	3 025.20
人工费合计		43 419.20	33 277.20
人工单价		43 419.20/215＝201.95 元/工日	33 277.20/215＝154.78 元/工日

例如技工与普工比为 2∶1，则

综合单价＝201.95×2/3＋154.78×1/3＝186.23（元/工日）

4.2　材料单价

4.2.1　概述

工程施工中所用的材料按其消耗的不同性质,可分为实体性消耗材料和周转性消耗材料两种类型。实体性消耗材料是指在工程施工中直接消耗的并构成工程实体的材料,如砌筑砖墙所用的砖、浇筑混凝土构件所用的水泥等;而周转性消耗材料是指在工程施工中周转使用,并不构成工程实体的材料,如搭设脚手架所用的钢管、浇筑混凝土构件所用的模板等。由于实体性消耗材料和周转性消耗材料的消耗性质不同,所以其单价的概念和费用构成均不尽相同。

实体性材料的单价是指通过施工单位的采购活动到达施工现场时的材料价格,该价格的大小取决于材料从其来源地到达施工现场过程中所需发生费用的多少。从该费用的构成看,一般包括采购该材料时所支付的货价(或进口材料的抵岸价)、材料的运杂费和采购保管费用等费用因素。

由于周转性材料不是一次性消耗的,所以其消耗的形式一般为按周转次数进行分摊。其摊销量由两部分组成:一部分为周转性材料经过一次周转的损失量;另一部分为周转性材料按周转总次数的摊销量。对于经过一次周转的损失量,由于其消耗的形式与实体性材料的消耗形式一样,所以其价格的确定也和实体性材料一样;对于按周转总次数摊销的周转性材料,如果将其一次摊销量乘以相应的采购价格即得该周转性材料按周转总次数计提的折旧费。即使是采用企业自备的周转性材料来装备工程,但在为工程估价而确定企业自备的周转性材料的单价时也应该以周转性材料的租赁单价为基础加以确定。

材料单价,是指材料由其来源地或交货地到达工地仓库或施工现场存放地点后的出库价格。

材料费占整个装饰工程直接费的比重很大。材料费是根据材料消耗量和材料单价计算出来的。因此,正确确定材料单价有利于提高预算质量,促进企业加强经济核算和降低工程成本。

4.2.2　实体性材料单价

1)实体性材料单价的组成

装饰材料、构件、成品及半成品的预算价格由三种费用因素组成,即材料原价、运杂费和采购保管费。其计算公式为

$$材料单价＝(材料原价＋运杂费)×(1＋采购保管费率)$$

2)实体性材料单价的确定

(1)材料原价的确定

材料原价通常是指材料的出厂价、市场采购价或批发价;材料在采购时,如不符合设计规格要求,而必须经加工改制的,其加工费及加工损耗率应计算在该材料原价内;进口材料应以国际市场价格加上关税、手续费及保险费等构成材料原价,也可按国际通用的材料到岸价或离岸价为原价。

在确定材料的原价时,同一种材料因产地、供应单位的不同有几种原价的,应根据不同

来源地的供应数量比例,采用加权平均计算其原价。

(2) 材料运杂费

材料运杂费指材料由来源地或交货地运至施工工地仓库或堆放处的全部过程中所支付的一切费用。包括车船等的运输费、调车或驳船费、装卸费及合理的运输损耗费。

材料运杂费通常按外埠运杂费与市内运杂费两段计算。材料运输费在材料单价中占有较大的比重,为了降低运输费用,应尽量就地取材,就近采购,缩短运输距离,并选择合理的运输方式。

运输费应根据运输里程、运输方式等分别按铁路、公路、船运、空运等部门规定的运价标准计算。有多个来源地的材料运输费应根据供应比重加权平均计算。

(3) 材料采购保管费

材料采购保管费是指材料部门在组织采购、供应和保管材料过程中所需要的各种费用。包括各级材料部门的职工工资、职工福利费、劳动保护费、差旅交通费以及材料部门的办公费、固定资产使用费、工具用具使用费、材料试验费、材料储存损耗等。可用下式表示:

$$材料采购保管费＝(材料原价＋运杂费)×采购保管费率$$

采购保管费率一般为 2%,其中采购费率和保管费率各 1%。

【例 4.2.1】 某工程需用白水泥,选定甲、乙两个供货地点,甲地出厂价 670 元/t,可供需要量的 70%;乙地出厂价 690 元/t,可供需要量的 30%。汽车运输,甲地离工地 80 km,乙地离工地 60 km。求白水泥预算价格。

【解】 1. 加权平均计算综合原价

综合原价:670×70%＋690×30%＝676(元/t)

2. 运输费按 0.40 元/(t·km)计算,装卸费为 16 元/t,装卸各一次,运杂费为

80×0.40×70%＋60×0.40×30%＋16＝45.6(元/t)

3. 材料采购保管费率为 2%,则白水泥的预算价格为

(676＋45.6)×(1＋2%)＝736.03(元/t)

4.2.3 周转性材料单价的确定

1) 周转性材料单价的构成

周转性材料单价由两部分组成。第一部分即周转性材料经一次周转的损失量,其单价的概念及组成均与实体性材料的单价相同。第二部分即按占用时间来回收投资价值的方式,其相应的单价应该以周转性材料租赁单价的形式表示,而确定周转性材料租赁单价时必须考虑如下费用:一次性投资或折旧;购置成本(即贷款利息);管理费;日常使用及保养费;周转性材料出租人所要求的收益率。

2) 影响周转性材料租赁单价的因素

(1) 周转性材料的采购方式

施工企业如果决定采购周转性材料而不是临时租用,则可在众多的采购方式中选择一种方式进行购买,不同的采购方式带来不同的资金流量,从而影响周转性材料租赁单价的大小。

（2）周转性材料的性能

周转性材料的性能决定着周转性材料可用的周转次数、使用中的损坏情况、需要修理的情况等状况，而这些状况直接影响着周转性材料的使用寿命及在其寿命期内所需的修理费用、日常使用成本（如给钢模板上机油等）和到期的残值。

（3）市场条件

市场条件主要是指市场的供求及竞争条件，市场条件直接影响着周转性材料出租率的大小、周转性材料出租单位的期望利润水平的高低等。

（4）银行利率水平及通货膨胀率

银行利率水平的高低直接影响着资金成本的大小及资金时间价值的大小，如果银行利率水平高，则资金的折现系数大，在此条件下如需保本则需达到更大的内部收益率，而如要达到更高的内部收益率则必须提高租赁单价。通货膨胀即货币贬值，其贬值的速度（比率）即为通货膨胀率，如果通货膨胀率高，则为了不受损失就要以更高的收益率扩大货币的账面价值，而如要达到更高的内部收益率则必须提高租赁单价。

（5）折旧的方法

折旧的方法有直线折旧法、余额递减折旧法、定额存储折旧法等不同的种类，同一种周转性材料以不同的方法提取折旧，其每次计提的费用是不同的。

（6）管理水平及有关政策上的规定

不同的管理水平有不同的管理费用，管理费用的大小取决于不同的管理水平。有关政策上的规定也能影响租赁单价的大小，如规定的税费、按规定必须办理的保险费等。

3）周转性材料租赁单价的确定

和施工机械租赁单价的确定方法一样，周转性材料租赁单价的确定一般也有两种方法，一种是静态的方法，另一种是动态的方法。

（1）静态方法：静态方法即不考虑资金时间价值的方法，其计算租赁单价的基本思路是，首先根据租赁单价的费用组成，计算周转性材料在单位时间里所必须发生的费用总和作为该周转性材料的边际租赁单价（即仅仅保本的单价），然后增加一定的利润即成确定的租赁单价。

（2）动态方法：动态方法即在计算租赁单价时考虑资金时间价值的方法，一般可以采用"折现现金流量法"来计算考虑资金时间价值的租赁单价。

4.3 机械台班单价

4.3.1 我国现行体制下施工机械台班单价

1）机械台班单价的组成

我国现行体制下施工机械台班单价由七项费用组成，包括折旧费、大修理费、经常修理费、安拆费及场外运费、燃料动力费、人工费、养路费及车船使用税等。

（1）折旧费

折旧费指机械设备在规定的使用年限内，陆续收回其原值及所支付贷款利息的费用。

计算公式如下：

$$台班折旧费 = \frac{机械预算价格 \times (1 - 残值率) \times 贷款利息系数}{耐用总台班}$$

其中，机械预算价格包括国产机械预算价格和进口机械预算价格两种情况。国产机械预算价格是指机械出厂价格加上从生产厂家（或销售单位）交货地点运至使用单位机械管理部门验收入库的全部费用。包括出厂价格、供销部门手续费和一次运杂费。进口机械预算价格是由进口机械到岸完税价格加上关税、外贸部门手续费、银行财务费以及由口岸运至使用单位机械管理部门验收入库的全部费用。

残值率是指施工机械报废时其回收的残余价值占机械原值（即机械预算价格）的比率，依据《施工、房地产开发企业财务制度》规定，残值率按照固定资产原值的 2％～5％ 确定。各类施工机械的残值率综合确定如下：

运输机械　　　　　　　2％

特、大型机械　　　　　3％

中、小型机械　　　　　4％

贷款利息系数是指为补偿施工企业贷款购置机械设备所支付的利息，从而合理反映资金的时间价值，以大于 1 的贷款利息系数，将贷款利息（单利）分摊在台班折旧费中。

$$贷款利息系数 = 1 + \frac{(n+1)}{2} \cdot i$$

式中：　n——机械的折旧年限；

　　　　i——设备更新贷款年利率。

折旧年限是指国家规定的各类固定资产计提折旧的年限。设备更新贷款年利率是以定额编制当年的银行贷款年利率为准。

耐用总台班是指机械在正常施工作业条件下，从投入使用起到报废止，按规定应达到的使用总台班数。机械耐用总台班的计算公式为

$$耐用总台班 = 大修间隔台班 \times 大修周期$$

大修间隔台班是指机械自投入使用起至第一次大修止或自上一次大修后投入使用起至下一次大修止，应达到的使用台班数。

大修周期即使用周期，是指机械在正常的施工作业条件下，将其寿命期（即耐用总台班）按规定的大修理次数划分为若干个周期。计算公式为

$$大修周期 = 寿命期大修理次数 + 1$$

（2）大修理费

大修理费指机械设备按规定的大修间隔台班必须进行大修理，以恢复机械正常功能所需的费用。台班大修理费则是机械使用期限内全部大修理费之和在台班费中的分摊额。其计算公式为

$$台班大修理费 = \frac{一次大修理费 \times 寿命期内大修理次数}{耐用总台班}$$

其中,一次大修理费是指机械设备按规定的大修理范围和修理工作内容,进行一次全面修理所需消耗的工时、配件、辅助材料、机油燃料以及送修运输等全部费用。

寿命期大修理次数是指机械设备为恢复原机功能按规定在使用期限内需要进行的大修理次数。

（3）经常修理费

经常修理费指机械设备除大修理以外必须进行的各级保养（包括一、二、三级保养）以及临时故障排除和机械停置期间的维护保养等所需各项费用,为保障机械正常运转所需替换设备、随机工具附具的摊销及维护费用,机械运转及日常保养所需润滑、擦拭材料费用。机械寿命期内上述各项费用之和分摊到台班费中,即为台班经常修理费。其计算公式为

$$台班经常修理费 = \frac{\sum（各级保养一次费用 \times 寿命期各级保养总次数）+ 临时故障排除费用}{耐用总台班}$$
$$+ 替换设备台班摊销费 + 工具附具台班摊销费 + 例保辅料费$$

其中,各级保养一次费用分别指机械在各个使用周期内为保证机械处于完好状况,必须按规定的各级保养间隔周期、保养范围和内容进行的一、二、三级保养或定期保养所消耗的工时、配件、辅料、油燃料等费用,计算方法同一次大修费计算方法。

寿命期各级保养总次数分别指一、二、三级保养或定期保养在寿命期内各个使用周期中保养次数之和。

机械临时故障排除费用指机械除规定的大修理及各级保养以外,临时故障所需费用以及机械在工作日以外的保养维护所需润滑、擦拭材料费。经调查和测算,按各级保养（不包括例保辅料费）费用之和的3%计算。

替换设备及工具附具台班摊销费指轮胎、电缆、蓄电池、运输皮带、钢丝绳、胶皮管、履带板等消耗性物品和按规定随机配备的全套工具附具的台班摊销费用。

例保辅料费即机械日常保养所需润滑、擦拭材料的费用。

（4）安拆费及场外运费

安拆费是指机械在施工现场进行安装、拆卸所需人工、材料、机械和试运转费用以及安装所需的机械辅助设施（如基础、底座、固定锚桩、行走轨道、枕木等）的折旧、搭设、拆除等费用。

场外运费是指机械整体或分体自停置地点运至施工现场或一工地运至另一工地的运输、装卸、辅助材料以及架线等费用。

定额台班基价内所列安拆费及场外运输费,均分别按不同机械、型号、重量、外形、体积、安拆和运输方法测算其工、料、机械的耗用量综合计算取定。除地下工程机械外,均按年平均4次运输、运距平均25 km以内考虑。

安拆费及场外运输费的计算公式如下:

$$台班安拆费 = \frac{机械一次安拆费 \times 年平均安拆次数}{年工作台班} + 台班辅助设施摊销费$$

$$台班辅助设施摊销费 = \frac{辅助设施一次费用 \times （1-残值率）}{辅助设施耐用台班}$$

台班场外运费

$$=\frac{(一次运输及装卸费+辅助材料一次摊销费+一次架线费)\times年平均场外运输次数}{年工作台班}$$

在定额基价中未列此项费用的项目有：一是金属切削加工机械等，由于该类机械系安装在固定的车间房屋内，不需经常安拆运输；二是不需要拆卸安装自身能开行的机械，如水平运输机械；三是不适合按台班摊销本项费用的机械，如特、大型机械，其安拆费及场外运输费按定额规定另行计算。

（5）燃料动力费

燃料动力费指机械设备在运转施工作业中所耗用的固体燃料（煤炭、木材）、液体燃料（汽油、柴油）、电力、水等费用。

定额机械燃料动力消耗量，以实测的消耗量为主，以现行定额消耗量和调查的消耗量为辅的方法确定。计算公式如下：

$$台班燃料动力消耗量=\frac{实测数\times4+定额平均值+调查平均值}{6}$$

$$台班燃料动力费=台班燃料动力消耗量\times相应的单价$$

（6）人工费

人工费指机上司机、司炉和其他操作人员的工作日以及上述人员在机械规定的年工作台班以外的人工费用。

工作台班以外机上人员人工费用，以增加机上人员的工日数形式列入定额内，按下式计算：

$$台班人工费=定额机上人工工日\times日工资单价$$

$$定额机上人工工日=机上定员工日\times(1+增加工日系数)$$

（7）养路费及车船使用税

养路费及车船使用税指按照国家有关规定应交纳的运输机械养路费和车船使用税，按各省、自治区、直辖市规定标准计算后列入定额。其计算公式为

台班养路费及车船使用税

$$=\frac{载重量（或核定吨位）\times\{养路费[元/（吨\cdot月）]\times12+车船使用税[元/（吨\cdot年）]\}}{年工作台班}$$

在我国现行体制条件下，政府授权部门根据以上所述的机械台班单价的费用组成及确定方法，经综合平均后统一编制，并以《全国统一施工机械台班费用定额》的形式作为一种经济标准要求在编制工程造价（如施工图预算、设计概算、标底报价等）及结算工程造价时必须按该标准执行，不得任意调整及修改。所以，目前在国内编制工程造价时，均以《全国统一施工机械台班费用定额》或该定额在某一地区的单位估价表所规定的台班单价作为计算机械费的依据。

4.3.2　机械台班租赁单价

1）概念

工程施工中所使用的机械设备一般可分为外部租用和内部租用两种情况。外部租用是

指向外单位(如设备租赁公司、其他施工企业等)租用机械设备,此种方式下的机械台班单价一般以该机械的租赁单价为基础加以确定。内部租用是指使用企业自有的机械设备,由于机械设备是一种固定资产,从成本核算的角度看,其投资一般是通过折旧的方式来加以回收的,所以此种方式下的机械台班单价一般可以在该机械折旧费(及大修理费)的基础上再加上相应的运行成本等费用因素通过企业内部核算来加以确定。但是,如果从投资收益的角度看,机械设备作为一种固定资产,其投资必须从其所实现的收益中得到回收。施工企业通过拥有机械设备实现收益的方式一般有两种:其一是装备在工程上通过计算相应的机械使用费从工程造价中实现收益;其二是对外出租机械设备通过租金收入实现收益。考虑到企业自备机械具有通过出租实现收益的机会,所以,即使是采用内部租用的方式获取机械设备,在为工程估价而确定机械台班单价的过程中也应该以机械的租赁单价为基础加以确定。

虽然施工机械的租赁单价可以根据市场情况确定,但是不论是机械的出租单位还是机械的租赁单位,在计算其租赁单价时均必须在充分考虑机械租赁单价的组成因素基础上通过计算得到可以保本的边际单价水平,并以此为基础根据市场策略增加一定的期望利润来最终确定租赁单价。

2) 机械租赁单价的费用组成

(1) 计算机械租赁单价应考虑的费用因素

① 拥有费用

拥有费用指为了拥有该机械设备并保持其正常的使用功能所需发生的费用,包括施工机械的购置成本、折旧及大修理费等。

② 使用成本

使用成本指在施工机械正常使用过程中所需发生的运行成本,包括使用和修理费用、管理费用、执照及保险费用等。

③ 机械的出租或使用率

机械的出租或使用率指一年内出租(或使用)机械时间与总时间的比率,它反映该机械投资的效率。

④ 期望的投资收益率

期望的投资收益率指投资购买并拥有该施工机械的投资者所希望的收益率,一般可用投资利润率来表示。

(2) 计算机械租赁单价应考虑的成本因素

① 购置成本

购置成本是指用于购买施工机械设备的资金,通常通过贷款筹集。贷款要支付利息,因此在计算租赁单价时应考虑计入该费用。即使该机械设备是利用本公司的保留资金购置的,也应该考虑到这笔费用,因为这笔钱如果不用于购买机械设备本可以存入银行赚取利息。

② 使用成本

对于不同类型的机械设备、工作条件以及工作时间,保养和修理成本相差悬殊。从类似机械设备的使用中获得经验,并详细保存记录该经验是估算这种费用的唯一办法。其数额通常以该机械设备初值的一个百分比表示,但这方法并不理想,因为大多数施工机械使用年限越长,要做的保养工作也就越多。

燃料和润滑油的费用因设备的大小、类型和机龄而异。同样,经验是最好的参考,但是制造厂家的资料确实也提供了一些数字,可通过合理的判断估算出该机械设备上述物料的消耗量。

③ 执照和保险费

机械设备保险的类型和保险费多少取决于该机械设备是否使用公共道路。不在公共道路上使用的施工机械设备,其保险费非常少,只需保火灾和失窃险。使用公路的施工机械当然同其他道路使用者一样必须根据最低限度的法规要求进行保险。同样,如果施工机械不在公共道路上使用,执照费也很少,反之其数额就很可观。

④ 管理机构的管理费

施工企业一般组建相应的内部管理部门来管理施工机械,随着社会分工的不断细化,施工企业也可能将机械设备交于独立的盈利部门管理。不论怎样管理,均必须发生管理费用。因此在确定机械设备租赁单价时必须列入所有一般行政管理和其他管理的费用。

⑤ 折旧

折旧就是由使用期长短而造成的价值损失。施工企业一般按施工过程中(内部租用)或租出设备时(出租给其他单位)的机械租赁单价的比率增加一笔相当折旧费用的金额以收回这种损失。在一般实践中,收回的折旧费常用于许多其他方面,而不允许呆滞地积累下来。当该项资产最终被替代完毕时,这笔资金就从公司现金余额中借出或提出。

(3) 机械租赁单价的影响因素

① 计算机械租赁单价的费用范围

计算机械租赁单价时所规定的费用范围直接影响着其单价水平。例如,机械租赁单价中是否应包括该机械司机的人工费用及机械使用中的动力燃料费等,不同的费用组成决定着不同的租赁单价水平。

② 机械设备的采购方式

施工企业如果决定采购施工机械而不是临时租用机械,则可利用下列若干采购方式,不同的采购方式带来不同的资金流量。

A. 现金或当场采购

采购施工机械设备时可以马上付现款,从而在资产负债表上列入一项有形资产。显然,仅在手头有现金时才能采用这种方式,因此这种做法的前提条件是以前的经营已有利润积累或者可从投资者处筹集到资金,例如股东、银行贷款等等。此外,大型或技术特殊的合同有时也列有专款供施工企业在工程项目开始时购买必需的施工机械。

用现金采购机械设备可能会享受避税的好处,因为有关税法可能会允许于购置施工机械的年度在公司盈利中按采购价格的一定比例留出一笔资金作为投资贴补,也可能会允许对新购置的施工机械进行快速折旧从而使成本增大。作为政府的一项鼓励措施,其作用是鼓励投资,因此在决定采购之前应考虑这笔投资的预期收益率,保证这种利用资金的方式是最有利可图的投资方法。

B. 租购

利用租购方式购置施工机械设备要由购买者和资金提供者签订一份合同,合同规定购买者在合同期间支付事先规定的租金。合同期满时该项资产的所有权可以按事先商定的价钱转让给购买者,其数额仅仅是象征性的。租购方法特别有用,可以避免动用大笔资金,而且可以分阶段逐步归还借用的资金。然而,租购常常要支付很高的利息,这是它的不利的方面。

C. 租赁

租赁安排与当场购买或租购根本就不是同一种做法。因此从理论上讲,施工机械所有权永远不会转到承租人(用户)手中。租约可以认为是一种合同,据此合同承租人取得另一方(出租人)所有的某项资财的使用权,并支付事先规定的租金。但是,根据这种理解,就产生若干种适合有关各方需要的租赁形式,其中融资租赁和经营租赁是适合施工机械设备置办的两种形式。

a. 融资租赁:这种租赁形式一般由某个金融机构,例如贷款商号安排。收取的租金包括资产购置成本减去租约期满时预期残值之差,以及用于支付出租人管理费、利息、维修成本开销和一定利润的服务费。租借期限通常分为两个阶段,在基本租期内,通常为 3 到 5 年,租金定在能够收回上列各项成本的水平。附加租期(又叫续租期),可以按固定期限续订。延长是为了适合承租人的需要,在延长期间可能只收取一笔象征性的租金。

因为出租人对租出去的设备常常没有直接的兴趣,所以租约直到出租人于基本租期末将投资变现时才能取消。在这期间承租人可以充分利用该项设备,就如同使用自己所有的一样。然而,租赁与当场购买不同,不能让承租企业利用该项资产投资获得有关避税方面的好处。

b. 经营租赁:融资租赁一般由金融机构提供,而经营租赁的出租人很可能是该项设备的制造厂家或供应商。后者的目的就是协助推销这种设备。基本租期租约可能不允许中途取消,租金常常也低于融资租赁,因为这类机械设备可能是价廉物美的二手货,或者附带对出租人有利可图的维修协议或零件供应协议。实际上,出租人期望的利润可能就要取自这些附带的服务,这些服务有可能延续到租约的附加租期。很显然,这种形式的安排最适合于厂家有熟练的人才,能够进行必要的维修和保养的大型或技术复杂的机械设备的出租。如果有健全的二级市场存在,某些货运卡车制造厂愿意利用这种方式。

经营租赁对承租人的另一个好处是所有权一直掌握在出租人手中,但是与融资租赁不同,不要求在承租人的资产负债表上列项。结果,资本运作情况将保持不变,因此对资金高速周转的公司特别方便。否则,为直接购买,甚至租购施工设备而借贷资金时就会遇到困难。租赁费用被看作是经营开支,因此可作为成本列入损益账户。

③ 机械设备的性能

机械设备的性能决定着施工机械的生产能力、使用中的消耗、需要修理的情况及故障率等状况,而这些状况直接影响着机械在其寿命期内所需的大修理费用、日常的运行成本、使用寿命及转让价格等。

④ 市场条件

市场条件主要是指市场的供求及竞争条件,市场条件直接影响着机械出租率的大小、机械出租单位的期望利润水平的高低等。

⑤ 银行利率水平及通货膨胀率

银行利率水平的高低直接影响着资金成本的大小及资金时间价值的大小,如果银行利率水平高,则资金的折现系数大,在此条件下如需保本则需达到更大的内部收益率,而如要达到更高的内部收益率则必须提高租赁单价。通货膨胀即货币贬值,其贬值的速度(比率)即为通货膨胀率,如果通货膨胀率高,则为了不受损失就要以更高的收益率扩大货币的账面价值,而如要达到更高的内部收益率则必须提高租赁单价。

⑥ 折旧的方法

折旧的方法有直线折旧法、余额递减折旧法、定额存储折旧法等不同的种类,同一种机械以不同的方法提取折旧,其每次计提的费用是不同的。

⑦ 管理水平及有关政策上的规定

不同的管理水平有不同的管理费用,管理费用的大小取决于不同的管理水平。有关政策上的规定也能影响租赁单价的大小,如规定的税费、按规定必须办理的保险费等。

3) 机械租赁单价的确定

机械租赁单价的确定一般有两种方法,一种是静态的方法,另一种是动态的方法。

(1) 静态方法:静态方法即不考虑资金时间价值的方法,其计算租赁单价的基本思路是,首先根据所规定的租赁单价的费用组成,计算机械在单位时间里所必须发生的费用总和作为该机械的边际租赁单价(即仅仅保本的单价),然后增加一定的利润即成确定的租赁单价。

【例 4.3.1】 采用静态方法确定某机械租赁单价。机械购置费用 44 050 元;该机械转售价值 2 050 元;每年平均工作时数 2 000 小时;设备的寿命年数 10 年;每年的保险费 200 元;每年的执照费和税费 100 元;每小时 20 升燃料费 0.10 元;机油和润滑油为燃料费的 10%;修理和保养费每年为购置费用的 15%;要求达到的资金利润率 15%;为简化起见不计管理费。

【解】 首先计算边际租赁单价,计算过程如下:

费用项目	金额(元/年)
折旧(直线法)=42 000 元/10 年	4 200
贷款利息,用年利率 9.9% 计算	
44 050×0.099	4 361
保险和税款	300
该机械拥有成本	8 861
燃料(升):20×0.1×2 000	4 000
机油和润滑油:4 000×0.1	400
修理费:0.15×44 050	6 608
该机械使用成本	11 008
总成本	19 869

则该机械的边际租赁单价:

$$19\ 869/2\ 000 = 9.93(元/小时)$$

折合成台班租赁单价:

$$9.93 \times 8 = 79.44(元/台班)$$

边际租赁单价的计算考虑了创造足够的收入以便更新资产、支付使用成本并形成初始投入资金的回收,实现了简单再生产。在此基础上,加上一定的期望利润即成机械的租赁单价。

$$79.44 \times (1+0.15) = 91.36\ 元/台班$$

（2）动态方法：动态方法即在计算租赁单价时考虑资金时间价值的方法，一般可以采用"折现现金流量法"来计算考虑资金时间价值的租赁单价。现结合上述例题中的数据计算如下：

一次性投资	44 050 元
每年的使用成本	11 008 元
每年的税金及保险	300 元
机械的寿命期	10 年
到期的转让费	2 050 元
期望的收益率	15％

根据上述资料，采用"折现现金流量法"计算得出当净现值为零时所必需的年机械租金收入为 20 024 元，折合成台班租赁单价为 80.1 元/台班。

4.4 施工资源价格动态管理

编制招标控制价时通常以工程计价定额为主要的计价依据，工程计价定额中的施工资源价格只能反映其编制时选用的价格。例如，《江苏省建筑与装饰工程计价定额》采用南京市 2013 年下半年建筑工程材料指导价。编制实际工程招标控制价时，工程的时间、地点及其他影响价格的因素都发生了变化，必须调整施工资源价格；在工程实施过程中，施工资源价格也常采用动态方法调整。

4.4.1 施工资源价格动态管理原则

目前不少地区实行建设工程的价格动态管理，实行定期发布、事先约定和责任与风险挂钩原则。

1）定期发布原则

工程造价管理部门定期测算和发布人工价格指数、材料信息价等各类价格信息，及时反映本市市场价格水平的波动情况，对建设工程市场要素价格信息进行动态管理，指导工程造价计价行为。

2）事先约定原则

发、承包双方应充分考虑工期、市场等因素的影响，在招标文件和签订的施工合同中，事先明确约定双方承担的人工、材料等要素价格调整的种类、风险承担范围、采用的价差结算调整方式、价差支付方式以及支付比例。

当价格上涨或下跌幅度在约定的风险承担范围内，应由承包人承担或受益，结算时价格不作调整；当价格上涨或下跌幅度超过约定的风险承担范围以外，其风险幅度以外增加或减少的费用应由发包人承担或受益，结算时价差按合同约定进行调整。

3）责任与风险挂钩原则

因工期延误所产生的人工、材料、施工机械台班等价格要素变化，应界定双方责任后按以下原则处理：

（1）由于承包方原因延误工期而遇价格涨跌的，延误期间的价格上涨费用由承包方自行承担；反之，因价格下降造成的价差则由发包人受益，发包人结算时扣回价差。

（2）非承包方原因延误工期而遇价格涨跌的,延误期间的价格上涨费用由发包人承担,价差计入工程造价;反之,因价格下降造成的价差则由承包人受益,发包人不得扣回价差。

4.4.2　施工资源价格调整方式及价差计算方法

1) 材料价格调整

合同双方应事先在合同中约定采用的材料价格动态调价方式。按约定方法计算的材料价差,是否与当期进度款同步支付以及支付比例,由发承包双方在招标文件和合同中事先明确约定。材料价差可采用抽料补差法调价,发、承包双方应依据合同约定的价格调价方式采用相对应的价差计算方法。价差只计取税金。

工程实施过程中,当材料市场价格波动幅度超过合同约定时,发、承包双方可根据工程计量和合同价款结算方式,采用下列调价方式之一进行动态结算调整:

（1）按时间进度分段计算:即工程实行按月计量和计算价差,合同双方可根据当月市场信息价与投标文件编制期对应的市场信息价进行比较,调整相应价差。

根据工程的每月形象进度完成情况,按照当月信息价相对于编制期信息价的变动幅度以及材料的风险承担幅度进行当月已完工程量计量和价差计算。风险幅度以外材料价差计算公式如下:

① 当单种规格材料价格上涨超过约定的风险幅度时,

$$材料差价（正值）=[当月信息价 - 编制期信息价×（1+风险幅度）]$$
$$×当月单种规格材料用量$$

② 当单种规格材料价格下跌超过约定的风险幅度时,

$$材料差价（负值）=[当月信息价 - 编制期信息价×（1-风险幅度）]$$
$$×当月单种规格材料用量$$

（2）按工程形象部位（目标）进度分段计算:即工程按照合同约定的工程形象进度划分不同阶段,实行分段计量和计算价差,合同双方可根据相应形象部位的合同工期相关月份的市场信息价平均值,与投标文件编制期对应的市场信息价进行比较,调整相应价差。

工程施工进度达到合同约定的工程形象部位分段节点,即可按照相应分段阶段内各月信息价平均值相对于编制期信息价的变动幅度以及材料的风险承担幅度进行已完工程量计量和价差计算。风险幅度以外材料价差计算公式如下:

① 当单种规格材料价格上涨超过约定的风险幅度时,

$$材料差价（正值）=[合同对应阶段部位施工期内各期信息价算术平均值$$
$$-编制期信息价×（1+风险幅度）]×对应阶段部位单种规格材料用量$$

② 当单种规格材料价格下跌超过约定的风险幅度时,

$$材料差价（负值）=[合同对应阶段部位施工期内各期信息价算术平均值$$
$$-编制期信息价×（1-风险幅度）]×对应阶段部位单种规格材料用量$$

（3）竣工后一次性结算:即工程竣工后实行计量和价差的总结算,价差在竣工结算办理完毕后与工程结算款一并支付。

工程竣工后,根据合同工期前 80％月份内各期材料信息价格相对于编制期信息价的变动幅度以及材料的风险承担幅度进行计量和结算。合同工期前 80％月份的计算按照日历月份计,遇有小数即进位取整数。风险幅度以外材料价差计算公式如下:

① 当单种规格材料价格上涨超过约定的风险幅度时,

材料差价(正值)＝[合同工期前 80％月份内各期信息价算术平均值
　　　　　　　－编制期信息价×(1＋风险幅度)]×单种规格材料用量。

② 当单种规格材料价格下跌超过约定的风险幅度时,

材料差价(负值)＝[合同工期前 80％月份内各期信息价算术平均值
　　　　　　　－编制期信息价×(1－风险幅度)]×单种规格材料用量。

上述公式中的"单种规格材料用量",是指可调规格材料原合同用量与联系单变更用量之和,材料包括工程实施过程中耗用的原材料、构配件、半产品、辅助材料和零件。"编制期信息价",是指由工程造价管理部门在投标截止日所在月份造价信息正刊发布的当期信息价。所在月份信息价如遇工程造价管理部门发布信息价格调整的,则该月信息价格按所发布信息价执行天数加权平均。

2) 人工价格调整

当人工市场价格波动幅度超过合同约定时,发、承包双方可按照竣工后一次性结算方式调整人工费价差。人工价差采用价格指数法调价,价差只计取税金。风险幅度以外人工价差计算公式为:

① 当施工期人工价格指数平均值相对于编制期人工价格指数的比值上涨超过约定的风险幅度时,

人工费价差(正值)＝[合同工期内各月份人工价格指数算术平均值/编制期人工价格指数
　　　　　　　－(1＋风险幅度)]×人工费总额。

② 当施工期人工价格指数平均值相对于编制期人工价格指数的比值下跌超过约定的风险幅度时,

人工费价差(负值)＝[合同工期内各月份人工价格指数算术平均值/编制期人工价格指数
　　　　　　　－(1－风险幅度)]×人工费总额。

公式中的"人工费总额",是指按原合同口径计算的结算造价的人工费(包括合同价及联系单调整部分的人工费)。"编制期人工价格指数",是指投标截止日所在月份由工程造价管理部门发布的人工价格指数

3) 施工机械价格调整

施工机械台班的机上人工、燃料动力材料应分别按照上述人工和材料的价差调整方法计算价差,同步调整结算。

风险范围及其幅度一般按以下原则约定:人工价格风险幅度为 5％～8％,单种规格材料价格风险幅度为 5％～10％,施工机械台班中的机上人工、燃料动力的风险约定幅度按相应人工、材料价格风险原则处理。

以上介绍的是某地规定的一种施工资源价格调整方法,实际工作中按当时当地的规定计算。

5 工程造价计价基础

5.1 建设工程工程量清单计价规范

《建设工程工程量清单计价规范》(GB 50500—2013)于 2012 年 12 月 25 日以国家标准发布,自 2013 年 7 月 1 日起在全国范围内实施。

5.1.1 《计价规范》的基本规定

1)《计价规范》的作用

为规范建设工程造价计价行为,统一建设工程计价文件的编制原则和计价方法,制定《计价规范》。《计价规范》适用于建设工程发承包及实施阶段的计价活动。

建设工程发承包及实施阶段的计价活动有工程量清单编制、招标控制价编制、投标报价编制、工程合同价款约定、工程施工过程中的工程计量、合同价款支付、索赔与现场签证、合同价款的调整、竣工结算的办理以及工程造价鉴定等。

2)计价方式

使用国有资金投资的建设工程发承包,必须采用工程量清单计价。非国有资金投资的建设工程,宜采用工程量清单计价。

工程量清单应采用综合单价计价。综合单价是指完成一个规定清单项目所需的人工费、材料和工程设备费、施工机具使用费和企业管理费、利润以及一定范围内的风险费用。

建设工程发承包及实施阶段的工程造价应由分部分项工程费、措施项目费、其他项目费、规费和税金组成。

分部分项工程费是指各专业工程的分部分项工程应予列支的各项费用,由人工费、材料费、施工机具使用费、企业管理费和利润构成。分部工程是单项或单位工程的组成部分,是按结构部位、路段长度及施工特点或施工任务将单项或单位工程划分为若干分部的工程;分项工程是分部工程的组成部分,是按不同施工方法、材料、工序及路段长度等将分部工程划分为若干个分项或项目的工程。

措施项目费是指为完成建设工程施工,发生于该工程施工前和施工过程中的技术、生活、安全、环境保护等方面的费用。根据现行工程量清单计算规范,措施项目费分为单价措施项目与总价措施项目。

措施项目中的安全文明施工费必须按国家或省级、行业建设主管部门的规定计算,不得作为竞争性费用。规费和税金必须按国家或省级、行业建设主管部门的规定计算,不得作为竞争性费用。

3）计价活动主体

工程造价咨询人是指取得工程造价咨询资质等级证书,接受委托从事建设工程造价咨询活动的当事人以及取得该当事人资格的合法继承人。造价工程师是指取得造价工程师注册证书,在一个单位注册、从事建设工程造价活动的专业人员。造价员是指取得全国建设工程造价员资格证书,在一个单位注册、从事建设工程造价活动的专业人员。

招标工程量清单、招标控制价、投标报价、工程计量、合同价款调整、合同价款结算与支付以及工程造价鉴定等工程造价文件的编制与核对,应由具有专业资格的工程造价人员承担。

承担工程造价文件的编制与核对的工程造价人员及其所在单位,应对工程造价文件的质量负责。

5.1.2 《计价规范》的基本概念

1）工程量清单的定义

（1）工程量清单

工程量清单是指载明建设工程分部分项工程项目、措施项目、其他项目的名称和相应数量以及规费、税金项目等内容的明细清单。

（2）招标工程量清单

招标工程量清单是指招标人依据国家标准、招标文件、设计文件以及施工现场实际情况编制的,随招标文件发布供投标报价的工程量清单,包括其说明和表格。

（3）已标价工程量清单

已标价工程量清单是指构成合同文件组成部分的投标文件中已标明价格,经算术性错误修正(如有)且承包人已确认的工程量清单,包括其说明和表格。

2）工程量清单的含义

（1）工程量清单是按照招标要求和施工设计图纸要求,将拟建招标工程的全部项目和内容依据统一的工程量计算规则和子目分项要求,计算分部分项工程实物量,列在清单上作为招标文件的组成部分,供投标单位逐项填写单价用于投标报价。

（2）工程量清单是把承包合同中规定的准备实施的全部工程项目和内容,按工程部位、性质以及它们的数量、单价、合价等列表表示出来,用于投标报价和中标后计算工程价款的依据,工程量清单是承包合同的重要组成部分。

（3）工程量清单,严格地说不单是工程量,工程量清单已超出了施工设计图纸量的范围,它是一个工作量清单的概念。

3）工程量清单的作用和要求

（1）工程量清单是编制招标控制价、投标报价和工程结算时调整工程量的依据。

（2）工程量清单必须依据行政主管部门颁发的工程量计算规则、分部分项工程项目划分及计算单位的规定、施工设计图纸、施工现场情况和招标文件中的有关要求进行编制。

（3）工程量清单应由具有相应资质的中介机构进行编制。

（4）工程量清单格式应当符合有关规定要求。

5.1.3 工程量清单计价的特点

计价规范具有明显的强制性、竞争性、通用性和实用性。

1）强制性

强制性主要表现在：一是由建设主管部门按照强制性国家标准的要求批准颁布，规定全部使用国有资金或国有资金投资为主的大中型建设工程应按《计价规范》规定执行；二是明确工程量清单是招标文件的组成部分，并规定了招标人在编制工程量清单时必须遵守的规则。

2）竞争性

竞争性表现在《计价规范》中从政策性规定到一般内容的具体规定，充分体现了工程造价由市场竞争形成价格的原则。《计价规范》中的措施项目，在工程量清单中只列"措施项目"一栏，具体采用什么措施，由投标人根据企业的施工组织设计，视具体情况报价。另一方面，"计价规范"中人工、材料和施工机械没有具体的消耗量，为企业报价提供了自主的空间。

3）通用性

通用性的表现是我国采用的工程量清单计价是与国际惯例接轨的，符合工程量计算方法标准化、工程量计算规则统一化、工程造价确定市场化的要求。

4）实用性

实用性表现在"计价规范"的附录中工程量清单项目及工程量计算规则的项目名称表现的是工程实体项目，项目名称明确清晰，工程量计算规则简洁明了。

5.2 房屋建筑与装饰工程工程量计算规范

《房屋建筑与装饰工程工程量计算规范》（GB 50854—2013）（简称《计算规范》）于 2012 年 12 月 25 日以国家标准发布，自 2013 年 7 月 1 日起在全国范围内实施。

5.2.1 《计算规范》的基本规定

1）《计算规范》的作用

为规范工程造价计量行为，统一房屋建筑与装饰工程工程量清单的编制、项目设置和计量规则，制定《计算规范》。

《计算规范》适用于房屋建筑与装饰工程施工发承包计价活动中的工程量清单编制和工程量计算。房屋建筑与装饰工程计量，应当按《计算规范》进行工程量计算。

工程量清单和工程量计算等造价文件的编制与核对应由具有资格的工程造价专业人员承担。

2）编制工程量清单的一般规定

（1）项目编码

项目编码是指分部分项工程和措施项目工程量清单项目名称的阿拉伯数字标识。

（2）项目特征

项目特征是指构成分部分项工程量清单项目、措施项目自身价值的本质特征。

（3）工程量清单编制主体

工程量清单应由具有编制能力的招标人或受其委托具有相应资质的工程造价咨询人或招标代理人编制。

（4）工程量清单的作用

采用工程量清单方式招标,工程量清单必须作为招标文件的组成部分,其准确性和完整性由招标人负责。工程量清单是工程量清单计价的基础,应作为编制招标控制价、投标报价、计算工程量、支付工程款、调整合同价款、办理竣工结算以及工程索赔等的依据之一。

（5）编制工程量清单的依据

《计算规范》。

国家或省级、行业建设主管部门颁发的计价依据和办法。

建设工程设计文件。

与建设工程项目有关的标准、规范、技术资料。

招标文件及其补充通知、答疑纪要。

施工现场情况、工程特点及常规施工方案。

经审定的施工设计图纸及其说明。

经审定的施工组织设计或施工技术措施方案。

经审定的其他有关技术经济文件。

3）分部分项工程量清单

（1）分部分项工程量清单构成

分部分项工程量清单应包括项目编码、项目名称、项目特征、计量单位和工程量,并根据《计算规范》附录规定的项目编码、项目名称、项目特征、计量单位和工程量计算规则进行编制。

分部分项工程量清单的项目编码,应采用前十二位阿拉伯数字表示,一至九位应按附录的规定设置,十至十二位应根据拟建工程的工程量清单项目名称设置,同一招标工程的项目编码不得有重码。

工程量清单编码十二位阿拉伯数字的含义是:一、二位为专业工程代码(01—房屋建筑与装饰工程;02—仿古建筑工程;03—通用安装工程;04—市政工程;05—园林绿化工程;06—矿山工程;07—构筑物工程;08—城市轨道交通工程;09—爆破工程。以后进入国标的专业工程代码依此类推);三、四位为附录分类顺序码;五、六位为分部工程顺序码;七、八、九位为分项工程项目名称顺序码;十至十二位为清单项目名称顺序码。

当同一标段(或合同段)的一份工程量清单中含有多个单位工程且工程量清单是以单位工程为编制对象时,在编制工程量清单时应特别注意对项目编码十至十二位的设置不得有重码的规定。例如一个标段(或合同段)的工程量清单中含有三个单位工程,每一单位工程中都有项目特征相同的实心砖墙砌体,在工程量清单中又需反映三个不同单位工程的实心砖墙砌体工程量时,则第一个单位工程的实心砖墙的项目编码应为 010401003001,第二个单位工程的实心砖墙的项目编码应为 010401003002,第三个单位工程的实心砖墙的项目编码应为 010401003003,并分别列出各单位工程实心砖墙的工程量。

分部分项工程量清单的项目名称应按《计算规范》附录的项目名称结合拟建工程的实际确定。

分部分项工程量清单项目特征应按《计算规范》附录中规定的项目特征,结合拟建工程项目的实际予以描述。

（2）分部分项工程量计算

分部分项工程量清单中所列工程量应按《计算规范》附录中规定的工程量计算规则计

算。分部分项工程量清单的计量单位应按《计算规范》附录中规定的计量单位确定。《计算规范》附录中有两个或两个以上计量单位的,应结合拟建工程项目的实际情况,选择其中一个确定。工程计量时每一项目汇总的有效位数应遵守下列规定:"t"为单位,应保留小数点后三位数字,第四位小数四舍五入;以"m""m²""m³""kg"为单位,应保留小数点后两位数字,第三位小数四舍五入;以"个""件""根""组""系统"为单位,应取整数。

(3) 补充分部分项工程量清单

编制工程量清单出现计算规范附录中未包括的项目,编制人应作补充,并报省级或行业工程造价管理机构备案,省级或行业工程造价管理机构应汇总报住房和城乡建设部标准定额研究所。

补充项目的编码由本规范的代码 01 与 B 和三位阿拉伯数字组成,并应从 01B001 起顺序编制,同一招标工程的项目不得重码。工程量清单中需附有补充项目的名称、项目特征、计量单位、工程量计算规则、工程内容。

4)措施项目

根据现行工程量计算规范,措施项目分为单价措施项目与总价措施项目。单价措施项目是指在现行工程量清单计算规范中有对应工程量计算规则,按人工费、材料费、施工机具使用费、管理费和利润形式组成综合单价的措施项目。总价措施项目是指在现行工程量清单计算规范中无工程量计算规则,以总价(或计算基础乘费率)计算的措施项目。

5.2.2 计算规范附录示例

以《房屋建筑与装饰工程工程量计算规范》(GB 50854—2013) 附录 A 示例。

A.1 土方工程

工程量清单项目设置、项目特征描述的内容、计量单位及工程量计算规则,应按表 A.1 的规定执行。

表 A.1 土方工程(编号:010101)

项目编码	项目名称	项目特征	计量单位	工程量计算规则	工作内容
010101001	平整场地	1. 土壤类别 2. 弃土运距 3. 取土运距	m²	按设计图示尺寸以建筑物首层建筑面积计算	1. 土方挖填 2. 场地找平 3. 运输
010101002	挖一般土方	1. 土壤类别 2. 挖土深度 3. 弃土运距	m³	按设计图示尺寸以体积计算	1. 排地表水 2. 土方开挖 3. 围护(挡土板)及拆除 4. 基底钎探 5. 运输
010101003	挖沟槽土方			按设计图示尺寸以基础垫层底面积乘以挖土深度计算	
010101004	挖基坑土方				
010101005	冻土开挖	1. 冻土厚度 2. 弃土运距		按设计图示尺寸开挖面积乘厚度以体积计算	1. 爆破 2. 开挖 3. 清理 4. 运输
010101006	挖淤泥、流砂	1. 挖掘深度 2. 弃淤泥、流砂距离		按设计图示位置、界限以体积计算	1. 开挖 2. 运输

续表

项目编码	项目名称	项目特征	计量单位	工程量计算规则	工作内容
010101007	管沟土方	1. 土壤类别 2. 管外径 3. 挖沟深度 4. 回填要求	1. m 2. m³	1. 以米计量，按设计图示以管道中心线长度计算 2. 以立方米计量，按设计图示管底垫层面积乘以挖土深度计算；无管底垫层按管外径的水平投影面积乘以挖土深度计算。不扣除各类井的长度，井的土方并入	1. 排地表水 2. 土方开挖 3. 围护（挡土板）、支撑 4. 运输 5. 回填

注：① 挖土方平均厚度应按自然地面测量标高至设计地坪标高间的平均厚度确定。基础土方开挖深度应按基础垫层底表面标高至交付施工现场地标高确定，无交付施工场地标高时，应按自然地面标高确定。
② 建筑物场地厚度≤±300 mm的挖、填、运、找平，应按本表中平整场地项目编码列项。厚度>±300 mm的竖向布置挖土或山坡切土应按本表中挖一般土方项目编码列项。
③ 沟槽、基坑、一般土方的划分为：底宽≤7 m，底长>3倍底宽为沟槽；底长≤3倍底宽且底面积≤150 m²为基坑；超出上述范围则为一般土方。
④ 挖土方如需截桩头时，应按桩基工程相关项目编码列项。
⑤ 桩间挖土不扣除桩的体积，并在项目特征中加以描述。
⑥ 弃、取土运距可以不描述，但应注明由投标人根据施工现场实际情况自行考虑，决定报价。
⑦ 土壤的分类应按表A.1-1确定，如土壤类别不能准确划分时，招标人可注明为综合，由投标人根据地勘报告决定报价。
⑧ 土方体积应按挖掘前的天然密实体积计算。非天然密实土方，应按表A.1-2计算。
⑨ 挖沟槽、基坑、一般土方因工作面和放坡增加的工程量（管沟工作面增加的工程量）是否并入各土方工程量中，应按各省、自治区、直辖市或行业建设主管部门的规定实施，如并入各土方工程量中，办理工程结算时，按经发包人认可的施工组织设计规定计算，编制工程量清单时，可按表A.1-3～A.1-5规定计算。
⑩ 挖方出现流砂、淤泥时，如设计未明确，在编制工程量清单时，其工程数量可为暂估量，结算时应根据实际情况由发包人与承包人双方现场签证确认工程量。
⑪ 管沟土方项目适用于管道（给排水、工业、电力、通信）、光（电）缆沟［包括：人（手）孔、接口坑］及连接井（检查井）等。

表A.1-1　土壤分类表

土壤分类	土壤名称	开挖方法
一、二类土	粉土、砂土（粉砂、细砂、中砂、粗砂、砾砂）、粉质黏土、弱中盐渍土、软土（淤泥质土、泥炭、泥炭质土）、软塑红黏土、冲填土	用锹、少许用镐、条锄开挖。机械能全部直接铲挖满载者
三类土	黏土、碎石土（圆砾、角砾）混合土、可塑红黏土、硬塑红黏土、强盐渍土、素填土、压实填土	主要用镐、条锄，少许用锹开挖。机械需部分刨松方能铲挖满载者或可直接铲挖但不能满载者
四类土	碎石土（卵石、碎石、漂石、块石）、坚硬红黏土、超盐渍土、杂填土	全部用镐、条锄挖掘，少许用撬棍挖掘。机械须普遍刨松方能铲挖满载者

注：本表土的名称及其含义按国家标准《岩土工程勘察规范》GB 50021—2001（2009年版）定义。

表A.1-2　土方体积折算系数表

天然密实度体积	虚方体积	夯实后体积	松填体积
0.77	1.00	0.67	0.83
1.00	1.30	0.87	1.08
1.15	1.50	1.00	1.25
0.92	1.20	0.80	1.00

注：① 虚方指未经碾压、堆积时间≤1年的土壤。
② 本表按《全国统一建筑工程预算工程量计算规则》GJDGZ—101—95整理
③ 设计密实度超过规定的，填方体积按工程设计要求执行；无设计要求按各省、自治区、直辖市或行业建设行政主管部门规定的系数执行。

表 A.1-3 放坡系数表

土类别	放坡起点(m)	人工挖土	机械挖土		
			在坑内作业	在坑上作业	顺沟槽在坑上作业
一、二类土	1.20	1:0.5	1:0.33	1:0.75	1:0.5
三类土	1.50	1:0.33	1:0.25	1:0.67	1:0.33
四类土	2.00	1:0.25	1:0.10	1:0.33	1:0.25

注:① 沟槽、基坑中土类别不同时,分别按其放坡起点、放坡系数,依不同土类别厚度加权平均计算。
② 计算放坡时,在交接处的重复工程量不予扣除,原槽、坑作基础垫层时,放坡自垫层上表面开始计算。

表 A.1-4 基础施工所需工作面宽度计算表

基础材料	每边各增加工作面宽度(mm)
砖基础	200
浆砌毛石、条石基础	150
混凝土基础垫层支模板	300
混凝土基础支模板	300
基础垂直面做防水层	1 000(防水层面)

注:本表按《全国统一建筑工程预算工程量计算规则》GJDGZ—101—95 整理。

表 A.1-5 管沟施工每侧所需工作面宽度计算表

管道结构宽(mm) 管沟材料	≤500	≤1 000	≤2 500	>2 500
混凝土及钢筋混凝土管道(mm)	400	500	600	700
其他材质管道(mm)	300	400	500	600

注:① 本表按《全国统一建筑工程预算工程量计算规则》GJDGZ—101—95 整理。
② 管道结构宽:有管座的按基础外缘,无管座的按管道外径。

《房屋建筑与装饰工程工程量计算规范》(GB 50854—2013)附录 A、B、C、D、E、F、G、H、J、K、L、M、N、P、Q、R(16 个)为工程实体项目,附录 S 为措施项目。

5.3 房屋建筑与装饰工程计价定额

江苏省建设厅为了贯彻住房和城乡建设部《建设工程工程量清单计价规范》(GB 50500—2013)及其 9 本工程量计算规范,组织编制了《江苏省建筑与装饰工程计价定额》。

5.3.1 《计价定额》概述

1)适用范围与编制依据

《江苏省建筑与装饰工程计价定额》适用于在江苏省行政区域内新建、扩建和改建的建筑与装饰工程。其编制依据为:

(1)《江苏省建筑与装饰工程计价表》(2004 年)。

(2)《全国统一建筑工程基础定额》(GJD—101—95)。

(3)《全国统一建筑装饰装修工程消耗量定额》(GYD—901—2002)。

(4)《建设工程劳动定额 建筑工程》(LD/T 72.1～11—2008)。

(5)《建设工程劳动定额 装饰工程》(LD/T 73.1～4—2008)。

(6)《全国统一建筑安装工程工期定额》(2000年)。

(7)《全国统一施工机械台班费用编制规则》(2001年)。

(8)南京市2013年下半年建筑工程材料指导价格。

2)基本构成与编制原则

《江苏省建筑与装饰工程计价定额》由24章和9个附录组成。前18章为工程实体项目,19至24章为措施项目,不能列出定额项目的措施项目按《江苏省建设工程费用定额》(2014年)的规定进行计算。

附录是工程计价的重要依据。为便于施工企业快速报价,在附录一中列出了混凝土构件的模板、钢筋含量表,供使用单位参考。附录二至六分别列出机械、主要建筑材料、配合比材料(混凝土、砂浆)的价格,各项价格分别列出8位数代码,方便信息化管理。附录七给出各类抹灰的分层厚度及砂浆种类;附录八给出各种材料、半成品的损耗率;附录九是钢材重量计算、砖基础大放脚计算及各种形体的计算公式。

《江苏省建筑与装饰工程计价定额》的编制原则是:

(1)以江苏省2004版的《建筑与装饰工程计价表》为基础,定额表现形式不变。

(2)按简明适用的原则,合理划分定额步距。

(3)对2004计价表使用中不明确或定额水平有问题的子目进行调整。

(4)对2004计价表缺项、实际使用较多的定额项目进行补充。

(5)根据现行施工规范和工艺,调整定额子目。

(6)2014计价定额中的工程量计算规则尽量考虑调整为与2013计算规范的口径一致。

(7)与其他专业定额水平相协调,建立了统一的材料库,材料采用8位编码。

5.3.2　《计价定额》与《计算规范》的关系

1)工程实体项目

《房屋建筑与装饰工程工程量计算规范》(GB 50854—2013)共有16个附录为工程实体项目。《江苏省建筑与装饰工程计价定额》(2014年)前18章为工程实体项目。《江苏省建筑与装饰工程计价定额》中的工程量计算规则尽量考虑调整为与《房屋建筑与装饰工程工程量计算规范》(GB 50854—2013)的口径一致。16个附录与18章计价定额大部分有对应关系,其中附录R"拆除工程"另有专门的计价定额与之对应,附录E"混凝土及钢筋混凝土工程"与第五章"钢筋工程"、第六章"混凝土工程"对应,计价定额增立了第八章"构件运输及安装工程"、第十二章"厂区道路及排水工程"。

2)措施项目

《计算规范》附录S为措施项目,对应《计价定额》第19至24章。

3)《计价定额》与《计算规范》应对照学习

学习《计价定额》与《计算规范》时,应尽量对照学习。举例如下。

(1)平整场地的工程量。根据2013《计算规范》,平整场地的工程量按建筑物首层建筑面积计算,2014《计价定额》按建筑物外墙外边线每边各加 2 m,以面积计算。

(2) 根据 2013《计算规范》,重新界定沟槽、基坑、一般土方等概念的定义:底宽≤7 m 且底长>3 倍底宽为沟槽;底长≤3 倍底宽且底面积≤150 m² 为基坑;超出上述范围则为一般土方,一般土方不分挖土深度。《计价定额》与《计算规范》规定一致。

(3) 2014《计价定额》对放坡的起放点规定如下:原坑、槽做基础垫层时,放坡自垫层上表面起算。垫层不利用原坑、槽,搭设模板时,放坡自垫层下表面起算。

(4) 2014《计价定额》列出:支撑下挖土是指设置钢支撑或混凝土支撑的深基坑开挖;桩间挖土是指桩顶设计标高以下以及桩顶设计标高以上 0.5 m 范围内的挖土。桩间挖土不扣除桩的体积。

(5) 2014《计价定额》指明:深层搅拌桩有单轴、双轴、三轴之分,其工程量计算规则为轴间重叠部分不重复计算,但组与组间搭接不扣除。

(6) 2014《计价定额》对高压旋喷桩处理为成孔与喷浆分别设列子目。钻孔按自然地面至桩底标高,喷浆按设计桩长乘以截面面积。定额水泥用量按 18% 计算。组与组间搭接不扣除。

(7) 零星砌砖的范围,《计价定额》与《计算规范》不完全一致。《计价定额》中零星砌砖不包括台阶、砖胎膜。

(8)《计价定额》与《计算规范》中钢筋的工程量计算规则都按设计和施工规范规定,采用平法制图,搭接和锚固长度计入清单工程量。

(9)《计价定额》增补了屋面找平项目:细石混凝土找平(分泵送、非泵送)、水泥砂浆找平子目。刚性防水屋面增补了泵送商品细石混凝土(有分格缝、无分格缝)、非泵送商品细石混凝土(有分格缝、无分格缝)。

(10) 措施项目费用在《计算规范》中较笼统,应重点学习《计价定额》,才能做好措施项目的计价工作。例如综合脚手架应注意:地下室的综合脚手架按檐高 12 m 以内的综合脚手架乘以系数 0.5;基础超深时砖基础执行里架子、混凝土基础浇捣脚手架按满堂脚手架乘系数(泵送混凝土不计算);层高超过 3.6 m 的钢筋混凝土框架柱、梁、墙混凝土浇捣脚手架;20 m 以下悬挑脚手架应计算增加费;满堂支撑架另计费用。

5.4　建筑面积计算规范

住房和城乡建设部批准《建筑工程建筑面积计算规范》为国家标准,编号为 GB/T 50353—2013,自 2014 年 7 月 1 日起实施。

房屋建筑面积是指房屋建筑的水平平面面积。建筑面积是表示建筑技术效果的重要依据,同时也是计算某些分项工程量的依据。

建筑面积的组成包括使用面积、辅助面积和结构面积。其中,使用面积是指建筑物各层平面布置中可直接为生产或生活使用的净面积总和。辅助面积是指建筑物各层平面布置中为辅助生产或生活所占净面积的总和。结构面积,是指建筑物各平层平面布置中的墙体、柱等结构所占面积的总和。

5.4.1 建筑面积计算规范简介

我国的《建筑面积计算规则》最初是在 20 世纪 70 年代制定的,之后根据需要进行了多次修订。1982 年国家经济委员会基本建设办公室(82)经基设字 58 号印发了《建筑面积计算规则》,对 20 世纪 70 年代制订的《建筑面积计算规则》进行了修订。1995 年建设部发布《全国统一建筑工程预算工程量计算规则》(土建工程 GJDGZ—101—95),其中含"建筑面积计算规则",是对 1982 年的《建筑面积计算规则》进行的修订。2005 年建设部以国家标准发布了《建筑工程建筑面积计算规范》(GB/T 50353—2005)。

此次修订是在总结《建筑工程建筑面积计算规范》(GB/T 50353—2005)实施情况的基础上进行的,鉴于建筑发展中出现的新结构、新材料、新技术、新的施工方法,为了解决建筑技术的发展产生的面积计算问题,本着不重算,不漏算的原则,对建筑面积的计算范围和计算方法进行了修改统一和完善。

5.4.2 全部计算建筑面积的范围

1)顶面为平面的建筑面积计算

(1)对高度的规定

平屋面:高度在 2.20 m 及以上者应计算全面积;高度不足 2.20 m 者应计算 1/2 面积。

(2)建筑物的建筑面积应按自然层外墙结构外围水平面积之和计算。如图 5.4.1 所示。

(3)单层建筑物内设有局部楼层者,局部楼层的二层及以上楼层,有围护结构的应按其围护结构外围水平面积计算,无围护结构的应按其结构底板水平面积计算。如图 5.4.2 所示。

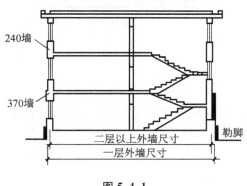

图 5.4.1

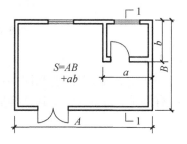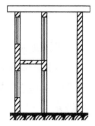

图 5.4.2

2)多层建筑坡屋顶内和场馆看台下

净高超过 2.10 m 的部位应计算全面积;净高在 1.20 m 至 2.10 m 的部位应计算 1/2 面积;净高不足 l.20 m 的部位不应计算面积。如图 5.4.3 所示。

3)地下室、半地下室

地下室、半地下室应按其结构外围水平面积计算。结构层高在 2.20 m 及以上的,应计算全面

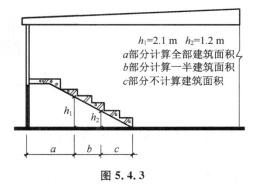

图 5.4.3

积;结构层高在 2.20 m 以下的,应计算 1/2 面积。如图 5.4.4 所示。

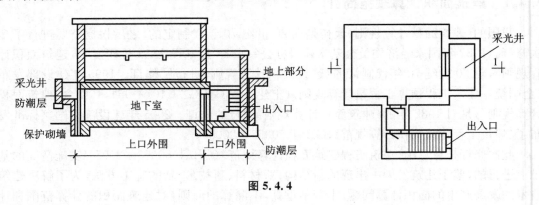

图 5.4.4

4) 架空层

建筑物架空层及坡地建筑物吊脚架空层,应按其顶板水平投影计算建筑面积。结构层高在 2.20 m 及以上的,应计算全面积;结构层高在 2.20 m 以下的,应计算 1/2 面积。如图 5.4.5 所示。

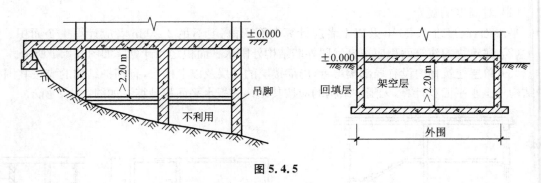

图 5.4.5

5) 走廊、回廊等的建筑面积计算

对于建筑物间的架空走廊,有顶盖和围护设施的,应按其围护结构外围水平面积计算全面积;无围护结构、有围护设施的,应按其结构底板水平投影面积计算 1/2 面积。如图 5.4. 6 所示。

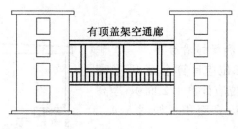

图 5.4.6

6) 廊、雨篷的建筑面积计算

有围护设施的室外走廊(挑廊),应按其结构底板水平投影面积计算 1/2 面积;有围护设施(或柱)的檐廊,应按其围护设施(或柱)外围水平面积计算 1/2 面积。门廊应按其顶板的水平投影面积的 1/2 计算建筑面积;有柱雨篷应按其结构板水平投影面积的 1/2 计算建筑面积;无柱雨篷的结构外边线至外墙结构外边线的宽度在 2.10 m 及以上的,应按雨篷结构板的水平投影面积的 1/2 计算建筑面积。如图 5.4.7 所示。

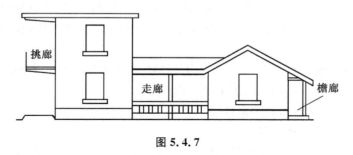

图 5.4.7

7)楼梯间等的建筑面积计算

(1)设在建筑物顶部的、有围护结构的楼梯间、水箱间、电梯机房等,结构层高在 2.20 m 及以上的应计算全面积;结构层高在 2.20 m 以下的,应计算 1/2 面积。

围护结构不垂直于水平面的楼层,应按其底板面的外墙外围水平面积计算。结构净高在 2.10 m 及以上的部位,应计算全面积;结构净高在 1.20 m 及以上至 2.10 m 以下的部位,应计算 1/2 面积;结构净高在 1.20 m 以下的部位,不应计算建筑面积。

(2)建筑物的室内楼梯、电梯井、提物井、管道井、通风排气竖井、烟道,应并入建筑物的自然层计算建筑面积。有顶盖的采光井应按一层计算面积,且结构净高在 2.10 m 及以上的,应计算全面积;结构净高在 2.10 m 以下的,应计算 1/2 面积。

(3)室外楼梯应并入所依附建筑物自然层,并应按其水平投影面积的 1/2 计算建筑面积。

(4)在主体结构内的阳台,应按其结构外围水平面积计算全面积;在主体结构外的阳台,应按其结构底板水平投影面积计算 1/2 面积。

如图 5.4.8 所示。

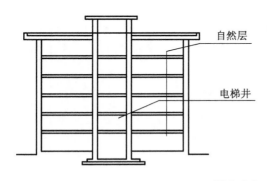

图 5.4.8

5.4.3　不计算建筑面积的范围

(1)与建筑物内不相连通的建筑部件。

(2)骑楼、过街楼底层的开放公共空间和建筑物通道。

（3）舞台及后台悬挂幕布和布景的天桥、挑台等。

（4）露台、露天游泳池、花架、屋顶的水箱及装饰性结构构件。

（5）建筑物内的操作平台、上料平台、安装箱和罐体的平台。

（6）勒脚、附墙柱、垛、台阶、墙面抹灰、装饰面、镶贴块料面层、装饰性幕墙，主体结构外的空调室外机搁板（箱）、构件、配件，挑出宽度在 2.10 m 以下的无柱雨篷和顶盖高度达到或超过两个楼层的无柱雨篷。

（7）窗台与室内地面高差在 0.45 m 以下且结构净高在 2.10 m 以下的凸（飘）窗，窗台与室内地面高差在 0.45 m 及以上的凸（飘）窗。

（8）室外爬梯、室外专用消防钢楼梯。

（9）无围护结构的观光电梯。

（10）建筑物以外的地下人防通道，独立的烟囱、烟道、地沟、油（水）罐、气柜、水塔、贮油（水）池、贮仓、栈桥等构筑物。

6 工程量清单计量与计价

6.1 土石方工程计量与计价

6.1.1 土石方工程计量

6.1.1.1 土石方工程定额计量

1）土石方工程定额计量计算要点

根据计价定额第一章土石方工程的说明及计算规则,结合实际施工图纸和施工方案进行工程量计算。部分计算规则摘录如下:

(1) 挖土深度是以设计室外地坪标高为起点,深度按图示尺寸计算。

(2) 土方工程套用定额规定:挖填土方厚度在±300 mm以内及找平为平整场地;沟槽底宽在7 m以内,沟槽底长大于3倍沟槽底宽的为挖地槽、地沟;底长小于3倍底宽且基坑底面积在150 m² 以内的为挖基坑;以上范围之外的均为挖一般土方。

(3) 平整场地工程量按建筑物外墙外边线,每边各加2 m,以面积计算。

(4) 沟槽工程量按沟槽长度乘沟槽截面积计算。沟槽长度:外墙按图示基础中心线长度计算;内墙按图示基础底宽加工作面宽度之间净长计算。沟槽宽度:按设计宽度加基础施工所需工作面宽度计算。突出墙面的附墙烟囱、垛等体积并入沟槽土方工程量内。

(5) 挖沟槽、基坑、一般土方需放坡时,以施工组织设计的放坡要求计算,施工组织设计无此要求时,放坡高度、比例按表6.1.1计算。

表 6.1.1 放坡高度、比例确定表

土壤类别	放坡深度规定(m)	高与宽之比			
		人工挖土	机械挖土		
			坑内作业	坑上作业	顺沟槽在坑上作业
一、二类土	超过1.20	1:0.5	1:0.33	1:0.75	1:0.5
三类土	超过1.50	1:0.33	1:0.25	1:0.67	1:0.33
四类土	超过2.00	1:0.25	1:0.10	1:0.33	1:0.25

(6) 沟槽、基坑中土类别不同时,分别按其土壤类别、放坡比例以不同土类别厚度分别计算。

(7) 计算放坡时,在交界处重复工程量不扣除,原槽坑做基础垫层模板时,放坡自垫层上表面开始计算。

(8) 挖沟槽、基坑土方所需工作面宽度按施工组织设计的要求计算,施工组织设计无此要求时,按表6.1.2计算。

表6.1.2 基础施工所需工作面宽度表

基础材料	每边各增加工作面宽度
砖基础	以最底下一层大放脚边至地槽(坑)边200 mm
浆砌毛石、条石基础	以基础边至地槽(坑)边150 mm
混凝土基础垫层支模板	以基础边至地槽(坑)边300 mm
混凝土基础支模板	以基础边至地槽(坑)边300 mm
基础垂直面做防水层	以防水层面的外表面至地槽(坑)边1 000 mm

(9) 回填土以立方米计算,基槽、坑回填土体积=挖土体积一设计室外地坪以下埋设的实体体积(包括基础垫层、柱、墙基础及柱等);室内回填土体积按主墙间净面积乘以填土厚度计算,不扣除附垛及附墙烟囱等的体积。

(10) 余土外运、缺土内运工程量计算:运土工程量一回填土工程量。正值为余土外运,负值为缺土内运。

(11) 干土与湿土的划分,应以地质勘察资料为准,如无资料时以地下常水位为准,常水位以上为干土,常水位以下为湿土,采用人工降低地下水位时,干湿土的划分仍以常水位为准。

2) 土石方工程定额计量计算示例

【例6.1.1】 某单位传达室基础平面图及基础详图见图6.1.1,土壤为三类土、干土,场内运土,计算人工挖地槽工程量。

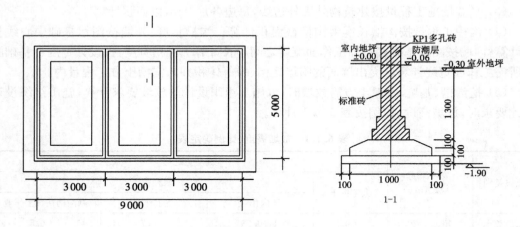

图6.1.1 基础平面图及基础详图

【相关知识】

1. 挖土深度从设计室外地坪至垫层底面,三类土,挖土深度超过1.5 m,按表6.1.1,1:0.33放坡。

2. 垫层需支模板,工作面从垫层边至槽边,按表6.1.2,每边增加工作面宽度300 mm。

3. 地槽长度:外墙按基础中心线长度计算,内墙按扣去基础宽和工作面后的净长线计算,放坡增加的宽度不扣。

【解】

工程量计算

1. 挖土深度　1.90－0.30＝1.60(m)

2. 槽底宽度　（加工作面）

　　　　　　1.20＋0.30×2＝1.80(m)

3. 槽上口宽度　（加放坡长度）

　　　　　　放坡长度＝1.60×0.33＝0.53(m)

　　　　　　1.80＋0.53×2＝2.86(m)

4. 地槽长度　外:(9.0＋5.0)×2＝28.0(m)

　　　　　　内:(5.0－1.80)×2＝6.40(m)

5. 体积　(1.80＋2.86)×1.60×1/2×(28.0＋6.40)＝128.24(m³)

6. 挖出土场内运输　128.24 m³

【例 6.1.2】　某建筑物地下室见图 6.1.2,地下室墙外壁做涂料防水层,施工组织设计确定用反铲挖掘机挖土,土壤为三类土,机械挖土坑内作业,土方外运 1 km,回填土已堆放在距场地 150 m 处,计算挖土方工程量及回填土工程量。

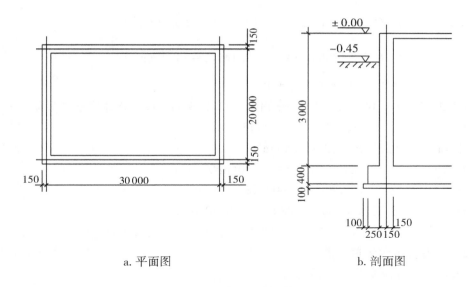

a. 平面图　　　　　b. 剖面图

图 6.1.2　地下室示意图

【相关知识】

1. 三类土、机械挖土深度超过 1.5 m,按表 6.1.1,1:0.25 放坡。

2. 垂直面做防水层,工作面从防水层的外表面至地坑边,按表 6.1.2,每边各增加工作面宽度 1 000 mm。

3. 机械挖不到的地方,人工修边坡,整平的工程量需人工挖土方,但量不得超过挖土方总量的 10%。

4. 计算回填土时,用挖出土总量减设计室外地坪以下的垫层、整板基础、地下室墙及地下室净空体积。

【解】

工程量计算

1. 挖土深度　$3.50-0.45=3.05(m)$

2. 坑底尺寸　（加工作面，从墙防水层外表面至坑边）

　　　　　$30.30+1×2=32.30(m)$

　　　　　$20.30+1×2=22.30(m)$

3. 坑顶尺寸　（加放坡长度）

　　　　　放坡长度$=3.05×0.25=0.76(m)$

　　　　　$32.30+0.76×2=33.82(m)$

　　　　　$22.30+0.76×2=23.82(m)$

4. 体积

$[32.3×22.3+33.82×23.82+(32.3+33.82)×(22.3+23.82)]×3.05/6=$
$2\ 325.80(m^3)$

其中：人工挖土方量

坑底整平　$0.20×32.3×22.3=144.06(m^3)$

修边坡　$0.10×(32.3+33.82)×\dfrac{1}{2}×3.14×2=20.76(m^3)$

　　　　$0.10×(22.3+23.82)×\dfrac{1}{2}×3.14×2=14.48(m^3)$

（其中 3.14 为边坡斜高度）

计：人工挖土方　$144.06+20.76+14.48=179.30(m^3)$（未超过挖土方总量的 10%）

机械挖土方　$2\ 325.80-179.30=2\ 146.50(m^3)$

5. 回填土　挖土方总量：$2\ 325.80\ m^3$

减垫层量　$0.10×31.0×21.0=65.10(m^3)$

减底板　$0.40×30.80×20.80=256.26(m^3)$

减地下室　$2.55×30.30×20.30=1\ 568.48(m^3)$

回填土量　$2\ 325.80-65.10-256.26-1\ 568.48=435.96(m^3)$

6.1.1.2　土石方工程清单计量

1）土石方工程清单计量计算要点

工程量清单计量计算前，应先对设计图纸进行分析，结合工程量计算规范中清单项目名称和工作内容，将需计算的图纸工程内容合理划分，纳入对应的清单项目中，并按相应的计算规则进行清单工程量的计算，对于该清单下附带的其他工作内容中的工程项目，则应按定额计算规则进行计算，纳入组价。部分清单的工程量计算规则摘录如下：

（1）"平整场地"项目适用于建筑场地厚度在±300 mm 以内的挖、填、运、找平；工程量按设计图示建筑物首层面积计算，即建筑物外墙外边线，如有落地阳台，则合并计算，如是悬挑阳台，则不计算。场地平整的工程内容有300 mm 以内的土方挖、填、场地找平，土方运输。

（2）挖土方平均厚度应按自然地面测量标高至设计地坪标高间的平均厚度确定。基础土方开挖深度应按基础垫层底表面标高至交付施工场地标高确定，无交付施工场地标高时，应按自然地面标高确定。

（3）沟槽、基坑、一般土方的划分为：底宽≤7 m且底长>3倍底宽为沟槽；底长≤3倍底宽且底面积≤150 m²为基坑；超出上述范围以及厚度>±300 mm的竖向布置挖土或山坡切土则为一般土方。

（4）"挖一般土方"项目按设计图示尺寸以体积计算。"挖沟槽土方""挖基坑土方"按设计图示尺寸以基础垫层底面积乘以挖土深度计算。桩间挖土方不扣除桩所占的体积。江苏省规定挖沟槽、基坑、一般土方因工作面和放坡增加的工程量（管沟工作面增加的工程量）并入各土方工程量中。

挖土方的工程内容有排地表水、土方开挖、围护（挡土板）及拆除、基底钎探、土方运输。

（5）"挖管沟土方"项目适用于管道（给排水、工业、电力、通信）、光（电）缆沟［包括人（手）孔、接口坑］及连接井（检查井）等。工程量按设计图示以管道中心线长度计算，以立方米计量，按设计图示管底垫层面积乘以挖土深度计算，无管底垫层按管外径的水平投影面积乘以挖土深度计算，不扣除各类井的长度，井的土方并入。

挖管沟土方的工程内容有排地表水，土方（沟槽）开挖，围护（挡土板）支撑，土方运输、回填。

（6）土方体积应按挖掘前的天然密实体积计算。

（7）"土（石）方回填"项目适用于场地回填、室内回填、基础回填。工程量计算规则如下：场地回填，按回填面积乘以平均回填厚度；室内回填按主墙间净面积乘以回填厚度，不扣除间隔墙；基础回填按挖方清单项目工程量减去设计室外地坪以下埋设的基础体积。

土（石）方回填的工程内容有挖土（石）方，装运土（石）方，回填土（石）方，分层碾压夯实。

（8）江苏省规定挖沟槽、基坑、一般土石方工程量计算规则调整为：包含工作面和放坡的挖土工程量。原坑、槽做基础垫层时，放坡自垫层上表面起算。垫层不利用原坑、槽，搭设模板时，放坡自垫层下表面起算。

2）土石方工程清单计量计算示例

【例6.1.3】 某单位传达室基础平面图及基础详图见图6.1.1，土壤为三类土、干土，场内运土150 m，计算挖基础土方清单工程量。

【相关知识】

1. 根据计价规范中挖一般土方、挖沟槽土方、挖基坑土方的划分标准，本工程挖基础土方属于挖沟槽土方。

2. 计价规范计算时不需要分土壤类别、干土、湿土。

3. 按不考虑放工作面、放坡计算，工程量为垫层面积乘以挖土深度（江苏规定不同）。

4. 不考虑运土。

【解】

工程量计算

1. 挖土深度 $1.90-0.30=1.60(m)$

2. 垫层宽度 1.20 m

3. 垫层长度 外：$(9.0+5.0)\times2=28.0(m)$

   内：$(5.0-1.20)\times2=7.60(m)$

4. 挖基础土方体积 $1.60\times1.20\times(28.0+7.60)=68.35(m^3)$

【例6.1.4】 某建筑物地下室见图6.1.2，地下室墙外壁做涂料防水层，施工组织设计确定用反铲挖掘机挖土,土壤为三类土,机械挖土坑内作业,土方外运 1 km,回填土已堆放在距场地 150 m 处,计算挖基础土方工程量及回填土工程量。

【相关知识】

1. 挖土不需要分人工、机械,不考虑人工修边坡、整平。

2. 回填土按挖基础土方体积减设计室外地坪以下的垫层、整板基础、地下室墙及地下室净空体积,"挖一般土方"是指按计价规范计算规则计算的土方体积。

【解】

工程量计算

1. 挖土深度　3.5－0.45＝3.05(m)

2. 垫层面积　31.0(m)×21.0(m)

3. 挖基础土方体积　3.05×31.0×21.0＝1 985.55(m³)

4. 回填土　挖土方体积：1 985.55 m³

减垫层(见例 6.1.2)：65.10 m³

减底板(见例 6.1.2)：256.26 m³

减地下室(见例 6.1.2)：1 568.48 m³

回填土量：1 985.55－65.10－256.26－1 568.48＝95.71(m³)

6.1.2　土石方工程计价

6.1.2.1　土石方工程定额计价

1) 土石方工程定额计价要点

针对图纸工程项目,应套用合适的定额项目,详细分析设计做法,结合定额的工作内容,并根据定额说明进行计价和换算,部分定额项目的计价说明摘录如下:

(1) 本章定额中的人工单价按三类工标准计算,工资单价是每工日 77 元。

(2) 土石方工程人工挖湿土子目中的抽水费,轻型井点降水,基坑、地下室排水属于施工措施,现计价定额不在本章考虑,如需要排水,应根据施工组织设计的要求在措施项目中计算排水费用。

(3) 人工挖地槽、地坑、土方,根据土壤类别套用相应定额,人工挖地槽、地坑、土方在城市市区或郊区一般按三类土定额执行。

(4) 运余松土或挖堆积期在一年以内的土,除按运土定额执行外,另增加挖一类土的定额项目(工程量按实方计算,若为虚方按工程量计算规则的折算方法折算成实方)。取自然土回填时,按土壤类别执行挖土定额。

(5) 机械挖土方定额是按三类土计算的,如实际土壤类别不同时,定额中机械台班量按表 6.1.3 的系数调整。

表 6.1.3　机械挖土方机械台班量系数调整表

项目	三类土	一、二类土	四类土
推土机推土方	1.00	0.84	1.18
铲运机铲运土方	1.00	0.84	1.26
自行式铲运机铲运土方	1.00	0.86	1.09
挖掘机挖土方	1.00	0.84	1.14

（6）机械挖土方工程量，按机械实际完成工程量计算。机械挖不到的地方，人工修边坡、整平的土方工程量套用人工挖一般土方相应定额（最多不得超过挖方量的 10%），人工乘以系数 2。机械挖土石方单位工程量小于 2 000 m³或在桩间挖土石方，按相应定额乘以系数 1.10。

（7）本定额中自卸汽车运土，对道路的类别及自卸汽车吨位已分别综合计算。

（8）自卸汽车运土定额是按正铲挖掘机挖土装车考虑的，如系反铲挖掘机挖土装车，则自卸汽车运土台班量乘系数 1.1。拉铲挖掘机装车，自卸汽车运土台班量乘以系数 1.20。

2）土石方工程定额计价示例

【例 6.1.5】 某单位传达室基础平面图及基础详图见图 6.1.1，土壤为三类土、干土，场内运土，要求人工挖土，工程量在例 6.1.1 中已计算，现按计价定额规定计价。

【相关知识】

1. 沟槽底宽在 3 m 以内，沟槽底长是底宽的 3 倍以上，该土方应按底宽≤3 m 且底长>3 倍底宽的人工挖沟槽定额执行。

2. 按土壤类别、挖土深度套相应定额。

3. 运土距离和运土工具按施工组织设计要求确定。

【解】

计价定额计价

1. 三类干土、挖土深度 1.6 m（深度 3 m 以内）

计价定额 1-28　人工挖地槽每立方米综合单价　53.80 元

人工挖地槽综合价　128.24×53.80＝6 899.31（元）

2. 场内运土 150 m，用双轮车运土

计价定额1-92　运距在 50 m 以内；

1-95　运距在 500 m 以内每增加 50 m

1-92＋1-95×2　人力车运土 150 m

每立方米综合单价　20.05＋4.22×2＝28.49（元）

人力车运土综合价　128.24×28.49＝3 653.56（元）

【例 6.1.6】 某建筑物地下室见图 6.1.2，地下室墙外壁做涂料防水层，施工组织设计确定用反铲挖掘机挖土，土壤为三类土，机械挖土坑内作业，土方外运 1 km，回填土已堆放在距场地 150 m 处，工程量在例 6.1.2 中已计算，现按计价定额规定计价。

【相关知识】

1. 用何种型号的挖土机械应按施工组织设计的要求和现场实际使用的机械定。

2. 机械挖土不分挖土深度及干湿土（如土含水率达到 25% 时，定额中人工、机械要乘系数）。

3. 修边坡、整平等人工挖土方按人工挖一般土方定额人工乘系数"2"。

4. 挖出土场内堆放或转运、转运距离等均按施工组织设计要求计算，本例题中挖出土全部外运 1 km，其中人工挖土部分在坑内集中堆放，人工运土 20 m，再由挖掘机挖出外运（松散土，按虚方体积算）。

5. 反铲挖掘机挖土装车，自卸汽车运土台班量要乘系数"1.10"。

6. 机械挖一类土，定额中机械台班数量要按表 6.1.3 乘系数。

7. 回填土要考虑挖、运。

8. 挖土机械进退场费在措施项目中计算。

9. 单独编制概预算或在一个单位工程内挖方或填方在 5 000 m³ 以上按大型土石方工程调整管理费和利润,本题不属此范围,仍按一般土建三类工程计算。

【解】

计价定额计价

1. 斗容量 1 m³ 以内反铲挖掘机挖土装车

计价定额 1-204　反铲挖掘机挖土装车每 1 000 m³ 综合单价　5 053.89 元

反铲挖掘机挖土装车综合价　2.147×5 053.89＝10 850.70(元)

2. 自卸汽车运土 1 km(反铲挖掘机装车)

计价定额 1-262 换　自卸汽车台班乘"1.10"

增:自卸汽车台班　8.127×0.10×884.59＝718.91(元)

增:管理费　718.91×25%＝179.73(元)

增:利润　718.91×12%＝86.27(元)

自卸汽车运土每 1 000 m³ 综合单价

10 223.58＋718.91＋179.73＋86.27＝11 208.49(元)

自卸汽车运土 1 km 综合价　2.147×11 208.49＝24 064.63(元)

3. 人工修边坡整平,三类干土,深度 3.05 m

计价定额 1-3　人工挖一般土方

定额价换算:人工乘系数"2",该项只有人工费、管理费、利润,因此也是综合单价乘以"2"

每立方米综合单价　26.37×2＝52.74(元)

人工挖土方综合价　179.30×52.74＝9 456.28(元)

4. 人工挖土方的量基坑内运输 20 m

计价定额 1-86　人工运土 20 m 每立方米综合单价　23.21 元

人工运土综合价　179.30×23.21＝4 161.55(元)

5. 人工挖出的土用挖掘机挖出装车(人工挖土部分)

计价定额 1-204 换　反铲挖掘机挖一类土、装车

定额价换算:机械台班乘系数"0.84"

减:挖掘机机械费　2.264×(1－0.84)×1 438.61＝521.12(元)

减:推土机机械费　0.226×(1－0.84)×889.19＝32.15(元)

减:管理费　(521.12＋32.15)×25%＝138.32(元)

减:利润　(521.12＋32.15)×12%＝66.39(元)

挖掘机挖一类土、装车每 1 000 m³ 综合单价

5 053.89－521.12－32.15－138.32－66.39＝4 295.91(元)

机械挖土工程量(按实方体积)　179.30 m³

机械挖土方综合价　0.179×4 295.91＝768.97(元)

6. 自卸汽车运土 1 km,反铲挖掘机装车(人工挖土部分)

计价定额 1-262 换　自卸汽车运土 1 km(同第 2 项计算)

综合单价每 1 000 m³　11 208.49 元

自卸汽车运土 1 km 综合价　0.179×11 208.49＝2 006.32(元)

7. 回填土,人工回填夯实

计价定额 1-104 基坑回填土每立方米综合单价 31.17 元

基坑回填土综合价 435.96×31.17＝13 588.87(元)

8. 挖回填土、堆积期在一年以内,为一类土

计价定额 1-1 人工挖土方每立方米综合价 10.55 元

人工挖土方综合价 435.96×10.55＝4 599.38(元)

9. 双轮车运回填土 150 m

计价定额 1-92+1-95×2 人力车运土 150 m

每立方米综合单价 20.05+4.22×2＝28.49(元)

人力车运土综合价 435.96×28.49＝12 420.50(元)

6.1.2.2 土石方工程清单计价

1) 土石方工程清单计价要点

土石方工程工程量清单组价计算前,应先对土石方设计图纸进行分析,结合工程量计算规范中各项清单中的工作内容,将需计算的图纸工程内容合理划分,纳入相应的清单工作内容中,并采用合适的定额进行组价。通常某一清单中标准工作内容中不包含的项目不应纳入,而应另立清单项目;清单中标准工作内容中有的,而设计图纸中也有的项目,应并入相应的清单中组价,不应单列清单。组价的内容应与项目特征准确对应。下面对部分清单的工作内容和应包括的图纸工程内容进行说明。

(1) 工程量清单表格应按照计价规范规定设置,按照计价规范附录要求计列项目,工程量清单中的 12 位编码的前 9 位应按照附录中的编码确定,后 3 位由清单编制人根据同一项目的不同做法确定,工程量清单的计量单位应按照计价规范附录中的计量单位确定。

(2) 在编制工程量清单时,要详细描述清单中每个项目的特征,要明确清单中每个项目所含的具体工程内容。

(3) 在工程量清单计价时,要依据工程量清单的项目特征和工程内容,按照计价定额的定额项目、计量单位、工程量计算规则和施工组织设计确定清单中工程内容的含量和价格。

(4) 工程量清单的综合单价,是由单个或多个工程内容按照计价定额规定计算出来的价格汇总,除以按计价规范规定计算出来的工程量。用计算式可表示为

工程量清单的综合单价＝∑(计价定额项目工程量×计价定额项目综合单价)/清单工程量

2) 土石方工程清单计价示例

【例 6.1.7】 某单位传达室基础平面图及基础详图见图 6.1.1,土壤为三类土、干土,场内运土,人工挖土。

要求计算:1. 挖基础土方的工程量清单。

2. 挖基础土方的工程量清单计价。

【解】

1. 挖基础土方的工程量清单

(1) 确定项目编码和计量单位

项目编码:010101003001 挖沟槽土方 计量单位:m³

(2) 描述项目特征

三类干土、带形基础、垫层底宽 1.2 m、挖土深度 1.6 m、场内运土 150 m

（3）按计价规范规定计算工程量（见例 6.1.3）

1.60×1.20×(28.0+7.60)=68.35(m³)

2. 挖基坑土方的工程量清单计价

（1）按计价定额规定计算各项工程内容的工程量（见例 6.1.1）

人工挖地槽　1.60×(1.8+2.86)×1/2×(28.0+6.40)=128.24(m³)

人力车运土工程量同挖土　128.24 m³

（2）套计价定额计算各项工程内容的综合价（见例 6.1.5）

① 1-28　人工挖沟槽　128.24×53.80=6 899.31(元)

② 1-92+1-95×2　人力车运土 150 m　128.24×(20.05+4.22×2)=3 653.56(元)

3）计算挖基础土方的综合价、综合单价

（1）挖基础土方的工程量清单综合价　6 899.31+3 653.56=10 552.87(元)

（2）挖基础土方的工程量清单综合单价　10 552.87/68.35=154.39(元/m³)

（注：此过程在计算机上由计价软件完成，无需人工计算）

表 6.1.4　某挖基础土方工程量清单计价

序号	项目编码	项目名称	项目特征描述	计量单位	工程量	综合单价	合价	其中 暂估价
1	010101003001	挖沟槽土方	1. 土壤类别:三类土 2. 挖土深度:1.6 m 3. 弃土运距:150 m	m³	68.35	154.39	10 552.56	
1.1	1-28	人工挖沟槽		m³	128.24	53.80	6 899.31	
1.2	1-92+1-95×2	人力车运土 150 m		m³	128.24	28.49	3 653.56	

【例 6.1.8】某建筑物地下室见图 6.1.2，地下室墙外壁做涂料防水层，施工组织设计确定用反铲挖掘机挖土，土壤为三类土，机械挖土坑内作业，土方外运 1 km，回填土已堆放在距场地 150 m 处。

要求计算：1. 挖基础土方、土方回填的工程量清单。

　　　　　2. 挖基础土方、土方回填的工程量清单计价。

【解】

1. 挖基础土方的工程量清单

（1）确定项目编码和计量单位

项目编码：010101002001　挖一般土方计量单位：m³

（2）描述项目特征

三类干土、整板基础、垫层面积 31.0 m×21.0 m、挖土深度 3.05 m、场外运土 1 km

（3）按计价规范计算工程量（见例 6.1.4）　3.05×31.0×21.0=1 985.55(m³)

2. 挖基础土方的工程量清单计价

（1）按计价定额规定计算工程内容的工程量（见例 6.1.2）

① 机械挖土方　2 146.50 m³

② 运机械挖出的土方　2 146.50 m³

③ 人工修边坡　179.30 m³

④ 运人工挖出的土方　179.30 m³

⑤ 机械挖、运人工挖出的土方　179.30 m³

（2）套计价定额计算各项工程内容的综合价（见例 6.1.6）

（注：该题的土方挖运由施工组织设计决定，详见例 6.1.2 中的相关知识，计价定额的定额换算详见例 6.1.6 的定额计价。）

① 1-204　反铲挖掘机挖土、装车　2.147×5 053.89＝10 850.70（元）

② 1-262 换　自卸汽车运土 1 km　2.147×11 208.49＝24 064.63（元）

③ 1-3×2　人工挖土方深 4 m 以内　179.30×52.74＝9 456.28（元）

④ 1-86　人工挖土运 20 m　179.30×23.21＝4 161.55（元）

⑤ 1-204 换　反铲挖掘机挖一类土、装车　0.179×4 295.98＝768.98（元）

⑥ 1-262 换　自卸汽车运土 1 km　0.179×11 208.49＝2 006.32（元）

（3）计算挖基础土方的综合价、综合单价

挖基础土方的工程量清单综合价（1～6 项合计）　51 308.46 元

挖基础土方的工程量清单综合单价　51 308.46/1 985.55＝25.84（元/m³）

3. 土方回填的工程量清单

（1）确定项目编码和计量单位

项目编码：010103001001　土方回填　计量单位：m³

（2）描述项目特征

基坑夯填、一类土、运距 150 m

（3）按计价规范计算工程量（见例 6.1.4）

回填土量　95.71 m³

4. 土方回填的工程量清单计价

（1）按计价定额规定计算工程内容的工程量（见例 6.1.2）

回填土量　435.96 m³

（2）套计价定额计算各项工程内容的综合价（见例 6.1.6）

① 1-104　基坑回填土　435.96×31.17＝13 588.87（元）

② 1-1　人工挖一类土　435.96×10.55＝4 599.38（元）

③ 1-92＋1-95×2　人力车运土 150 m　435.96×28.49＝12 420.50（元）

（3）计算土方回填的综合价、综合单价

土方回填的工程量清单综合价（1～3 项合计）　30 608.75 元

土方回填的工程量清单综合单价　30 608.75/95.71＝319.81（元/m³）

表 6.1.5　某挖基础土方、土方回填工程量清单计价

序号	项目编码	项目名称	项目特征描述	计量单位	工程量	金额（元）		
						综合单价	合价	其中
								暂估价
1	010101002001	挖一般土方	1. 土壤类别：三类土 2. 挖土深度：3.05 m 3. 弃土运距：1 km	m³	1 985.55	25.84	51 306.61	
1.1	1-204	反铲挖掘机挖土、装车		1 000 m³	2.147	5 053.89	10 850.70	

（续　表）

| 序号 | 项目编码 | 项目名称 | 项目特征描述 | 计量单位 | 工程量 | 金额（元） | | 其中 |
						综合单价	合价	暂估价
1.2	1-262换	自卸汽车运土		1 000 m³	2.147	11 208.49	24 064.63	
1.3	1-3×2	人工挖土方深4 m以内		m³	179.30	52.74	9 456.28	
1.4	1-86	人工挖土运20 m		m³	179.30	23.21	4 161.55	
1.5	1-204换	反铲挖掘机挖一类土、装车		1 000 m³	0.179	4 295.98	768.98	
1.6	1-262换	自卸汽车运土1 km		1 000 m³	0.179	11 208.49	2 006.32	
2	010103001001	回填方	1. 基坑回填 2. 土壤类别：一类土 3. 运距：150 m	m³	95.71	319.81	30 609.02	
2.1	1-104	基坑回填土		m³	435.96	31.17	13 588.87	
2.2	1-1	人工挖一类土		m³	435.96	10.55	4 599.38	
2.3	1-92+1-95×2	人力车运土150 m		m³	435.96	28.49	12 420.50	

6.2　地基处理与边坡工程计量与计价

6.2.1　地基处理与边坡工程计量

6.2.1.1　地基处理与边坡工程定额计量

1）地基处理与边坡工程定额计量计算要点

根据计价定额第二章地基处理与边坡支护工程的说明及计算规则，结合实际施工图纸和施工方案进行工程量计算。部分计算规则摘录如下：

（1）深层搅拌桩、粉喷桩加固地基，按设计长度另加500 mm（设计有规定的按设计要求）乘以设计截面积以立方米计算（重叠部分面积不得重复计算），群桩间的搭接不扣除。

（2）高压旋喷桩钻孔长度按自然地面至设计桩底标高以长度计算，喷浆按设计加固桩的截面积乘以设计桩长以体积计算。

（3）灰土挤密桩按设计图示尺寸以桩长计算（包括桩尖）。

（4）压密注浆钻孔按设计长度计算。注浆工程按以下方式计算：设计图纸注明加固土体体积的，按注明的加固体积计算；设计图纸按布点形式图示土体加固范围的，则按两孔间距的一半作为扩散尺寸，以布点边线各加扩散半径形成计算平面，计算注浆体积；如果设计图纸上注浆点在钻孔灌注桩之间，按两注浆孔距的一半作为每孔的扩散半径，以此圆柱体体积计算。

（5）基坑锚喷护壁成孔、斜拉锚桩成孔及孔内注浆按设计图示尺寸以长度计算。护壁喷射混凝土按图示尺寸以面积计算。

（6）土钉支护钉土锚杆按设计图示尺寸以长度计算。挂钢筋网按设计图纸以面积计算。

（7）基坑钢管支撑以坑内的钢立柱、支撑、围檩、活络接头、法兰盘、预埋铁件的合并质量计算。

（8）打、拔钢板桩按设计钢板质量计算。

2）地基处理与边坡工程定额计量计算示例

【例6.2.1】 某基坑支护工程止水幕采用三轴水泥土搅拌桩,截面形式为三轴 ϕ850@1 200,桩截面面积为 1.495 m^2,搭接形式为套接一孔,两搅一喷法。已知桩顶标高－2.60 m,桩底标高－19.60 m,自然地面标高－0.60 m,桩数 210 根,要求按计价定额计算工程量。

【解】

用定额算工程量　1.495×(19.6－2.6＋0.5)×210(根数)＝5 494.13(m^3)

【例6.2.2】 某工程采用压密注浆进行复合地基加固,压密注浆孔孔径 ϕ50 mm,孔顶标高－1.0 m,孔底标高－6.00 m,自然地面标高－0.50 m,水泥用量按定额用量不调整,孔间距 1.0 m×1.0 m,沿基础满布,压密注浆每孔加固范围按 1 m^2 计算,注浆孔数量 230 个,要求按计价定额计算工程量。

【解】

用定额计算工程量

1. 压浆注浆钻孔　(6－0.5)×230＝1 265(m)

2. 压密注浆　1×(6－1)×230＝1 150(m^3)

【例6.2.3】 某基坑支护工程采用钻孔灌注桩加单排锚杆方案,锚杆 120 个,锚杆孔径 ϕ150 mm,钻孔倾角为 15°,锚杆采用 2ϕ25 钢筋,长度 15.0 m,采用二次注浆,水泥选用 42.5 级普通硅酸盐水泥,一次注浆压力 0.4～0.8 MPa,二次注浆压力 1.2～1.5 MPa,注浆量不小于 40 L/m,要求按计价定额计算工程量,锚头工程量不计。

【解】

用定额计算工程量

1. 水平成孔　120×15＝1 800(m)

2. 人工钉土锚杆　120×15＝1 800(m)

3. 一次注浆　120×15＝1 800(m)

4. 再次注浆　120×15＝1 800(m)

6.2.1.2　地基处理与边坡工程清单计量

1）地基处理与边坡工程清单计量计算要点

(1) 砂石桩。以米计量,按设计图示尺寸以桩长(包括桩尖)计算;以立方米计量,按设计桩截面乘以桩长(包括桩尖)以体积计算。

(2) 水泥粉煤灰碎石桩。按设计图示尺寸以桩长(包括桩尖)计算。

(3) 深层搅拌桩、粉喷桩。按设计图示尺寸以桩长计算。

(4) 褥垫层。以平方米计量,按设计图示尺寸以铺设面积计算;以立方米计量,按设计图示尺寸以体积计算。

(5) 地下连续墙。按设计图示墙中心线长乘以厚度再乘以槽深以体积计算。

(6) 钢板桩。以吨计量,按设计图示尺寸以质量计算;以平方米计量,按设计图示墙中心线长乘以桩长以面积计算。

(7) 锚杆(锚索)、土钉。以米计量,按设计图示尺寸以钻孔深度计算;以根计量,按设计图示数量计算。

(8) 喷射混凝土、水泥砂浆。按设计图示尺寸以面积计算。

2）地基处理与边坡工程清单计量计算示例

【例6.2.4】 某基坑支护工程止水幕采用三轴水泥土搅拌桩,截面形式为三轴 ϕ850@

1 200,桩截面面积为 1.495 m²,搭接形式为套接一孔,两搅一喷法。已知桩顶标高 −2.60 m,桩底标高−19.60 m,自然地面标高−0.60 m,设计采用 PO42.5 级普通硅酸盐水泥,水泥掺入比 20%,水灰比 1.2,桩数 210 根,按清单要求计算工程量。

【解】

010201009001　深层搅拌桩

清单工程量:按设计图示尺寸以桩长计算　(19.60−0.60)×210(根数)=3 990(m)

【例 6.2.5】　某工程采用压密注浆进行复合地基加固,压密注浆孔孔径 φ50 mm,孔顶标高−1.0 m,孔底标高−6.00 m,自然地面标高−0.50 m,水泥用量按定额用量不调整,孔间距 1.0 m×1.0 m,沿基础满布,压密注浆每孔加固范围按 1 m² 计算,注浆孔数量 230 个,按清单要求计算工程量。

【解】

010201012001　高压喷射注浆桩

清单工程量:按设计图示尺寸以桩长计算　(6−1)×230=1 150(m)

【例 6.2.6】　某基坑支护工程采用钻孔灌注桩加单排锚杆方案,锚杆 120 个,锚杆孔径 φ150 mm,钻孔倾角为 15°,锚杆采用 2φ25 钢筋,长度 15.0 m,采用二次注浆,水泥选用 42.5 级普通硅酸盐水泥,一次注浆压力 0.4~0.8 MPa,二次注浆压力 1.2~1.5 MPa,注浆量不小于 40 L/m,按清单要求计算工程量,锚头工程量不计。

【解】

010202008001　土钉

清单工程量:按设计图示数量以根计量　120 根

6.2.2　地基处理与边坡工程计价

6.2.2.1　地基处理与边坡工程定额计价

1)地基处理与边坡工程定额计价要点

(1)换填垫层适用于软弱地基的换材料加固,按定额第四章相应子目执行。

(2)深层搅拌桩不分桩径大小执行相应子目。设计水泥量不同可换算,其他不调整。

(3)深层搅拌桩(三轴除外)和粉喷桩是按四搅两喷施工编制,设计为二搅一喷,定额人工、机械乘以系数 0.7;六搅三喷,定额人工、机械乘以系数 1.4。

(4)高压旋喷桩、压密注浆的浆体材料用量可按设计含量调整。

(5)斜拉锚杆是指深基坑围护中,锚接围护桩体的斜拉桩。

(6)基坑钢管支撑为周转摊销材料,其场内运输、回库保养均已包括在内。支撑处需挖运土方、围檩与基坑护壁的填充混凝土未包括在内,发生时应按实另行计算。场外运输按金属Ⅲ类构件计算。

(7)打、拔钢板桩单位工程打桩工程量小于 50 t 时,人工、机械乘以系数 1.25。场内运输超过 300 m 时,应按相应构件运输子目执行,并扣除打桩子目中的场内运费。

(8)采用桩进行地基处理时,按定额第三章相应子目执行。

(9)本计价要点未列混凝土支撑,若发生,按相应混凝土构件定额执行。

2)地基处理与边坡工程定额计价示例

【例 6.2.7】　某基坑支护工程止水幕采用三轴水泥土搅拌桩,截面形式为三轴 φ850@

1 200,桩截面面积为 1.495 m²,搭接形式为套接一孔,两搅一喷法。已知桩顶标高－2.60 m,桩底标高－19.60 m,自然地面标高－0.60 m,设计采用 PO42.5 级普通硅酸盐水泥,水泥掺入比 20%,水灰比 1.2,桩数 210 根,要求根据定额计算费用(管理费和利润按定额中费率)。

【相关知识点】

1. 定额中已包括 2 m 以内的钻进空搅因素,超过 2 m 以外的空搅体积按相应子目人工,深层搅拌桩基乘以系数 0.3,其他不算。

2. 深层搅拌桩三轴是按二搅一喷考虑的,设计不同时应调整。

3. 深搅桩水泥掺入比按 12% 计算,设计要求掺入比与定额取定不同时,水泥用量可以调整,其他不变。

【解】

查定额,套用定额 2-12　三轴深层搅拌桩

单价换算

水泥用量增加材料费　146.42＋(20%÷12%－1)×76.73＝197.39(元/m³)

综合价　5 494.13×197.39＝1 084 486.32(元)

【例 6.2.8】　某工程采用压密注浆进行复合地基加固,压密注浆孔孔径 φ50 mm,孔顶标高－1.0 m,孔底标高－6.00 m,自然地面标高－0.50 m,水泥用量按定额用量不调整,孔间距 1.0 m×1.0 m,沿基础满布,压密注浆每孔加固范围按 1 m² 计算,注浆孔数量 230 个,根据定额计算费用(管理费和利润按定额中费率)。

【解】

查定额,套用定额 2-21,压浆注浆钻孔　1 265×33.97＝42 972.05(元)

套用定额 2-22,压密注浆　1 150×84.36＝97 014.00(元)

综合价合计　139 986.05 元

【例 6.2.9】　某基坑支护工程采用钻孔灌注桩加单排锚杆方案,锚杆 120 个,锚杆孔径 φ150 mm,钻孔倾角为 15°,锚杆采用 2φ25 钢筋,长度 15.0 m,采用二次注浆,水泥选用 42.5 级普通硅酸盐水泥,一次注浆压力 0.4～0.8 MPa,二次注浆压力 1.2～1.5 MPa,注浆量不小于 40 L/m,要求根据定额计算费用(管理费和利润按定额中费率)。

【解】

查定额,套用定额 2-25　水平成孔　18×2 244.28＝5 304.65(元)

套用定额 2-31 换,人工钉土锚杆,单价换算,钢筋含量调整,每 100 m 钢筋重量

2×3.85×100＝770(kg)

单价　2 147.34＋(0.77×1.02－0.252)×4 020＝4 291.61(元/100 m)

18×4 291.61＝77 248.98(元)

套用定额 2-26　一次注浆　18×5 246.47＝94 436.46(元)

套用定额 2-27　再次注浆　18×3 921.40＝70 585.20(元)

综合价合计　282 667.68 元

6.2.2.2　地基处理与边坡工程清单计价

1) 地基处理与边坡工程清单计价要点

(1) 砂石桩工作内容包括成孔、填充、振实、材料运输。

(2) 深层搅拌桩工作内容包括预搅下钻、水泥浆制作、喷浆搅拌提升成桩、材料运输。

(3) 土钉工作内容包括钻孔、浆液制作、运输、压浆、土钉制作、安装、土钉施工平台搭

设、拆除。喷射混凝土。水泥砂浆工作内容包括修整边坡、混凝土(砂浆)制作、运输、喷射、养护、钻排水孔、安装排水管、喷射施工平台搭设、拆除。

(4) 项目特征中的桩长应包括桩尖,空桩长度＝孔深－桩长,孔深为自然地面至设计桩底的深度。

(5) 高压喷射注浆类型包括旋喷、摆喷、定喷,高压喷射注浆方法包括单管法、双重管法、三重管法。

(6) 如采用泥浆护壁成孔,工作内容包括土方、废泥浆外运;如采用沉管灌注成孔,工作内容包括桩尖制作、安装。

2) 地基处理与边坡工程清单计价示例

【例 6.2.10】 某基坑支护工程止水幕采用三轴水泥土搅拌桩,截面形式为三轴 φ850@1 200,桩截面面积为 1.495 m²,搭接形式为套接一孔,两搅一喷法。已知桩顶标高－2.60 m,桩底标高－19.60 m,自然地面标高－0.60 m,设计采用 PO42.5 级普通硅酸盐水泥,水泥掺入比 20%,水灰比 1.2,桩数 210 根,要求编制工程量清单并组价(管理费和利润按定额中费率)。

【解】

1. 工程量清单编制如下:

表 6.2.1　某基坑支护工程工程量清单

序号	项目编码	项目名称	项目特征描述	计量单位	工程量	金额(元)		
						综合单价	合价	其中暂估价
1	010201009001	深层搅拌桩	1. 地层情况:由投标人根据岩石工程勘察报告自行决定报价 2. 空桩长度、桩长:19 m 3. 桩截面尺寸:1.495 m² 4. 水泥强度等级、掺量:采用 PO42.5 级普通硅酸盐水泥,水泥掺入比 20%	m	3 990			

2. 定额组价:

表 6.2.2　某基坑支护工程组价表

序号	项目编码	项目名称	项目特征描述	计量单位	工程量	金额(元)		
						综合单价	合价	其中暂估价
1	010201009001	深层搅拌桩	1. 地层情况:由投标人根据岩石工程勘察报告自行决定报价 2. 空桩长度、桩长:19 m 3. 桩截面尺寸:1.495 m² 4. 水泥强度等级、掺量:采用 PO42.5 级普通硅酸盐水泥,水泥掺入比 20%	m	3 990	271.80	1 084 482.00	
1.1	2-12 换	深层搅拌桩		m³	5 494.13	197.39	1 084 486.32	

【例 6.2.11】 某工程采用压密注浆进行复合地基加固,压密注浆孔孔径 φ50 mm,孔顶标高－1.0 m,孔底标高－6.00 m,自然地面标高－0.50 m,水泥用量按定额用量不调整,孔

间距 1.0 m×1.0 m,沿基础满布,压密注浆每孔加固范围按 1 m² 计算,注浆孔数量 230 个,要求编制工程量清单并组价(管理费和利润按定额中费率)。

1. 工程量清单编制如下:

表 6.2.3　某高压注浆桩工程量清单

序号	项目编码	项目名称	项目特征描述	计量单位	工程量	综合单价	合价	其中 暂估价
1	010201012001	高压喷射注浆桩	1. 地层情况:由投标人根据岩石工程勘察报告自行决定报价 2. 空桩长度:0.5 m;桩长:5 m 3. 桩截面尺寸:1 m² 4. 水泥强度等级、掺量:按定额用量	m	1 150			

2. 定额组价:

表 6.2.4　某高压注浆桩组价表

序号	项目编码	项目名称	项目特征描述	计量单位	工程量	综合单价	合价	其中 暂估价
1	010201012001	高压喷射注浆桩	1. 地层情况:由投标人根据岩石工程勘察报告自行决定报价 2. 空桩长度:0.5 m;桩长:5 m 3. 桩截面尺寸:1 m² 4. 水泥强度等级、掺量:按定额用量	m	1 150	121.73	139 989.50	
1.1	2-21	压浆注浆钻孔		m³	1 265	33.97	42 972.05	
1.2	2-22	压密注浆		m	1 150	84.36	97 014.00	

【例 6.2.12】　某基坑支护工程采用钻孔灌注桩加单排锚杆方案,锚杆 120 个,锚杆孔径 φ150 mm,钻孔倾角为 15°,锚杆采用 2φ25 钢筋,长度 15.0 m,采用二次注浆,水泥选用 42.5 级普通硅酸盐水泥,一次注浆压力 0.4～0.8 MPa,二次注浆压力 1.2～1.5 MPa,注浆量不小于 40 L/m,要求编制工程量清单并组价(管理费和利润按定额中费率);锚头工程量不计。

1. 工程量清单编制如下:

表 6.2.5　某基坑支护工程工程量清单

序号	项目编码	项目名称	项目特征描述	计量单位	工程量	综合单价	合价	其中 暂估价
1	010202008001	土钉	1. 地层情况:由投标人根据岩石工程勘察报告自行决定报价 2. 钻孔深度:15 m 3. 钻孔直径:φ150 mm 4. 置入方法:钻孔 5. 杆体:2φ25 钢筋 6. 浆液:采用二次注浆,具体指标见图纸	根	120			

2. 定额组价:

表 6.2.6　某基坑支护工程组价表

序号	项目编码	项目名称	项目特征描述	计量单位	工程量	综合单价	合价	其中 暂估价
1	010202008001	土钉	1. 地层情况:由投标人根据岩石工程勘察报告自行决定报价 2. 钻孔深度:15 m 3. 钻孔直径:φ150 mm 4. 置入方法:钻孔 5. 杆体:2φ25 钢筋 6. 浆液:采用二次注浆,具体指标见图纸	根	120	2 355.56	282 667.20	
1.1	2-25	水平成孔		100 m	18	2 244.28	40 397.04	
1.2	2-31 换	人工钉土锚杆		100 m	18	4 291.61	77 248.98	
1.3	2-26	一次注浆		100 m	18	5 246.47	94 436.46	
1.4	2-27	再次注浆		100 m	18	3 921.40	70 585.20	

6.3　桩基工程计量与计价

6.3.1　桩基工程计量

6.3.1.1　桩基工程定额计量

1) 桩基工程定额计量计算要点

根据计价定额第三章桩基工程的说明及计算规则,桩基分两大类:预制桩和灌注桩,分别按各自的计算规则计算。部分计算规则摘录如下:

(1) 预制桩

① 打预制钢筋混凝土桩的工程量,按设计桩长(包括桩尖长度,不扣除桩尖虚体积)乘以桩身截面面积以立方米计算,管桩(空心方桩)则应扣除空心体积,管桩(空心方桩)的空心部分设计要求灌注混凝土或其他填充料时,应另行计算。

② 打预制桩需送桩,送桩长度从桩顶面标高至自然地坪另加 500 mm,乘以桩身截面面积以立方米计算,管桩则应扣除空心体积。

③ 接桩按每个接头计算。

(2) 灌注桩

① 泥浆护壁钻孔灌注桩,钻孔与灌注混凝土分别计算。

钻土孔从自然地面至桩底或至岩石表面的深度乘以桩身截面积以立方米计算,钻岩石孔则以入岩深度乘以桩身截面面积以立方米计算。泥浆外运体积按钻孔体积计算。

灌注混凝土按设计桩长包括桩尖另加一个直径(设计有规定时,加设计要求长度)乘以桩身截面面积以立方米计算。

② 长螺旋或钻盘式钻机钻孔灌注桩的单桩体积,按设计桩长(含桩尖)另加 500 mm(设

计有规定时,按设计要求长度),再乘以螺旋外径或设计桩身截面面积以立方米计算。

③ 打孔沉管、夯扩灌注桩。

灌注混凝土、砂、碎石桩使用活瓣桩尖时,单打、复打桩体积均按设计桩长(包括桩尖)另加 250 mm(设计有规定时,按设计要求)乘以标准管外径以体积计算。使用预制钢筋混凝土桩尖时,单打、复打桩体积均按设计桩长(不包括预制桩尖)另加 250 mm(设计有规定时,按设计要求)乘以标准管外径以体积计算。

打孔、沉管灌注桩空沉管部分,按空沉管的实体积计算。

夯扩桩体积分别按每次设计夯扩前投料长度(不包括预制桩尖)乘以标准管内径体积计算,最后管内灌注混凝土按设计桩长另加 250 mm 乘以标准管外径体积计算。

打孔灌注桩、夯扩桩使用预制钢筋混凝土桩尖的,桩尖个数另列项目计算,单打、复打的桩尖按单打、复打次数之和计算,桩尖费用另计。

④ 注浆管、声测管按打桩前的自然地面标高至设计桩底标高的长度另加 0.2 m,按长度计算。灌注桩后注浆按设计注入水泥量,以质量计算。

⑤ 凿灌注混凝土桩头按立方米计算,凿、截断预制桩以根计算。

2) 桩基工程定额计量计算示例

【例 6.3.1】 某工程桩基础为现场预制混凝土方桩(见图 6.3.1)。C30 商品混凝土,室外地坪标高−0.30 m,桩顶标高−1.80 m,桩计 150 根,计算与打桩有关的工程量。

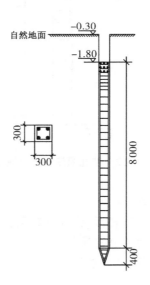

图 6.3.1　现场预制混凝土方桩图

【相关知识点】

1. 设计桩长包括桩尖,不扣除桩尖虚体积。

2. 送桩长度从桩顶面到自然地面另加 500 mm。

3. 桩的制作现场预制混凝土方桩图按设计桩长乘以桩身截面积计算,钢筋按设计图纸和规范要求计算,按江苏省规定,预制现场预制混凝土方桩图构件模板按接触面积计算在分部分项工程项目内。

【解】

工程量计算

1. 打桩　桩长＝桩身＋桩尖＝8.00＋0.40＝8.40(m)

　　　　　0.30×0.30×8.40×150＝113.40(m³)

2. 送桩　长度＝1.50＋0.50＝2.00(m)

　　　　　0.30×0.30×2.00×150＝27.0(m³)

3. 凿桩头　150根

【例6.3.2】　某工程桩基础是钻孔灌注混凝土桩(见图6.3.2)。C30混凝土现场搅拌,土孔中混凝土充盈系数为1.25,自然地面标高−0.45 m,桩顶标高−3.00 m,设计桩长12.30 m,桩进入岩层1.0 m,桩直径600 mm,计100根,泥浆外运5 km。计算与桩有关的工程量。

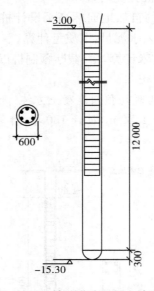

图6.3.2　钻孔灌注混凝土桩图

【相关知识点】

1. 钻土孔与钻岩石孔分别计算。

2. 钻土孔深度从自然地面至岩石表面,钻岩石孔深度为入岩深度。

3. 土孔与岩石孔灌注混凝土的量分别计算。

4. 灌注混凝土桩长是设计桩长(包括桩尖),另加一个桩直径,如果设计有规定,则加设计要求长度。

5. 砌泥浆池的工料费用在编制标底时暂按每立方米桩2.0元计算,结算时按实调整。

【解】

工程量计算

1. 钻土孔　深度＝15.30−0.45−1.0＝13.85(m)

　　　　　0.30×0.30×3.14×13.85×100＝391.40(m³)

2. 钻岩石孔　深度＝1.0 m

　　　　　0.30×0.30×3.14×1.00×100＝28.26(m³)

3. 灌注混凝土桩(土孔)　桩长＝12.30＋0.60－1.0＝11.90(m)

　　　　　　　　　　　　0.30×0.30×3.14×11.90×100＝336.29(m³)

4. 灌注混凝土桩(岩石孔)　桩长＝1.0 m

　　　　　　　　　　　　0.30×0.30×3.14×1.00×100＝28.26(m³)

5. 泥浆外运＝钻孔体积　391.40＋28.26＝419.66(m³)

6. 砖砌泥浆池＝桩体积＝336.29＋28.26＝364.55(m³)

7. 凿桩头　0.30×0.30×3.14×0.60×100＝16.96(m³)

6.3.1.2　桩基工程清单计量

1) 桩基工程清单计量计算要点

(1) 预制钢筋混凝土方桩、管桩项目计量单位为米时,工程量按设计图示尺寸以桩长(包括桩尖)计算;计量单位为"根"时,工程量按设计图示数量计算;计量单位为立方米时,工程量按设计图示截面积乘以桩长(包括桩尖)以实体积计算。

(2) 钢管桩以吨计量,按设计图示尺寸以质量计算;以根计量,按设计图示数量计算。

(3) 截(凿)桩头以立方米计量,按设计桩截面乘以桩头长度以体积计算;以根计量,按设计图示数量计算。

(4) 泥浆护壁成孔灌注桩、沉管灌注桩、干作业成孔灌注桩工程量以米计量,按设计图示尺寸以桩长(包括桩尖)计算;以立方米计量,按不同截面在桩上范围内以体积计算;以根计量,按设计图示数量计算。

(5) 挖孔桩土(石)方按设计图示尺寸(含护壁)截面积乘以挖孔深度以立方米计算。人工挖孔灌注桩工程量以立方米计量,按桩芯混凝土体积计算;以根计量,按设计图示数量计算。

(6) 灌注桩后压浆按设计图示以注浆孔数计算。

(7) 江苏省规定,桩的工程量计算规则中,桩长不包含超灌部分长度,超灌在清单综合单价中考虑。

2) 桩基工程清单计量计算示例

【例 6.3.3】　某工程桩基础为现场预制混凝土方桩(见图 6.3.1),C30 商品混凝土,室外地坪标高－0.30 m,桩顶标高－1.80 m,桩计 150 根,计算预制混凝土方桩的工程量。

【相关知识点】

1. 计量单位为"m"时,只要按图示桩长(包括桩尖)计算长度,不需要考虑送桩;桩断面尺寸不同时,按不同断面分别计算。

2. 计量单位为"根"时,不同长度,不同断面的桩要分别计算。

【解】

工程量计算

1. 计量单位为"m"时

桩长　(8.00＋0.40)×150＝1 260.00(m)

2. 计量单位为"根"时

桩根数　150 根

　　　　(如果桩的长度、断面尺寸一致,则以根数计算比较简单)

【例 6.3.4】　某工程桩基础是钻孔灌注混凝土桩(见图 6.3.2),C30 混凝土现场搅拌,土孔中混凝土充盈系数为 1.25,自然地面标高－0.45 m,桩顶标高－3.00 m,设计桩长12.30 m,桩进入岩层 1.0 m,桩直径 600 mm,计 100 根,泥浆外运 5 km。计算钻孔灌注混凝土桩的工程量。

【相关知识点】

1. 计算桩长时,不需要考虑增加一个桩直径长度。

2. 不需要计算钻土孔或钻岩石孔的量。

【解】

工程量计算

桩长: 12.30×100＝1 230.0(m)

6.3.2 桩基工程计价

6.3.2.1 桩基工程定额计价

1)桩基工程定额计价要点

(1)打桩机的类别、规格在定额中不换算,但打桩机及为打桩机配套的施工机械进(退)场费和组装、拆卸费按实际进场机械的类别、规格在单价措施项目费中计算。

(2)每个单位工程的打(灌注)桩工程量小于表6.3.1中规定数量时为小型工程,其人工、机械(包括送桩)按相应定额项目乘系数1.25。

表6.3.1　单位打桩工程工程量表

项目	工程量(m^3)
预制钢筋混凝土方桩	150
预制钢筋混凝土离心管桩(空心方桩)	50
打孔灌注混凝土桩	60
打孔灌注砂桩、碎石桩、砂石桩	100
钻孔灌注混凝土桩	60

(3)打预制方桩、离心管桩的定额中已综合考虑了300 m的场内运输,当场内运输超过300 m时,运输费另外计算,同时扣除定额内的场内运输费。

(4)打预制桩定额中不含桩本身,只有1%的桩损耗,桩的制作费另按定额第五章、第六章相应定额计算。

(5)各种灌注桩的定额中已考虑了灌注材料的充盈系数和操作损耗(表6.3.2),但这个数量是供编制标底时参考使用的,结算时灌注材料的充盈系数应按打桩记录的灌入量进行计算,操作损耗不变。

表6.3.2　灌注桩充盈系数及操作损耗率表

项目名称	充盈系数	操作损耗率(%)
打孔沉管灌注混凝土桩	1.20	1.50
打孔沉管灌注砂(碎石)桩	1.20	2.00
打孔沉管灌注砂石桩	1.20	2.00
钻孔灌注混凝土桩(土孔)	1.20	1.50
钻孔灌注混凝土桩(岩石孔)	1.10	1.50
打孔沉管夯扩灌注混凝土桩	1.15	2.00

(6)钻孔灌注混凝土桩钻孔定额中已含挖泥浆池及地沟土方的人工,但不含砌泥浆池的人工及耗用材料,在编制标底时暂按每立方米桩2.0元计算,结算时按实调整。

（7）灌注桩中设计有钢筋笼时,按定额第五章相应定额计算。

（8）本计价定额中,灌注混凝土桩的混凝土灌注有三种方法,即现场搅拌混凝土、泵送商品混凝土、非泵送商品混凝土,应根据设计要求或施工方案选择使用。

2）桩基工程定额计价示例

【例 6.3.5】 某工程桩基础为现场预制混凝土方桩（见图 6.3.1）,C30 商品混凝土,室外地坪标高 −0.30 m,桩顶标高 −1.80 m,桩计 150 根,工程量在例 6.3.1 中已计算,现按计价定额规定计价。

【相关知识点】

1. 本工程桩工程量小于表 6.3.1 中的工程量,属小型工程,打桩的人工、机械（包括送桩）按相应定额乘系数"1.25"。

2. 打桩定额中预制桩 1% 损耗为 C35 混凝土,混凝土强度等级不同按规定不调整。

3. 桩基础的工程类别要根据桩长划分,本工程为桩基础工程三类工程,其管理费、利润的计取标准,均与定额默认的不同,应按 2014 江苏省计价定额制作兼打桩的费率调整综合单价。

【解】

计价定额计价

1. 桩制作,用 C30 非泵送商品混凝土

计价定额 6-352　方桩制作

（管理费应由 25% 调整为 11%,利润应由 12% 调整为 7%,此过程可在电脑上操作调整,在本例题中不再细述）

每立方米综合单价　（62.32＋18.12）×（1＋0.11＋0.07）＋368.31＝463.23（元）

方桩制作综合价　113.40×463.23＝52 530.28（元）

2. 打预制方桩,桩长 8.4 m,工程量小于 150 m³

计价定额 3-1 换　打预制方桩桩长 12 m 以内

（管理费为 11%,利润由 6% 调整为 7%）

定额价换算:小型工程,人工、机械乘系数"1.25"

综合单价　（68.68＋147.88）×（1＋0.11＋0.07）×1.25＋30.27＝349.70（元）

打预制方桩综合价　113.40×349.70＝39 655.98（元）

3. 预制方桩送桩,桩长 8.4 m,送桩长度 2 m

计价定额 3-5 换　预制方桩送桩,桩长 12 m 以内

（管理费为 14%,利润由 6% 调整为 7%）

定额价换算:小型工程,人工、机械乘系数"1.25"

综合单价　（72.38＋126.97）×（1＋0.11＋0.07）×1.25＋26.70＝320.74（元）

预制方桩送桩综合价　27.0×320.74＝8 659.98（元）

4. 预制方桩凿桩头

计价定额 3-93　凿方桩桩头

每 10 根桩综合单价　215.6×（1＋0.11＋0.07）＋2＝256.41（元）

凿桩头综合价　15.0×256.41＝3 846.15（元）

【例 6.3.6】 某工程桩基础是钻孔灌注混凝土桩（见图 6.3.2）,C30 混凝土现场搅拌,土孔中混凝土充盈系数为 1.25,自然地面标高 −0.45 m,桩顶标高 −3.0 m,设计桩长

12.30 m,桩进入岩层 1 m,桩直径 600 mm,计 100 根,泥浆外运 5 km。工程量在例 6.3.2 中已计算,现按计价定额规定计价。(管理费、利润按定额执行,不调整)

【相关知识】

1. 钻土孔、岩石孔,灌注混凝土桩土孔、岩石孔,均分别套相应定额。

2. 混凝土强度等级与定额不同时要换算。

3. 充盈系数与定额不符时要调整混凝土灌入量,但操作损耗不变。

4. 在投标报价时砖砌泥浆池要按施工组织设计要求计算工、料费用。

【解】

计价定额计价

1. 钻 φ600 mm 土孔

计价定额 3-28 钻土孔 每立方米综合单价 300.96 元

钻土孔综合价 391.40×300.96＝117 795.74(元)

2. 钻 φ600 mm 岩石孔

计价定额 3-31 钻岩石孔 每立方米综合单价 1 298.80 元

钻岩石孔综合价 28.26×1 298.8＝36 704.09(元)

3. 自拌混凝土灌土孔桩

计价定额 3-39 换 钻土孔灌注 C30 混凝土桩

定额价换算:C30 混凝土充盈系数"1.25"

C30 混凝土用量 1.25÷1.2×1.218＝1.269(m³)

C30 混凝土桩每立方米综合单价 458.83－351.03+1.269×288.20＝473.53(元)

钻土孔灌注混凝土桩综合价 336.29×473.53＝159 243.40(元)

4. 自拌混凝土灌岩石孔桩

计价定额 3-40 钻岩石孔灌注 C30 混凝土桩

充盈系数同定额

C30 混凝土桩每立方米综合单价 421.18 元

钻岩石孔灌注桩综合价 28.26×421.18＝11 902.55(元)

5. 泥浆外运 5 km

计价定额 3-41 泥浆外运 每立方米综合单价 112.21 元

泥浆外运综合价 419.66×112.21＝47 090.05(元)

6. 泥浆池费用

按定额注计算 364.55×2＝729.1(元)

7. 灌注桩凿桩头

计价定额 3-92 凿灌注桩桩头 每立方米综合单价 207.79 元

凿灌注桩桩头综合价 16.96×207.79＝3 524.12(元)

6.3.2.2 桩基工程清单计价

1)桩基工程清单计价要点

(1)地层情况可按规范规定并根据岩土工程勘察报告按单位工程各地层所占比例(包括范围值)进行描述。对无法准确描述的地层情况,可注明由投标人根据岩土工程勘察报告自行决定报价。

（2）项目特征中的桩截面、混凝土强度等级、桩类型等可直接用标准图代号或设计桩型进行描述。

（3）预制钢筋混凝土方桩、预制钢筋混凝土管桩项目以成品桩编制，应包括成品桩购置费，如果用现场预制，应包括现场预制桩的所有费用。

（4）打试验桩和打斜桩应按相应项目单独列项，并应在项目特征中注明试验桩或斜桩（斜率）。

（5）截（凿）桩头项目适用于计算规范附录 B、附录 C 所列桩的桩头截（凿）。

（6）预制钢筋混凝土管桩桩顶与承台的连接构造按计算规范附录 E 相关项目列项。

2）桩基工程清单计价示例

【例 6.3.7】 某工程桩基础为现场预制混凝土方桩（见图 6.3.1），C30 商品混凝土，室外地坪标高－0.30 m，桩顶标高－1.80 m，桩计 150 根，工程量在例 6.3.5 中已经计算，请编制工程量清单并组价。

【解】

1. 工程量清单编制如下：

表 6.3.3 某现场预制混凝土方桩工程量清单

序号	项目编码	项目名称	项目特征描述	计量单位	工程量	综合单价	合价	其中暂估价
1	010301001001	预制钢筋混凝土方桩	1. 地层情况:由投标人根据岩石工程勘察报告自行决定报价 2. 桩长 8.4 m,桩断面 300 mm×300 mm,C30 商品混凝土、桩顶标高－1.8 m	根	150			

2. 定额组价：

表 6.3.4 某现场预制混凝土方桩组价表

序号	项目编码	项目名称	项目特征描述	计量单位	工程量	综合单价	合价	其中暂估价
1	010301001001	预制钢筋混凝土方桩	1. 地层情况:由投标人根据岩石工程勘察报告自行决定报价 2. 桩长 8.4 m,桩断面 300 mm×300 mm,C30 商品混凝土、桩顶标高－1.8 m	根	150	697.95	104 692.50	
1.1	6-352	方桩制作		m³	113.40	463.23	52 530.28	
1.2	3-1换	打预制方桩桩长 12 m以内		m³	113.40	349.70	39 655.98	
1.3	3-5换	预制方桩送桩,桩长 12 m以内		m³	27.0	320.74	8 659.98	
1.4	3-93	凿方桩桩头		m³	15.0	256.41	3 846.15	

【例 6.3.8】 某工程桩基础是钻孔灌注混凝土桩（见图 6.3.2），C30 混凝土现场搅拌，

土孔中混凝土充盈系数为 1.25,自然地面标高－0.45 m,桩顶标高－3.0 m,设计桩长 12.30 m,桩进入岩层 1 m,桩直径 600 mm,计 100 根,泥浆外运 5 km。工程量在例 6.3.6 中已计算,现要求编制工程量清单并组价(管理费和利润按定额中费率)。

【解】

1. 工程量清单编制如下:

表 6.3.5　某钻孔灌注桩工程量清单

序号	项目编码	项目名称	项目特征描述	计量单位	工程量	金额(元)		
						综合单价	合价	其中
								暂估价
1	010302001001	泥浆护壁成孔灌注桩	1. 桩长 12.3 m、桩直径 600 mm、C30 混凝土自拌、桩顶标高－3.0、桩进入岩层 1 m、计 100 根、泥浆外运 5 km	m	1 230			

2. 定额组价:

表 6.3.6　某钻孔灌注桩组价表

序号	项目编码	项目名称	项目特征描述	计量单位	工程量	金额(元)		
						综合单价	合价	其中
								暂估价
1	010302001001	泥浆护壁成孔灌注桩	1. 桩长 12.3 m、桩直径 600 mm、C30 混凝土自拌、桩顶标高－3.0、桩进入岩层 1 m、计 100 根、泥浆外运 5 km	m	1 230	306.50	376 995.00	
1.1	3-28	钻土孔		m³	391.40	300.96	117 795.74	
1.2	3-31	钻岩石孔		m³	28.26	1 298.8	36 704.09	
1.3	3-39 换	钻土孔灌注 C30 混凝土桩		m³	336.29	473.53	159 243.40	
1.4	3-40	钻岩石孔灌注 C30 混凝土桩		m³	28.26	421.18	11 902.55	
1.5	3-41	泥浆外运		m³	419.66	112.21	47 090.05	
1.6	注	泥浆池费用		m³	364.55	2	729.10	
1.7	3-92	凿灌注桩桩头		m³	16.96	207.79	3 524.12	

6.4　砌筑工程计量与计价

6.4.1　砌筑工程计量

6.4.1.1　砌筑工程定额计量

1)砌筑工程定额计量计算要点

(1)基础与墙身使用同一种材料时,以设计室内地坪为界,室内地坪以下为基础,以上为墙身;基础与墙身使用不同材料,两种材料分界线位于设计室内地坪±300 mm范围以内时,以不同材料为分界线,分界线下部为基础,上部为墙身,分界线在室内地坪±300 mm范围以外时,仍以设计室内地坪为界。

(2)外墙砖基础按外墙中心线长度计算,内墙砖基础按内墙基之间大放脚上部的净距离计算,大放脚T形接头处重叠部分不扣除,但靠墙暖气沟的挑檐也不增加。附墙砖垛基础宽出部分的体积,并入所依附的基础工程量内。

(3)墙的长度计算:外墙按外墙中心线,内墙按内墙净长线。

墙的高度计算:现浇斜屋面板,算至墙中心线屋面板底;现浇平板楼板或屋面板,算至楼板或屋面板底,有框架梁时,算至梁底面;女儿墙从梁或板顶面算至女儿墙顶面,有混凝土压顶时,算至压顶底面。

(4)计算墙体工程量时,应扣除门窗洞口,各种空洞,嵌入墙身的混凝土柱、梁、圈梁、挑梁、过梁及凹进墙内的壁龛、管槽、暖气槽、消火栓箱所占的体积,不扣除梁头、板头、檩头、垫木、木楞头、沿缘木、木砖、门窗走头、砖墙内加固钢筋、木筋、铁件、钢管及单个面积在 0.3 m² 以下的孔洞所占的体积,凸出墙面的腰线、挑檐、压顶、窗台线、虎头砖、门窗套的体积也不增加,凸出墙面的砖垛并入墙体体积内计算。

(5)砖砌地下室外墙、内墙均按相应内墙定额计算。

(6)砌块墙、多孔砖墙中,窗台虎头砖、腰线、门窗洞边接茬用标准砖已综合在定额内,不再另外计算。

(7)各种砌块墙按图示尺寸计算,砌块内的空心体积不扣除,砌体中设计有钢筋砖过梁时按"零星砌砖"定额计算。

(8)墙基防潮层按墙基顶面水平宽度乘以长度以平方米计算。

(9)阳台砖隔断按相应内墙定额执行。

2)砌筑工程定额计量计算示例

【例6.4.1】　某单位传达室基础平面图及基础详图见图 6.1.1,室内地坪±0.00 m,防潮层−0.06 m,防潮层以下用 M10 水泥砂浆砌标准砖基础,防潮层以上为多孔砖墙身。条形基础用 C20 自拌混凝土,垫层用 C10 自拌混凝土,按计价定额计算砖基础、防潮层的工程量。

【相关知识】

1. 基础与墙身使用不同材料的分界线位于−60 mm 处,在设计室内地坪±300 mm 范围以内,因此−0.06 m 以下为基础,−0.06 m 以上为墙身。

2. 墙的长度计算:外墙按中心线,内墙按净长线,大放脚T形接头处重叠部分不扣除。

3. 基础大放脚根据基础墙的厚度、大放脚的层数、形状在计价定额的附录九中查找折加高度。

4. 混凝土条形基础的长度计算:外墙按中心线;内墙分下部矩形部分和上部梯形部分计算,下部矩形部分按基础两端之间净长距离计算,上部梯形部分按两端斜面中心线距离计算。

5. 基础垫层的长度计算:外墙按中心线;内墙按垫层两端之间净长距离计算。

(以上相关知识4、5两条详见 6.5.1 中的"混凝土工程工程量计算规则及运用要点")

【解】

工程量计算

1. 砖基础及防潮层计算

(1) 外墙基础长度　(9.0＋5.0)×2＝28.0(m)

内墙基础长度　(5.0－0.24)×2＝9.52(m)

(2) 基础高度　1.30＋0.30－0.06＝1.54(m)

(查计价定额下册附录1 122页的大放脚折加高度表,等高式,240 mm厚墙,2层,双面,0.197 m)

(3) 砖基础体积　0.24×(1.54＋0.197)×(28.0＋9.52)＝15.64(m³)

(4) 防潮层面积　0.24×(28.0＋9.52)＝9.00(m²)

2. 条形基础计算

(1) 梯形下口宽度1.0 m,上口宽度0.58 m,中心平均宽度0.79 m。

(2) 外墙条形基础长度　(9.0＋5.0)×2＝28.0(m)

内墙条形基础下部长度　(5.0－1.0)×2＝8.0(m)

内墙条形基础上部长度　(5.0－0.79)×2＝8.42(m)

(3) 条形基础下部高度　0.10 m

条形基础上部高度　0.10 m

(4) 条形基础体积

外墙　(1.0×0.1＋0.79×0.1)×28.0＝5.01(m³)

内墙　1.0×0.1×8.0＋0.79×0.1×8.42＝1.47(m³)

合计　6.48 m³

3. 垫层计算

(1) 外墙垫层长度　(9.0＋5.0)×2＝28.0(m)

内墙垫层长度　(5.0－1.2)×2＝7.6(m)

(2) 垫层高度　0.10 m

(3) 垫层宽度　1.20 m

(4) 垫层体积　1.20×0.1×(28.0＋7.6)＝4.27(m³)

【例6.4.2】　某单位传达室平面图、剖面图、墙身大样图见图6.4.1,构造柱240 mm×240 mm,有马牙槎与墙嵌接,圈梁240 mm×300 mm,屋面板厚100 mm,门窗上口无圈梁处设置过梁厚120 mm,过梁长度为洞口尺寸两边各加250 mm,窗台板厚60 mm,长度为窗洞口尺寸两边各加60 mm,窗两侧有60 mm宽砖砌窗套,砌体材料为KP1多孔砖,女儿墙为标准砖,砌筑砂浆为M5混合砂浆。按计价定额计算墙体的工程量。

【相关知识】

1. 墙的长度计算:外墙按外墙中心线,内墙按内墙净长线。

墙的高度计算:现浇平屋(楼)面板,算至板底,女儿墙自屋面板顶算至压顶底。

2. 计算工程量时,要扣除嵌入墙身的柱、梁、门窗洞口,突出墙面的窗套不增加。

3. 扣构造柱要包括与墙嵌接的马牙槎,本图构造柱与墙嵌接面有20个。

4. 因计价定额中KP1多孔砖内、外墙为同一定额子目,若砌筑砂浆标号一致,可合并计算。

【解】

工程量计算

1. 一砖墙

(1) 墙长度　外墙　(9.0＋5.0)×2＝28.0(m)

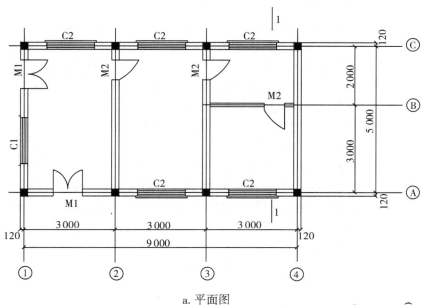

a. 平面图

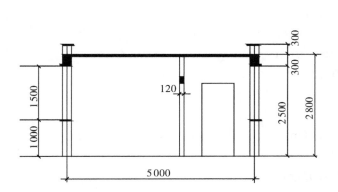

b. 剖面图

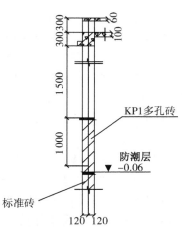

c. 墙身大样图

编号说明表

编号	宽	高	樘数
M1	1 200	2 500	2
M2	900	2 100	3
C1	1 500	1 500	1
C2	1 200	1 500	5

图 6.4.1　某单位传达室平面图、剖面图、墙身大样图及编号说明表

内墙　$(5.0-0.24)\times2=9.52(m)$

（2）墙高度　（扣圈梁、屋面板厚度，加防潮层至室内地坪高度）

$2.8-0.30+0.06=2.56(m)$

（3）外墙体积　外墙　$0.24\times2.56\times28.0=17.20(m^3)$

减构造柱　　0.24×0.24×2.56×8＝1.18(m³)

减马牙槎　　0.24×0.06×2.56×1/2×16＝0.29(m³)

减 C1 窗台板　　0.24×0.06×1.62×1＝0.02(m³)

减 C2 窗台板　　0.24×0.06×1.32×5＝0.10(m³)

减 M1　　0.24×1.20×2.50×2＝1.44(m³)

减 C1　　0.24×1.50×1.50×1＝0.54(m³)

减 C2　　0.24×1.20×1.50×5＝2.16(m³)

外墙体积　　11.47 m³

(4) 内墙体积　　内墙　　0.24×2.56×9.52＝5.85(m³)

减马牙槎　　0.24×0.06×2.56×1/2×4＝0.07(m³)

减 M2 过梁　　0.24×0.12×1.40×2＝0.08(m³)

减 M2　　0.24×0.90×2.10×2＝0.91(m³)

内墙体积　　4.79 m³

(5) 一砖墙体积合计　　11.47＋4.79＝16.26(m³)

2. 半砖墙

(1) 内墙长度　　3.0－0.24＝2.76(m)

(2) 墙高度　　2.80－0.10＝2.70(m)

(3) 半砖墙体积　　内墙　　0.115×2.70×2.76＝0.86(m³)

减 M2 过梁　　0.115×0.12×1.40＝0.02(m³)

减 M2　　0.115×0.90×2.10＝0.22(m³)

(4) 半砖墙合计　　0.62 m³

3. 女儿墙

(1) 墙长度　　(9.0＋5.0)×2＝28.0(m)

(2) 墙高度　　0.30－0.06＝0.24(m)

(3) 体积　　0.24×0.24×28.0＝1.61(m³)

6.4.1.2　砌筑工程清单计量

1) 砌筑工程清单计量计算要点

(1) "砖基础"项目适用于各种类型砖基础:砖柱基础、砖墙基础、管道基础;工程量按设计图示尺寸以体积计算,其具体计算方法与计价定额中砖基础计算规则一致,基础与墙身的划分原则,与计价定额一致。

砖基础的工作内容有砂浆制作、运输,砌砖,铺设防潮层,材料运输。

(2) "实心砖墙"项目适用于各种类型实心砖墙:外墙、内墙、围墙、直形墙、弧形墙;"空心砖墙"项目适用于各种规格、各种类型的空心砖;"砌块墙"项目适用于各种规格、各种类型的砌块墙体。

实心砖墙、空心砖墙、砌块墙的工程量按设计图示尺寸以体积计算,其具体计算方法与计价定额中墙体计算规则基本一致,个别规则与计价定额不同,如内墙高度算至楼板板顶(计价定额是算至楼板板底)。

江苏省规定清单计算内墙高度时算至楼板板顶,与计价定额计算规则一致。

砖砌墙体的工作内容有砂浆制作、运输,砌砖、砌块,刮缝(勾缝),砖压顶砌筑,材料运输。

（3）"砖检查井"项目适用于各种砖砌井;工程量按"座"计算。

工作内容为砖砌检查井,检查井内的铁爬梯按计算规范附录 E 中相关项目编码列项计算,井内的混凝土构件按计算规范附录 E 中混凝土及钢筋混凝土预制构件编码列项。

（4）框架外表面的镶贴砖部分,按零星项目编码列项。

（5）附墙烟囱、通风道、垃圾道,按设计图示尺寸以体积计算,扣除孔洞所占的体积,并入所依附的墙体体积内。当设计规定孔洞内需抹灰时,应按附录 M 中零星抹灰编码列项。

（6）砖砌台阶挡墙、梯带、锅台、炉灶、蹲台、池槽、池槽腿、砖胎模、花台、花池、楼梯砖砌栏板、阳台砖砌栏板、地垄墙、小于 0.3 m² 的孔洞填塞等应执行零星砌砖项目编码列项。锅台、炉灶按外形尺寸以个计算;砖砌台阶按水平投影面积以平方米计算;小便槽、地垄墙以长度计算;其他按图示尺寸以立方米计算。

（7）除混凝土垫层外的其他垫层都套用本章中的垫层清单,垫层按设计图示尺寸以立方米计算,工作包括垫层材料的拌制、垫层铺设、材料运输。

（8）计算砌体工程量时,设计图示墙体厚度与砖、砌块尺寸不一致时按砖、砌块尺寸计算。

2）砌筑工程清单计量计算示例

【例 6.4.3】 某单位传达室基础平面图及基础详图见图 6.1.1,室内地坪土0.00 m,防潮层－0.06 m,防潮层以下用 M10 水泥砂浆砌标准砖基础,防潮层以上为多孔砖墙身。条形基础用 C20 自拌混凝土,垫层用 C10 自拌混凝土,按清单计价规范计算砖基础的工程量,并编制工程量清单。

【相关知识】

1. 基础与墙身的划分,砖基础计算规则均与计价定额规定一致。

2. 防潮层不需计算。

3. 条形基础和垫层计算规则均与计价定额规定相同,按设计图示尺寸以体积计算。

【解】

1. 工程量计算

（1）砖基础体积 15.64 m³

（2）条形基础 6.48 m³

（3）垫层体积 4.27 m³

2. 编制工程量清单

（1）砖基础的工程量清单

① 项目编码:010401001001 砖基础 计量单位:m³

② 项目特征:M10 水泥砂浆砌标准砖、埋深 1.6 m、防水砂浆防潮层

③ 按计价规范规定计算工程量 15.64 m³

（2）混凝土条形基础工程量清单（应用要点见 6.5.2"混凝土及钢筋混凝土工程清单计价"）

① 项目编码:010501002001 带形基础 计量单位:m³

② 项目特征:自拌混凝土、强度等级 C20

③ 按计价规范规定计算工程量 6.48 m³

（3）混凝土垫层工程量清单（应用要点见 6.5.2"混凝土及钢筋混凝土工程清单计价"）

① 项目编码:010501001001 垫层 计量单位:m³

② 项目特征:自拌混凝土、强度等级 C10

③ 按计算规范规定计算工程量　4.27 m³

表 6.4.1　分部分项工程和单价措施项目清单与计价表

序号	项目编码	项目名称	项目特征描述	计量单位	工程量	金额（元）	
						综合单价	合价
1	010401001001	砖基础	1. M10 水泥砂浆砌标准砖 2. 埋深 1.6 m，防水砂浆防潮层	m³	15.64	—	—
2	010501002001	带形基础	1. 自拌混凝土 2. 强度等级 C20	m³	6.48	—	—
3	010501001001	垫层	1. 自拌混凝土 2. 强度等级 C10	m³	4.27	—	—

【例 6.4.4】　某单位传达室平面图、剖面图、墙身大样图见图 6.4.1，构造柱 240 mm×240 mm，有马牙槎与墙嵌接，圈梁 240 mm×300 mm，屋面板厚 100 mm，门窗上口无圈梁处设置过梁厚 120 mm，过梁长度为洞口尺寸两边各加 250 mm，窗台板厚 60 mm，长度为窗洞口尺寸两边各加 60 mm，窗两侧有 60 mm 宽砖砌窗套，砌体材料为 KP1 多孔砖，女儿墙为标准砖，砌筑砂浆为 M5 混合砂浆。按清单计价规范计算墙体的工程量并编制工程量清单。

【相关知识】

1. 计算规则与计价表定额基本一致，扣除嵌入墙身的柱、梁、门窗洞口，突出墙面的窗套，不增加。

2. 墙的高度计算：平屋（楼）面，外墙算至板底，同计价表规则，内墙算至板顶（江苏省规定清单内墙计算规则同计价定额，算至板底）。

【解】

1. 工程量计算

（1）一砖墙

① 墙高　2.8－0.30＋0.06＝2.56(m)

② 外墙　0.24×2.56×(9.0＋5.0)×2＝17.20(m³)

减：构造柱、窗台板、门窗洞　同计价定额计算

外墙体积　11.47 m³

③ 内墙　0.24×2.56×4.76×2＝5.85(m³)

减：构造柱、过梁、门洞　同计价定额计算

内墙体积　4.79 m³

④ 一砖墙合计　11.47＋4.79＝16.26(m³)

（2）半砖墙

① 墙高　2.80－0.10＝2.70(m)

② 体积　0.115×2.70×2.76＝0.86(m³)

减：过梁、门洞　同计价定额计算

③ 半砖墙合计　0.62 m³

（3）女儿墙

体积　0.24×0.24×28.0＝1.61(m³)

2. 编制工程量清单

（1）一砖多孔砖墙的工程量清单

①项目编码：010401004001　多孔砖墙　计量单位：m³

②项目特征：240 mm 厚 KP1 多孔砖内、外墙、M5 混合砂浆砌筑

③按计算规范规定计算工程量

外墙　11.47 m³

内墙　4.79 m³

合计　16.26 m³

（2）半砖多孔砖墙的工程量清单

①项目编码：010401004002　多孔砖墙　计量单位：m³

②项目特征：115 mm 厚 KP1 多孔砖、内墙、M5 混合砂浆砌筑

③按计价规范规定计算工程量　0.62 m³

（3）女儿墙的工程量清单

①项目编码：010401003001　实心砖墙　计量单位：m³

②项目特征：240 mm 厚标准砖、女儿墙、M5 混合砂浆砌筑

③按计价规范规定计算工程量　1.61 m³

表 6.4.2　分部分项工程和单价措施项目清单与计价表

序号	项目编码	项目名称	项目特征描述	计量单位	工程量	金额（元）	
						综合单价	合价
1	010401004001	多孔砖墙	1. 240 mm 厚 KP1 多孔砖内、外墙 2. M5 混合砂浆砌筑	m³	16.26	——	——
2	010401004002	多孔砖墙	1. 115 mm 厚 KP1 多孔砖、内墙 2. M5 混合砂浆砌筑	m³	0.62	——	——
3	010401003001	实心砖墙	1. 240 mm 厚标准砖、女儿墙 2. M5 混合砂浆砌筑	m³	1.61	——	——

6.4.2　砌筑工程计价

6.4.2.1　砌筑工程定额计价

1）砌筑工程定额计价要点

（1）砖基础深度自室外地面至砖基础底面超过 1.5 m 时，其超过部分每立方米砌体应增加 0.041 工日。

（2）门窗洞口侧预埋混凝土块，定额中已综合考虑，实际施工不同时，不做调整。

（3）本计价定额中，只有标准砖有弧形墙定额，其他品种砖弧形墙按相应定额项目每立方米砌体人工增加 15%，砖增加 5%。

（4）砖砌体内的钢筋加固，按计价定额第五章的"砌体、板缝内加固钢筋"定额执行。

（5）砖砌体挡土墙以顶面宽度按相应墙厚内墙定额执行，顶面宽度超过 1 砖按砖基础定额执行。

（6）墙基防潮层按墙基顶面水平宽度乘以长度以面积计算，有附垛时将其面积并入墙基内。

（7）砖砌台阶按水平投影面积计算。

（8）计价定额中的零星砌砖与清单中零星砌砖内容不同，砖胎模在计价定额第二十一章中有相应子目，容积在 3 m³ 以内的水池执行计价定额中的零星砌砖子目。

2) 砌筑工程定额计价示例

【例 6.4.5】 某单位传达室基础平面图及基础详图见图 6.1.1,室内地坪±0.00 m,防潮层－0.06 m,防潮层以下用 M10 水泥砂浆砌标准砖基础,防潮层以上为多孔砖墙身。条形基础用 C20 自拌混凝土,垫层用 C10 自拌混凝土,按计价定额规定计价。

【相关知识】

1. 砌体砂浆与定额不同时要调整综合单价。

2. 混凝土垫层、混凝土基础的模板套相应计价定额子目在单价措施项目费中计算。

3. 混凝土基础中如有钢筋,则应按计价定额第五章钢筋工程中的相关项目计算。

【解】

计价定额计价

1. 计价定额 4-1 换   砖基础 M10 水泥砂浆

定额中 M5 水泥砂浆换为 M10 水泥砂浆

每立方米综合单价   406.25－43.65＋46.35＝408.95(元)

砖基础合价   15.64×408.95＝6 395.98(元)

2. 计价定额 4-52   防水砂浆防潮层   每 10 平方米综合单价   173.94 元

防潮层合价   0.90×173.94＝156.55(元)

3. 计价定额 6-1   C10 混凝土垫层   每立方米垫层综合单价   385.69 元

垫层合价   4.27×385.69＝1 646.90(元)

4. 计价定额 6-3   C20 混凝土条形基础   每立方米综合单价   373.32 元

条形基础合价   6.48×373.32＝2 419.11(元)

【例 6.4.6】 某单位传达室平面图、剖面图、墙身大样图见图 6.4.1,构造柱 240 mm×240 mm,有马牙槎与墙嵌接,圈梁 240 mm×300 mm,屋面板厚 100 mm,门窗上口无圈梁处设置过梁厚 120 mm,过梁长度为洞口尺寸两边各加 250 mm,窗台板厚 60 mm,长度为窗洞口尺寸两边各加 60 mm,窗两侧有 60 mm 宽砖砌窗套,砌体材料为 KP1 多孔砖,女儿墙为标准砖,砌筑砂浆为 M5 混合砂浆,按计价定额规定计价。

【相关知识】

1. 砌体材料不同,分别套定额。

2. 多孔砖砌体定额不分内外墙,标准砖砌体定额分内、外墙,女儿墙按外墙定额计算。

【解】

计价定额计价

1. 计价定额 4-28   KP1 多孔砖一砖外墙、内墙   每立方米综合单价   311.14 元

KP1 多孔砖墙合价   16.26×311.14＝5 059.14(元)

2. 计价定额 4-27   KP1 多孔砖半砖内墙   每立方米综合单价   331.12 元

KP1 多孔砖半砖内墙合价   0.62×331.12＝205.29(元)

3. 计价定额 4-35   标准砖女儿墙   每立方米综合单价   442.66 元

标准砖女儿墙合价   1.61×442.66＝712.68(元)

6.4.2.2   砌筑工程清单计价

1) 砌筑工程清单计价要点

(1)"砖基础"项目适用于各种类型砖基础,在工程量清单特征中应描述砖品种、规格、

强度等级、基础类型、基础深度、砂浆强度等级;在工程量清单计价时要把"砖基础"工程发生的砂浆制作运输、砌砖基础、防潮层、材料运输等施工项目计算在"砖基础"项目报价内。

(2)"实心砖墙"、"空心砖墙"、"砌块墙"项目分别适用于实心砖、空心砖、砌块砌筑的各种墙(外墙、内墙、直墙、弧墙以及不同厚度、不同砂浆砌筑的墙),在工程清单特征中应描述砖品种、规格、强度等级、墙体类型、墙体厚度、墙体高度、砂浆强度等级、配合比,在清单组价时应将砂浆制作运输、砌砖、材料运输等施工项目计算在报价内。

(3)"砖检查井"在工程量清单中以"座"计算,在清单描述中应描述井截面、深度、砖品种、规格、强度等级、垫层材料种类、厚度,底板厚度,井盖安装,混凝土强度等级,砂浆强度等级,防潮层材料种类;在工程量清单计价时要把"砖检查井"发生的砂浆制作、运输、铺设垫层,底板混凝土制作、运输、浇筑、振捣、养护,砌砖,刮缝,井池底、壁抹灰,抹防潮层,材料运输计入项目报价中。土方挖、填需另套土方章节清单,脚手架、模板等内容应列在单价措施项目费中。

2)砌筑工程清单计价示例

【例6.4.7】 某单位传达室基础平面图及基础详图见图6.1.1,室内地坪±0.00 m,防潮层−0.06 m,防潮层以下用 M10 水泥砂浆砌标准砖基础,防潮层以上为多孔砖墙身。条形基础用 C20 自拌混凝土,垫层用 C10 自拌混凝土,计算工程量清单综合单价。

【解】

1. 砖基础的工程量清单计价

(1)套计价定额计算各项工程内容的综合价

① 4-1 换 砖基础 15.64×408.95＝6 395.98(元)

② 4-52 防潮层 0.90×173.94＝156.55(元)

(2)砖基础的工程量清单合价(①～②项合计) 6 552.53 元

砖基础的工程量清单综合单价: 6 552.53/15.64＝418.96(元/m³)

表 6.4.3 砖基础工程量清单综合单价分析表

项目编码	010401001001	项目名称	砖基础	计量单位	m³	清单工程量	15.64
清单综合单价组成明细							
定额编号	名称		单位	工程量	基价	合价	
4-1 换	砖基础		m³	15.64	408.95	6 395.98	
4-52	防潮层		10 m²	0.9	173.94	156.55	
计价表合价汇总(元)						6 552.53	
清单项目综合单价(元)						418.96	

2. 条形基础的工程量清单计价

表 6.4.4 条形基础工程量清单综合单价分析表

项目编码	010501002001	项目名称	条形基础	计量单位	m³	清单工程量	6.48
清单综合单价组成明细							
定额编号	名称		单位	工程量	基价	合价	
6-3	C20 混凝土条形基础		m³	6.48	373.32	2 419.11	
计价表合价汇总(元)						2 419.11	
清单项目综合单价(元)						373.32	

3. 垫层的工程量清单计价

表 6.4.5　垫层工程量清单综合单价分析表

项目编码	010501001001	项目名称	垫层	计量单位	m³	清单工程量	4.27
清单综合单价组成明细							
定额编号	名称			单位	工程量	基价	合价
6-1	C10 混凝土垫层			m³	4.27	385.69	1 646.90
计价表合价汇总(元)							1 646.90
清单项目综合单价(元)							385.69

【例 6.4.8】　某单位传达室平面图、剖面图、墙身大样图见图 6.4.1,构造柱 240 mm×240 mm,有马牙槎与墙嵌接,圈梁 240 mm×300 mm,屋面板厚 100 mm,门窗上口无圈梁处设置过梁厚 120 mm,过梁长度为洞口尺寸两边各加 250 mm,窗台板厚 60 mm,长度为窗洞口尺寸两边各加 60 mm,窗两侧有 60 mm 宽砖砌窗套,砌体材料为 KP1 多孔砖,女儿墙为标准砖,砌筑砂浆为 M5 混合砂浆,计算工程量清单综合单价。

【解】

1. 一砖多孔砖墙的工程量清单计价

(1) 套计价定额

4-28　KP1 多孔一砖墙　16.26×311.14＝5 059.14(元)

(2) 一砖多孔砖墙的工程量清单合价　5 059.14 元

一砖多孔砖墙的工程量清单综合单价　5 059.14/16.26＝311.14 (元/m³)

表 6.4.6　一砖多孔砖墙工程量清单综合单价分析表

项目编码	010401004001	项目名称	多孔砖墙	计量单位	m³	清单工程量	16.26
清单综合单价组成明细							
定额编号	名称			单位	工程量	基价	合价
4-28	KP1 多孔一砖墙			m³	16.26	311.14	5 059.14
计价表合价汇总(元)							5 059.14
清单项目综合单价(元)							311.14

2. 半砖多孔砖墙的工程量清单计价

(1) 套计价定额

4-27　KP1 多孔砖 1/2 砖墙　0.62×331.12＝205.29(元)

(2) 半砖多孔砖墙的工程量清单合价　205.29 元

半砖多孔砖墙的工程量清单综合单价　205.29/0.62＝331.12(元/m³)

表 6.4.7　半砖多孔砖墙工程量清单综合单价分析表

项目编码	010401004002	项目名称	多孔砖墙	计量单位	m³	清单工程量	0.62
清单综合单价组成明细							
定额编号	名称			单位	工程量	基价	合价
4-27	KP1 多孔砖 1/2 砖墙			m³	0.62	331.12	205.29
计价表合价汇总(元)							205.29
清单项目综合单价(元)							331.12

3. 女儿墙的工程量清单计价

(1)套计价定额

4-35 标准砖一砖外墙 $1.61 \times 442.66 = 712.68$(元)

(2)女儿墙的工程量清单合价 712.68 元

女儿墙的工程量清单综合单价 $712.68/1.61 = 442.66$(元/m³)

表 6.4.8 女儿墙工程量清单综合单价分析表

项目编码	010401003001	项目名称	标准砖墙	计量单位	m³	清单工程量	1.61
清单综合单价组成明细							
定额编号	名称			单位	工程量	基价	合价
4-35	标准砖一砖外墙			m³	1.61	442.66	712.68
计价表合价汇总(元)							712.68
清单项目综合单价(元)							442.66

6.5 混凝土及钢筋混凝土工程计量与计价

混凝土及钢筋混凝土清单组价时,一般包括钢筋、混凝土、预制构件运输吊装以及预制构件制作模板,因此,在介绍本部分时将从钢筋、混凝土、构件运输吊装三个部分讲解。

6.5.1 混凝土及钢筋混凝土计量

6.5.1.1 混凝土及钢筋混凝土定额计量

1)钢筋工程定额计量计算要点及示例

(1)编制预算时,钢筋工程量可暂按构件体积(或水平投影面积、外围面积、延长米)乘以钢筋含量计算,结算时根据设计图纸按实调整。

(2)钢筋工程应区别现浇构件、预制构件、加工厂预制构件、预应力构件、点焊网片等以及不同规格分别按设计展开长度(展开长度、保护层、搭接长度应符合规范规定)乘理论重量以吨计算。

(3)计算钢筋工程量时,搭接长度按规范规定计算。当梁、板(包括整板基础)φ8 mm 以上的通筋未设计搭接位置时,编制预算可暂按 9 m 一个双面电焊接头考虑,结算时应按钢筋实际定尺长度调整搭接个数,搭接方式按已审定的施工组织设计确定。

(4)电渣压力焊、直螺纹、冷压套管挤压等接头以"个"计算。柱按自然层每根钢筋 1 个接头计算。

(5)桩顶部破碎混凝土后主筋与底板钢筋焊接分灌注桩、方桩(离心管桩、空心方桩按方桩)以桩的根数计算,每根桩端焊接钢筋根数不调整。

(6)在加工厂制作的铁件(包括半成品)、已弯曲成型钢筋的场外运输按吨计算。

(7)各种砌体内的钢筋加固分绑扎、不绑扎按吨计算。

(8)混凝土柱中埋设的钢柱,其制作、安装应按相应的钢结构制作、安装定额执行。

(9)植筋按设计数量以根数计算。

(10)基础中型钢支架、垫铁、撑筋、马凳应根据审定施工组织设计合并计算,按金属结构的钢平台、走道的制作、安装定额执行。现浇板中的撑筋应根据审定施工组织设计用量与现浇构件钢筋用量合并计算。

（11）铁件是指质量在 50 kg 以内的预埋铁件，按设计尺寸以质量计算，不扣除孔眼、切肢、切角、切边的质量。在计算不规则或多边形钢板质量时均以矩形面积计算。

（12）先张法预应力构件中的预应力和非预应力钢筋工程量应合并按设计长度计算，执行预应力钢筋定额（梁、大型屋面板、F 板执行 φ5 mm 外的定额，其余均执行 φ5 mm 内定额）。

（13）后张法预应力钢筋与非预应力钢筋分别计算，预应力钢筋按设计图规定的预应力钢筋预留孔道长度，区别不同锚具类型分别按下列规定计算：

a. 低合金钢筋两端采用螺杆锚具时，预应力钢筋按预留孔道长度减 350 mm，螺杆另行计算。

b. 低合金钢筋一端采用墩头插片，另一端螺杆锚具时，预应力钢筋长度按预留孔道长度计算。

c. 低合金钢筋一端采用墩头插片，另一端采用帮条锚具时，预应力钢筋增加 150 mm，两端均采用帮条锚具时，预应力钢筋共增加 300 mm 计算。

d. 低合金钢筋采用后张混凝土自锚时，预应力钢筋长度增加 350 mm 计算。

（14）后张法预应力钢丝束、钢绞线束按设计图纸预应力筋的结构长度（即孔道长度）加操作长度之和乘钢材理论重量计算（无粘结钢绞线封油包塑的重量不计算），其操作长度按下列规定计算：

a. 钢丝束采用墩头锚具时，不论一端张拉或两端张拉均不增加操作长度（即：结构长度等于计算长度）。

b. 钢丝束采用锥形锚具时，一端张拉为 1.0 m，两端张拉为 1.6 m。

（15）预制柱上钢牛腿按铁件以吨计算。

【例 6.5.1】 有一根梁，其配筋如图 6.5.1 所示，其中①号筋弯起角度为 45°，请计算该梁钢筋的图示重量（不考虑抗震要求）。

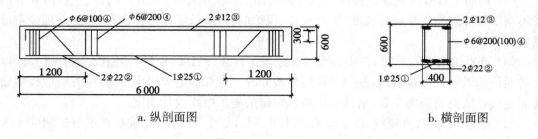

a. 纵剖面图   b. 横剖面图

图 6.5.1　梁配筋图

【解】

1. 长度及数量计算

① 号筋（φ25，1 根）

$L_1 = 6 - 0.025 \times 2 + 0.414 \times 0.55 \times 2 + 0.3 \times 2 = 7.01(\text{m})$

② 号筋（φ22，2 根）

$L_2 = 6 - 0.025 \times 2 = 5.95(\text{m})$

③ 号筋(φ12,2 根)

$L_3 = 6 - 0.025 \times 2 + 15d = 6.13(\text{m})$($d$ 为钢筋直径,以下同)

④ 号筋 φ6

$L_4 = (0.4 + 0.6) - 0.025 \times 8 + 0.006 \times 8 + 14d = 1.93(\text{m})$

根数 $\dfrac{(6 - 0.025 \times 2)}{0.2} + 1 = 30.75(\text{根})$　取 31 根

2. 重量计算

φ25　7.01 m × 3.85 kg/m = 26.99 kg

φ22　2 × 5.95 m × 2.984 kg/m = 35.5 kg

φ12　2 × 6.13 m × 0.888 kg/m = 10.88 kg

φ6　1.93 m/根 × 31 根 × 0.222 kg/m = 13.28 kg

重量合计　86.65 kg

3. 汇总

φ12 以内重量　10.88 + 13.28 = 24.16(kg)

φ25 以内重量　26.99 + 35.5 = 62.49(kg)

【例 6.5.2】　框架梁 KL1 如图 6.5.2,混凝土标号为 C20,二级抗震设计,钢筋定尺为 8 m,当梁通筋 $d > 22$ mm 时,选择焊接接头,柱的断面均为 600 mm × 600 mm,计算该梁的钢筋重量。

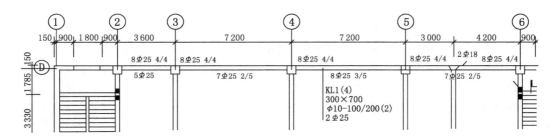

图 6.5.2　框架梁纵剖面配筋图

【解】

根据 11G101—1 标准图查 53 页 $l_{ae} = 44d$

1. 上部钢筋计算

上部通长筋

φ25　$(3.6 + 7.2 \times 3 - 0.6 + 2 \times 10d + 0.4 \times 44d \times 2 + 15d \times 2) \times 2$ 根 $= 53.46(\text{m})$

2. 轴线②～③第一排 φ25 2 根

φ25　$(3.6 - 0.6 + 0.4 \times 44d + 15d + 0.6) \times 2$ 根 $= 8.83(\text{m})$

第二排 φ25 4 根

φ25　$(3.6 - 0.6 + 0.4 \times 44d + 15d + 0.6) \times 4$ 根 $= 17.66(\text{m})$

3. 轴线③～④第一排 φ25 2 根

φ25　$\left(\dfrac{6.6}{3} \times 2 + 0.6\right) \times 2$ 根 $= 10(\text{m})$

第二排 φ25 4 根

$\phi 25 \quad \left(\dfrac{6.6}{4} \times 2 + 0.6\right) \times 4 \text{ 根} = 15.6 \text{(m)}$

4. 轴线④～⑤第一排 φ25 2 根

$\phi 25 \quad \left(\dfrac{6.6}{3} \times 2 + 0.6\right) \times 2 \text{ 根} = 10 \text{(m)}$

第二排 φ25 4 根

$\phi 25 \quad \left(\dfrac{6.6}{4} \times 2 + 0.6\right) \times 4 \text{ 根} = 15.6 \text{(m)}$

5. 轴线⑤～⑥第一排 φ25 2 根

$\phi 25 \quad \left(\dfrac{6.6}{3} \times 2 + 0.4 \times 44d + 15d\right) \times 2 \text{ 根} = 10.43 \text{(m)}$

第二排 φ25 4 根

$\phi 25 \quad \left(\dfrac{6.6}{4} \times 2 + 0.4 \times 44d + 15d\right) \times 4 \text{ 根} = 16.46 \text{(m)}$

6. 轴线②～③下部筋 5 根

$\phi 25 \quad (3.6 - 0.6 + 0.4 \times 44d + 15d + 44d) \times 5 = 24.58 \text{(m)}$

注:根据 11G101-1 第 79 页

$0.5 h_c + 5d = 0.5 \times 0.6 + 5 \times 0.025 = 0.425 \quad l_{ae} = 44d = 44 \times 0.025 = 1.1$

$l_{ae} > 0.5 h_c + 5d$,所以选择 l_{ae}

7. 轴线③～④下部筋 7 根

$\phi 25 \quad (7.2 - 0.6 + 2 \times 44d) \times 7 \text{ 根} = 61.6 \text{(m)}$

8. 轴线④～⑤下部筋 8 根

$\phi 25 \quad (7.2 - 0.6 + 2 \times 44d) \times 8 \text{ 根} = 70.4 \text{(m)}$

9. 轴线⑤～⑥下部筋 7 根

$\phi 25 \quad (3 + 4.2 - 0.6 + 0.4 \times 44d + 15d + 44d) \times 7 \text{ 根} = 59.61 \text{(m)}$

10. 吊筋 2φ18(11G101-1 第 87 页)

$\phi 18 \quad [0.25 + 0.005 \times 2 + 20d \times 2 + (0.7 - 0.025 \times 2) \times 1.414 \times 2] \times 2 \text{ 根} = 5.82 \text{(m)}$

11. 箍筋 φ10

$\phi 10 \quad (0.7 + 0.3) \times 2 - 8 \times 0.025 + 8d + 24d = 2.12 \text{(m)}$

加密区长度选择(11G101-1 中第 85 页)

$1.5 h_b = 1.5 \times 0.7 = 1.05 > 0.5$,取 1.05 m 加密区箍筋

$[(1.05 - 0.05)/0.1 + 1] \times 2 \times 4 = 88 \text{(只)}$

非加密区箍筋数量

$(3 + 6.6 \times 3 - 1.05 \times 8)/0.2 - 4 = 68 \text{(只)} \quad (88 + 68) \times 2.12 = 330.72 \text{(m)}$

12. KL_1 配筋统计

$\phi 25 \quad 53.46 + 13.23 + 24.26 + 20 + 31.2 + 6.03 + 9.86 + 24.58 + 61.6 + 70.4 + 59.61 = 374.23 \text{(m)}$

$\phi 18 \quad 5.82 \text{ m}$

$\phi 10 \quad 330.72 \text{ m}$

13. KL_1 配筋重量

$\phi25$　374.23 m×3.85 kg/m＝1 440.79 kg

$\phi18$　5.82 m×1.998 kg/m＝11.63 kg

$\phi10$　330.72 m×0.617 kg/m＝204.05 kg

合计　1 656.47 kg

【例6.5.3】　某工程中楼梯梯段 TB_1 共4个，TB_1 宽1.18 m，配筋及大样见图6.5.3所示，求 TB1 的钢筋重量。（列表计算）

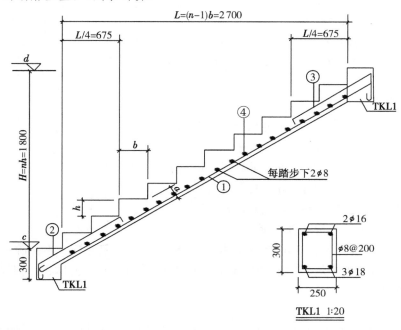

型号	标高 $c\sim d$(m)	n(级)	b(mm)	h(mm)	a(mm)	L(mm)	H(mm)	①②③	备注
TB1	±0.00~7.20	11	270	164	100	2 700	1 800	$\phi12@120$	

图 6.5.3　楼梯配筋图

【解】

表 6.5.1　楼梯钢筋计算表

序号	直径	长度	根数	构件数量	总长度	计算公式
①	$\phi12$	4.06 m	11	4	178.64	$L=\sqrt{3.3^2+1.8^2}+0.15+6.25d\times2$　$g=1.18/0.12+1$
②	$\phi12$	1.33 m	11	4	58.52	$L=\sqrt{(0.68+0.25)^2+(0.164\times2+0.15)^2}+0.15+6.25d+3.5d$　$g=1.18/0.12+1$
③	$\phi12$	1.42 m	11	4	62.48	$L=\sqrt{(0.68+0.25)^2+(0.164\times2+0.15)^2}+0.25+6.25d+3.5d$
④	$\phi8$	1.28 m	20	4	102.40	$L=1.18+6.25d\times2$　$g=2\times10$ 级

重量　$\phi12$：(178.64＋58.52＋62.48) m×0.888 kg/m＝266.08 kg

$\phi8$：102.40 m×0.395 kg/m＝40.45 kg

重量合计 306.53 kg

【例6.5.4】 某宾馆门厅施工,圆形钢筋混凝土柱6根,其尺寸为直径D＝400 mm,高度H＝4 100 mm,保护层25 mm,螺旋箍筋ϕ10间距150 mm,计算该柱的螺旋箍筋重量。

【相关知识】

$$L=\sqrt{\pi(D-\delta)^2+S^2}\cdot N$$

式中：D——圆柱直径;

　　　δ——钢筋保护层厚度;

　　　S——箍筋螺距;

　　　N——螺旋筋圈数＝(柱高－2×保护层厚度)÷螺距。

【解】

将已知数值代入计算式：

$L=\sqrt{(0.4-0.025)^2\times3.14+0.15^2}=1.095\ 7(m)$

$N=(4.1-0.025\times2)/0.15=27(圈)$

$L_{总}=LN\cdot6\ 根=1.095\ 7\times27\times6=177.50(m)$

重量：177.50 m×0.617 kg/m＝109.52 kg

2)混凝土工程定额计量计算要点及示例

(1)现浇混凝土工程量计算规则

① 混凝土工程量除另有规定者外,均按图示尺寸以实体积计算。不扣除构件内钢筋、支架、螺栓孔、螺栓、预埋铁件及墙、板中不大于0.3 m²内的孔洞所占体积。留洞所增加工、料不再另增费用。

② 基础

a. 混凝土垫层是指砖、石、混凝土、钢筋混凝土等基础下的混凝土垫层,按图示尺寸以体积计算,不扣除伸入承台基础的桩头所占体积。外墙基础垫层长度按外墙中心线长度计算,内墙基础垫层长度按内墙基础垫层净长计算。

b. 有梁带形混凝土基础,其梁高与梁宽之比在4:1以内的,按有梁式带形基础计算;超过4:1时,其基础底按无梁式带形基础计算,上部按墙计算。

c. 满堂(板式)基础有梁式(包括反梁)、无梁式,应分别计算,仅带有边肋者,按无梁式满堂基础套用子目。

d. 设备基础除块体以外,其他类型设备基础分别按基础、梁、柱、板、墙等有关规定计算,套相应的项目。

e. 独立柱基、桩承台:按图示尺寸实体积以立方米算至基础扩大顶面。

f. 杯形基础套用独立柱基项目。杯口外壁高度大于杯口外长边的杯形基础,套"高颈杯形基础"项目。

③ 柱:按图示断面尺寸乘柱高以立方米计算,应扣除构件内型钢体积。柱高按下列规定确定:

a. 有梁板的柱高自柱基上表面(或楼板上表面)算至上一层楼板上表面之间的高度计算,不扣除板厚。

b. 无梁板的柱高,自柱基上表面(或楼板上表面)至柱帽下表面的高度计算。

c. 有预制板的框架柱柱高自柱基上表面至柱顶高度计算。

d. 构造柱按全高计算,应扣除与现浇板、框架梁相交部分的体积,与砖墙嵌接部分的混凝土体积并入柱身体积内计算。

e. 依附柱上的牛腿,并入相应柱身体积内计算。

f. L、T、十形柱,按 L、T、十形柱相应定额执行。当两边之和超过 2 000 mm,按直形墙相应定额执行。

④ 梁:按图示断面尺寸乘梁长以立方米计算,梁长按下列规定确定:

a. 梁与柱连接时,梁长算至柱侧面。

b. 主梁与次梁连接时,次梁长算至主梁侧面。伸入砖墙内的梁头、梁垫体积并入梁体积内计算。

c. 圈梁、过梁应分别计算,过梁长度按图示尺寸,图纸无明确表示时,按门窗洞口外围宽另加 500 mm 计算。平板与砖墙上混凝土圈梁相交时,圈梁高应算至板底面。

d. 依附于梁、板、墙(包括阳台梁、圈过梁、挑檐板、混凝土栏板、混凝土墙外侧)上的混凝土线条(包括弧形线条)按小型构件定额执行。(梁、板、墙宽算至线条内侧)

e. 现浇挑梁按挑梁计算,其压入墙身部分按圈梁计算;挑梁与单、框架梁连接时,其挑梁应并入相应梁内计算。

f. 花篮梁二次浇捣部分执行圈梁子目。

⑤ 板:按图示面积乘板厚以立方米计算(梁板交接处不得重复计算),不扣除单个面积在 0.3 m² 以内的柱、垛以及孔洞所占体积。应扣除构件中压型钢板所占体积。其中:

a. 有梁板按梁(包括主、次梁)、板体积之和计算,有后浇板带时,后浇板带(包括主、次梁)应扣除。

b. 厨房、卫生间墙下设计有素混凝土防水坎时,工程量并入板内,执行现浇板。

c. 无梁板按板和柱帽之和计算。

d. 平板按实体积计算。

e. 现浇挑檐、天沟与板(包括屋面板、楼板)连接时,以外墙面为分界线,与圈梁(包括其他梁)连接时,以梁外边线为分界线。外墙边线以外或梁外边线以外为挑檐、天沟。挑檐、天沟底板与侧板工程量应分开计算,底板按板式雨篷以板底水平投影面积计算,侧板按天、檐沟竖向挑板以体积计算。

f. 各类板伸入墙内的板头并入板体积内计算。

g. 飘窗的上下挑板按板式雨篷以板底水平投影面积计算。

h. 预制板缝宽度在 100 mm 以上的现浇板缝按平板计算。

i. 后浇墙、板带(包括主、次梁)按设计图纸以立方米计算。

j. 现浇混凝土空心楼板混凝土按图示面积乘板厚以立方米计算,其中空心管、箱体及空心部分体积扣除。现浇空心楼板内筒芯按设计图示中心线长度计算,无机阻燃型箱体按设计图示数量计算。

⑥ 墙:外墙按图示中心线(内墙按净长)乘墙高、墙厚以立方米计算,应扣除门、窗洞口及 0.3 m² 外的孔洞体积。单面墙垛其突出部分并入墙体体积内计算,双面墙垛(包括墙)按柱计算。弧形墙按弧线长度乘墙高、墙厚计算,地下室墙有后浇墙带时,后浇墙带应扣除。

梯形断面墙按上口与下口的平均宽度计算。墙高按下列规定确定：

a. 墙与梁平行重叠，墙高算至梁顶面；当设计梁宽超过墙宽时，梁、墙分别按相应定额计算。

b. 墙与板相交，墙高算至板底面。

c. 屋面混凝土女儿墙按直（圆）形墙以体积计算。

⑦ 整体楼梯包括休息平台、平台梁、斜梁及楼梯梁，按水平投影面积计算，不扣除宽度500 mm 以内的楼梯井，伸入墙内部分不另增加，楼梯与楼板连接时，楼梯算至楼梯梁外侧面。当现浇板无梯梁连接时，以楼梯的最后一个踏步边缘加 300 mm 为界。圆弧形楼梯包括圆弧形梯段、圆弧形边梁及与楼板连接的平台，按楼梯的水平投影面积计算。

⑧ 阳台、雨篷，按伸出墙外的板底水平投影面积计算，伸出墙外的牛腿不另计算。

⑨ 阳台、沿廊栏杆的轴线柱、下嵌、扶手以扶手的长度按延长米计算。混凝土栏板、竖向挑板以立方米计算。栏板的斜长如图纸无规定时，按水平长度乘系数 1.18 计算。

⑩ 地沟底、壁应分别计算，沟底按基础垫层子目执行。

⑪ 预制钢筋混凝土框架的梁、柱现浇接头，按设计断面以立方米计算，套用"柱接柱接头"子目。

⑫ 台阶按水平投影面积以平方米计算，设计混凝土用量超过定额用量时应调整。台阶与平台的分界线以最上层台阶的外口增 300 mm 宽度为准，台阶宽以外部分并入地面工程量计算。

⑬ 空调板按板式雨篷以板底水平投影面积计算。

（2）现场、加工厂预制混凝土工程量计算规则

① 混凝土工程量均按图示尺寸实体积以立方米计算，扣除圆孔板内圆孔体积，不扣除构件内钢筋、铁件、后张法预应力钢筋灌浆孔及板内 0.3 m² 以内孔洞所占体积。

② 预制桩按桩全长（包括桩尖）乘设计桩断面积（不扣除桩尖虚体积）以立方米计算。

③ 混凝土与钢杆件组合的构件，混凝土按构件以体积计算，钢拉杆按定额第七章中相应子目执行。

④ 漏空混凝土花格窗、花格芯按外形面积以平方米计算。

⑤ 天窗架、端壁、檩条、支撑、楼梯、板类及厚度在 50 mm 以内的薄型构件按设计图纸加定额规定的场外运输、安装损耗以立方米计算。

【例 6.5.5】 某工厂方柱的断面尺寸为 400 mm×600 mm，杯形基础尺寸如图 6.5.4 所示，试求杯形基础的混凝土工程量。

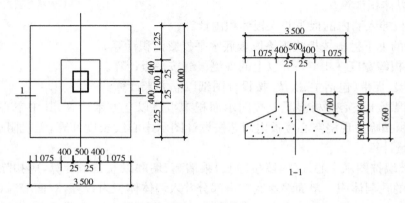

图 6.5.4 杯形基础图

【解】

1. 下部矩形体积 V_1　$V_1 = 3.5 \times 4 \times 0.5 = 7(m^3)$

2. 中部棱台体积 V_2

根据图示,已知

$a_1 = 3.5\ m, b_1 = 4\ m, h = 0.5(m)$

$a_2 = 3.5 - 1.075 \times 2 = 1.35(m)$

$b_2 = 4 - 1.225 \times 2 = 1.55(m)$

$V_2 = \frac{1}{3} \times 0.5 \times (3.5 \times 4 + 1.35 \times 1.55 + \sqrt{3.5 \times 4 \times 1.35 \times 1.55}) = 3.58(m^3)$

3. 上部矩形体积 V_3　$V_3 = a_2 \times b_2 \times h_2 = 1.35 \times 1.55 \times 0.6 = 1.26(m^3)$

4. 杯口净空体积 V_4

$V_4 = \frac{1}{3} \times 0.7 \times (0.55 \times 0.75 + 0.5 \times 0.7 + \sqrt{0.55 \times 0.75 \times 0.5 \times 0.7}) = 0.27(m^3)$

5. 杯形基础体积　$V = V_1 + V_2 + V_3 - V_4 = 7 + 3.58 + 1.26 - 0.27 = 11.57(m^3)$

【例 6.5.6】　某建筑物基础采用 C20 钢筋混凝土,平面图形和结构构造如图 6.5.5 所示,试计算钢筋混凝土的工程量。(图中基础的轴心线与中心线重合,括号内为内墙尺寸)

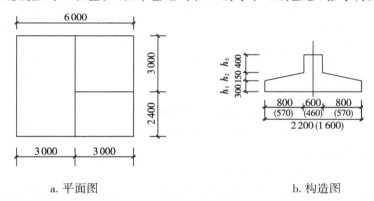

a. 平面图　　　　　　　　　　　　　　　b. 构造图

图 6.5.5　某建筑物钢筋混凝土基础图

【解】

1. 计算长度　$L_{外} = (6 + 3 + 2.4) \times 2 = 22.8(m)$　$L_{内} = 3 + 2.4 + 3 = 8.4(m)$

2. 外墙基础　$V_1 = [0.4 \times 0.6 + (0.6 + 2.2) \times 0.15/2 + 0.3 \times 2.2] \times 22.8 = 25.31(m^3)$

3. 内墙基础

$V_{2-1} = 0.3 \times 1.6 \times (8.4 - 2.2 - 1.1 - 0.8) = 2.06(m^3)$

$V_{2-2} = 0.4 \times 0.46 \times (8.4 - 0.6 - 0.3 - 0.23) = 1.34(m^3)$

$V_{2-3} = (0.46 + 1.6) \times 0.15/2 \times (8.4 - 1.4 - 0.7 - 0.515) = 0.89(m^3)$

内墙基础小计　4.29 m^3

4. 钢筋混凝土带形基础体积合计　29.6 m^3

【例 6.5.7】　有一筏形基础,如图 6.5.6 所示,底板尺寸 39 m×17 m,板厚300 mm,凸梁断面 400 mm×400 mm,纵横间距为 2 000 mm,边端各距板边 500 m,试求该基础的混凝土体积。

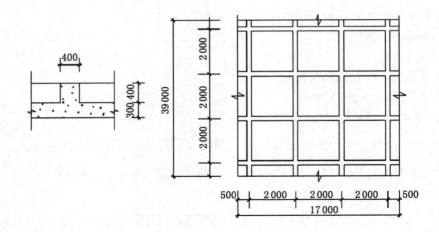

图 6.5.6　筏形基础图

【解】

1. 板体积　$V_b = 39 \times 17 \times 0.3 = 198.9 (\text{m}^3)$

2. 凸梁混凝土体积

纵梁根数　$n = \dfrac{17-1}{2} + 1 = 9 (\text{根})$

横梁根数　$n = \dfrac{39-1}{2} + 1 = 20 (\text{根})$

梁长　$L = 39 \times 9 + 17 \times 20 - 9 \times 20 \times 0.4 = 619 (\text{m})$

凸梁体积　$V = 0.4 \times 0.4 \times 619 = 99.04 (\text{m}^3)$

3. 筏形基础混凝土体积

$V_总 = 198.9 + 99.04 = 297.94 (\text{m}^3)$

【例 6.5.8】　某厂锅炉房混凝土烟囱设计高度(h)为 40 m,如图 6.5.7,第一段(自下向上数)高 10 m,下口外径 D_1 为 3.99 m,下口内径 D_2 为 3.25 m,上口外径 d_1 为 3.74 m,上口内径 d_2 为 3 m。第二段高 10 m,下口外径 D_3 为 3.74 m,下口内径 D_4 为 3 m,上口外径 d_3 为 2.51 m,上口内径 d_4 为 2.03 m,第三、四段类推,第一、二段壁厚 C 为 0.37 m,求这两段烟囱工程量。

【解】

h_1(第一段高度)$= 10 \text{ m}$

$$D_1 = 3.99 \text{ m} \quad D_2 = 3.25 \text{ m}$$
$$d_1 = 3.74 \text{ m} \quad d_2 = 3.0 \text{ m}$$

h_2(第二段高度)$= 10 \text{ m}$

$$D_3 = 3.74 \text{ m} \quad D_4 = 3.0 \text{ m}$$
$$d_3 = 2.51 \text{ m} \quad d_4 = 2.03 \text{ m}$$
$$C = 0.37 \text{ m}$$

1. 计算第一段

$D = \dfrac{D_1 + D_2}{2} = \dfrac{3.99 + 3.25}{2} = 3.62 (\text{m})$

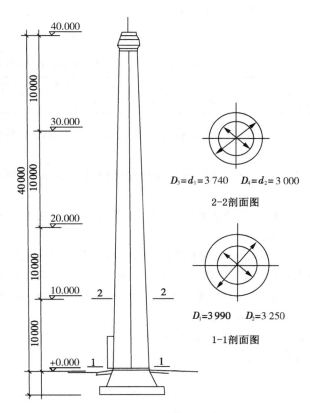

图 6.5.7 某厂锅炉房混凝土烟囱立面图

$$d=\frac{d_1+d_2}{2}=\frac{3.74+3.0}{2}=3.37(\mathrm{m})$$

$$D_{平均}=\frac{D+d}{2}=\frac{3.62+3.37}{2}=3.495(\mathrm{m})$$

$$V_1=\pi D_{平均}Ch=3.14\times3.495\times0.37\times10=40.63(\mathrm{m}^3)$$

2. 计算第二段

$$D=\frac{D_3+D_4}{2}=\frac{3.74+3.0}{2}=3.37(\mathrm{m})$$

$$d=\frac{d_3+d_4}{2}=\frac{2.51+2.03}{2}=2.27(\mathrm{m})$$

$$D_{平均}=\frac{D+d}{2}=\frac{3.37+2.27}{2}=2.82(\mathrm{m})$$

$$V_2=\pi D_{平均}Ch=3.14\times2.82\times0.37\times10=32.76(\mathrm{m}^3)$$

3. 两段烟囱的工程量 $40.63+32.76=73.39(\mathrm{m}^3)$

3) 构件运输及安装工程定额计量计算要点及示例

(1) 构件运输、安装工程量计算方法与构件制作工程量计算方法相同(即:运输、安装工程量=制作工程量)。但天窗架、端壁、桁条、支撑、踏步板、板类及厚度在 50 mm 内薄型构件由于在运输、安装过程中易发生损耗,工程量按下列规定计算:

$$制作、场外运输工程量＝设计工程量×1.018$$

$$安装工程量＝设计工程量×1.01$$

表 6.5.2 预制钢筋混凝土构件场内、外运输、安装损耗率（%）

名称	场外运输	场内运输	安装
天窗架、端壁、桁条、支撑、踏步板、板类及厚度在 50 mm 内薄型构件	0.8	0.5	0.5

（2）加气混凝土板（块），硅酸盐块运输每立方米折合钢筋混凝土构件体积 0.4 m³ 按 Ⅱ 类构件运输计算。

（3）木门窗运输按门窗洞口的面积（包括框、扇在内）以 100 m² 计算，带纱扇另增洞口面积的 40% 计算。

（4）预制构件安装后接头灌缝工程量均按预制钢筋混凝土构件实体积计算，柱与柱基的接头灌缝按单根柱的体积计算。

（5）组合屋架安装，以混凝土实际体积计算，钢拉杆部分不另计算。

（6）成品铸铁地沟盖板安装，按盖板铺设水平面积计算，定额是按盖板厚度 20 mm 计算的，如厚度不同，人工含量按比例调整。角钢、圆钢焊制的入口截流沟箅盖制作、安装，按设计质量执行定额第七章钢盖板制、安定额。

【例 6.5.9】 某工程有 8 个预制混凝土漏花窗，外形尺寸为 1 200 mm×800 mm，厚 100 mm，计算运输及安装工程量。

【相关知识】

天窗架、端壁、桁条、支撑、踏步板、板类及厚度在 50 mm 内薄型构件运输及安装工程量要乘以损耗率。

【解】

1. 设计工程量　$1.2×0.8×0.1×8＝0.768(\text{m}^3)$

2. 运输工程量　$0.768×1.018＝0.782(\text{m}^3)$

3. 安装工程量　$0.768×1.01＝0.776(\text{m}^3)$

【例 6.5.10】 某工程需要安装预制钢筋混凝土槽形板 80 块，如图 6.5.8 所示，预制厂距施工现场 12 km，试计算运输、安装工程量。

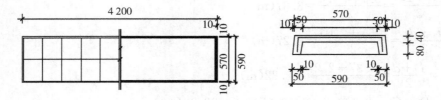

图 6.5.8　预制钢筋混凝土槽形板图

【解】

1. 槽形板图示工程量

单板体积＝大棱台体积－小棱台体积＝

$$\frac{0.12}{3}×(0.59×4.2+0.57×4.18+\sqrt{0.59×4.2×0.57×4.18})-$$

$$\frac{0.08}{3}\times(0.49\times4.1+0.47\times4.08+\sqrt{0.49\times4.1\times0.47\times4.08})=0.134\,55(\text{m}^3)$$

80 块槽形板体积　80×0.134 55=10.76(m³)

2. 运输工程量　10.76 m³×1.018(系数)=10.95(m³)

3. 安装工程量　10.76 m³×1.01(系数)=10.87(m³)

6.5.1.2　混凝土及钢筋混凝土工程清单计量

1) 混凝土及钢筋混凝土工程清单计量计算要点

(1) 现浇混凝土垫层、基础按设计图示尺寸以体积计算,不扣除构件内钢筋、预埋铁件和伸入承台基础的桩头所占体积。

(2) 现浇混凝土柱按设计图示尺寸以体积计算,不扣除构件内钢筋、预埋铁件所占体积。

柱高:①有梁板的柱高,应自柱基上表面(或楼板上表面)至上一层楼板上表面之间的高度计算。②无梁板的柱高,应自柱基上表面(或楼板上表面)至柱帽下表面之间的高度计算。③框架柱的柱高,应自柱基上表面至柱顶高度计算。④构造柱按全高计算,嵌接墙体部分(马牙槎)并入柱身体积。⑤依附柱上的牛腿和升板的柱帽,并入柱身体积计算。

(3) 现浇混凝土梁按设计图示尺寸以体积计算,不扣除构件内钢筋、预埋铁件所占体积,伸入墙内的梁头、梁垫并入梁体积内。

梁长:①梁与柱连接时,梁长算至柱侧面。②主梁与次梁连接时,次梁长算至主梁侧面。各种梁项目的工程量主梁与次梁连接时,次梁长算至主梁侧面,简而言之,截面小的梁长度计算至截面大的梁侧面。

(4) 现浇混凝土墙按设计图示尺寸以体积计算,不扣除构件内钢筋、预埋铁件所占体积,扣除门窗洞口及单个面积0.3 m²以外的孔洞所占体积,墙垛及突出墙面部分并入墙体体积内计算。

(5) 现浇混凝土板按设计图示尺寸以体积计算,不扣除构件内钢筋、预埋铁件及单个面积0.3 m²以内的孔洞所占体积。

有梁板(包括主、次梁与板)按梁、板体积之和计算,无梁板按板和柱帽体积之和计算,各类板伸入墙内的板头并入板体积内计算,薄壳板的肋、基梁并入薄壳体积内计算。压形钢板混凝土楼板扣除构件内压形钢板所占体积。

(6) 天沟、挑檐板按设计图示尺寸以体积计算,需注意天沟、檐沟在组价套计价定额时应分别按板式雨篷和挑檐立板两个子目执行。挑檐板组价时应按板式雨篷执行。

(7) 雨篷、悬挑板、阳台板按设计图示尺寸以墙外部分体积计算,包括伸出墙外的牛腿和雨篷反挑檐的体积,其他板按设计图示尺寸以体积计算。

(8) 空心板按设计图示尺寸以体积计算,空心板(GBF高强薄壁蜂巢芯板等)应扣除空心部分体积。

(9) 现浇混凝土楼梯有两种计量方式,当以平方米计量时,按设计图示尺寸以水平投影面积计算,不扣除宽度小于500 mm的楼梯井,伸入墙内部分不计算;当以立方米计量时,按设计图示尺寸以体积计算。

(10) 散水、坡道、室外地坪按设计图示尺寸以水平投影面积计算,不扣除单个0.3 m²以内的孔洞所占面积。

（11）电缆沟、地沟按设计图示以中心线长度计算。

（12）台阶有两种计量方式，当以平方米计量时，按设计图示尺寸水平投影面积计算；当以立方米计量时，按设计图示尺寸以体积计算。

（13）扶手、压顶有两种计量方式，当以米计量时，按设计图示中心线延长米计算；当以立方米计量时，按设计图示尺寸以体积计算。

（14）化粪池、检查井有两种计量方式，当以立方米计量时，按设计图示尺寸以体积计算；当以座计量时，按设计图示数量计算。

（15）其他构件按设计图示尺寸以体积计算，不扣除构件内钢筋、预埋铁件所占体积。

（16）后浇带按设计图示尺寸以体积计算。

（17）预制混凝土柱、梁按设计图示尺寸以体积计算，不扣除构件内钢筋、预埋铁件所占体积。或按设计图示尺寸以"数量根"计算。

（18）预制混凝土屋架按设计图示尺寸以体积计算，不扣除构件内钢筋、预埋铁件所占体积。或按设计图示尺寸以"数量榀"计算。

（19）预制混凝土板按设计图示尺寸以体积计算，不扣除构件内钢筋、预埋铁件及单个尺寸 300 mm×300 mm 以内的孔洞所占体积，扣除空心板空洞体积。或按设计图示尺寸以"数量块"计算。

（20）沟盖板、井盖板、井圈按设计图示尺寸以体积计算，不扣除构件内钢筋、预埋铁件所占体积。或按设计图示尺寸以"数量块"计算。

（21）预制混凝土楼梯按设计图示尺寸以体积计算，不扣除构件内钢筋、预埋铁件所占体积，扣除空心踏步板空洞体积。或按设计图示尺寸以"数量段"计算。

（22）垃圾道、通风道、烟道建议以"根"为单位计量，按图示尺寸数量计算。

（23）其他构件有三种计量方式，当以立方米计量时，按设计图示尺寸以体积计算，不扣除构件内钢筋、预埋铁件及单个尺寸 300 mm×300 mm 以内的孔洞所占体积，扣除烟道、垃圾道、通风道的孔洞所占体积；当以平方米计量时，按设计图示尺寸以面积计算，不扣除单个尺寸 300 mm×300 mm 以内的孔洞所占面积；当以"根"计量时，按设计图示尺寸以数量计算。

（24）同类型相同构件尺寸的预制混凝土构件可按"块、根、榀、套"计算，但必须描述单件体积。

（25）现浇构件钢筋、预制构件钢筋、钢筋网片、钢筋笼按设计图示钢筋（网）长度（面积）乘单位理论质量计算。

（26）先张法预应力钢筋按设计图示钢筋长度乘单位理论质量计算。

（27）后张法预应力钢筋、预应力钢丝、预应力钢绞线按设计图示钢筋（丝束、绞线）长度乘单位理论质量计算：

① 低合金钢筋两端均采用螺杆锚具时，钢筋长度按孔道长度减 0.35 m 计算，螺杆另行计算。

② 低合金钢筋一端采用镦头插片，另一端采用螺杆锚具时，钢筋长度按孔道长度计算，螺杆另行计算。

③ 低合金钢筋一端采用镦头插片，另一端采用帮条锚具时，钢筋增加 0.15 m 计算；两端均采用帮条锚具时，钢筋长度按孔道长度增加 0.3 m 计算。

④ 低合金钢筋采用后张混凝土自锚时，钢筋长度按孔道长度增加 0.35 m 计算。

⑤ 低合金钢筋（钢绞线）采用 JM、XM、QM 型锚具，孔道长度≤20 m 时，钢筋长度增加

1 m 计算,孔道长度＞20 m 时,钢筋长度增加 1.8 m 计算。

⑥ 碳素钢丝采用锥形锚具,孔道长度≤20 m 时,钢丝束长度按孔道长度增加 1 m 计算,孔道长度＞20 m 时,钢丝束长度按孔道长度增加 1.8 m 计算。

⑦ 碳素钢丝采用镦头锚具时,钢丝束长度按孔道长度增加 0.35 m 计算。

(28) 支撑钢筋(铁马)按钢筋长度乘单位理论质量计算。

(29) 声测管按设计图示尺寸以质量计算。

(30) 螺栓、预埋铁件按设计图示尺寸以质量计算。

(31) 机械连接按数量个数计算。

江苏省规定,"钢筋连接除机械连接、电渣压力焊接头单独列清单外,其他连接接头费用不单独列清单,在钢筋清单综合单价中考虑。钢筋搭接、锚固长度按照满足设计图示(规范)的最小值计入钢筋清单工程量中。"

2)混凝土及钢筋混凝土工程清单计量计算示例

【例 6.5.11】 业主根据设备基础(框架)施工图计算(工程类别按三类工程):

(1)混凝土强度等级 C35。

(2)柱基础为块体,工程量 6.24 m³;墙基础为带形基础,工程量 4.16 m³;柱截面 450 mm×450 mm,工程量 12.75 m³;基础墙厚度 300 mm,工程量 10.85 m³;基础梁截面 350 mm×700 mm,工程量 17.01 m³;基础板厚度 300 mm,工程量 40.53 m³。

(3)混凝土合计工程量　91.54 m³。

(4)螺栓孔灌浆:1∶3 水泥砂浆　12.03 m³。

(5)钢筋:φ12 以内工程量　2.829 t　φ12～φ25 内工程量　4.362 t。

请编制工程量清单。

【解】

招标人编制清单

1.清单工程量套子目

010501006　设备基础

010515001　现浇钢筋

2.编制分部分项工程量清单

表 6.5.3　分部分项工程量清单

第　页　共　页

序号	项目编号	项目名称	计量单位	工程数量
		A.4 混凝土及钢筋混凝土工程		
	010501006001	设备基础	m³	91.54
		块体柱基础:6.24 m³		
		带形墙基础:4.16 m³		
		基础柱:截面 450 mm×450 mm		
		基础墙:厚度 300 mm		
		基础梁:截面 350 mm×700 mm		
		基础板:厚度 300 mm		
		混凝土强度:C35		
		螺栓孔灌浆细石混凝土强度 C35		
	010515001001	现浇钢筋	t	7.191

序号	项目编号	项目名称	计量单位	工程数量
		φ12 以内:2.829 t		
		φ25 以内:4.362 t		
		本页小计		
		合计		

6.5.2　混凝土及钢筋混凝土工程计价

6.5.2.1　混凝土及钢筋混凝土工程定额计价

1)钢筋工程定额计价要点及示例

(1)计价定额第五章包括现浇构件、预制构件、预应力构件及其他共四节,设置 51 个子目,其中现浇构件 8 个子目,主要包括普通钢筋、冷轧带肋钢筋、成型冷轧扭钢筋、钢筋笼、桩内主筋与底板钢筋焊接等。预制构件 6 个子目,主要包括现场预制混凝土构件钢筋、加工厂预制混凝土构件钢筋、点焊钢筋网片等。预应力构件 10 个子目,主要包括先张法、后张法钢筋和后张法钢丝束、钢绞线束钢筋等。其他 27 个子目,主要包括砌体、板缝内加固钢筋、铁件制作安装、地脚螺栓制作、端头螺杆螺帽制作、电渣压力焊、直螺纹、镦粗直螺纹、冷压套管接头、植筋等。

(2)钢筋工程不分品种以钢筋的不同规格按现浇构件钢筋、现场预制构件钢筋、加工厂预制构件钢筋、预应力构件钢筋、点焊网片分别套用定额项目。

(3)钢筋工程内容包括除锈、平直、制作、绑扎(点焊)、安装以及浇灌混凝土时维护钢筋用工。

(4)钢筋搭接所耗用的电焊条、电焊机、铅丝和钢筋余头损耗已包括在定额内,设计图纸注明的钢筋接头长度以及未注明的钢筋接头按规范的搭接长度计入设计钢筋用量中。

(5)先张法预应力构件中的预应力、非预应力钢筋工程量应合并计算,按预应力钢筋相应项目执行;后张法预应力构件中的预应力钢筋、非预应力钢筋应分别套用定额。

(6)预制构件点焊钢筋网片已综合考虑了不同直径点焊在一起的因素,如点焊钢筋直径粗细比在两倍以上时,其定额工日按该构件中主筋的相应子目乘系数 1.25,其他不变(主筋是指网片中最粗的钢筋)。

(7)粗钢筋接头采用电渣压力焊、套管接头、直螺纹等接头者,应分别执行钢筋接头定额。注意计算了钢筋接头不能再计算钢筋搭接长度。

(8)非预应力钢筋不包括冷加工,设计要求冷加工时,应另行处理。预应力钢筋设计要求人工时效处理时,应另行计算。

(9)后张法钢筋的锚固是按钢筋帮条焊 V 形垫块编制的,如采用其他方法锚固时,应另行计算。

(10)基坑护壁孔内安放钢筋不再按现场预制构件钢筋相应项目执行;基坑护壁壁上钢筋网片不再按点焊钢筋网片相应项目执行,计价定额第二章相应子目中已包括钢筋、钢筋网的制作、安装。

(11)对构筑物工程,其钢筋应按定额中规定系数调整人工和机械用量。

(12)钢筋制作、绑扎需拆分者,制作按 45%、绑扎按 55%拆算。

（13）管桩与承台连接所用钢筋和钢板应分别按钢筋笼和铁件执行。

（14）钢筋、铁件在加工厂制作时，由加工厂至现场的运输费应另列项目计算，在现场制作的不计算此项费用。

【例6.5.12】 根据例6.5.1所给的已知条件和工程量计算结果，请按计价定额计算该梁钢筋的造价。

【解】

套价

5-1子目 现浇混凝土构件φ12以内钢筋   24.16÷1 000×5 470.72＝132.17（元）

5-2子目 现浇混凝土构件φ25以内钢筋   62.49÷1 000×4 998.87＝312.38（元）

合计   444.55元

【例6.5.13】 题目见例6.5.2，假设该梁所在的屋面高5 m，二类工程，请根据计算出的工程量套用计价定额子目。

【解】

φ12以内重量   204.05 kg

φ25以内重量   1 440.79＋11.63＝1 452.42（kg）

子目换算

① 层高超3.6 m在8 m以内，人工乘系数1.03。

② 定额中三类工程取费换算为二类工程取费。

单价换算

5-1换   （885.6×1.03＋79.11）×（1＋28％＋12％）＋4 149.06＝5 536.85（元/t）

5-2换   （523.98×1.03＋82.87）×（1＋28％＋12％）＋4 167.49＝5 039.09（元/t）

子目套用

5-1换   204.05÷1 000×5 536.85＝1 129.79（元）

5-2换   1 452.42÷1 000×5 039.09＝7 318.88（元）

合计   8 448.67元

2）混凝土工程定额计价要点及示例

（1）计价定额第六章混凝土工程分为自拌混凝土构件、预拌混凝土泵送构件、预拌混凝土非泵送构件三部分，共设置441个子目，其中：

自拌混凝土构件177个子目，主要包括：①现浇构件（基础、柱、梁、墙、板、其他）；②现场预制构件（桩、柱、梁、屋架、板、其他）；③加工厂预制构件；④构筑物。

预拌混凝土泵送构件123个子目，主要包括：①泵送现浇构件（基础、柱、梁、墙、板、其他）；②泵送预制构件（桩、柱、梁）；③泵送构筑物。

预拌混凝土非泵送构件141个子目，主要包括：①非泵送现浇构件（基础、柱、梁、墙、板、其他）；②现场非泵送预制构件（桩、柱、梁、屋架、板、其他）；③非泵送构筑物。

（2）现浇柱、墙子目中，均已按施工规范规定综合考虑了底部铺垫1∶2水泥砂浆的用量。

（3）室内净高超过8 m的现浇柱、梁、墙、板（各种板）的人工工日按定额规定应分别乘以系数。

（4）现场预制构件，如在加工厂制作，混凝土配合比按加工厂配合比计算；加工厂构件及商品混凝土改在现场制作,混凝土配合比按现场配合比计算;其工料、机械台班不调整。

(5) 加工厂预制构件其他材料费中已综合考虑了掺入早强剂的费用,现浇构件和现场预制构件未考虑用早强剂费用,设计需使用时,其费用可另行计算。

(6) 加工厂预制构件采用蒸汽养护时,立窑、养护池养护费用另行计算。

(7) 小型混凝土构件,系指单体体积在 0.05 m³ 以内的未列出定额的构件。

(8) 构筑物中混凝土、抗渗混凝土已按常用的强度等级列入基价,设计与定额取定不符时综合单价需调整。

(9) 构筑物中的混凝土、钢筋混凝土地沟是指建筑物室外的地沟,室内钢筋混凝土地沟按现浇构件相应定额执行。

(10) 泵送混凝土子目中已综合考虑了输送泵车台班,布拆管及清洗人工、泵管摊销费、冲洗费。

【例 6.5.14】 题目见例 6.5.5,请根据计算的工程量套计价定额子目(二类工程),混凝土标号 C30,现场自拌混凝土。

【解】

6-8 换 单价换算

1. 混凝土标号 C20 换算为 C30。

2. 三类工程取费换算为二类工程取费。

单价 255.62＋(61.5＋31.2)×(1＋28%＋12%)＝385.40(元/m³)

套价 11.57×385.40＝4 459.08(元)

【例 6.5.15】 题目见例 6.5.6,请根据计算的工程量套计价定额子目(三类工程)。

【解】

6-4 有梁式带形基础 29.6×372.84＝11 036.06(元)

【例 6.5.16】 业主根据设备基础(框架)施工图计算(工程类别按三类工程):

(1) 混凝土强度等级 C35。

(2) 柱基础为块体,工程量 6.24 m³;墙基础为带形基础,工程量 4.16 m³;柱截面 450 mm×450 mm,工程量 12.75 m³;基础墙厚度 300 mm,工程量 10.85 m³;基础梁截面 350 mm×700 mm,工程量 17.01 m³;基础板厚度 300 mm,工程量 40.53 m³。

(3) 混凝土合计工程量:91.54 m³。

(4) 螺栓孔灌浆:1:3 水泥砂浆 12.03 m³。

(5) 钢筋:φ12 以内,工程量 2.829 t;φ12～φ25 内工程量 4.362 t。

请按计价定额计算工程造价。

【解】

1. 柱基础

6-8 换 C35 柱基 6.24 m³×399.78 元/m³＝2 494.63 元

单价换算 371.51－239.68＋263.99×1.015＝399.78(元/m³)

2. 带形混凝土基础

6-4 换 C35 条形混凝土基础 4.16 m³×401.11 元/m³＝1 668.62 元

单价换算 372.84－239.68＋263.99×1.015＝401.11(元/m³)

3. 柱

6-14 换　C35 混凝土柱　12.75 m³×518.66 元/m³＝6 612.92 元

单价换算　506.05－261.01＋273.62＝518.66(元/m³)

4. 混凝土墙

6-27 换　C35 混凝土墙　10.85 m³×488.46 元/m³＝5 299.79 元

单价换算　475.26－268.98＋0.987×285.90＝488.46(元/m³)

5. 基础梁

6-18 换　基础梁 C35　17.01 m³×423.10 元/m³＝7 196.93 元

单价换算　410.09－268.95＋281.96＝423.10(元/m³)

6. 基础板

6-7 换　基础板 C35　40.53 m³×408.75/m³＝16 566.64 元

单价换算　380.48－239.68＋1.015×263.99＝408.75(元/m³)

7. 螺栓孔灌浆

6-9　螺栓孔灌浆　12.03 m³×399.01 元/m³＝4 800.09 元

8. φ12 以内钢筋

5-1　φ12 以内钢筋　2.829 t×5 470.72 元/t＝15 476.67 元

9. φ25 以内钢筋

5-2　φ25 以内钢筋　4.362 t×4 998.87 元/t＝21 805.07 元

3) 构件运输及安装工程定额计价要点及示例

(1) 计价定额第八章分为构件运输、构件安装两节,共设置 201 个子目,其中:构件运输 48 个子目,主要包括:①混凝土构件;②金属构件;③门窗构件;构件安装 153 个子目,主要包括:①混凝土构件;②金属构件。

(2) 根据构件运输的难易程度,将混凝土构件分为四类,金属构件分为三类。

(3) 定额子目中的运输机械、装卸机械是取定的综合机械台班单价,实际与定额取定不符时不调整。

(4) 本定额包括混凝土构件、金属构件及门窗运输,运输距离应由构件堆放地(或构件加工厂)至施工现场的实际距离确定。

(5) 定额综合考虑了城镇、现场运输道路等级、上下坡等各种因素,不得因道路条件不同而调整定额。

构件运输过程中,如遇道路、桥梁限载而发生的加固、拓宽和公安交通管理部门的保安护送以及沿途发生的过路、过桥等费用,应另行处理。

定额中构件场外运输只适用于 45 km 以内,除装车、卸车外,运输费用不执行定额,应执行市场价。

(6) 现场预制构件已包括了机械回转半径 15 m 以内的翻身就位,如受现场条件限制,混凝土构件不能就位预制时,其费用应按定额规定调整。

(7) 加工厂预制构件安装,定额中已考虑运距在 500 m 以内的场内运输。场内运距如超过时,应扣去上列费用,另按 1 km 以内的构件运输定额执行。

(8) 金属构件安装未包括场内运输费,如发生另按定额规定计算调整。

(9) 本章中定额子目不含塔式起重机台班,已包括在垂直运输机械费章节中。

(10) 本安装定额均不包括为安装工作需要所搭设的脚手架,若发生应按脚手架工程章节规定计算。

(11) 本定额构件安装是按履带式起重机、塔式起重机编制的,如施工组织设计需使用轮胎式起重机或汽车式起重机,经建设单位认可后,可按履带式起重机相应项目套用,其中人工、吊装机械乘系数,轮胎式起重机或汽车式起重机的起重吨位,按履带式起重机相近的起重吨位套用,换算台班单价。

(12) 金属构件中轻钢檩条拉杆的安装是按螺栓考虑,其余构件拼装或安装均按电焊考虑。设计用连接螺栓,其连接螺栓按设计用量另行计算(人工不再增加),电焊条、电焊机应相应扣除。

(13) 单层厂房屋盖系统构件如必须在跨外安装时,按相应构件安装定额中的人工、吊装机械台班乘系数。用塔吊安装时,不乘此系数。

(14) 履带式起重机安装点高度以 20 m 内为准,超过时,人工、吊装机械台班调整。

(15) 钢屋架单榀重量在 0.5 t 以下者,按轻钢屋架子目执行。

(16) 构件安装项目中所列垫铁是为了校正构件偏差用的,凡设计图纸中的连接铁件、拉板等不属于垫铁范围的,应按铁件相应子目执行。

(17) 钢屋架、天窗架拼装是指在构件厂制作、在现场拼装的构件,在现场不发生拼装或现场制作的钢屋架、钢天窗架不得套用本定额。

(18) 小型构件安装包括沟盖板、通气道、垃圾道、楼梯踏步板、隔断板以及单体体积小于 0.1 m³ 的构件安装。

(19) 钢柱安装在混凝土柱上(或混凝土柱内),其人工、吊装机械乘系数调整。混凝土柱安装后,如有钢牛腿或悬臂梁与其焊接时,钢牛腿或悬臂梁执行钢墙架安装定额,钢牛腿执行铁件制作定额。

(20) 钢管柱安装执行钢柱定额,其中人工调整为一半。

(21) 矩形、工型、空格型、双肢柱、管道支架预制钢筋混凝土构件安装,均按混凝土柱安装相应定额执行。

(22) 预制钢筋混凝土多层柱安装,第一层的柱按柱安装定额执行,二层及二层以上柱按柱接柱定额执行。

(23) 预制钢筋混凝土柱、梁通过焊接形成的框架结构,其柱安装按框架柱计算,梁安装按框架梁计算,框架梁与柱的接头现浇混凝土部分按混凝土工程相应项目另行计算。预制柱、梁一次制作成型的框架按连体框架柱梁定额执行。

(24) 单(双)悬臂梁式柱按门式刚架定额执行。

(25) 定额子目内既列有"履带式起重机"又列有"塔式起重机"的,可根据不同的垂直运输机械选用:①选用卷扬机(带塔)施工的,套"履带式起重机"定额子目;②选用塔式起重机施工的,套"塔式起重机"定额子目。

【例 6.5.17】 某工程从预制构件厂运输大型屋面板(6 m×1 m)100 m³,8 t 汽车,运输9 km,求屋面板运费及安装费(该工程为二类工程)。

【解】

1. 查阅 2014 年江苏省计价定额预制混凝土构件分类表,大型屋面板为 Ⅱ 类构件。

2. 套子目 8-9 换。

3. 8-9 单价换算三类工程,取费换算为二类工程取费

$176.90-31.63-15.18+(20.02+106.49)\times(28\%+12\%)=180.69(元/m^3)$

4. 屋面板运费　$100\times1.018\times180.69=18\ 394.24(元)$

5. 套子目 8-82 换。

6. 8-82 单价换算　三类工程取费换算为二类工程取费

$152.72-19.55-9.38+(37.72+40.47)\times(28\%+12\%)=155.07(元/m^3)$

7. 屋面板安装费　$100\times1.01\times155.07=15\ 662.07(元)$

6.5.2.2　混凝土及钢筋混凝土工程清单计价

1）混凝土及钢筋混凝土清单计价要点

(1)《房屋建筑与装饰工程工程量计算规范》第五章共 17 节,包括现浇混凝土基础、现浇混凝土柱、现浇混凝土梁、现浇混凝土墙、现浇混凝土板、现浇混凝土楼梯、现浇混凝土其他构件、后浇带、预制混凝土柱、预制混凝土梁、预制混凝土屋架、预制混凝土板、预制混凝土楼梯、其他预制构件、钢筋工程、螺栓铁件等,适用于建筑物的混凝土工程。

(2)"带形基础"项目适用于各种带形基础,有肋带形基础、无肋带形基础应按规范中相关项目列项,并注明肋高。墙下的板式基础包括浇筑在一字排桩上面的带形基础。工程量计算时注意不扣除浇入带形基础体积内的桩头所占体积。

(3)"独立基础"项目适用于块体柱基、杯基、柱下的板式基础、无筋倒圆台基础、壳体基础、电梯井基础等。

(4)"满堂基础"项目适用于地下室的箱式、筏式基础等。箱式满堂基础底板按满堂基础项目列项。

(5)"设备基础"项目适用于设备的块体基础、框架基础等。应注意螺栓孔灌浆应包括在报价内。框架式设备基础中柱、梁、墙、板应分别编码列项。

(6)"桩承台基础"项目适用于浇筑在组桩(如:梅花桩)上的承台,注意工程量不扣除浇入承台体积内的桩头所占体积。

(7)"矩形柱"、"异形柱"项目适用于各形柱,除无梁板柱的高度计算至柱帽下表面,其他柱都计算全高。应注意:①单独的薄壁柱根据其截面形状,确定以异形柱或矩形柱编码列项;②柱帽的工程量计算在无梁板体积内;③混凝土柱上的钢牛腿按规范钢构件编码列项。

(8)"构造柱"按全高计算,此处的全高是相对于墙体高度而言的,嵌接墙体部分(马牙槎)并入柱身体积。

(9)"有梁板"适用于现浇框架结构,包括现浇密肋板、井字梁板(即由同一平面内相互正交或斜交的梁与板所组成的结构构件)。

(10)"直形墙"、"弧形墙"项目也适用于电梯井。套用工程量清单时应注意剪力墙和柱的区别,短肢剪力墙是指截面厚度不大于 300 mm、各肢截面高度与厚度之比的最大值大于4 但不大于 8 的剪力墙;各肢截面高度与厚度之比的最大值不大于 4 的剪力墙按柱项目编码列项。

(11)混凝土板采用浇筑复合高强薄型空心管时,其工程量应扣除管所占体积,复合高强薄型空心管应包括在报价内。采用轻质材料浇筑在有梁板内,轻质材料应包括在报价内。

(12)现浇挑檐、天沟板、雨篷、阳台与板(包括屋面板、楼板)连接时,以外墙外边线为分界线;与圈梁(包括其他梁)连接时,以梁外边线为分界线。外边线以外为挑檐、天沟、雨篷或阳台。

（13）单跑楼梯的工程量计算与直形楼梯、弧形楼梯的工程量计算相同，单跑楼梯如无中间休息平台时，应在工程量清单中进行描述。

整体楼梯（包括直形楼梯、弧形楼梯）水平投影面积包括休息平台、平台梁、斜梁和楼梯的连接梁。当整体楼梯与现浇楼板无梯梁连接时，以楼梯的最后一个踏步边缘加 300 mm 为界。

（14）"其他构件"项目中的压顶、扶手工程量可按长度计算。台阶工程量可按水平投影面积计算，架空式混凝土台阶按现浇楼梯计算。现浇混凝土小型池槽、垫块、门框等，应按其他构件项目编码列项。

（15）"电缆沟、地沟"、"散水、坡道"需抹灰时，可包括在报价内，在清单特征描述中详细说明。

（16）"后浇带"项目适用于梁、墙、板的后浇带。

（17）"滑模筒仓"按《构筑物工程量清单计算规范》中"贮仓"项目编码列项。"滑模烟囱"按"烟囱"项目编码列项。

（18）三角形屋架按本表中折线形屋架项目编码列项。

（19）不带肋的预制遮阳板、雨篷板、挑檐板、拦板等，应按平板项目编码列项。

（20）预制 F 形板、双 T 形板、单肋板和带反挑檐的雨篷板、挑檐板、遮阳板等，应按带肋板项目编码列项。

（21）预制大型墙板、大型楼板、大型屋面板等，按大型板项目编码列项。

（22）预制构件的吊装机械的吊装费用（如：履带式起重机、轮胎式起重机、汽车式起重机、塔式起重机等）包括在项目内，机械进退场费不包括在项目中，应另列入单价措施项目费中。

（23）滑模的提升设备（如：千斤顶、液压操作台等）应列在模板及支撑费内。

（24）预制钢筋混凝土小型池槽、压顶、扶手、垫块、隔热板、花格等，按其他构件项目编码列项。

（25）项目特征内的构件标高（如：梁底标高、板底标高等）、安装高度，不需要每个构件都注上标高和高度，而是要求选择关键部件注明，以便投标人选择吊装机械和垂直运输机械。

（26）现浇构件中伸出构件的锚固钢筋应并入钢筋工程量内。除设计（包括规范规定）标明的搭接外，其他施工搭接不计算工程量，在综合单价中综合考虑。

（27）现浇构件中固定位置的支撑钢筋、双层钢筋用的"铁马"在编制工程量清单时，如果设计未明确，其工程数量可为暂估量，结算时按现场签证数量计算。

（28）预制混凝土构件或预制钢筋混凝土构件，如施工图设计标注做法见标准图集时，项目特征注明标准图集的编码、页号及节点大样即可。

（29）现浇或预制混凝土和钢筋混凝土构件，不扣除构件内钢筋、螺栓、预埋铁件、张拉孔道所占体积，但应扣除劲性骨架的型钢所占体积。

2）混凝土及钢筋混凝土清单计价示例

【例 6.5.18】 业主根据设备基础（框架）施工图计算（工程类别按三类工程）：

（1）混凝土强度等级 C35。

（2）柱基础为块体工程量 6.24 m³；墙基础为带形基础，工程量 4.16 m³；柱截面450 mm×450 mm，工程量 12.75 m³；基础墙厚度 300 mm，工程量 10.85 m³；基础梁截面 350 mm×700 mm，工程量 17.01 m³；基础板厚度 300 mm，工程量 40.53 m³。

（3）混凝土合计工程量 91.54 m³。

（4）螺栓孔灌浆：1：3 水泥砂浆 12.03 m³。

（5）钢筋：φ12 以内,工程量 2.829 t；φ12～φ25 内工程量 4.362 t。

请按《计价规范》进行组价。

【解】

1.

表 6.5.4　分部分项工程量清单

序号	项目编号	项目名称	计量单位	工程数量	金额（元）	
					综合单价	合价
	010501006001	A.4 混凝土及钢筋混凝土工程 设备基础 　块体柱基础:6.24 m³ 　带形墙基础:4.16 m³ 　基础柱:截面 450 mm×450 mm 　基础墙:厚度 300 mm 　基础梁:截面 350 mm×700 mm 　基础板:厚度 300 mm 　混凝土强度:C35 　螺栓孔灌浆细石混凝土强度 C35	m³	91.54	487.65	44 639.48
	010515001001	现浇钢筋 　φ12 以内:2.829 t 　φ12 以外:4.362 t	t	7.191	5 184.50	37 281.74
		本页小计				
		合计				

2.

表 6.5.5　分部分项工程量清单综合单价计算表

工程名称:某工厂　计量单位:m³

项目编码:010501006001　工程数量:91.54

项目名称:现浇设备基础（框架）　综合单价:487.65 元

序号	定额编号	工程内容	单位	数量	其中（元）					
					人工费	材料费	机械费	管理费	利润	小计
	6-8 换	柱基础:混凝土强度 C35	m³	6.24	383.76	1 702.15	194.69	144.64	69.39	2 494.63
	6-4 换	带形混凝土基础:混凝土强度 C35	m³	4.16	255.84	1 140.30	129.79	96.43	46.26	1 668.62
	6-14 换	基础柱:截面 450 mm×450 mm,混凝土强度 C35	m³	12.75	2 007.36	3 673.40	138.34	536.39	257.42	6 612.91
	6-27 换	基础墙:厚度 300 mm、混凝土强度 C35	m³	10.85	1 396.83	3 224.87	117.72	378.67	181.74	5 299.83
	6-18 换	基础梁:截面 350 mm×700 mm,混凝土强度 C35	m³	17.01	1 060.06	4 924.74	598.41	414.70	199.02	7 196.93

（续 表）

序号	定额编号	工程内容	单位	数量	其中（元）					
					人工费	材料费	机械费	管理费	利润	小计
	6-7 换	基础板：厚度 300 mm、混凝土强度 C35	m³	40.53	2 725.24	11 100.76	1 264.54	997.44	478.66	16 566.64
	6-9	螺栓孔灌浆细石混凝土强度 C35	m³	12.03	1 016.05	2 997.76	299.55	328.90	157.83	4 800.09
		合计			8 845.14	28 763.98	2 743.04	2 897.17	1 390.32	44 639.65

表 6.5.6　分部分项工程量清单综合单价计算表

工程名称：某工厂　计量单位：t
项目编码：010515001001　工程数量：7.191
项目名称：现浇设备基础（框架）钢筋　综合单价：5 184.50 元

序号	定额编号	工程内容	单位	数量	其中（元）					
					人工费	材料费	机械费	管理费	利润	小计
	5-1	现浇混凝土钢筋 φ12 以内	t	2.829	2 505.36	11 737.69	223.80	682.30	327.51	15 476.66
	5-2	现浇混凝土钢筋 φ25 以内	t	4.362	2 285.60	18 178.59	361.48	661.76	317.64	21 805.07
		合计			4 790.96	29 916.28	585.28	1 344.06	645.15	37 281.73

6.6　金属结构工程计量与计价

6.6.1　金属结构工程计量

6.6.1.1　金属结构工程定额计量

1）金属结构工程定额计量计算要点

（1）金属结构制作按图示钢材尺寸以吨计算，不扣除孔眼、切肢、切角、切边的重量，电焊条铆钉、螺栓、紧定钉等重量已包括在定额内，不另计算。在计算不规则或多边形钢板重量时均以其外接矩形面积乘以厚度再乘以单位理论质量计算。

（2）实腹柱、钢梁、吊车梁、H 型钢、T 型钢构件按图示尺寸计算，其中钢梁、吊车梁腹板及翼板宽度按图示尺寸每边增加 8 mm 计算。

（3）钢柱制作工程量包括依附于柱上的牛腿及悬臂梁重量；制动梁的制作工程量包括制动梁、制动桁架、制动板重量；墙架的制作工程量包括墙架柱、墙架梁及连接杆件重量；轻钢结构中的门框、雨篷的梁柱按墙架定额执行。

（4）钢平台、走道应将楼梯、平台、栏杆合并计算，钢梯子应将踏步、栏杆合并计算。

（5）栏杆是指平台、阳台、走廊和楼梯的单独栏杆。

（6）钢漏斗制作工程量，矩形按图示分片，圆形按图示展开尺寸，依钢板宽度分段计算，每段均以其上口长度（圆形以分段展开上口长度）与钢板宽度，按矩形计算，依附漏斗的型钢并入漏斗重量内计算。

（7）轻钢檩条、拉杆根据设计型号、规格按吨计算（重量＝设计长度×理论重量）。檩条间的 C 型钢、薄壁槽钢、方钢管、角钢撑杆、窗框并入轻钢檩条内计算。

(8) 轻钢檩条的圆钢拉杆按檩条钢拉杆定额执行,套在圆钢拉杆上作为撑杆用的钢管,其质量并入轻钢檩条内计算。

(9) 檩条间圆钢钢拉杆定额中的螺母质量、圆钢剪刀撑定额中的花篮螺栓、螺栓球网架定额中的高强螺栓质量不计入工程量,但应按设计用量对定额含量进行调整。

(10) 金属构件中的剪力栓钉安装,按设计套数执行第八章构件安装相应子目。

(11) 网架制作的计算:螺栓球按设计球径、锥头按设计尺寸计算质量,高强螺栓、紧定钉的质量不计算工程量;设计用量与定额含量不同时应调整;空心焊接球矩形下料余量定额已考虑,按设计质量计算;不锈钢网架球按设计质量计算。

(12) 机械喷砂、抛丸除锈的工程量按相应构件制作的工程量执行。

(13) 预埋铁件已在第五章钢筋工程章节中,按重量计算。

2) 金属结构工程定额计量计算示例

【例 6.6.1】 求 10 块多边形连接钢板的重量,最大的对角线长 640 mm,最大的宽度 420 mm,板厚 4 mm。如图 6.6.1 所示。

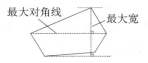

图 6.6.1 多边形连接钢板平面图

【相关知识】

在计算不规则或多边形钢板重量时均以矩形面积计算。

【解】

1. 钢板面积 $0.64 \times 0.42 = 0.268\,8\,(\text{m}^2)$

2. 查预算手册钢板每平方理论重量 $31.4\,\text{kg/m}^2$

3. 图示重量 $0.268\,8\,\text{m}^2 \times 31.4\,\text{kg/m}^2 = 8.44\,\text{kg}$

4. 工程量 $8.44 \times 10 = 84.4\,(\text{kg})$

【例 6.6.2】 求如图 6.6.2 所示柱间支撑的制作工程量。

【解】

1. 求角钢重量

(1) 角钢长度可以按照图示尺寸用几何知识求出

$L = \sqrt{2.7^2 + 5.6^2} = 6.22\,(\text{m})$(勾股定理)

$L_{净长} = 6.22 - 0.031 - 0.04 = 6.15\,(\text{m})$

(2) 查角钢 ∟63×6 理论重量 $5.72\,\text{kg/m}$

(3) 角钢重量 $6.15 \times 5.72 \times 2 = 70.36\,(\text{kg})$

2. 求节点重量

(1) 上节点板面积 $0.175 \times 0.145 \times 2 = 0.051\,\text{m}^2$

下节点板面积 $0.170 \times 0.145 \times 2 = 0.049\,\text{m}^2$

(2) 查 8 mm 扁铁理论重量 $62.8\,\text{kg/m}^2$

(3) 钢板重量 $(0.051 + 0.049) \times 62.8 = 6.28\,(\text{kg})$

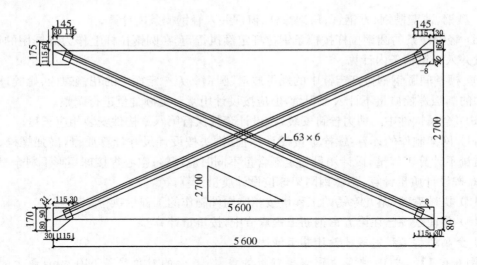

图 6.6.2 柱间支撑工程立面图

3. 该柱间支撑工程量为 70.36＋6.28＝76.64(kg)＝0.077(t)

【例 6.6.3】 某工程钢屋架中的三种杆件,空间坐标(x,y,z)的坐标值分别标在图 6.6.3中,这三种杆件都为∟50×4,杆1为20根,杆2为16根,杆3为28根,求钢屋架中这三种杆件的工程量。

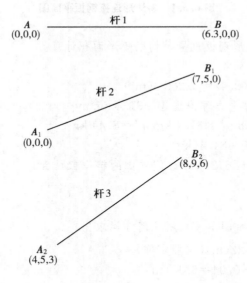

图 6.6.3 杆件坐标图

【解】

1. 求三种杆件的长度

杆1 $L_1＝6.30$ m

杆2 $L_2＝\sqrt{7^2＋5^2}＝8.60$(m)

杆 3　$L_3 = \sqrt{(8-4)^2 + (9-5)^2 + (6-3)^2} = \sqrt{4^2 + 4^2 + 3^2} = 6.40\text{(m)}$

2. 查角钢∟ 50×4 理论重量　3.059 kg/m

3. 三种杆件图示重量

$(6.3 \times 20 + 8.60 \times 16 + 6.40 \times 28)$ m × 3.059 kg/m = 1 354.53 kg

4. 钢屋架中这三种杆件的工程量　1.355 t

6.6.1.2　金属结构工程清单计量

1) 金属结构工程清单计量计算要点

(1) 钢网架按设计图示尺寸以质量计算,不扣除孔眼的质量,焊条、铆钉等不另增加质量,螺栓质量要计算。

(2) 钢屋架、钢托架、钢桁架、钢桥架按设计图示尺寸以质量计算,不扣除孔眼的质量,焊条、铆钉、螺栓等不另增加质量。钢屋架还可以按设计图示数量以榀计量。

(3) 钢管混凝土柱是指将普通混凝土填入薄壁圆形钢管内形成的组合结构。

(4) 型钢混凝土柱、梁是指由混凝土包裹型钢组成的柱、梁。型钢混凝土柱浇筑钢筋混凝土,其混凝土和钢筋应按计算规范附录 E"混凝土及钢筋混凝土工程"中相关项目编码列项。

(5) 实腹柱、空腹柱按设计图示尺寸以质量计算,不扣除孔眼的质量,焊条、铆钉、螺栓等不另增加质量,依附在钢柱上的牛腿及悬臂梁等并入钢柱工程量内。实腹钢柱类型指十字、T、L、H 形等,空腹钢柱类型指箱形、格构等。

(6) 钢管柱按设计图示尺寸以质量计算,不扣除孔眼的质量,焊条、铆钉、螺栓等不另增加质量,钢管柱上的节点板、加强环、内衬管、牛腿等并入钢管柱工程量内。

(7) 钢梁、钢吊车梁按设计图示尺寸以质量计算,不扣除孔眼的质量,焊条、铆钉、螺栓等不另增加质量,制动梁、制动板、制动桁架、车挡并入钢吊车梁工作量中。项目特征中梁类型是指 H、L、T 形、箱形、格构式等。

(8) 钢板楼板按设计图示尺寸以铺设水平投影面积计算,不扣除单个面积≤0.3 m² 柱、垛及孔洞所占面积。钢板楼板上浇筑钢筋混凝土,其混凝土和钢筋应按规范附录 E"混凝土及钢筋混凝土工程"中相关项目编码列项。压型钢楼板按钢板楼板项目编码列项。

(9) 钢板墙板按设计图示尺寸以铺挂展开面积计算,不扣除单个面积≤0.3 m² 的梁、孔洞所占面积,包角、包边、窗台泛水等不另加面积。压型钢板墙板按钢板墙板项目编码列项。

(10) 钢构件包括钢支撑、钢拉条、钢檩条、钢挡风架、钢平台、钢走道、钢梯、钢护栏、钢漏斗、钢板天沟、钢支架、零星钢构件,按设计图示尺寸以质量计算,不扣除孔眼的质量,焊条、铆钉、螺栓等不另增加质量,其中钢漏斗、钢板天沟中依附漏斗或天沟的型钢并入漏斗或天沟工程量内。

(11) 金属制品中成品空调金属百叶护栏、成品栅栏、金属网栏按设计图示尺寸以框外围展开面积计算。

(12) 成品雨篷以米计量时,按设计图示接触边以米计算;以平方米计量时,按设计图示尺寸以展开面积计算。

(13) 砌块墙钢丝网加固按设计图示尺寸以面积计算。抹灰钢丝网加固按砌块墙钢丝网加固项目编码列项。

2) 金属结构工程清单计量计算示例

【例 6.6.4】　某车间操作平台栏杆和踏步式钢梯如图 6.6.4 所示,请根据《房屋建筑与装饰工程工程量计算规范》计算踏步式钢梯工程量。

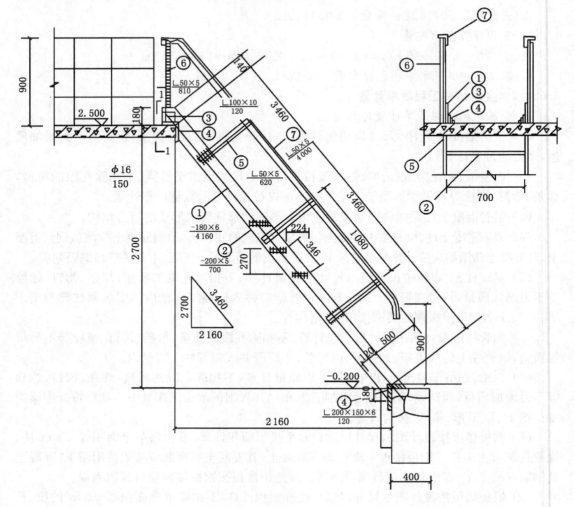

图 6.6.4　操作平台栏和踏步式钢梯图

【解】

按构件的编号计算

① —180×6　长度　4 160 mm　理论重量　47.1 kg/m²

0.18×4.16×2×47.1＝70.54(kg)

② —200×5　长度　700 mm　理论重量　39.25 kg/m²

数量 2.7/0.27－1＝9(个)

0.2×0.7×9×39.25＝49.46(kg)

③ ∟100×10　长度　120 mm　理论重量　15.12 kg/m

0.12×2×15.12＝3.63(kg)

④ ∟200×150×6　长度　120 mm　理论重量　42.34 kg/m

0.12×4×42.34＝20.32(kg)

⑤ ∟ 50×5　长度　620 mm　理论重量　3.77 kg/m

0.62×6×3.77＝14.02(kg)

⑥ ∟ 50×5　长度　810 mm　理论重量　3.77 kg/m

0.81×2×3.77＝6.11(kg)

⑦ ∟ 50×5　长度　4 000 mm　理论重量　3.77 kg/m

4×2×3.77＝30.16(kg)

重量合计　70.54＋49.46＋3.63＋20.32＋14.02＋6.11＋30.16＝194.24(kg)

该踏步工程量为 0.194 t。

【例 6.6.5】 某车间操作平台栏杆和踏步式钢梯如图 6.6.4,展开长度 10 m,扶手用 ∟ 50×4 角钢制作,横衬用—50×5 扁铁两道,竖杆用 φ16 钢筋每隔 250 mm 一道,竖杆长度 (高)1.00 m。试求栏杆工程量。

【解】

1. 角钢扶手

∟ 50×4 理论重量　3.059 kg/m

角钢重量＝10×3.059＝30.59(kg)

2. 圆钢竖杆

φ16 圆钢理论重量　1.58 kg/m

根数＝10/0.25＝40(根)

圆钢重量＝1.0 m×40×1.58＝63.2(kg)

3. 扁钢横衬

—50×4 理论重量　1.57 kg/m

扁钢重量＝10×2×1.57＝31.4(kg)

4. 整个栏杆的工程量　30.59＋63.2＋31.4＝125.19(kg)＝0.125(t)

【例 6.6.6】 某单层工业厂房屋面钢屋架 12 榀,现场制作,根据 2014 年江苏省计价定额计算该屋架每榀 2.76 t,刷红丹防锈漆一遍,防火涂料厚型 2 小时,构件安装,场内运输 650 m,履带式起重机安装高度 5.4 m,跨外安装,请编制招标人工程量清单。

【解】

1. 清单工程量套子目

010602001　钢屋架

2. 编制分部分项工程量清单

表 6.6.1　分部分项工程量清单

第　页　共　页

序号	项目编号	项目名称	计量单位	工程数量
	010602001001	A.6 金属结构工程 钢屋架 　　钢材品种规格:∟ 50×50×4 　　单榀屋架重量:2.76 t 　　屋架跨度:9 m 　　屋架无探伤要求 　　屋架防火涂料厚型 2 小时 　　屋架调和漆二遍	榀	12

6.6.2 金属结构工程计价

6.6.2.1 金属结构工程定额计价

1) 金属结构工程定额计价要点

（1）计价定额第七章共设置 63 个子目，主要内容包括：①钢柱制作；②钢屋架、钢托架、钢桁架、网架制作；③钢梁、钢吊车梁制作；④钢制动梁、支撑、檩条、墙架、挡风架制作；⑤钢平台、钢梯子、钢栏杆制作；⑥钢拉杆制作、钢漏斗制安、型钢制作；⑦钢屋架、钢桁架、钢托架现场制作平台摊销；⑧其他。

（2）金属构件不论在专业加工厂、附属企业加工厂或现场制作均执行本定额（现场制作需搭设操作平台，其平台摊销费按定额中本章相应项目执行）。

（3）计价定额中各种钢材数量除定额已注明为钢筋综合、不锈钢管、不锈钢网架球的以外，各种钢材数量均以型钢表示，钢材总数量和其他工料均不变。

（4）本章定额的制作均按焊接编制的，定额中的螺栓是在焊接之前临时加固螺栓，局部制作用螺栓或铆钉连接亦按本定额执行。轻钢檩条拉杆安装用的螺帽、圆钢剪刀撑用的花篮螺栓，以及螺栓球网架的高强螺栓、紧定钉，已列入本章相应定额中，执行时按设计用量调整。

（5）定额除注明者外，均包括现场内（工厂内）的材料运输、下料、加工、组装及成品堆放等全部工序。除购入构件按含运输费的成品价计价，加工点至安装点的构件运输和自己加工的构件运输应另按构件运输定额相应项目计算。

（6）定额构件制作项目中，均已包括刷一遍防锈漆工料。

（7）金属结构制作定额中的钢材品种系按普通钢材为准，如用锰钢等低合金钢者，其制作人工需调整。

（8）劲性混凝土柱、梁、板内，用钢板、型钢焊接而成的 H、T 型钢柱、梁等构件，按 H、T 型钢构件制作定额执行，安装按相应钢柱、梁、板项目执行。截面由单根成品型钢构成的构件按成品型钢构件制作定额执行。

（9）定额各子目均未包括焊缝无损探伤（如：X 光透视、超声波探伤、磁粉探伤、着色探伤等），亦未包括探伤固定支架制作和被检工件的退磁，如发生应按市场价另计。

（10）轻钢檩条拉杆按檩条钢拉杆定额执行，木屋架、钢筋混凝土组合屋架拉杆按屋架钢拉杆定额执行。

（11）钢屋架单榀质量在 0.5 t 以下者，按轻型屋架定额计算。

（12）天窗挡风架、柱侧挡风板、挡雨板支架制作均按挡风架定额执行。

（13）零星钢构件制作是指质量 50 kg 以内的其他零星铁件制作。

（14）钢漏斗、晒衣架和钢盖板项目中已包括安装费在内，但未包括场外运输。角钢、圆钢焊制的入口截流沟篦盖制作、安装按设计质量执行钢盖板制、安定额。

（15）薄壁方钢管、薄壁槽钢、成品 H 型钢檩条及车棚等小间距钢管、角钢槽钢等单根型钢檩条的制作，按 C、Z 型轻钢檩条制作执行。由双 C、双 [、双 ∟ 型钢之间断续焊接或通过连接板焊接的檩条和由圆钢或角钢焊接成片形、三角形截面的檩条都按型钢檩条制作定额执行。

（16）弧形构件的人工、机械需调整，但螺旋式钢梯、圆形钢漏斗、钢管柱不调整。

（17）钢结构表面喷砂、抛丸除锈按照 Sa2 级考虑，如设计不同，定额乘系数。

（18）网架中的焊接空心球、螺栓球、锥头等热加工已含在网架制作工作内容中,不锈钢球按成品半球焊接考虑。

2）金属结构工程定额计价示例

【例 6.6.7】 题目见例 6.6.2,请根据计算的工程量套 2014 年江苏省计价定额子目(三类工程)。

【解】

7-28 柱间钢支撑 0.077 t×7 045.80 元/t＝542.53 元

【例 6.6.8】 某单层工业厂房屋面钢屋架 12 榀,现场制作,根据 2014 年江苏省计价定额计算该屋架每榀 2.76 t,刷红丹防锈漆一遍,防火涂料厚型 2 小时,构件安装,场内运输 650 m,履带式起重机安装高度 5.4 m,跨外安装,请计算钢屋架造价。(三类工程)

【解】

工程量 2.76×12＝33.12(t)

7-11 钢屋架制作 33.12 t×6 695.58 元/t＝221 757.61 元

17-135 换 红丹防锈漆一遍

33.12×[20.40×1.1(系数)＋(20.4×1.1×37%)＋21.9×1.02(系数)＋5.18＋1.12＋0.08＋1]＝2 002.46(元)

17-148 换 防火涂料厚型 2 小时

33.12×[213.35×1.1(系数)＋16.68＋(213.35×1.1＋16.68)×37%＋337.5×1.02]＝22 807.10(元)

17-130 换 调和漆二遍

33.12×[95.2×1.1＋(29.25×1.02＋3.36＋1.21＋0.04)＋95.2×1.1×0.37]＝5 892.43(元)

8-25 金属构件运输 33.12×52.71＝1 745.76(元)

8-120 换 钢屋架安装(跨外) 33.12×660.14＝21 863.84(元)

单价:人工费 176.30×1.18＝208.03(元)

材料费 114.43 元

机械费 168.16＋123.02×0.18＝190.30(元)

管理费 (208.03＋190.30)×25%＝99.58(元)

利润 (208.03＋190.3)×12%＝47.80(元)

单价合计 660.14 元/t

6.6.2.2 金属结构工程清单计价

1）金属结构工程清单计价要点

（1）《房屋建筑与装饰工程工程量计算规范》第六章共 7 节 24 个项目。包括钢屋架、钢网架、钢托架、钢桁架、钢柱、钢梁、压型钢板楼板、墙板、钢构件、金属网。适用于建筑物、构筑物的钢结构工程。

（2）钢构件的除锈刷漆应包括在报价内。

（3）钢构件拼装台的搭拆和材料摊销应列入措施项目费。

（4）钢构件需探伤(包括射线探伤、超声波探伤、磁粉探伤、金相探伤、着色探伤、荧光探伤等)应包括在报价内。

(5)"钢屋架"项目适用于一般钢屋架、轻钢屋架和冷弯薄壁型钢屋架。

(6)"钢网架"项目适用于一般钢网架和不锈钢网架。不论节点形式(如球形节点、板式节点等)和连接方式(如焊结、丝结等)均使用该项目。

(7)"实腹柱"项目适用于实腹钢柱和实腹式型钢混凝土柱。"空腹柱"项目适用于空腹钢柱和空腹型钢混凝土柱。

(8)"钢管柱"项目适用于钢管柱和钢管混凝土柱。应注意钢管混凝土柱的盖板、底板、穿心板、横隔板、加强环、明牛腿、暗牛腿应包括在报价内。

(9)"钢梁"项目适用于钢梁和实腹式型钢混凝土梁、空腹式型钢混凝土梁。

(10)"钢吊车梁"项目适用于钢吊车梁,吊车梁的制动梁、制动板、制动桁架、车挡应包括在报价内。

(11)"压型钢板楼板"项目适用于现浇混凝土楼板,该楼板使用压型钢板作永久性模板,并与混凝土叠合后组成共同受力的构件。压型钢板一般采用镀锌或经防腐处理的薄钢板。

(12)"钢栏杆"适用于工业厂房平台钢栏杆。

(13)型钢混凝土柱、梁浇筑混凝土和压型钢板楼板上浇筑钢筋混凝土,其混凝土和钢筋部分应按规范其他章节中相关项目编码列项。

(14)钢墙架项目包括墙架柱、墙架梁和连接杆件。

(15)加工铁件等小型构件应按零星钢构件项目编码列项。

2)金属结构工程清单计价示例

【例6.6.9】 某单层工业厂房屋面钢屋架12榀,现场制作,根据2014年江苏省计价定额计算该屋架每榀2.76 t,刷红丹防锈漆一遍,防火涂料厚型2小时,构件安装,场内运输650 m,履带式起重机安装高度5.4 m,跨外安装,请计算钢屋架综合单价。(三类工程)

【解】

1.工程量清单编制如下:

表6.6.2　分部分项工程量清单

第　页　共　页

序号	项目编号	项目名称	计量单位	工程数量	金额(元)	
					综合单价	合价
	010602001001	A.6 金属结构工程 钢屋架 钢材品种规格:∟50×50×4 单榀屋架重量:2.76 t 屋架跨度:9 m 屋架无探伤要求 屋架防火涂料厚型2小时 屋架调和漆二遍	榀	12	23 005.77	276 069.24
		本页小计				
		合计				

2. 计算综合单价:

表 6.6.3 分部分项工程量清单综合单价计算表

工程名称:某工业厂房　　　　　　　　　　　　　　　　　　　　计量单位:榀
项目编码:01060201001　工程数量:12
项目名称:钢屋架　综合单价:23 005.77 元

序号	定额编号	工程内容	单位	数量	其中(元)					
					人工费	材料费	机械费	管理费	利润	小计
	7-11	钢屋架制作	t	33.12	32 644.40	156 852.35	14 731.78	11 844.04	5 685.05	221 757.62
	17-135 换	红丹防锈漆一遍	t	33.12	743.21	984.26	0	185.80	89.19	2 002.46
	17-148 换	防火涂料厚型 2 小时	t	33.12	7 772.77	11 401.56	552.44	2 081.30	999.03	22 807.10
	17-130 换	调和漆二遍	t	33.12	3 468.33	1 140.82	0	867.08	416.20	5 892.43
	8-25	金属构件运输	t	33.12	153.01	239.46	946.57	274.89	131.82	1 745.75
	8-120 换	钢屋架安装	t	33.12	6 889.95	3 789.92	6 302.74	3 298.09	1 583.14	21 863.84
		合计			51 671.67	33 238.37	22 533.53	18 551.20	8 904.43	276 069.20

6.7　木结构工程计量与计价

6.7.1　木结构工程计量

6.7.1.1　木结构工程定额计量

(1) 木屋架的制作安装工程量,按以下规定计算:

① 木屋架不论圆、方木,其制作安装均按设计断面以立方米计算,分别套相应子目,其后配长度及配制损耗已包括在子目内不另外计算(游沿木、风撑、剪刀撑、水平撑、夹板、垫木等木料并入相应屋架体积内)。

② 圆木屋架刨光时,圆木按直径增加 5 mm 计算,附属于屋架的夹板、垫木等已并入相应的屋架制作项目中,不另计算;与屋架连接的挑檐木、支撑等工程量并入屋架体积内计算。

③ 圆木屋架连接的挑檐木、支撑等为方木时,方木部分按矩形檩木计算。

④ 气楼屋架、马尾折角和正交部分的半屋架应并入相连接的正榀屋架体积内计算。

(2) 檩木按立方米计算,简支檩木长度按设计图示中距增加 200 mm 计算,如两端出山,檩条长度算至博风板。连续檩条的长度按设计长度计算,接头长度按全部连续檩木的总体积的 5% 计算。檩条托木已包括在子目内,不另计算。

(3) 屋面木基层,按屋面斜面积计算,不扣除附墙烟囱、风道、风帽底座和屋顶小气窗所占面积,小气窗出檐与木基层重叠部分亦不增加,气楼屋面的屋檐突出部分的面积并入计算。

(4) 封檐板按图示檐口外围长度计算,博风板按水平投影长度乘屋面坡度系数后,单坡加 300 mm,双坡加 500 mm 计算。

(5) 木楼梯(包括休息平台和靠墙踢脚板)按水平投影面积计算,不扣除宽度小于 300 mm 的楼梯井,伸入墙内部分的面积亦不另计算。

(6) 木柱、木梁制作安装均按设计断面竣工木料以立方米计算,其后备长度及配制损耗已包括在子目内。

6.7.1.2　木结构工程清单计量

1) 木结构工程清单计量计算要点

（1）木屋架按设计图示数量"榀"计算或按设计图示尺寸以体积"立方米"计算。

（2）钢木屋架按设计图示数量以"榀"计量。

（3）木柱、木梁按设计图示尺寸以体积"立方米"计算。

（4）木檩按设计图示尺寸以体积"立方米"计量或按设计图示尺寸以长度"米"计算。

（5）木楼梯按设计图示尺寸以水平投影面积计算。不扣除宽度小于 300 mm 的楼梯井，伸入墙内部分不计算。

（6）其他木构件（如封檐板）按设计图示尺寸以体积"立方米"或长度"米"计算。

（7）屋面木基层按设计图示尺寸以斜面积计算，不扣除房上烟囱、风帽底座、风道、小气窗、斜沟等所占面积。小气窗的出檐部分不增加面积。

（8）名词解释

① 马尾，是指四坡水屋顶建筑物的两端屋面的端头坡面部位。

② 折角，是指构成"L"形的坡屋顶建筑横向和竖向相交的部位。

③ 正交部分，是指构成"丁"字形的坡屋顶建筑横向和竖向相交的部位。

（9）屋架的跨度应以上、下弦中心线两交点之间的距离计算。

2) 木结构工程清单计量计算示例

【例 6.7.1】 某跃层住宅室内木楼梯，共 1 套，楼梯斜梁截面 80 mm×150 mm，踏步板900 mm×300 mm×25 mm，踢脚板 900 mm×150 mm×20 mm，楼梯栏杆 φ50，硬木扶手为圆形 φ60，除扶手材质为桦木外，其余材质为杉木。业主根据工程量计算规范的计算规则计算出木楼梯工程量如下（三类工程）：

（1）木楼梯斜梁体积为 0.256 m³。

（2）楼梯面积为 6.21 m²（水平投影面积）。

（3）楼梯栏杆为 8.67 m（垂直投影面积为 7.31 m²）。

（4）硬木扶手 8.89 m。

请编制招标人工程量清单。

【解】

1. 清单工程量套子目

010702004　木楼梯

011503002　木栏杆

2. 编制分部分项工程量清单

表 6.7.1　分部分项工程量清单

第　页　共　页

序号	项目编号	项目名称	计量单位	工程数量
	010702004001	厂库房大门、特种门、木结构工程 木楼梯 　木材种类：杉木 　刨光要求：露面部分刨光 　踏步板 900×300×25	m²	6.21

序号	项目编号	项目名称	计量单位	工程数量
	011503002001	踢脚板 900×150×20 斜梁截面 80×150 刷防火漆两遍 刷地板清漆两遍 木栏杆(硬木扶手) 木材种类:栏杆杉木 　　　　　扶手桦木 刨光要求:刨光 栏杆截面:φ50 扶手截面:φ60 刷防火漆两遍 栏杆刷聚氨酯清漆两遍 扶手刷聚氨酯清漆两遍	m	8.67
		本页小计		
		合计		

6.7.2　木结构工程计价

6.7.2.1　木结构工程定额计价

1) 木结构工程定额计价要点

(1) 计价定额第九章内容共分 3 节:①厂库房大门、特种门;②木结构;③附表(厂库房大门、特种门五金、铁件配件表)。与木结构清单对应的计价定额是第 2 节。

(2) 定额的本章中均以一、二类木种为准,如采用三、四类木种(木种划分见第十六章说明),人工、机械费乘系数 1.35 调整。

(3) 定额是按已成型的两个切断面规格料编制的,两个切断面以前的锯缝损耗按规定应另外计算。

(4) 本章中注明的木材断面或厚度均以毛料为准,如设计图纸注明的断面或厚度为净料时,应增加断面刨光损耗:一面刨光加 3 mm,两面刨光加 5 mm,圆木按直径增加 5 mm。

(5) 本章中的木材是以自然干燥条件下的木材编制的,需要烘干时,其烘干费用及损耗另计。

2) 木结构工程定额计价示例

【例 6.7.2】　某跃层住宅室内木楼梯,共 1 套,楼梯斜梁截面:80 mm×150 mm,踏步板 900 mm×300 mm×25 mm,踢脚板 900 mm×150 mm×20 mm,楼梯栏杆 φ50,硬木扶手为圆形 φ60,除扶手材质为桦木外,其余材质为杉木。业主根据工程量清单的计算规则计算出木楼梯工程量如下(三类工程):

(1) 木楼梯斜梁体积为 0.256 m³。

(2) 楼梯面积为 6.21 m²(水平投影面积)。

(3) 楼梯栏杆为 8.67 m(垂直投影面积为 7.31 m²)。

(4) 硬木扶手 8.89 m。

请按计价定额计算造价。

【解】

1. 木楼梯(含楼梯斜梁、踢脚板)制作、安装

9-65 木楼梯 6.21 m²×3 651.42 元/10 m²÷10＝2 267.53(元)

2. 楼梯刷防火漆两遍

17-92 防火漆两遍 6.21×2.3 m²×189.95 元/10 m²÷10＝271.31(元)

3. 楼梯刷清漆两遍

17-29 清漆两遍 6.21×2.3 m²×44.84 元/10 m²÷10＝64.04(元)

4. 木栏杆、木扶手制作安装

13-155 木栏杆、木扶手 8.67×1 981.44 元/10 m÷10＝1 717.91 元

5. 木栏杆、木扶手刷防火漆两遍

17-92 木栏杆、木扶手防火漆 7.31×1.82×189.95 元/10 m²÷10＝252.71(元)

6. 木栏杆木扶手刷聚氨酯漆两遍

17-47 木栏杆、木扶手聚氨酯漆 7.31×1.82×99.24 元/10 m²÷10＝132.03(元)

6.7.2.2 木结构工程清单计价

1) 木结构工程清单计价要点

(1) 原木构件设计规定梢径时,应按原木材积计算表计算体积。

(2) 设计规定使用干燥木材时,干燥损耗及干燥费应包括在报价内。

(3) 木材的出材率应包括在报价内。

(4) 木结构有防虫要求时,防虫药剂应包括在报价内。

(5) "木屋架"项目适用于各种方木、圆木屋架。应注意:①与屋架相连接的挑檐木应包括在木屋架报价内;②钢夹板构件、连接螺栓应包括在报价内。

(6) "钢木屋架"项目适用于各种方木、圆木的钢木组合屋架。应注意钢拉杆(下弦拉杆)、受拉腹杆、钢夹板、连接螺栓应包括在报价内。

(7) "木柱""木梁"项目适用于建筑物各部位的柱、梁。应注意接地、嵌入墙内部分的防腐应包括在报价内。

(8) "木楼梯"项目适用于楼梯和爬梯。应注意:①楼梯的防滑条应包括在报价内;②楼梯栏杆(栏板)、扶手,应按附录 Q 中相关项目编码列项。

(9) "其他木构件"项目适用于斜撑,传统民居的垂花、花芽子、封檐板、博风板等构件。

(10) 带气楼的屋架和马尾、折角以及正交部分的半屋架,应按相关屋架编码列项。

2) 木结构工程清单计价示例

【例 6.7.3】 某跃层住宅室内木楼梯,共 1 套,楼梯斜梁截面 80 mm×150 mm,踏步板 900 mm×300 mm×25 mm,踢脚板 900 mm×150 mm×20 mm,楼梯栏杆 φ50,硬木扶手为圆形 φ60,除扶手材质为桦木外,其余材质为杉木。业主根据全国工程量清单的计算规则计算出木楼梯工程量如下(三类工程):

(1) 木楼梯斜梁体积为 0.256 m³。

(2) 楼梯面积为 6.21 m²(水平投影面积)。

(3) 楼梯栏杆为 8.67 m(垂直投影面积为 7.31 m²)。

(4) 硬木扶手 8.89 m。

请计算木楼梯的综合单价。

【解】

1. 工程量清单编制如下：

表 6.7.2　分部分项工程量清单

工程名称：某跃层住宅　　　　　　　　　　　　　　　　　　　　　　　　　　　　第　页　共　页

序号	项目编号	项目名称	计量单位	工程数量	金额（元）	
					综合单价	合价
		厂库房大门、特种门、 木结构工程				
	010702004001	木楼梯	m²	6.21	419.14	2 602.86
		木材种类：杉木				
		刨光要求：露面部分刨光				
		踏步板：900×300×25				
		踢脚板：900×150×20				
		斜梁截面：80×150				
		刷防火漆两遍				
		刷地板清漆两遍				
	011503002001	木栏杆（硬木扶手）	m	8.67	242.51	2 102.56
		木材种类：栏杆杉木				
		扶手桦木				
		刨光要求：刨光				
		栏杆截面：φ50				
		扶手截面：φ60				
		刷防火漆两遍				
		栏杆刷聚氨酯清漆两遍				
		扶手刷聚氨酯清漆两遍				
		本页小计				
		合计				

2. 计算综合单价：

表 6.7.3　分部分项工程量清单综合单价计算表

工程名称：某跃层住宅　　计量单位：m²
项目编码：010702004001　　工程数量：6.21
项目名称：木楼梯　　综合单价 419.14 元

序号	定额编号	工程内容	单位	数量	其中（元）					
					人工费	材料费	机械费	管理费	利润	小计
	9-65	木楼梯	10 m²	0.621	796.42	1 176.43	0	199.11	95.57	2 267.53
	17-92	防火漆二遍	10 m²	1.428	159.01	53.41	0	39.76	19.08	271.26
	17-29	清漆两遍	10 m²	1.428	38.85	10.82	0	9.71	4.66	64.04
		合计			994.28	1 240.66	0	248.58	119.31	2 602.83

表 6.7.4　分部分项工程量清单综合单价计算表

工程名称：某跃层住宅　计量单位：m
项目编码：011503002001　工程数量：8.67
项目名称：木栏杆、扶手　综合单价：242.52 元

序号	定额编号	工程内容	单位	数量	其中（元）					
					人工费	材料费	机械费	管理费	利润	小计
	13—155	木栏杆制作、安装	10 m	0.867	675.78	792.09	0	168.94	81.09	1 717.90
	17—92	栏杆刷防火漆两遍	10 m²	1.33	148.10	49.74	0	37.03	17.77	252.64
	17—47	栏杆刷聚氨酯清漆两遍	10 m²	1.33	62.18	46.80	0	15.55	7.46	131.99
		合计			886.06	888.63	0	221.52	106.32	2 102.53

6.8　门窗工程计量与计价

6.8.1　门窗工程计量

6.8.1.1　门窗工程定额计量

1）门窗工程定额计量计算要点

本章清单对应的计价定额分布在第 9 章第 1、3 节和第 16 章。

（1）厂库房大门、特种门的制作、安装工程量按门洞口面积计算。无框厂库房大门、特种门按设计门扇外围面积计算。

（2）购入成品的各种铝合金门窗安装，按门窗洞口面积以平方米计算；购入成品的木门扇安装，按购入门扇的净面积计算。

（3）现场铝合金门窗扇制作、安装按门窗洞口面积以平方米计算。

（4）各种卷帘门按实际制作面积计算，卷帘门上有小门时，其卷帘门工程量应扣除小门面积。卷帘门上的小门按扇计算，卷帘门上电动提升装置以套计算，手动装置的材料、安装人工已包括在定额内，不另增加。

（5）无框玻璃门按其洞口面积计算。无框玻璃门中，部分为固定门扇、部分为开启门扇时，工程量应分开计算。无框门上带亮子时，其亮子与固定门扇合并计算。

（6）门窗框上包不锈钢板均按不锈钢板的展开面积以平方米计算，木门扇上包金属面或软包面均以门扇净面积计算。无框玻璃门上亮子与门扇之间的钢骨架横撑（外包不锈钢板），按横撑包不锈钢板的展开面积计算。

（7）门窗扇包镀锌铁皮，按门窗洞口面积以平方米计算；门窗框包镀锌铁皮、钉橡皮条、钉毛毡按图示门窗洞口尺寸以延长米计算。

（8）木门窗框、扇制作、安装工程量按以下规定计算：

① 各类木门窗（包括纱门、纱窗）制作、安装工程量均按门窗洞口面积以平方米计算。

② 连门窗的工程量应分别计算，套用相应门、窗定额，窗的宽度算至门框外侧。

③ 普通窗上部带有半圆窗的工程量应按普通窗和半圆窗分别计算，其分界线以普通窗和半圆窗之间的横框上边线为分界线。

④ 无框窗扇按扇的外围面积计算。

2) 门窗工程定额计量计算示例

【例6.8.1】 某工程企口木板大门共10樘(平开),洞口尺寸2.4 m×2.6 m;折叠式钢大门6樘,洞口尺寸3 m×2.6 m;冷藏库门(保温层厚150 mm)洞口尺寸3 m×2.8 m,1樘。请计算工程量。

【解】

企口木板大门制作　2.4×2.6×10=62.4(m²)

企口木板大门安装　62.4 m²

折叠式钢大门制作　3×2.6×6=46.8(m²)

折叠式钢大门安装　46.8 m²

冷藏库门制作　3×2.8×1=8.4(m²)

冷藏库门安装　8.4 m²

6.8.1.2 门窗工程清单计量

1) 门窗工程清单计量计算要点

(1) 木门:以樘计量,按设计图示数量计算或以平方米计量,按设计图示洞口尺寸以面积计算。注:①木质门带套计量按洞口尺寸以面积计算,不包括门套面积,但门套面积应计算在综合单价中。②以樘计量时,项目特征必须描述洞口尺寸。③以平方米计算时,项目特征可以不描述洞口尺寸。

(2) 金属门:以樘计量,按设计图示数量计算或以平方米计量,按设计图示洞口尺寸以面积计算。注:①以樘计量时,项目特征必须描述洞口尺寸,没有洞口尺寸时必须描述门框或扇外围尺寸。②以平方米计算时,无设计图示尺寸,按门框扇外围以面积计算。

(3) 金属卷帘(闸)门:以樘计量,按设计图示数量计算或以平方米计量,按设计图示洞口尺寸以面积计算。注:①以樘计量时,项目特征必须描述洞口尺寸。②以平方米计算时,项目特征可以不描述洞口尺寸。

(4) 其他门:以樘计量,按设计图示数量计算或以平方米计量,按设计图示洞口尺寸以面积计算。注:①以樘计量时,项目特征必须描述洞口尺寸,没有洞口尺寸时必须描述门框或扇外围尺寸。②以平方米计算时,无设计图示尺寸,按门框扇外围以面积计算。

(5) 木窗:以樘计量,按设计图示数量计算或以平方米计量,按设计图示洞口尺寸以面积计算。注:①以樘计量时,项目特征必须描述洞口尺寸,以平方米计算时,项目特征可以不描述洞口尺寸及框的外围尺寸。②以平方米计算时,无设计图示洞口尺寸,按窗框外围以面积计算。③木橱窗、木飘窗以樘计量,项目特征必须描述框截面以及外围展开面积。

(6) 金属窗:以樘计量,按设计图示数量计算或以平方米计量,按设计图示洞口尺寸以面积计算。注:①以樘计量时,项目特征必须描述洞口尺寸。②以平方米计算时,项目特征可以不描述洞口尺寸及框的外围尺寸。以平方米计算时,按窗框外围以面积计算。③金属橱窗、飘窗以樘计量,项目特征必须描述框外围展开面积。

(7) 门窗套:以樘计量,按设计图示数量计算或以平方米计量,按设计图示洞口尺寸以面积计算,或者以米计量,按设计图示中心以延长米计算。注:①以樘计量时,项目特征必须描述洞口尺寸、门窗套展开宽度。②以平方米计算时,项目特征可以不描述洞口尺寸及门窗套展开宽度。③以米计量,项目特征必须描述门窗套展开宽度、筒子板及贴脸宽度。

（8）窗台板：按设计图示尺寸以展开面积计算。

（9）窗帘、窗帘盒、轨：按设计图示尺寸以长度计算。注：①窗帘若是双层，项目特征必须描述每层材质。②窗帘以米计量，项目特征必须描述窗帘高度和宽。

2）门窗工程清单计量计算示例

【例6.8.2】 某工程有木板大门2.8 m×2.6 m 10樘，钢木大门3 m×2.6 m 8樘，钢木屋架10樘，根据计价规范计算工程量。

【相关知识】

1. 木板大门、钢木大门按设计图示数量计算。

2. 木屋架、钢木屋架按设计图示数量计算。

【解】

木板大门工程量10樘。

钢木大门工程量8樘。

钢木屋架工程量10樘。

6.8.2 门窗工程计价

6.8.2.1 门窗工程定额计价

1）门窗工程定额计价要点

（1）计价定额第9章内容共分3节：①厂库房大门、特种门；②木结构；③附表（厂库房大门、特种门五金、铁件配件表）。与本章清单对应的计价定额是第1节和第3节附表。

（2）本章中均以一、二类木种为准，如采用三、四类木种（木种划分见第十六章说明），木门制作、安装需乘系数调整。

（3）厂库房大门的钢骨架制作已包括在子目中，其上、下轨及滑轮等应按五金铁件表相应项目执行。

（4）厂库房大门、钢木大门及其他特种门的五金铁件表按标准图用量列出，仅作备料参考。

（5）计价定额第16章"门窗工程"分为购入构件成品安装，铝合金门窗制作、安装，木门窗框、扇制作安装，装饰木门扇及门、窗五金配件安装五部分。

（6）购入构件成品安装门窗单价中，除地弹簧、门夹、管子、拉手等特殊五金外，玻璃及一般五金已经包括在相应的成品单价中，一般五金的安装人工已经包括在定额内，特殊五金和安装人工应按"门、窗五金配件安装"的相应子目执行。

（7）铝合金门窗制作、安装

① 铝合金门窗制作、安装是按在构件厂制作，现场安装编制的，但构件厂至现场的运输费用应按当地交通部门的规定运费执行（运费不进入取费基价）。

② 铝合金门窗制作型材分为普通铝合金型材和断桥隔热铝合金型材两种，应按设计分别套用相应子目。各种铝合金型材含量的取定定额仅为暂定。设计型材的含量与定额不符时，应按设计用量加6％制作损耗调整。

③ 门窗框与墙或柱的连接是按镀锌铁脚、尼龙膨胀螺栓连接考虑的，设计不同，定额中的铁脚、螺栓应扣除，其他连接另外增加。

（8）木门、窗制作安装

① 本章均以一、二类木种为准，如采用三、四类木种，分别乘以下系数：木门、窗制作人

工和机械费乘以系数 1.30；木门、窗安装人工乘以 1.15。

② 木材规定是按已成型的两个切断面规格编制的，两个切断面以前的锯缝损耗按总说明规定另外计算。

③ 本章中注明的木料断面或厚度均以毛料为准，如设计图纸注明断面或厚度为净料时，应增加断面抛光损耗；一面抛光加 3 mm，两面抛光加 5 mm，圆木按直径增加 5 mm。

④ 本章中木材是以自然干燥条件下木材编制的，需要烘干时，其烘干费用及损耗由各市确定。

⑤ 本章中门、窗框扇断面除注明者外均是按《木窗图集》苏 J73—2 常用项目的Ⅲ级断面编制。注：设计框、扇断面与定额不同时，应按比例换算。框料以边立框为准（框裁口处为钉条者，应加贴条断面），扇料以立挺断面为准。换算公式如下：

$$\frac{\text{设计断面积（净料加刨光损耗）}}{\text{定额断面积}} \times \text{相应子目材积或者（设计断面积－定额断面积）}$$

$$\times \text{相应子目框、扇每增减 10 cm}^2 \text{ 的材积。}$$

⑥ 胶合板的基价是按四八尺（1 220 mm×2 440 mm）编制的，剩余的边角料残值已经考虑回收，如建设单位供应胶合板，按两倍门扇数量张数供应，每张裁下的边角料全部退还给建设单位（但残值回收取消）。若使用三七尺（910 mm×2 130 mm）胶合板，定额基价应按括号内的含量换算，并相应扣除定额中的胶合板边角料残值回收值。

⑦ 门窗制作安装的五金、铁件配件按"门、窗五金配件安装"相应子目执行，安装人工已经包括在相应定额内。设计门、窗玻璃品种、厚度与定额不符时，单价应调整，数量不变。

⑧ 木质送、回风口的制作、安装按百叶窗定额执行。

⑨ "门、窗五金配件安装"子目中，五金规格、品种与设计不符时应调整。

2）门窗工程定额计价示例

【例 6.8.3】 题目见例 6.7.1，请根据计算出的工程量套 2014 年江苏省计价定额子目（三类工程）。

【解】

9—1 企口木板大门制作 62.4÷10×1 593.15＝9 941.26（元）

9—2 企口木板大门安装 62.4÷10×976.99＝6 096.42（元）

9—13 折叠式钢大门制作 46.8÷10×3 301.61＝15 451.53（元）

9—14 折叠式钢大门安装 46.8÷10×654.34＝3 062.31（元）

9—17 冷藏库门（保温 150 mm） 8.4÷10×2 717.19＝2 282.44（元）

9—18 冷藏库门（保温 150 mm） 8.4÷10×5 373.15＝4 513.45（元）

合计 40 847.41 元

6.8.2.2 门窗工程清单计价

门窗工程清单计价要点如下：

(1) 木质门应区分镶板木门、企口木板门、实木装饰门、胶合板门、夹板装饰门、木纱门、全玻门（带木质扇框）、木质半玻门（带木质扇框）等项目，分别编码列项。

(2) 木质门带套计量按洞口尺寸以面积计算，不包括门套的面积，但门套应计算在综合单价中。

（3）以樘计量,项目特征必须描述洞口尺寸;以平方米计量,项目特征可不描述洞口尺寸。单独制作安装木门框按木门框项目编码列项。

（4）金属门应区分金属平开门、金属推拉门、金属地弹门、全玻门（带金属扇框）、金属半玻门（带扇框）等项目,分别编码列项。

（5）铝合金门综合单价应包括五金,如地弹簧、门锁、拉手、门插、门铰、螺丝等。

（6）金属门综合单价中五金包括L型执手插锁（双舌）、执手锁（单舌）、门轨头、地锁、防盗门机、门眼（猫眼）、门碰珠、电子锁（磁卡锁）、闭门器、装饰拉手等。

（7）以樘计量,项目特征必须描述洞口尺寸,没有洞口尺寸必须描述门框或扇外围尺寸;以平方米计量,项目特征可不描述洞口尺寸及框、扇的外围尺寸。

（8）以平方米计量,无设计图示洞口尺寸,按门框、扇外围以面积计算。

（9）"木板大门"项目适用于厂库房的平开、推拉、带观察窗、不带观察窗等各类型木板大门。需描述每樘门所含门扇数和有框或无框。

（10）"钢木大门"项目适用于厂库房的平开、推拉、单面铺木板、双面铺木板、防风型、保暖型等各类型钢木大门。应注意:①钢骨架制作安装包括在报价内;②防风型钢木门应描述防风材料或保暖材料。

（11）"全钢板门"项目适用于厂库房的平开、推拉、折叠、单面铺钢板、双面铺钢板等各类型全钢板门。

（12）"特种门"项目适用于各种防射线门、密闭门、保温门、隔音门、冷藏库门、冷藏冻结间门等特殊使用功能门。

（13）"围墙铁丝门"项目适用于钢管骨架铁丝门、角钢骨架铁丝门、木骨架铁丝门等。

（14）冷藏门、冷冻间门、保温门、变电室门、隔音门、防射线门、人防门、金库门等,应按010804007 特种门项目编码列项。

6.9 屋面及防水工程计量与计价

6.9.1 屋面及防水工程计量

6.9.1.1 屋面及防水工程定额计量

1）屋面及防水工程定额计量计算要点

根据计价定额第十章"屋面及防水工程"的说明及计算规则,结合实际施工图纸和施工方案进行工程量计算。部分计算规则摘录如下:

（1）瓦屋面按图示尺寸的水平投影面积乘以屋面坡度延长系数计算（瓦出线已包括在内）,不扣除房上烟囱、风帽底座、风道、屋面小气窗、斜沟等所占面积,屋面小气窗的出檐部分也不增加。瓦屋面的屋脊、蝴蝶瓦的檐口花边、滴水应另列项目按延长米计算。

（2）卷材屋面按图示尺寸的水平投影面积乘以规定的坡度系数计算,但不扣除房上烟囱、风帽底座、风道、屋面小气窗和斜沟所占面积。女儿墙、伸缩缝、天窗等处的弯起高度按图示尺寸计算并入屋面工程量内;如图纸无规定时,伸缩缝、女儿墙的弯起高度按250 mm计算,天窗弯起高度按500 mm计算并入屋面工程量内;檐沟、天沟按展开面积并入屋面工程量内。

（3）油毡屋面均不包括附加层在内,附加层按设计尺寸和层数另行计算,其他卷材屋面已包括附加层在内,不另计算;收头、接缝材料已计入定额。

（4）屋面刚性防水按设计图示尺寸以面积计算,不扣除房上烟囱、风帽底座、风道等所占面积。

（5）玻璃钢、PVC、铸铁水落管、檐沟,均按图示尺寸以延长米计算。水斗、女儿墙弯头、铸铁落水口(带罩),均按只计算。

2）屋面及防水工程定额计量计算示例

【例 6.9.1】 某工程的屋面防水、排水做法见图 6.9.1,计算屋面中找平层、找坡层、防水层、排水管等的工程量。

【解】

1. 计算现浇混凝土板上 20 厚 1:3 水泥砂浆找平层,根据计算规则,按水平投影面积乘以坡度系数计算。

平屋面 $2.00 \times (10.80 + 0.24) - 0.72 \times 0.72 = 21.56 (m^2)$（不含保温层上的水泥砂浆找平层）

坡屋面 $(10.80 + 0.24) \times (6.0 + 0.24) \times 1.118 = 77.02 (m^2)$

找平层总面积 $S = 21.56 + 77.02 = 98.58 (m^2)$

2. 计算 SBS 卷材防水层。根据计算规则,按水平投影面积乘以坡度系数计算,弯起部分另加,檐沟按展开面积并入屋面工程量中。

平屋面

平面部分 $2.00 \times (10.80 + 0.24) - 0.72 \times 0.72 = 21.56 (m^2)$

检修孔弯起部分 $0.20 \times 0.72 \times 4 = 0.58 (m^2)$

B 轴高低差处向上弯起部分 $0.10 \times (10.80 + 0.24) = 1.10 (m^2)$

平屋面部分合计 $21.56 + 0.58 + 1.10 = 23.24 (m^2)$

坡屋面

斜面 $(10.80 + 0.24) \times (6.0 + 0.24) \times 1.118 = 77.02 (m^2)$

气窗弯起 $(1.00 \times 0.5)/2 \times 2 + 0.10 \times 0.80 = 0.58 (m^2)$

坡屋面部分合计 $77.02 + 0.58 = 77.60 (m^2)$

檐沟部分

檐沟底 $0.30 \times [(10.80 + 0.24) \times 2 + (8.00 + 0.24) \times 2 + 0.30 \times 4] = 11.93 (m^2)$

檐沟内侧边弯起 $0.20 \times (10.80 + 0.24 + 2.00 \times 2) + 0.3 \times (10.84 + 0.24 + 6.24 \times 2) = 10.08 (m^2)$

檐沟外侧边弯起 $0.30 \times (10.80 \times 2 + 8.00 \times 2 + 0.42 \times 8) = 12.29 (m^2)$

檐沟板顶面 $0.10 \times (10.80 \times 2 + 8.00 \times 2 + 0.52 \times 8) = 4.18 (m^2)$

檐沟部分合计 $11.93 + 10.08 + 12.29 + 4.18 = 38.48 (m^2)$

SBS 卷材防水层总计 $23.24 + 77.60 + 38.48 = 139.32 (m^2)$

3. 计算瓦屋面工程量。根据计算规则,按图示尺寸以水平投影面积乘以坡度系数计算。

瓦屋面面积 $(10.80 + 0.24) \times (6.00 + 0.24) \times 1.118 = 77.02 (m^2)$

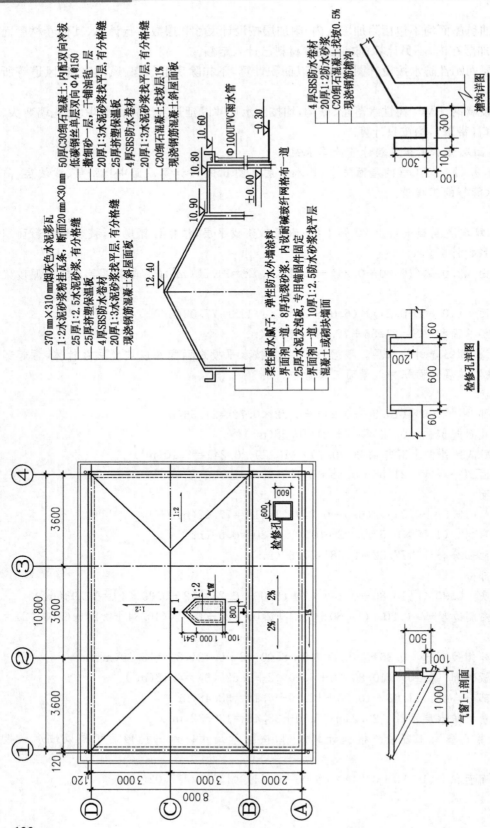

图 6.9.1 层面防水、排水做法

4. 计算水泥砂浆粉挂瓦条工程量。

挂瓦条面积　同瓦屋面 77.02 m²

5. 计算脊瓦工程量。根据计算规则,按延长米计算,如为斜脊,则按斜长计算。

正脊长度　$10.80-3.00\times2=4.80(m)$

气窗正脊长度　$0.10+1.00+0.54=1.64(m)$

坡度高宽比 1:2,查得延长系数为 1.500。

斜脊长　$(3.00+0.12)\times1.500\times4=18.72(m)$

脊瓦总长　$L=4.80+1.64+18.72=25.16(m)$

6. 计算平屋面上刚性防水屋面工程量。

刚性防水屋面面积　$(10.80+0.24)\times2.00-0.72\times0.72=21.56(m^2)$

7. 计算檐沟底、侧、顶面防水砂浆工程量。

同檐沟卷材　139.32 m²

8. 计算细石混凝土找坡工程量。

平屋面找坡　平均厚度　$\dfrac{10.8+0.24}{2}\times\dfrac{2\%}{2}=0.055(m)$

体积　$0.055\times21.56=1.19(m^3)$

檐沟找坡:按面积×平均厚度计算　$0.30\times\left[\dfrac{(10.80+0.24+0.3)\times2\times(10.8+0.24+0.3)\times\frac{1\%}{2}}{2}+\dfrac{(8.00+0.24+0.3)\times2\times(8.00+0.24+0.3)\times\frac{1\%}{2}}{2}\right]=0.30(m^3)$

细石混凝土找坡总计　$1.19+0.30=1.49(m^3)$

9. 计算屋面排水落水管、雨水斗、落水口工程量。根据计算规则,落水管从檐口滴水处算至设计室外地面高度,按延长米计算(本例中室内外高差按 0.3 m 考虑)。

落水管　$L=(10.60-0.10+0.3)\times4=43.20(m)$

雨水斗　4 个

落水口　4 个

10. 计算刚性防水屋面中冷拔低碳钢丝单层双向 $\phi4@150$ 的工程量。

长度　$(10.8+0.24-0.025\times2)\times(Int(2.0/0.15)+1)+(2.0-0.025\times2)\times(Int(11.04/0.15)+1)-0.72\times4\times2=292.4(m)$

冷拔低碳钢丝工程量　$0.099\times292.4=28.95(kg)=0.029(t)$

6.9.1.2　屋面及防水工程清单计量

1) 屋面及防水工程清单计量计算要点

工程量清单计量计算前,应先对屋面及防水工程的设计图纸进行分析,结合工程量计算规范中清单项目名称和工作内容,将需计算的图纸工程内容合理划分,纳入对应的清单项目中,并按相应的计算规则进行清单工程量的计算,对于该清单下附带的其他工作内容中的工程项目,则应按定额计算规则进行计算,纳入组价。部分清单的工程量计算规则摘录如下:

(1) 瓦屋面。按设计图示尺寸以斜面积计算。不扣除房上烟囱、风帽底座、风道、小气窗、斜沟等所占面积。小气窗的出檐部分不增加面积。

(2)屋面卷材防水。按设计图示尺寸以面积计算。斜屋顶(不包括平屋顶找坡)按斜面积计算,平屋顶按水平投影面积计算;不扣除房上烟囱、风帽底座、风道、屋面小气窗和斜沟所占面积;屋面的女儿墙、伸缩缝和天窗等处的弯起部分,并入屋面工程量内。

(3)屋面刚性层。按设计图示尺寸以面积计算。不扣除房上烟囱、风帽底座、风道等所占面积。工作内容为:基层处理;混凝土制作、运输、铺筑、养护;钢筋制安。

(4)屋面排水管。按设计图示尺寸以长度计算。如设计未标注尺寸,以檐口至设计室外散水上表面垂直距离计算。工作内容为:排水管及配件安装、固定;雨水斗、山墙出水口、雨水箅子安装;接缝、嵌缝;刷漆。

(5)屋面天沟、沿沟。按设计图示尺寸以展开面积计算。工作内容为天沟材料铺设、天沟配件安装、接缝、嵌缝、刷防护材料。

2)屋面及防水工程清单计量计算示例

【例6.9.2】 某工程的屋面防水、排水做法见图6.9.1,列出设计范围内的所有屋面及防水工程的工程量清单,进行项目特征描述,并计算相应的清单工程量。

【解】

1.列出瓦屋面工程量清单并计算工程量。

清单编号:010901001001;清单名称:瓦屋面;项目特征:瓦品种、规格:370 mm×310 mm烟灰色水泥彩瓦,432 mm×228 mm烟灰色水泥脊瓦。本项目设计为无砂浆结合层,为水泥砂浆挂瓦条,补充项目特征:挂瓦材料:1:2水泥砂浆粉挂瓦条,断面20 mm×30 mm。

清单工程量 $(10.80+0.24)\times(6.0+0.24)\times1.118=77.02(m^2)$

2.列出屋面卷材防水工程量清单并计算工程量。

清单编号:010902001001;清单名称:屋面卷材防水;项目特征:①卷材品种、规格、厚度:4 mm厚SBS防水卷材;②防水层数:单层;③防水层做法:热熔满铺法。

清单工程量

平屋面:

平面部分 $2.00\times(10.80+0.24)-0.72\times0.72=21.56(m^2)$

检修孔弯起部分 $0.20\times0.72\times4=0.58(m^2)$

B轴高低差处向上弯起部分 $0.10\times(10.80+0.24)=1.10(m^2)$

平屋面部分合计 $21.56+0.58+1.10=23.24(m^2)$

坡屋面:

斜面 $(10.80+0.24)\times(6.0+0.24)\times1.118=77.02(m^2)$

气窗弯起 $(1.00\times0.5)/2\times2+0.10\times0.80=0.58(m^2)$

坡屋面部分合计 $77.02+0.58=77.60(m^2)$

总计 $S=23.24+77.60=100.84(m^2)$

3.列出屋面刚性层工程量清单并计算工程量。

清单编号:010902003001;清单名称:屋面刚性层;项目特征:①刚性层厚度:5 cm厚;②混凝土种类:泵送预拌细石混凝土;③混凝土强度等级:C30;④嵌缝材料种类:APP高强嵌缝膏;⑤钢筋规格、型号:冷拔低碳钢丝φ4@150。

清单工程量　$S=(10.80+0.24)\times2.00-0.72\times0.72=21.56(\text{m}^2)$

4. 列出屋面排水管工程量清单并计算工程量。

清单编号:010902004001;清单名称:屋面排水管;项目特征:①排水管品种、规格:$\phi110$UPVC雨水管;②雨水斗、山墙出水口品种、规格:$\phi100$UPVC塑料落水斗,$\phi100$带罩铸铁落水口。

清单工程量　$(10.60-0.10+0.3)\times4=43.20(\text{m})$

5. 列出屋面天沟、檐沟工程量清单并计算工程量。

清单编号:010902007001;清单名称:屋面天沟、檐沟;项目特征:材料品种、规格:20 mm厚1:2防水砂浆找平层,4 mm厚SBS防水卷材。

清单工程量

檐沟底　$0.30\times[(10.80+0.24)\times2+(8.00+0.24)\times2+0.30\times4]=11.93(\text{m}^2)$

檐沟内侧边弯起　$0.20\times(10.80+0.24+2.00\times2)+0.3\times(10.84+0.24+6.24\times2)=10.08(\text{m}^2)$

檐沟外侧边弯起　$0.30\times(10.80\times2+8.00\times2+0.42\times8)=12.29(\text{m}^2)$

檐沟板顶面　$0.10\times(10.80\times2+8.00\times2+0.52\times8)=4.18(\text{m}^2)$

檐沟部分合计　$11.93+10.08+12.29+4.18=38.48(\text{m}^2)$

6. 列出以上清单工作内容中未包括的砂浆找平层工程量清单并计算工程量。

清单编号:011101006001;清单名称:平面砂浆找平层;项目特征:找平层厚度、砂浆配合比:20 mm厚1:3水泥砂浆找平层。

清单工程量

平屋面　$2.00\times(10.80+0.24)-0.72\times0.72=21.56(\text{m}^2)$

坡屋面　$(10.80+0.24)\times(6.0+0.24)\times1.118=77.02(\text{m}^2)$

找平层总面积　$S=21.56+77.02=98.58(\text{m}^2)$

7. 列出以上清单工作内容中未包括的平屋面细石混凝土找坡层工程量清单并计算工程量。

采用楼地面工程中类似项目的清单。

清单编号:010501001001;清单名称:垫层;项目特征:①混凝土种类:非泵送商品细石混凝土;②混凝土强度等级:C20。

平屋面找坡　平均厚度　$\dfrac{(10.8+0.24)}{2}\times\dfrac{2\%}{2}=0.055(\text{m})$

体积　$0.055\times21.56=1.19(\text{m}^3)$

檐沟找坡　按面积×平均厚度计算　$0.30\times\left[\dfrac{(10.80+0.24+0.3)\times2\times(10.8+0.24+0.3)}{2}\right.$

$\left.\times\dfrac{1\%}{2}+\dfrac{(8.00+0.24+0.3)\times2\times(8.00+0.24+0.3)}{2}\times\dfrac{1\%}{2}\right]=0.30(\text{m}^3)$

细石混凝土找坡总计　$1.19+0.30=1.49(\text{m}^3)$

按计价规范格式列出的屋面及防水工程工程量清单见表6.9.1。

表 6.9.1　分部分项工程和单价措施项目清单与计价表

序号	项目编码	项目名称	项目特征描述	计量单位	工程量	金额(元)		
						综合单价	合价	其中
								暂估价
			0109 屋面及防水工程					
1	010901001001	瓦屋面	1. 瓦品种、规格:370 mm×310 mm烟灰色水泥彩瓦,432 mm×228 mm烟灰色水泥脊瓦 2. 挂瓦材料:1:2水泥砂浆粉挂瓦条,断面 20 mm×30 mm	m²	77.02			
2	010902001001	屋面卷材防水	1. 卷材品种、规格、厚度:4 mm厚 SBS 防水卷材 2. 防水层数:单层 3. 防水层做法:热熔满铺法	m²	100.84			
3	010902003001	屋面刚性层	1. 刚性层厚度:5 cm 2. 混凝土种类:非泵送预拌细石混凝土 3. 混凝土强度等级:C30 4. 嵌缝材料种类:APP 高强嵌缝膏 5. 钢筋规格、型号:冷拔低碳钢丝单层双向 φ4@150 6. 隔离层:撒细砂一层,干铺油毡一层	m²	21.56			
4	010902004001	屋面排水管	1. 排水管品种、规格:φ110UPVC 雨水管 2. 雨水斗、山墙出水口品种、规格:φ100UPVC 塑料落水斗,φ100 带罩铸铁落水口	m	43.20			
5	010902007001	屋面天沟、檐沟	1. 材料品种、规格:20 mm 厚1:2防水砂浆粉刷,4 mm 厚 SBS 防水卷材	m²	38.48			
6	011101006001	平面砂浆找平层	1. 找平层厚度、砂浆配合比:20 mm厚 1:3 水泥砂浆找平层,有分格缝	m²	98.58			
7	010501001001	垫层	1. 混凝土种类:非泵送商品细石混凝土 2. 混凝土强度等级:C20	m³	1.49			

6.9.2　屋面及防水工程计价

6.9.2.1　屋面及防水工程定额计价

1) 屋面及防水工程定额计价要点

针对图纸工程项目,应套用合适的定额项目,详细分析设计做法,结合定额的工作内容,并根据定额说明进行计价和换算,部分定额项目的计价说明摘录如下:

(1) 瓦材规格与定额不同时,瓦的数量可以换算,其他不变。

（2）油毡卷材屋面包括刷冷底子油一遍，但不包括天沟、泛水、屋脊、檐口等处的附加层在内，其附加层应另行计算。其他卷材屋面均包括附加层。

（3）高聚物、高分子防水卷材粘贴，实际使用的粘结剂与定额不同，单价可以换算，其他不变。

（4）各种卷材的防水层均已包括刷冷底子油一遍和平、立面交界处的附加层工料在内。

（5）无分格缝的屋面找平层按定额第十三章相应子目执行。

2）屋面及防水工程定额计价示例

【例6.9.3】 根据图纸6.9.1的设计做法和例6.9.1计算出的工程量，按定额计价法进行计价。已知条件：人工工资单价为一类工86元/工日，二类工83元/工日，三类工79元/工日；机械单价（含机械人工单价）按定额基价；材料价格：4 mm厚SBS防水卷材价格为36元/m²，370 mm×310 mm（有效尺寸335 mm×270 mm）烟灰色水泥彩瓦价格为3.80元/块，其余价格均采用定额基价。按三类工程计价。施工方案：SBS防水卷材采用热熔满铺法施工，混凝土采用非泵送商品混凝土，砂浆采用现场搅拌砂浆。

【解】

1. 现浇混凝土板上20 mm厚1：3水泥砂浆有分格缝屋面找平层计价

查定额，套用定额10-72，屋面找平层，水泥砂浆，有分格缝20 mm厚。

人工费　二类工，定额含量0.8工日　0.80×83＝66.40（元）

材料费　同定额材料费基价　69.59元

机械费　同定额材料费基价　4.91元

管理费　（人工费＋机械费）×管理费率＝（66.40＋4.91）×25％＝17.83（元）

利润　（人工费＋机械费）×利润率＝（66.40＋4.91）×12％＝8.56（元）

定额单价＝人工费＋材料费＋机械费＋管理费＋利润＝66.40＋69.59＋4.91＋17.83＋8.56＝167.29（元）

定额合价＝定额单价×定额工程量＝167.29×（98.58/10）＝1 649.15（元）

2. SBS卷材防水层计价

查定额，套用定额10-32，SBS改性沥青防水卷材，热熔满铺法，单层。

人工费　二类工，定额含量0.73工日　0.73×83＝60.59（元）

材料费　定额材料费基价352.59元，SBS防水卷材材料费调整。

（市场价－定额价）×定额含量＝（36.00－25.00）×12.50＝137.50（元）

调整后的定额材料费　352.59＋137.50＝490.09（元）。

机械费　同定额材料费基价　0.00元

管理费　（人工费＋机械费）×管理费率＝（60.59＋0.00）×25％＝15.15（元）

利润　（人工费＋机械费）×利润率＝（60.59＋0.00）×12％＝7.27（元）

定额单价＝人工费＋材料费＋机械费＋管理费＋利润＝60.59＋490.09＋0.00＋15.15＋7.27＝573.10（元）

定额合价＝定额单价×定额工程量＝573.10×（139.32/10）＝7 984.43（元）

3. 瓦屋面计价

查定额，套用定额10-7，水泥彩瓦，铺瓦。

人工费　二类工，定额含量0.75工日　0.75×83＝62.25（元）

材料费：

因实际采用的水泥彩瓦规格为 370 mm×310 mm(有效尺寸 335 mm×270 mm),定额中水泥彩瓦规格为 420 mm×332 mm(有效尺寸 345 mm×295 mm),需调整定额用量。根据定额说明中规定的换算公式计算定额含量为 $\frac{10}{(0.335 \times 0.270)} \times 1.025 = 113.32$(块)= 1.13(百块)。

水泥彩瓦材料费调整为　3.80×100×1.13=429.40(元)

调整后的材料费　283.77+(429.40-275.00)=438.17(元)

机械费　同定额材料费基价　0.49 元

管理费　(人工费+机械费)×管理费率=(62.25+0.49)×25%=15.69(元)

利润　(人工费+机械费)×利润率=(62.25+0.49)×12%=7.53(元)

定额单价=人工费+材料费+机械费+管理费+利润=62.25+438.17+0.49+15.69+7.53=524.13(元)

定额合价=定额单价×定额工程量=524.13×(77.02/10)=4 036.85(元)

4. 脊瓦计价

查定额,套用定额 10-8,水泥彩瓦,脊瓦。

按上述同样方法计算出定额单价为 299.19 元。

定额合价=定额单价×定额工程量=299.19×(25.16/10)=752.76(元)

5. 水泥砂浆粉挂瓦条计价。

查定额,套用定额 10-5,水泥砂浆粉挂瓦条断面 20 mm×30 mm 间距 345 mm。

按上述同样方法计算出定额单价为 69.70 元。

定额合价=定额单价×定额工程量=69.70×(77.02/10)=536.83(元)

6. 平屋面上刚性防水屋面计价。

本项刚性防水屋面设计为 50 mm 厚,混凝土强度等级为 C30。

定额 10-83,刚性防水屋面 C20 非泵送预拌细石混凝土有分格缝 40 mm 厚。

定额 10-85,刚性防水屋面 C20 非泵送预拌细石混凝土每增(减)5 mm。

采用组合定额的计价方式:定额编号 10-83+[10-85]×2,并将混凝土强度等级由 C20 换算为 C30。

按定额单价分析表法计算的含所有人材机组成情况的定额单价见表 6.9.2 所示。

表 6.9.2　刚性防水屋面定额综合单价分析表

定额编号			11-38 换	
项目	单位	单价	C30 非泵送预拌细石混凝土 50 mm 厚 有分格缝	
			数量	合计
综合单价(元)			471.44	
其中	人工费			151.06
	材料费			263.46
	机械费			0.75
	管理费(25%)			37.95
	利润(12%)			18.22

（续　表）

定额编号					11-38 换	
项目			单位	单价	C30 非泵送预拌细石混凝土 50 mm 厚 有分格缝	
					数量	合计
人工	000020	二类工	工日	83.00	1.68+0.07×2=1.82	151.06
材料	80212105	预拌混凝土(泵送型)C30	m³	362.00	0.406+0.051×2=0.508	183.90
	11573505	石油沥青油毡 350♯	m²	3.90	10.50	40.95
	11592705	APP 高强嵌缝膏	kg	8.80	3.69	32.47
	32090101	周转木材	t	1 850.00	0.001	1.85
	4030105	细砂	m³	54.80	0.03	1.64
	3510701	铁钉	t	4.20	0.05	0.21
	31150101	水	m³	4.70	0.52	2.44
机械	99052108	混凝土振捣器平板式	台班	14.93	0.05	0.75

　　7. 檐沟内侧面防水砂浆、细石找坡工程量、屋面排水落水管、雨水斗、落水口定额计价计算过程从略。

　　屋面及防水工程定额计价汇总表见表 6.9.3。

表 6.9.3　屋面防水工程分部分项工程费综合单价

序号	定额编号		定额名称	单位	工程量	金额	
						综合单价	合价
1	10—72		屋面找平层水泥砂浆有分格缝,20 mm 厚	10 m²	9.858	167.29	1 649.15
2	10-32	换	卷材屋面 SBS 改性沥青防水卷材热熔满铺法单层	10 m²	13.932	573.10	7 984.43
3	10-7	换	瓦屋面水泥彩瓦铺瓦	10 m²	7.702	524.13	4 036.85
4	10-8	换	瓦屋面水泥彩瓦脊瓦	10 m	2.516	299.19	752.76
5	10-5		水泥砂浆粉挂瓦条,断面 20 mm×30 mm,间距 345 mm	10 m²	7.702	69.70	536.83
6	10-83+[10-85]×2	换	刚性防水屋面 C30 非泵送预拌细石混凝土,有分格缝,50 mm 厚	10 m²	2.156	471.44	1 016.43
7	5-4	换	现浇构件冷轧带肋钢筋	t	0.029	6 425.28	186.33
8	14-16	换	抹水泥砂浆挑沿、天沟、腰线、栏杆、扶手	10 m²	3.848	715.28	2 752.40
9	13-13	换	C20 预拌混凝土非泵送不分格垫层	m³	1.490	423.47	630.97
10	10-202		PVC 管排水 PVC 水落管 φ110	10 m	4.320	365.21	1 577.71
11	10-206		PVC 管排水 PVC 水斗 φ110	10 只	0.400	422.56	169.02
12	10-214		铸铁管排水屋面铸铁落水口(带罩)φ100	10 只	0.400	460.59	184.24
合计							21 477.12

6.9.2.2 屋面及防水工程清单计价

1) 屋面及防水工程清单计价要点

屋面及防水工程工程量清单组价计算前,应先对屋面及防水设计图纸进行分析,结合工程量计算规范中各项清单中的工作内容,将需计算的图纸工程内容合理划分,纳入相应的清单工作内容中,并采用合适的定额进行组价。通常某一清单中标准工作内容中不包含的项目不应纳入,而应另立清单项目;清单中标准工作内容中有的,而设计图纸中也有的项目,应并入相应的清单中组价,不应单列清单。组价的内容应与项目特征准确对应。下面对部分清单的工作内容和应包括的图纸工程内容进行说明。

(1)瓦屋面。包含的工作内容为砂浆制作、运输、摊铺、养护,安瓦、做瓦脊。本清单包含的图纸工程内容为屋面瓦、脊瓦,屋面瓦铺设方式如有砂浆结合层,应将砂浆结合层计算在内,脊瓦应计入清单组价。

(2)屋面卷材防水。工作内容为基层处理、刷底油、铺油毡卷材、接缝。刷底油的工作量应纳入组价中。

(3)屋面刚性层。工作内容为:基层处理;混凝土制作、运输、铺筑、养护;钢筋制安。刚性防水层中的配筋工程量应包括在内,分格缝嵌缝包含在组价中。

(4)屋面排水管。工作内容为:排水管及配件安装、固定;雨水斗、山墙出水口、雨水箅子安装;接缝、嵌缝;刷漆。雨水斗、出水口、油漆的工程内容应计入本清单。

(5)屋面天沟、沿沟。工作内容为天沟材料铺设、天沟配件安装、接缝、嵌缝、刷防护材料。

2) 屋面及防水工程清单计价示例

【例 6.9.4】 根据图纸 6.9.1 的设计做法和例 6.9.2 列出的工程量清单及相应的工程量,按清单计价法进行计价。组价计价条件同例 6.9.3 中的定额计价条件。

【解】

1. 瓦屋面清单计价。根据清单特征和工程内容,本项清单中包含的组价内容为屋面铺平瓦、屋面脊瓦和水泥砂浆粉挂瓦条的造价。根据例 6.9.3 的定额计价结果,计算清单的综合单价和清单合价。

瓦屋面清单综合单价 所有组价项目总价/清单工程量＝(4 036.85＋752.76＋536.83)/77.02＝69.16(元)

瓦屋面清单合价 清单综合单价×清单工程量＝69.16×77.02＝5 326.70(元)

2. 屋面卷材防水清单计价。根据清单特征和工程内容,本项清单中包含的组价内容为平屋面和坡屋面 SBS 卷材防水。根据例 6.9.3 的定额计价结果,计算清单的综合单价和清单合价。

屋面卷材防水清单综合单价 [(23.24＋77.60)/10×573.10]/100.84＝57.31(元)

屋面卷材防水清单合价 57.31×100.84＝5 779.14(元)

3. 屋面刚性层清单计价。根据清单特征和工程内容,本项清单中包含的组价内容为刚性防水屋面和其中配置的钢筋。根据例 6.9.3 的定额计价结果,计算清单的综合单价和清单合价。

屋面刚性层清单综合单价 (1 016.43＋186.33)/21.56＝55.79(元)

屋面刚性层清单合价 55.79×21.56＝1 202.83(元)

4. 同样方法,进行其他清单项目的综合单价和清单合价的计算。本例工程量清单计价及各清单项目下定额组价的详细情况见表 6.9.4。

表 6.9.4 屋面及防水工程清单计价及组价内容明细表

序号	项目编码	项目名称	项目特征描述	计量单位	工程量	综合单价	合价	其中 暂估价
			0109 屋面及防水工程					
1	010901001001	瓦屋面	1. 瓦品种、规格:370 mm×310 mm 烟灰色水泥彩瓦,432 mm×228 mm 烟灰色水泥脊瓦 2. 挂瓦材料:1:2 水泥砂浆粉挂瓦条,断面 20 mm×30 mm	m²	77.02	69.16	5 326.70	
	10-7	水泥彩瓦铺瓦		10 m²	7.702	524.13	4 036.85	
	10-8	水泥彩瓦脊瓦		10 m	2.516	299.19	752.76	
	10-5	水泥砂浆粉挂瓦条,断面 20 mm×30 mm,间距345 mm		10 m²	7.702	69.70	536.83	
2	010902001001	屋面卷材防水	1. 卷材品种、规格、厚度:4 mm 厚 SBS 防水卷材 2. 防水层数:单层 3. 防水层做法:热熔满铺法	m²	100.84	57.31	5 779.14	
	10-32	卷材屋面 SBS 改性沥青防水卷材热熔满铺法单层		10 m²	10.084	573.10	5 779.14	
3	010902003001	屋面刚性层	1. 刚性层厚度:5 cm 2. 混凝土种类:非泵送预拌细石混凝土 3. 混凝土强度等级:C30 4. 嵌缝材料种类:APP 高强嵌缝膏 5. 钢筋规格、型号:冷拔低碳钢丝单层双向 φ4@150 6. 隔离层:撒细砂一层,干铺油毡一层	m²	21.56	55.79	1 202.83	
	10-83+[10-85]×2	刚性防水屋面 C30 非泵送预拌细石混凝土有分格缝 50 mm 厚		10 m²	2.156	471.44	1 016.43	
	5-4	现浇构件冷轧带肋钢筋		t	0.029	6 425.28	186.33	
4	010902004001	屋面排水管	1. 排水管品种、规格:φ110UPVC 雨水管 2. 雨水斗、山墙出水口品种、规格:φ100UPVC 塑料落水斗,φ100 带罩铸铁落水口	m	43.20	44.70	1 931.04	
	10-202	PVC 管排水 PVC 水落管 φ110		10 m	4.32	365.21	1 577.71	
	10-214	铸铁管排水屋面铸铁落水口(带罩)φ100		10 只	0.4	460.59	184.24	
	10-206	PVC 管排水 PVC 水斗 φ110		10 只	0.4	422.56	169.02	
5	010902007001	屋面天沟、檐沟	材料品种、规格:20 mm 厚 1:2 防水砂浆粉刷,4 mm 厚 SBS 防水卷材	m²	38.48	128.84	4 957.76	
	10-32	卷材屋面 SBS 改性沥青防水卷材热熔满铺法单层		10 m²	3.848	573.10	2 205.29	
	14-16	抹水泥砂浆挑沿、天沟、腰线、栏杆、扶手		10 m²	3.848	715.28	2 752.40	

（续　表）

| 序号 | 项目编码 | 项目名称 | 项目特征描述 | 计量单位 | 工程量 | 金额（元） | | 其中 |
						综合单价	合价	暂估价
6	011101006001	平面砂浆找平层	找平层厚度、砂浆配合比：20 mm 厚 1：3 水泥砂浆找平层，有分格缝	m²	98.58	16.73	1 649.24	
	10-72	屋面找平层水泥砂浆，有分格缝，20 mm 厚		10 m²	9.858	167.29	1 649.15	
7	010501001001	垫层	1. 混凝土种类：非泵送商品细石混凝土 2. 混凝土强度等级：C20	m³	1.49	423.47	630.97	
	13-13	C20 预拌混凝土非泵送不分格垫层		m³	1.49	423.47	630.97	
		合计					21 477.68	

6.10　保温、隔热、防腐工程计量与计价

6.10.1　保温、隔热、防腐工程计量

6.10.1.1　保温、隔热、防腐工程定额计量

1）保温、隔热、防腐工程定额计量计算规则

（1）保温隔热层按隔热材料净厚度（不包括胶结材料厚度）乘以设计图示面积按体积计算。

（2）地墙隔热层，按围护结构墙体内净面积计算，不扣除 0.3 m² 以内孔洞所占的面积。

（3）外墙聚苯乙烯挤塑板外保温，外墙聚苯颗粒保温砂浆，屋面架空隔热板，保温隔热砖、瓦、天棚保温（沥青贴软木除外）层，按设计图示尺寸以面积计算。

（4）防腐工程项目应区分不同防腐材料种类及厚度，按设计图示尺寸以面积计算，应扣除凸出地面的构筑物、设备基础所占的面积。砖垛等突出墙面部分按展开面积计算，并入墙面防腐工程量内。

（5）踢脚板按设计图示尺寸以面积计算，应扣除门洞所占面积，并相应增加侧壁展开面积。

2）保温、隔热、防腐工程定额计量计算示例

【例 6.10.1】　计算图 6.9.1 中屋面保温的工程量和图 6.10.1 中外墙保温工程量。

【解】

1. 计算图 6.9.1 中坡屋面 30 mm 厚挤塑保温板工程量。根据计算规则，按设计图示尺寸以面积计算。

平屋面　$2.00×(10.80+0.24)-0.72×0.72=21.56(m^2)$

坡屋面　$(10.80+0.24)×(6.0+0.24)×1.118=77.02(m^2)$

气窗外扩　$0.10×[1.00×2+(0.8+0.1×2)]×1.118=0.34(m^2)$

30 mm 厚挤塑保温板总面积　$21.56+77.02+0.34=98.92(m^2)$

2. 计算图 6.9.1 中坡屋面 25 mm 厚 1：2.5 水泥砂浆保护层工程量。

坡屋面　$(10.80+0.24)×(6.0+0.24)×1.118=77.02(m^2)$

气窗屋面外扩　$0.10×[1.00×2+(0.8+0.1×2)]×1.118=0.34(m^2)$

25 mm 厚 1：2.5 水泥砂浆保护层工程量　77.02＋0.34＝77.36（m²）

3. 计算图 6.9.1 中平屋面 20 mm 厚 1：3 水泥砂浆找平层，有分格缝保护层工程量。

2.00×（10.80＋0.24）－0.72×0.72＝21.56（m²）

4. 计算图 6.10.1 中 25 mm 厚水泥发泡板外墙保温工程量。根据计算规则，按设计图示尺寸以面积计算。

垂直投影面积　［（6.00＋0.24）×2＋（5.40＋0.24）×2］×（2.90＋0.30）－1.20×1.50×2－1.80×1.50－1.80×2.70＝64.87（m²）

窗边侧面　0.08×［（1.20＋1.50）×2×2＋（1.80＋1.50）×2］＝1.39（m²）

总计　64.87＋1.39＝66.26（m²）

【例 6.10.2】　某具有防腐耐酸要求的生产车间及仓库见图 6.10.1，计算其中的防腐耐酸部分的相关工程量。门窗框厚 80 mm，窗框墙中安装，门框按与开启侧平齐安装。

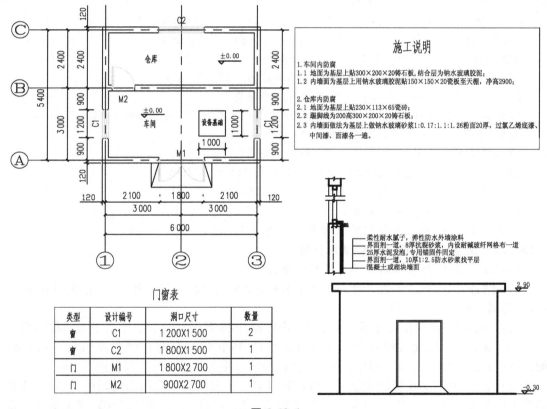

图 6.10.1

【解】

1. 计算车间部分防腐地面工程量。本例中车间地面为基层上贴 300 mm×200 mm×20 mm 铸石板，结合层为钠水玻璃胶泥。根据计价定额中的工程量计算规则，按设计图示尺寸以面积计算，应扣除凸出地面的构筑物、设备基础等所占的面积。

房间面积　（6.00－0.24）×（3.00－0.24）＝15.90（m²）

扣设备基础　1.00×1.00＝1.00（m²）

M1 开口处增加　0.24×1.80＝0.43（m²）

M2 开口处增加　0.24×0.90＝0.22(m²)

总面积　15.90−1.00＋0.43＋0.22＝15.55(m²)

2. 计算仓库部分防腐地面工程量。仓库地面为基层上贴 230 mm×113 mm×65 mm 瓷砖,结合层为钠水玻璃胶泥,计算方法同上。

房间面积　(6.00−0.24)×(2.40−0.24)＝12.44(m²)

3. 计算仓库踢脚板的工程量。根据计算规则,按设计图示尺寸以面积计算,应扣除门洞所占面积,并相应增加侧壁展开面积。

L＝(6.00−0.24)×2＋(2.40−0.24)×2−0.90＝14.94(m)

S＝14.94×0.20＝2.99(m²)

4. 计算车间内墙面瓷板面层。根据计算规则,按设计图示尺寸以面积计算。

墙面垂直投影部分　[(6.00−0.24)×2＋(3.00−0.24)×2]×2.90−1.2×1.5×2−0.90×2.70−1.8×2.7＝38.53(m²)

C1 侧壁增加　(1.20＋1.50)×2×(0.12−0.04)×2＝0.86(m²)

M1 侧壁增加　(1.80＋2.7×2)×(0.24−0.08)＝1.15(m²)

M2 侧壁增加　(0.90＋2.70×2)×(0.24−0.08)＝1.01(m²)

S＝38.53＋0.86＋1.15＋1.01＝41.55(m²)

5. 计算仓库 20 mm 厚钠水玻璃砂浆面层工程量。

墙面部分　[(6.00−0.24)×2＋(2.40−0.24)×2]×(2.90−0.20)＝42.77(m²)

扣 C2 面积　1.80×1.50＝2.70(m²)

扣 M2 面积　0.90×(2.70−0.20)＝2.25(m²)

C2 侧壁增加　(1.80＋1.50)×2×(0.12−0.04)＝0.53(m²)

S＝42.77−2.70−2.25＋0.53＝38.35(m²)

6. 计算仓库防腐涂料工程量。

同仓库 20 mm 厚钠水玻璃砂浆面层工程量　S＝38.35 m²

6.10.1.2　保温、隔热、防腐工程清单计量

1) 保温、隔热、防腐工程清单计量计算要点

(1) 结合设计图纸,根据计算规范附录 K1 的清单项目特征和工作内容,正确划分保温、隔热、防腐工程的清单项目。

(2) 保温隔热屋面按设计图示尺寸以面积计算,扣除面积大于 0.3 m² 孔洞及占位面积。

(3) 保温隔热墙面按设计图示尺寸以面积计算,扣除门窗洞口以及面积大于 0.3 m² 梁、孔洞所占面积,门窗洞口侧壁以及与墙相连的柱,并入保温墙体工程量内。

(4) 平、立面防腐按设计图示尺寸以面积计算。平面防腐扣除凸出地面的构筑物、设备基础等以及面积大于 0.3 m² 孔洞、柱、垛等所占面积,门洞、空圈、暖气包槽、壁龛的开口部分不增加面积。立面防腐:扣除门、窗、洞口以及面积大于 0.3 m² 孔洞、梁所占面积,门、窗、洞口侧壁、垛突出部分按展开面积并入墙面积内。

(5) 池、槽块料防腐面层,按设计图示尺寸以展开面积计算。

2) 保温、隔热、防腐工程清单计量计算示例

【例 6.10.3】　列出图 6.9.1 中屋面保温工程和图 6.10.1 中外墙保温工程量清单,并计算其工程量。

【解】

1. 列出图 6.9.1 中屋面保温工程工程清单,并计算清单工程量。

（1）坡屋面保温项目清单。

清单编号：011001001001；清单名称：保温隔热屋面；项目特征：①保温隔热材料品种、规格、厚度：挤塑保温板，30 mm厚；②防护材料种类、做法：25 mm厚1：2.5水泥砂浆，有分格缝。

坡屋面　$(10.80+0.24)\times(6.0+0.24)\times1.118=77.02(m^2)$

气窗外扩　$0.10\times[1.00\times2+(0.8+0.1\times2)]\times1.118=0.34(m^2)$

清单工程量　$77.02+0.34=77.36(m^2)$

（2）平屋面保温项目清单。

清单编号：011001001002；清单名称：保温隔热屋面；项目特征：①保温隔热材料品种、规格、厚度：挤塑保温板，30 mm厚；②防护材料种类、做法：20 mm厚1：3水泥砂浆，有分格缝。

清单工程量　$2.00\times(10.80+0.24)-0.72\times0.72=21.56(m^2)$

2. 列出图6.10.1中外墙保温工程量清单，并计算清单工程量。

清单编号：011001003001；清单名称：保温隔热墙面；项目特征：①保温隔热部位：外墙；②保温隔热方式：外保温；③保温隔热材料品种、规格及厚度：Ⅱ型水泥发泡板，25 mm厚；④增强网及抗裂防水砂浆种类：界面剂一道，8 mm厚抗裂砂浆，内设耐碱玻纤网格布一道；⑤粘结材料种类及做法：专用粘结剂粘贴，专用锚固件固定。

清单计算规则同定额工程量计算规则，清单工程量同定额工程量　66.26 m²

图纸中的防水砂浆找平层按附录M相应清单另行立项，此处从略。

【例6.10.4】　列出图6.10.1中防腐工程工程量清单，并计算其工程量。

【解】

1. 仓库内墙面防腐砂浆项目。

清单编号：011002002001；清单名称：防腐砂浆面层；项目特征：①防腐部位：内墙面；②面层厚度：20 mm；③砂浆、胶泥种类、配合比：钠水玻璃耐酸砂浆1：0.17：1.1：1.26。

清单计算规则同定额工程量计算规则，清单工程量同定额工程量　38.35 m²

2. 车间地面铸石板清单项目。

清单编号：011002006001；清单名称：块料防腐面层；项目特征：①防腐部位：地面；②块料品种、规格：300 mm×200 mm×20 mm铸石板；③粘结材料种类：钠水玻璃耐酸胶泥1：0.18：1.2：1.1；④勾缝材料种类：钠水玻璃耐酸胶泥1：0.15：0.5：0.5。

车间面积　$(6.00-0.24)\times(3.00-0.24)=15.90(m^2)$

扣设备基础　$1.00\times1.00=1.00(m^2)$

$S=15.90-1.00=14.90(m^2)$

3. 仓库地面瓷砖清单项目。

清单编号：011002006002；清单名称：块料防腐面层；项目特征：①防腐部位：地面；②块料品种、规格：230 mm×113 mm×65 mm瓷砖；③粘结材料种类：钠水玻璃耐酸胶泥1：0.18：1.2：1.1；④勾缝材料种类：钠水玻璃耐酸胶泥1：0.15：0.5：0.5。

仓库地面瓷砖面积　$(6.00-0.24)\times(2.40-0.24)=12.44(m^2)$

4. 车间内墙面瓷板清单项目。

清单编号：011002006003；清单名称：块料防腐面层；项目特征：①防腐部位：内墙面；②块料品种、规格：150 mm×150 mm×20 mm瓷板；③粘结材料种类：钠水玻璃耐酸胶泥1：0.18：1.2：1.1；④勾缝材料种类：钠水玻璃耐酸胶泥1：0.15：0.5：0.5。

清单计算规则同定额工程量计算规则，清单工程量同定额工程量　41.55 m²

5. 仓库铸石板踢脚线清单项目。

清单编号:011002006004;清单名称:块料防腐面层;项目特征:①防腐部位:踢脚线;②块料品种、规格:300 mm×200 mm×20 mm 铸石板;③粘结材料种类:钠水玻璃耐酸胶泥1:0.18:1.2:1.1;④勾缝材料种类:钠水玻璃耐酸胶泥1:0.15:0.5:0.5。

清单计算规则同定额工程量计算规则,清单工程量同定额工程量　2.99 m²

6. 仓库内墙防腐涂料清单项目。

清单编号:011003003001;清单名称:防腐涂料;项目特征:①涂刷部位:内墙面;②基层材料类型:防腐砂浆抹灰面;③涂料品种、刷涂遍数:过氯乙烯底漆一遍、中间漆一遍、面漆一遍。

清单计算规则同定额工程量计算规则,清单工程量同定额工程量　38.35 m²

将例 6.10.3 和例 6.10.4 中的保温、隔热、防腐工程的工程量清单按 2013 年计算规范的格式列于表 6.10.1 中。

表 6.10.1　分部分项工程和单价措施项目清单与计价表

序号	项目编码	项目名称	项目特征描述	计量单位	工程量	金额(元)		
						综合单价	合价	其中暂估价
			0110 保温、隔热、防腐工程					
1	011001001001	保温隔热屋面	1. 保温隔热材料品种、规格、厚度:挤塑保温板,30 mm 厚 2. 粘结材料种类、做法:干铺 3. 防护材料种类、做法:25 mm 厚1:2.5水泥砂浆,有分格缝	m²	77.36			
2	011001001002	保温隔热屋面	1. 保温隔热材料品种、规格、厚度:挤塑保温板,30 mm 厚 2. 粘结材料种类、做法:干铺 3. 防护材料种类、做法:20 mm 厚1:3水泥砂浆,有分格缝	m²	21.56			
3	011001003001	保温隔热墙面	1. 保温隔热部位:外墙 2. 保温隔热方式:外保温 3. 保温隔热材料品种、规格及厚度:Ⅱ型水泥发泡板,25 mm 厚 4. 增强网及抗裂防水砂浆种类:界面剂一道,8 mm 厚抗裂砂浆,内设耐碱玻纤网格布一道 5. 粘结材料种类及做法:专用粘结剂粘贴,专用锚固件固定	m²	66.26			
4	011002002001	防腐砂浆面层	1. 防腐部位:内墙面 2. 面层厚度:20 mm 3. 砂浆、胶泥种类、配合比:钠水玻璃耐酸砂浆,1:0.17:1.1:1.26	m²	38.35			
5	011002006001	块料防腐面层	1. 防腐部位:地面 2. 块料品种、规格:300 mm×200 mm×20 mm 铸石板 3. 粘结材料种类:钠水玻璃耐酸胶泥1:0.18:1.2:1.1 4. 勾缝材料种类:钠水玻璃耐酸胶泥1:0.15:0.5:0.5	m²	14.90			

（续 表）

| 序号 | 项目编码 | 项目名称 | 项目特征描述 | 计量单位 | 工程量 | 金额（元） | | |
						综合单价	合价	其中 暂估价
6	011002006002	块料防腐面层	1. 防腐部位:地面 2. 块料品种、规格:230 mm×113 mm 　×65 mm 瓷砖 3. 粘结材料种类:钠水玻璃耐酸胶泥 　1:0.18:1.2:1.1 4. 勾缝材料种类:钠水玻璃耐酸胶泥 　1:0.15:0.5:0.5	m²	12.44			
7	011002006003	块料防腐面层	1. 防腐部位:内墙面 2. 块料品种、规格:150 mm×150 mm 　×20 mm 瓷板 3. 粘结材料种类:钠水玻璃耐酸胶泥 　1:0.18:1.2:1.1 4. 勾缝材料种类:钠水玻璃耐酸胶泥 　1:0.15:0.5:0.5	m²	41.55			
8	011002006004	块料防腐面层	1. 防腐部位:踢脚线 2. 块料品种、规格:300 mm×200 mm 　×20 mm 铸石板 3. 粘结材料种类:钠水玻璃耐酸胶泥 　1:0.18:1.2:1.1 4. 勾缝材料种类:钠水玻璃耐酸胶泥 　1:0.15:0.5:0.5	m²	2.99			
9	011003003001	防腐涂料	1. 涂刷部位:内墙面 2. 基层材料类型:防腐砂浆抹灰面 3. 涂料品种、刷涂遍数:过氯乙烯底漆 　一遍、中间漆一遍、面漆一遍	m²	38.35			

6.10.2 保温、隔热、防腐工程计价

6.10.2.1 保温、隔热、防腐工程定额计价

1）保温、隔热、防腐工程定额计价要点

（1）整体面层厚度、砌块料面层的规格、结合层厚度、灰缝宽度、各种胶泥、砂浆、混凝土的配合比,设计与定额不同时应换算,但人工、机械不变。

（2）块料面层以平面砌为准,立面砌时按平面砌的相应子目人工乘以系数 1.38,踢脚板人工乘以系数 1.56,块料乘以系数 1.01,其他不变。

（3）防腐卷材接缝附加层收头等工料,已计入定额中,不另行计算。

2）保温、隔热、防腐工程定额计价示例

【例 6.10.5】 利用计价定额对例 6.10.1中屋面保温和外墙保温项目的综合单价进行计算。已知条件:人工工资单价为一类工 86 元/工日,二类工 83 元/工日,三类工 79 元/工日;机械单价（含机械人工单价）按定额基价;材料价格:挤塑保温板价格为 800 元/m³,水泥发泡板价格为 600 元/m³,抗裂砂浆 860 元/t,其余价格均采用定额基价。按三类工程计价。

【解】

1. 坡屋面 25 mm 厚挤塑保温板计价

查定额,套用定额 11-15,屋面、楼地面保温隔热聚苯乙烯挤塑板（厚 25 mm）。

人工费　二类工,定额含量 0.8 工日　0.80×83＝66.40(元)

材料费　XPS 聚苯乙烯挤塑板　0.26×800＝208.00(元)

机械费　0.00 元

管理费　(人工费＋机械费)×管理费率＝(66.40＋0.00)×25%＝16.60(元)

利润　(人工费＋机械费)×利润率＝(66.40＋0.00)×12%＝7.97(元)

定额单价＝人工费＋材料费＋机械费＋管理费＋利润＝66.40＋208.00＋0.00＋16.60＋7.97＝298.97(元)

定额合价＝定额单价×定额工程量＝298.97×(77.36/10)＝2 312.83(元)

2. 25 mm 厚水泥发泡板外墙保温计价

根据设计分层做法,本项目外墙保温做法与定额 11-38 外墙外保温聚苯乙烯挤塑板厚度 25 mm 砖墙面中的施工工艺和工作内容相同,只是要将定额中的材料 25 mm 厚聚苯乙烯挤塑板换成 25 mm 厚水泥发泡板,将定额中的聚合物砂浆换算成抗裂砂浆。

按定额单价分析表法计算的含所有人材机组成情况的定额单价见表 6.10.2 所示。

表 6.10.2　水泥发泡板定额综合单价分析表

定额编号				11-38 换	
项目		单位	单价	外墙外保温水泥发泡板厚度 25 mm	
				数量	合计
综合单价(元)					953.18
其中	人工费				249.00
	材料费				600.80
	机械费				8.21
	管理费(25%)				64.30
	利润(12%)				30.87
人工	000020	二类工	工日	83.00	3.00	249.00
材料	02110301～1	Ⅱ型水泥发泡板	m³	800.00	0.26	208.00
	8230121	耐碱玻璃纤维网格布	m²	2.50	13.00	32.50
	12330309	专用界面剂	kg	21.60	0.80	17.28
	12410121	专用粘结剂	kg	3.20	36.00	115.20
	4030105	抗裂砂浆	kg	0.86	134.64	115.79
	3510911	塑料保温螺钉	套	1.70	60.00	102.00
	3633307	合金钢钻头 φ20	根	15.20	0.66	10.03
机械	31130537	其他机械费	元	1.00	1.95	1.95
	99192305	电锤功率 520 W	台班	8.34	0.75	6.26

注: 表格人工行单价列 83.00 与数量 3.00、合计 249.00 对应(材料 m² 等各列对齐)。

定额合价＝定额单价×定额工程量＝953.18×(66.26/10)＝6 315.77(元)

【例 6.10.6】　利用计价定额对例 6.10.2 中的车间铸石板、墙面瓷板和仓库部分的踢脚板进行计价。本例中 300 mm×200 mm×20 mm 铸石板材料价格按 1 000 元/百块计价,150 mm×150 mm×20 mm 瓷板市场价按 200 元/百块计算;二类人工按 83.00 元/工日,其余价格均按计价表中的基价列入,按三类工程计取综合间接费和利润。

【解】

1. 车间铸石板地面计价。套用计价定额中 11-131 平面砌块料面层钠水玻璃胶泥铸石板 300 mm×200 mm×20 mm 子目。设计中块料面层规格、结合层材料及厚度与计价定额中相同,无需进行换算,仅将材料价格作调整即可。其综合单价组成见表 6.10.3。

表 6.10.3　车间铸石板地面定额综合单价分析表

定额编号				11-131	
项目		单位	单价	平面砌块料面层钠水玻璃胶泥 铸石板 300 mm×200 mm×20 mm	
				数量	合计
综合单价(元)				2 948.54	
其中	人工费			791.82	
	材料费			1 851.96	
	机械费			8.60	
	管理费(25%)			200.11	
	利润(12%)			96.05	
人工	000020	二类工	工日	83.00	9.54	791.82
材料	80150923	钠水玻璃耐酸胶泥 1∶0.18∶1.2∶1.1	m³	1 636.55	0.07	114.56
	80150705	钠水玻璃稀胶泥 1∶0.15∶0.5∶0.5	m³	1 646.70	0.021	34.58
	7030307	铸石板	百块	1 000.00	1.70	1 700.00
	31150101	水	m³	4.70	0.60	2.82
机械	99450303	轴流通风机功率 7.5 kW	台班	42.98	0.2	8.60

2. 车间内墙面贴瓷板计价。套用计价定额中 11-125 子目,但计价定额 11-128 为平面贴,本例为立面贴,根据定额说明,人工按定额含量×1.38,瓷板按定额含量×1.01,调整后人工和瓷板含量为:

调后人工工日　10.44×1.38＝14.407(工日)

调后瓷板含量　4.31×1.01＝4.353(百块)

其综合价组成见表 6.10.4。

表 6.10.4　车间内墙面贴瓷板定额综合单价分析表

定额编号				11-125 换	
项目		单位	单价	平面砌块料面层钠水玻璃胶泥 瓷板 150 mm×150 mm×20 mm	
				数量	合计
综合单价(元)				2 678.64	
其中	人工费			1 195.78	
	材料费			1 028.63	
	机械费			8.60	
	管理费(25%)			301.10	
	利润(12%)			144.53	

（续　表）

定额编号				11-125 换	
项目		单位	单价	平面砌块料面层钠水玻璃胶泥瓷板 150 mm×150 mm×20 mm	
				数量	合计
人工	000020 二类工	工日	83.00	14.407	1 195.78
材料	80150923 钠水玻璃耐酸胶泥 1∶0.18∶1.2∶1.1	m³	1 636.55	0.074	121.10
	80150705 钠水玻璃稀胶泥 1∶0.15∶0.5∶0.5	m³	1 646.70	0.021	34.58
	24150307 瓷板 150 mm×150 mm×20 mm	百块	200.00	4.353	870.60
	31150101 水	m³	4.70	0.50	2.35
机械	99450303 轴流通风机功率 7.5 kW	台班	42.98	0.2	8.60

3. 仓库贴铸石踢脚板计价。套用计价定额中 11-131 子目,但计价定额 11-131 为平面贴,本例为贴踢脚板,根据定额说明,人工按计价定额含量×1.56,瓷板按定额含量×1.01,调整后人工和瓷板含量为:

调后人工工日　9.54×1.56＝14.882(工日)

调后铸石板含量　1.7×1.01＝1.717(百块)

其综合价组成见表 6.10.5。

表 6.10.5　仓库贴铸石踢脚板定额综合单价分析表

定额编号				11-131 换	
项目		单位	单价	平面砌块料面层钠水玻璃胶泥铸石板 300 mm×200 mm×20 mm	
				数量	合计
综合单价(元)					3 572.98
其中	人工费				1 235.21
	材料费				1 868.96
	机械费				8.60
	管理费(25%)				310.95
	利润(12%)				149.26
人工	000020 二类工	工日	83.00	14.882	1 235.21
材料	80150923 钠水玻璃耐酸胶泥 1∶0.18∶1.2∶1.1	m³	1 636.55	0.070	114.56
	80150705 钠水玻璃稀胶泥 1∶0.15∶0.5∶0.5	m³	1 646.70	0.021	34.58
	7030307 铸石板 300 mm×200 mm×20 mm	百块	1 000.00	1.717	1 717.00
	31150101 水	m³	4.70	0.60	2.82
机械	99450303 轴流通风机功率 7.5 kW	台班	42.98	0.20	8.60

6.10.2.2 保温、隔热、防腐工程清单计价

【例 6.10.7】 根据例 6.10.3 和例 6.10.4 中列出的保温、隔热、防腐工程量清单,计算并列出分部分项工程量清单计价表、分部分项工程量清单综合单价分析表。

【解】

本题根据例 6.10.3 和例 6.10.4 的计算结果和表 6.10.1 列出的工程量清单的内容,以及例 6.10.5、例 6.10.6 的定额计价结果,直接采用工程量清单计价软件进行计算。本例采用新点智慧清单计价软件 V10.1.2 版进行计算分析。

软件输出的"分部分项工程和单价措施项目清单与计价表"见表 6.10.6,"工程量清单综合单价分析表"见表 6.10.7。

表 6.10.6 分部分项工程和单价措施项目清单与计价表(含计价定额组价明细组成)

序号	项目编码	项目名称	项目特征描述	计量单位	工程量	综合单价	合价	其中暂估价
			0110 保温、隔热、防腐工程					
1	011001001001	保温隔热屋面	1. 保温隔热材料品种、规格、厚度:挤塑保温板,30 mm 厚 2. 粘结材料种类、做法:干铺 3. 防护材料种类、做法:25 mm 厚 1∶2.5 水泥砂浆,有分格缝	m²	77.36	50.66	3 919.06	
	11-15		屋面、楼地面保温隔热聚苯乙烯挤塑板(厚 25 mm)	10 m²	7.736	298.97	2 312.83	
	10-72 换		屋面找平层 1∶2.5 水泥砂浆有分格缝 20 mm 厚	10 m²	7.736	172.42	1 333.84	
	10-73 换		屋面找平层 1∶2.5 水泥砂浆有分格缝每增(减)5 mm	10 m²	7.736	35.17	272.08	
2	011001001002	保温隔热屋面	1. 保温隔热材料品种、规格、厚度:挤塑保温板,30 mm 厚 2. 粘结材料种类、做法:干铺 3. 防护材料种类、做法:20 mm 厚 1∶3 水泥砂浆,有分格缝	m²	21.56	46.63	1 005.34	
	11-15		屋面、楼地面保温隔热聚苯乙烯挤塑板(厚 25 mm)	10 m²	2.156	298.97	644.58	
	10-72		屋面找平层 1∶3 水泥砂浆有分格缝 20 mm 厚	10 m²	2.156	167.29	360.68	
3	011001003001	保温隔热墙面	1. 保温隔热部位:外墙 2. 保温隔热方式:外保温 3. 保温隔热材料品种、规格及厚度:Ⅱ型水泥发泡板,25 mm 厚 4. 增强网及抗裂防水砂浆种类:界面剂一道,8 mm 厚抗裂砂浆,内设耐碱玻纤网格布一道 5. 粘结材料种类及做法:专用粘结剂粘贴,专用锚固件固定	m²	66.26	95.32	6 315.90	
	11-38 换		外墙外保温Ⅱ型水泥发泡板厚度 25 mm 砖墙面	10 m²	6.626	953.18	6 315.77	
4	011002002001	防腐砂浆面层	1. 防腐部位:内墙面 2. 面层厚度:20 mm 3. 砂浆、胶泥种类、配合比:1∶0.17∶1.1∶1.26	m²	38.35	62.58	2 399.94	

（续　表）

序号	项目编码	项目名称	项目特征描述	计量单位	工程量	综合单价	合价	暂估价
	11-52		钠水玻璃耐酸砂浆厚 20 mm	10 m²	3.835	625.75	2 399.75	
5	011002006001	块料防腐面层	1. 防腐部位：地面 2. 块料品种、规格：300 mm×200 mm×20 mm铸石板 3. 粘结材料种类：钠水玻璃耐酸胶泥 1：0.18：1.2：1.1 4. 勾缝材料种类：钠水玻璃耐酸胶泥 1：0.15：0.5：0.5	m²	15.55	294.85	4 584.92	
	11-131		平面砌块料面层钠水玻璃胶泥铸石板 300 mm×200 mm×20 mm	10 m²	1.555	2 948.54	4 584.98	
6	011002006002	块料防腐面层	1. 防腐部位：地面 2. 块料品种、规格：230 mm×113 mm×65 mm瓷砖 3. 粘结材料种类：钠水玻璃耐酸胶泥 1：0.18：1.2：1.1 4. 勾缝材料种类：钠水玻璃耐酸胶泥 1：0.15：0.5：0.5	m²	12.44	315.64	3 926.56	
	11-123		平面砌块料面层钠水玻璃胶泥瓷砖 230 mm×113 mm×65 mm	10 m²	1.244	3 156.40	3 926.56	
7	011002006003	块料防腐面层	1. 防腐部位：内墙面 2. 块料品种、规格：150 mm×150 mm×20 mm瓷板 3. 粘结材料种类：钠水玻璃耐酸胶泥 1：0.18：1.2：1.1 4. 勾缝材料种类：钠水玻璃耐酸胶泥 1：0.15：0.5：0.5	m²	41.55	267.86	11 129.58	
	11-125 换		平面砌块料面层钠水玻璃胶泥瓷板 150 mm×150 mm×20 mm	10 m²	4.155	2 678.64	11 129.75	
8	011002006004	块料防腐面层	1. 防腐部位：踢脚线 2. 块料品种、规格：300 mm×200 mm×20 mm铸石板 3. 粘结材料种类：钠水玻璃耐酸胶泥 1：0.18：1.2：1.1 4. 勾缝材料种类：钠水玻璃耐酸胶泥 1：0.15：0.5：0.5	m²	2.99	357.30	1 068.33	
	11-131 换		平面砌块料面层钠水玻璃胶泥铸石板 300 mm×200 mm×20 mm	10 m²	0.299	3 572.98	1 068.32	
9	011003003001	防腐涂料	1. 涂刷部位：内墙面 2. 基层材料类型：防腐砂浆抹灰面 3. 涂料品种、刷涂遍数：过氯乙烯底漆一遍、中间漆一遍、面漆一遍。	m²	38.350	24.54	941.11	
	11-184		耐酸防腐涂料过氯乙烯漆抹灰面底漆一遍	10 m²	3.835	68.46	262.54	
	11-185		耐酸防腐涂料过氯乙烯漆抹灰面中间漆一遍	10 m²	3.835	122.83	471.05	
	11-186		耐酸防腐涂料过氯乙烯漆抹灰面面漆一遍	10 m²	3.835	54.12	207.55	

表6.10.7 工程量清单综合单价分析表(部分清单)

| 项目编码 | 011001001001 | 项目名称 | 保温隔热屋面 | 计量单位 | m² | 工程量 | | 77.36 | | |

清单综合单价组成明细

定额编号	定额项目名称	定额单位	数量	单价					合价				
				人工费	材料费	机械费	管理费	利润	人工费	材料费	机械费	管理费	利润
11-15	屋面、楼地面保温隔热聚苯乙烯挤塑板(厚25mm)	10m²	0.1	66.4	208		16.6	7.97	6.64	20.80		1.66	0.80
10-72	屋面找平层1:2.5水泥砂浆有分格缝20mm厚	10m²	0.1	66.4	74.72	4.91	17.83	8.56	6.64	7.47	0.49	1.78	0.86
10-73	屋面找平层1:2.5水泥砂浆有分格缝每增(减)5mm	10m²	0.1	11.62	17.57	1.23	3.21	1.54	1.16	1.76	0.12	0.32	0.15
综合人工工日			小计						14.44	30.03	0.61	3.76	1.81
0.17工日			未计价材料费										
			清单项目综合单价							50.66			

	主要材料名称、规格、型号	单位	数量	单价(元)	合价(元)	暂估单价(元)	暂估合价(元)
材料费明细	APP高强嵌缝青	kg	0.282	8.8	2.48		
	周转木材	m³		1850		—	—
	铁钉	kg	0.003	4.2	0.01		
	水	m³	0.01359	4.7	0.06		
	XPS聚苯乙烯挤塑板	m³	0.026	800	20.8		
	水泥32.5级	kg	12.397	0.31	3.84		
	中砂	t	0.040758	69.37	2.83		
	其他材料费			—	0.01	—	
	材料费小计			—	30.03	—	

（续　表）

项目编码	011001001001	项目名称	保温隔热屋面	计量单位	m²	工程量		

清单综合单价组成明细

定额编号	定额项目名称	定额单位	数量	单价					合价				
				人工费	材料费	机械费	管理费	利润	人工费	材料费	机械费	管理费	利润
11-38	外墙外保温Ⅱ型水泥发泡板厚度25 mm砖墙面	10 m²	0.1	249	600.8	8.21	64.3	30.87	24.9	60.08	0.82	6.43	3.09
综合人工工日	0.30 工日	小计							24.9	60.08	0.82	6.43	3.09
		未计价材料费											
		清单项目综合单价							66.26				
									95.32				

材料费明细	主要材料名称、规格、型号	单位	数量	单价(元)	合价(元)	暂估单价(元)	暂估合价(元)
	Ⅱ型水泥发泡板	m³	0.026	800	20.80		
	耐碱玻璃纤维网格布	m²	1.3	2.5	3.25		
	专用界面剂	kg	0.08	21.6	1.73		
	专用粘结剂	kg	3.6	3.2	11.52		
	抗裂砂浆	kg	13.464	0.86	11.58		
	塑料保温螺钉	套	6	1.7	10.20		
	合金钢钻头 φ20	根	0.066	15.2	1.00		
	其他材料费			—	—		—
	材料费小计			—	60.08		—

（续　表）

项目编码	011002002001	项目名称	防腐砂浆面层	计量单位	m²	工程量	38.35

清单综合单价组成明细

定额编号	定额项目名称	定额单位	数量	单价					合价				
				人工费	材料费	机械费	管理费	利润	人工费	材料费	机械费	管理费	利润
11-52	钠水玻璃耐酸砂浆厚 20 mm	10 m²	0.1	253.15	278.93	—	63.29	30.38	25.32	27.89	—	6.33	3.04
综合人工工日				小计					25.32	27.89	—	6.33	3.04
0.31工日				未计价材料费									

清单项目综合单价　62.58

材料费明细	主要材料名称、规格、型号	单位	数量	单价（元）	合价（元）	暂估单价（元）	暂估合价（元）
	石英粉	kg	10.217 6	0.35	3.58		
	石英砂	t	0.021 856	180	3.93		
	水玻璃 1.38～1.48	kg	10.235 5	0.85	8.70		
	氟硅酸钠	kg	1.701 7	2.8	4.76		
	铸石粉	t	0.009 369	712.5	6.68		
	其他材料费			—	0.24		
	材料费小计			—	27.89		

（续　表）

项目编码	011002006002	项目名称	块料防腐面层		计量单位	m²	工程量			12.44	

清单综合单价组成明细

定额编号	定额项目名称	定额单位	数量	单价					合价				
				人工费	材料费	机械费	管理费	利润	人工费	材料费	机械费	管理费	利润
11-123	平面砌块料面层层钠水玻璃胶泥瓷砖 230 mm×113 mm×65 mm	10 m²	0.1	844.11	1 988.18	8.60	213.18	102.33	84.41	198.82	0.86	21.32	10.23
综合人工工日			小计						84.41	198.82	0.86	21.32	10.23
1.02 工日			未计价材料费										
	清单项目综合单价											315.64	

材料费明细	主要材料名称、规格、型号	单位	数量	单价（元）	合价（元）	暂估单价（元）	暂估合价（元）
	瓷砖 230 mm×113 mm×65 mm	百块	0.373	480	179.04		
	水	m³	0.06	4.7	0.28		
	石英粉	kg	8.512	0.35	2.98		
	水玻璃 1.38～1.48	kg	8.145 9	0.85	6.92		
	氟硅酸钠	kg	1.414 7	2.8	3.96		
	铸石粉	t	0.007 904	712.5	5.63		
				—	0.01	—	
	其他材料费			—		—	
	材料费小计			—	198.82		

6.11 楼地面装饰工程计量与计价

6.11.1 楼地面装饰工程计量

6.11.1.1 楼地面装饰工程定额计量

1) 楼地面装饰工程定额计量计算要点

(1) 整体面层、找平层均按主墙间净空面积以平方米计算,应扣除凸出地面建筑物、设备基础、地沟等所占面积,不扣柱、垛、间壁墙、附墙烟囱及面积在 0.3 m² 以内的孔洞所占面积,但门窗、空调、暖气包槽、壁龛的开口部分亦不增加。

(2) 地板及块料面层,按图示尺寸实铺面积以平方米计算,应扣除凸出地面建筑物、设备基础、间壁墙等不做面层的部分,0.3 m² 以内的孔洞面积不扣除。门窗、空调、暖气包槽、壁龛的开口部分的工程量另增并入相应的面层内计算。

(3) 楼梯整体面层按楼梯的水平投影面积以平方米计算,包括踏步、踢脚板、中间休息平台、踢脚线、梯板侧面及堵头。楼梯井宽在 200 mm 以内者不扣除,超过 200 mm 者,应扣除其面积,楼梯间与走廊连接的,应算至楼梯梁的外侧。

(4) 楼梯块料面层按展开实铺面积以平方米计算,踏步板、踏脚板、休息平台、踢脚线堵头工程量应合并计算。

(5) 水泥砂浆、水磨石踢脚线按延长米计算,其洞口、门口长度不予扣除,但洞口、门口、垛、附墙烟囱等侧壁不增加;块料面层踢脚线按图示尺寸以实贴延长米计算,门洞扣除,侧壁另加。

2) 楼地面装饰工程定额计量计算示例

【例 6.11.1】 某工程的楼面做法见图 6.11.1,计算图中地砖及细石混凝土楼面的定额工程量以及踢脚线定额工程量。

【解】

1. 计算厨房、卫生间地砖楼面工程量。

$(4-0.12\times2)\times(3.9-0.12\times2)+(3.2-0.12\times2)\times(2.7-0.12\times2)=21.04(\text{m}^2)$

2. 计算客厅、卧室地砖楼面工程量。

$(5.8-0.12)\times(6-0.12\times2)+(4+0.12-0.12)\times(4.8-0.12\times2)+0.5\times(1.44+2.4)\times0.6+(2.6-0.12\times2)\times(0.8+2.7+0.12)+0.5\times(2.36+1.2)\times0.58+(4-0.12\times2)\times(3.9-0.12\times2)-2.2\times0.5+(0.9\times3+1.8+1.5)\times0.24=75.79(\text{m}^2)$

3. 计算楼梯地砖工程量

平面面积

$(2.7+2.9)\times1.12+(2.6-0.12\times2)\times0.72+0.5\times(2.36+1.2)\times0.58=9.00(\text{m}^2)$

竖向面积 $1.12\times3.5=3.92(\text{m}^2)$

踢脚线部分 $(0.72\times2+0.82\times2+1.2)\times0.15+(0.5\times0.27\times0.159\times11\times2)+(2.7\times1.18\times2)\times0.15=2.07(\text{m}^2)$

合计 $9.00+3.92+2.07=14.99(\text{m}^2)$

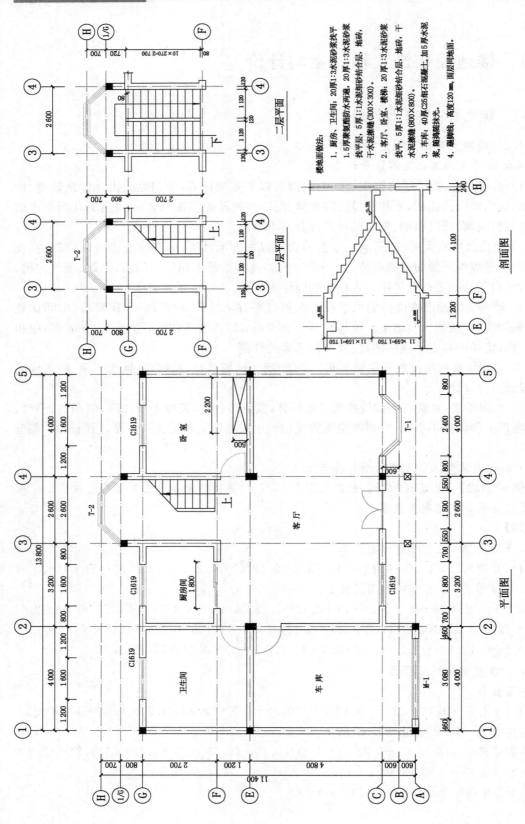

图 6.11.1

4. 计算车库细石混凝土楼面工程量

$(4-0.12×2)×(6-0.12×2)=21.66(m^2)$

5. 计算车库水泥砂浆踢脚线工程量

$(0.6+0.6+4.8-0.12×2)×2+(4-0.12×2)×2=19.04(m)$

6. 计算卧室及客厅地砖踢脚线工程量

$(3.2+2.6+4-0.12×2)×2+(4.8+1.2+2.7+0.8-0.12)×2+0.12×2+(0.82×2+1.2-2.36)+(0.85-0.6)×2-(1.5+1.8+0.9×3)+0.24×2+0.12×2×4+(4-0.12×2+2.7+1.2-0.12×2)×2-(0.9+0.5+2.2)+0.12×2=46.02(m)$

6.11.1.2　楼地面装饰工程清单计量

1) 楼地面装饰工程清单计量计算要点

(1) 整体面层工程量按设计图示尺寸以面积计算,扣除凸出地面构筑物、设备基础、室内铁道、地沟等所占面积,不扣除间壁墙和 $0.3~m^2$ 以内的柱、垛、附墙烟囱及孔洞所占面积,门洞、空圈、暖气包槽、壁龛的开口部分不增加面积。

(2) 块料面层工程量按设计图示尺寸以面积计算,扣除凸出地面构筑物、设备基础、室内铁道、地沟等所占面积,不扣除间壁墙和 $0.3~m^2$ 以内的柱、垛、附墙烟囱及孔洞所占面积,门洞、空圈、暖气包槽、壁龛的开口部分不增加面积。

(3) 楼梯装饰工程量按设计图示尺寸以楼梯(包括踏步、休息平台及 500 mm 以内的楼梯井)水平投影面积计算;楼梯与楼地面相连时,算至梯口梁内侧边沿;无梯口梁者,算至最上一层踏步边沿加 300 mm。

(4) 踢脚线以平方米计量,按设计图示长度乘高度以面积计算或以米计量,按延长米计算。

2) 楼地面装饰工程清单计量计算示例

【例 6.11.2】　某工程的楼面做法见图 6.11.1,计算图中地砖、细石混凝土楼面以及踢脚线清单工程量,并列出相应的清单,对其进行项目特征描述。

【解】

1. 列出厨房、卫生间地砖楼面工程量清单并计算工程量。

清单编号:011102003001;清单名称:块料楼地面;项目特征:①找平层厚度、砂浆配合比:20 mm 厚 1:3 水泥砂浆找平层;②结合层厚度、砂浆配合比:5 mm 厚 1:1 水泥细砂结合层;③面层材料品种、规格、颜色:300 mm×300 mm 防滑地砖;④嵌缝材料种类:素水泥浆擦缝。

清单工程量　$(4-0.12×2)×(3.9-0.12×2)+(3.2-0.12×2)×(2.7-0.12×2)=21.04(m^2)$

2. 列出客厅、卧室地砖楼面工程量清单并计算工程量。

清单编号:011102003002;清单名称:块料楼地面;项目特征:①找平层厚度、砂浆配合比:20 mm 厚 1:3 水泥砂浆找平层;②结合层厚度、砂浆配合比:5 mm 厚 1:1 水泥细砂结合层;③面层材料品种、规格、颜色:800 mm×800 mm 地砖;④嵌缝材料种类:素水泥浆擦缝。

清单工程量　$(5.8-0.12)×(6-0.12×2)+(4+0.12-0.12)×(4.8-0.12×2)+0.5×(1.44+2.4)×0.6+(2.6-0.12×2)×(0.8+2.7+0.12)+0.5×(2.36+1.2)×0.58+(4-0.12×2)×(3.9-0.12×2)-2.2×0.5+(0.9×3+1.8+1.5)×0.24=75.79(m^2)$

3. 列出楼梯地砖工程量清单并计算工程量。

清单编号:011106002001;清单名称:块料楼梯面层;项目特征:①找平层厚度、砂浆配合比:20 mm 厚 1:3 水泥砂浆找平层;②结合层厚度、砂浆配合比:5 mm 厚 1:1 水泥细砂结合层;③面层材料品种、规格、颜色:600 mm×600 mm 地砖;④勾缝材料种类:素水泥浆擦缝。

清单工程量 $(0.2+2.7+0.72)×2.36+0.5×(1.44+2.4)×0.6=9.70(m^2)$

4. 列出车库细石混凝土楼面工程量清单并计算工程量

清单编号:011101003001;清单名称:细石混凝土楼地面;项目特征:①面层厚度、混凝土强度等级:40 mm 厚 C25 细石混凝土,5 mm 厚 1:1 水泥浆随捣随抹。

清单工程量 $(4-0.12×2)×(6-0.12×2)=21.66(m^2)$

5. 列出车库水泥砂浆踢脚线工程量清单并计算工程量。

清单编号:011105001001;清单名称:水泥砂浆踢脚线;项目特征:①踢脚线高度:120 mm;②底层厚度、砂浆配合比:10 mm 厚 1:3 水泥砂浆打底;③面层厚度、砂浆配合比:8 mm 厚 1:2.5 水泥砂浆。

清单工程量 $(0.6+0.6+4.8-0.12×2)×2+(4-0.12×2)×2-3.08-0.9+0.24×2=15.54(m)$

6. 列出卧室、客厅地砖踢脚线工程量清单并计算工程量。

清单编号:011105003001;清单名称:块料踢脚线;项目特征:①踢脚线高度:120 mm;②粘贴层厚度、材料种类:12 mm 厚 1:3 水泥砂浆找底,5 mm 厚 1:1 水泥细砂结合层;③面层材料品种、规格、颜色:8 mm 厚地砖,素水泥浆擦缝。

清单工程量 $(3.2+2.6+4-0.12×2)×2+(4.8+1.2+2.7+0.8-0.12)×2+0.12×2+(0.82×2+1.2-2.36)+(0.85-0.6)×2-(1.5+1.8+0.9×3)+0.24×2-0.12×2×4+(4-0.12×2+2.7+1.2-0.12×2)×2-(0.9+0.5+2.2)+0.12×2=46.02(m)$

7. 根据清单计算规范格式列出楼地面装饰工程工程量清单见表 6.11.1(厨房、卫生间防水找平层及防水工程量计算及计价同本书 6.9 中相关介绍)。

6.11.2 楼地面装饰工程计价

6.11.2.1 楼地面装饰工程定额计价

1)楼地面装饰工程定额计价要点

熟悉图纸设计做法,了解楼地面做法的施工工艺,结合定额相关规定,选用合适的定额,并按照定额的注解进行必要的换算。

(1) 定额中各种混凝土、砂浆强度等级、抹灰厚度,设计与定额不同时,可以换算。

(2) 定额中踢脚线高度按 150 mm 编制,如设计高度不同时,整体面层不调整,块料面层按比例调整,其他不变。

2)楼地面装饰工程定额计价示例

【例 6.11.3】 根据图 6.11.1 与例 6.11.2 中计算出的工程量,按定额计价法进行计价。已知条件:人工工资单价为一类工 86 元/工日,二类工 83 元/工日,三类工 79 元/工日;机械单价(含机械人工单价)按定额基价;材料价格:300 mm×300 mm 地砖 80 元/m²,800 mm×800 mm 地砖 120 元/m²;其余价格均采用定额基价;按三类工程计价;施工方案:混凝土采用非泵送商品混凝土,砂浆采用现场自拌。

【解】

1. 厨房、卫生间地砖楼面计价

套用 13-83　楼地面单块 0.4 m² 以内地砖

人工费　一类工,定额含量 3.31 工日　3.31×86＝284.66(元)

材料费　定额材料费基价　588.83 元

地砖材料费调整　(市场价－定额价)×定额含量＝(80－50)×10.2＝306(元)

调整后的定额材料费　588.83＋306＝894.83(元)

机械费　同定额机械费基价　3.68 元

管理费　(人工费＋机械费)×管理费率＝(284.66＋3.68)×25%＝72.09(元)

利润　(人工费＋机械费)×利润率＝(284.66＋3.68)×12%＝34.60(元)

定额单价＝人工费＋材料费＋机械费＋管理费＋利润＝284.66＋894.83＋3.68＋72.09＋34.6＝1 289.86(元)

定额合价＝定额单价×定额工程量＝1 289.86×(21.04/10)＝2 713.86(元)

2. 客厅、卧室地砖楼面计价

表 6.11.1　分部分项工程和单价措施项目清单与计价表

序号	项目编码	项目名称	项目特征描述	计量单位	工程量	综合单价	合价	其中 暂估价
			0111 楼地面装饰工程					
1	011101003001	细石混凝土楼地面	1. 面层厚度、混凝土强度等级：40 mm 厚 C25 细石混凝土，5 mm 厚 1:1 水泥浆随捣随抹	m²	21.66			
2	011102003001	块料楼地面	1. 找平层厚度、砂浆配合比：20 mm 厚 1:3 水泥砂浆找平层 2. 结合层厚度、砂浆配合比：5 mm 厚 1:1 水泥细砂结合层 3. 面层材料品种、规格、颜色：8～10 mm 厚 300 mm×300 mm 防滑地砖 4. 嵌缝材料种类：素水泥浆擦缝	m²	21.04			
3	011102003002	块料楼地面	1. 找平层厚度、砂浆配合比：20 mm 厚 1:3 水泥砂浆找平层 2. 结合层厚度、砂浆配合比：5 mm 厚 1:1 水泥细砂结合层 3. 面层材料品种、规格、颜色：8～10 mm 厚 800 mm×800 mm 同质地砖 4. 嵌缝材料种类：素水泥浆擦缝	m²	75.79			
4	011106002001	块料楼梯面层	1. 找平层厚度、砂浆配合比：20 mm 厚 1:3 水泥砂浆找平层 2. 粘结层厚度、材料种类：5 mm 厚 1:1 水泥细砂结合层 3. 面层材料品种、规格、颜色：8～10 mm 厚 800 mm×800 mm 防滑地砖 4. 勾缝材料种类：素水泥浆擦缝	m²	9.70			

序号	项目编码	项目名称	项目特征描述	计量单位	工程量	金额(元)		其中
						综合单价	合价	暂估价
5	011105001001	水泥砂浆踢脚线	1. 踢脚线高度：120 mm 2. 底层厚度、砂浆配合比：10 mm厚1：3水泥砂浆打底 3. 面层厚度、砂浆配合比：8 mm厚1：2.5水泥砂浆	m	15.54			
6	011105003001	块料踢脚线	1. 踢脚线高度：120 mm 2. 粘贴层厚度、材料种类：12 mm厚1：3水泥砂浆找底，5 mm厚1：1水泥细砂结合层 3. 面层材料品种、规格、颜色：8 mm厚地砖，素水泥浆擦缝	m	46.02			

套用13-85　楼地面单块0.4 m² 以外地砖

人工费　一类工,定额含量3.24工日　3.24×86＝278.64(元)

材料费　定额材料费基价　588.67元

地砖材料费调整　(市场价－定额价)×定额含量＝(120－50)×10.2＝714.00(元)

调整后的定额材料费　588.67＋714.00＝1 302.67(元)

机械费　同定额机械费基价　3.55元

管理费　(人工费＋机械费)×管理费率＝(278.64＋3.55)×25％＝70.55(元)

利润　(人工费＋机械费)×利润率＝(278.64＋3.55)×12％＝33.86(元)

定额单价＝人工费＋材料费＋机械费＋管理费＋利润＝278.64＋1 302.67＋3.55＋70.55＋33.86＝1 689.27(元)

定额合价＝定额单价×定额工程量＝1 689.27×(75.79/10)＝12 802.98(元)

3. 楼梯地砖计价

套用定额13-91　楼梯单块0.4 m² 以内地砖

人工费　一类工,定额含量8.58工日　8.58×86＝737.88(元)

材料费　定额材料费基价　632.31元

地砖材料费调整　(市场价－定额价)×定额含量＝(120－50)×10.98＝768.60元

调整后的定额材料费　632.31＋768.60＝1 400.91(元)

机械费　同定额机械费基价　14.39元

管理费　(人工费＋机械费)×管理费率＝(737.88＋14.39)×25％＝188.07(元)

利润　(人工费＋机械费)×利润率＝(737.88＋14.39)×12％＝90.27(元)

定额单价＝人工费＋材料费＋机械费＋管理费＋利润＝737.88＋1 400.91＋14.39＋188.07＋90.27＝2 431.52(元)

定额合价＝定额单价×定额工程量＝2 431.52×(14.99/10)＝3 644.85(元)

4. 车库细石混凝土楼面计价

套用定额 13-18　C20 细石混凝土找平层厚 40 mm

套用定额 13-26　加浆抹光随捣随抹厚 5 mm

人工费　查 13-18 二类工,定额含量 0.84 工日,定额中 C20 混凝土(自拌),调成非泵送商品混凝土,其人工扣减 0.34 工日,调整后人工含量为(0.84－0.34)＝0.5 工日。

查 13-26 二类工,定额含量 0.63 工日

人工费合计　(0.5＋0.63)×83＝93.79(元)

材料费　查 13-18 定额材料费基价 106.20(元)

定额中混凝土 C20(自拌)调整为 C25 非泵送商品混凝土,人工,调整后的定额材料费。

106.20＋(343－258.23)×0.404＝140.45(元)

查 13-26 定额材料费基价 17.52 元

材料费合计　140.45＋17.52＝157.97(元)

机械费　查 13-18 定额机械费基价 4.67(元),定额中 C20 混凝土(自拌),调成非泵送商品混凝土,混凝土搅拌机扣除,调整后定额机械费

4.67－3.92＝0.75(元)

查 13-26 定额机械费基价 1.23 元

机械费合计　0.75＋1.23＝1.98(元)

管理费　(人工费＋机械费)×管理费率＝(93.79＋1.98)×25%＝23.94(元)

利润　(人工费＋机械费)×利润率＝(93.79＋1.98)×12%＝11.49(元)

定额单价＝人工费＋材料费＋机械费＋管理费＋利润＝93.79＋157.97＋1.98＋23.94＋11.49＝289.17(元)

定额合价＝定额单价×定额工程量＝289.17×(21.66/10)＝626.34(元)

5. 水泥砂浆踢脚线计价

套用定额 13-27　水泥砂浆踢脚线

按上述同样方法计算出定额单价为 63.57 元。

定额合价＝定额单价×定额工程量＝63.57×(19.04/10)＝121.04(元)

6. 块料踢脚线计价

套用定额 13-95　同质地砖踢脚线水泥砂浆

人工费　一类工,定额含量 0.98 工日　0.98×86＝84.28(元)

材料费　定额材料费基价 89.69 元,踢脚线高度为 120 mm,而定额为 150 mm,同比例调整地砖含量:1.53×120÷150＝1.224,89.69－50×1.53＋50×1.224＝74.39(元)

地砖材料费调整　(市场价－定额价)×地砖含量＝(120－50)×1.224＝85.68(元)

调整后的定额材料费　74.39＋85.68＝160.07(元)

机械费　同定额机械费基价 1.14 元

管理费　(人工费＋机械费)×管理费率＝(84.28＋1.14)×25%＝21.36(元)

利润　(人工费＋机械费)×利润率＝(84.28＋1.14)×12%＝10.25(元)

定额单价＝人工费＋材料费＋机械费＋管理费＋利润＝84.28＋160.07＋1.14＋21.36＋10.25＝277.10(元)

定额合价＝定额单价×定额工程量＝277.10×(46.02/10)＝1 275.21(元)

7. 根据上述计算结果列出楼地面装饰工程分部分项工程费综合单价见表 6.11.2。

表 6.11.2　楼地面工程分部分项工程费综合单价

序号	定额编号	换	定额名称	单位	工程量	金额	
						综合单价	合价
1	13-83	换	楼地面单块 0.4 m² 以内地砖	10 m²	2.104	1 289.86	2 713.86
2	13-85	换	楼地面单块 0.4 m² 以外地砖	10 m²	7.579	1 689.27	12 802.98
3	13-91	换	楼梯单块 0.4 m² 以内地砖	10 m²	1.499	2 431.52	3 644.85
4	13-18		C25 细石混凝土找平层厚 40 mm	10 m²	2.166	198.33	429.58
5	13-26		加浆抹光随捣随抹厚 5 mm	10 m²	2.166	90.84	196.76
6	13-27		水泥砂浆踢脚线	10 m	1.904	63.57	121.04
7	13-95	换	同质地砖踢脚线水泥砂浆	10 m	4.602	277.10	1 275.21
			合计				21 184.28

6.11.2.2　楼地面装饰工程清单计价

1）楼地面装饰工程清单计价要点

根据清单计算规范中确定的楼地面装饰工程清单的工作内容,结合图纸设计的内容,对需计算的工程量,应合理地归入相应的清单中,并根据清单特征描述及设计要求选择合适的定额。楼地面中混凝土或其他材料的垫层、防水等应按照清单规范的要求,另列清单项目。下面对部分清单的工作内容和应包括的图纸工程内容进行说明。

（1）细石混凝土楼地面。工作内容为基层清理、抹找平层、面层铺设、材料运输。楼地面中设分格缝应包含在清单组价中;细石混凝土中如内配钢筋加强,其钢筋须按现浇构件钢筋另列清单组价。

（2）块料楼地面。工作内容为基层清理、抹找平层、面层铺设、磨边、嵌缝、刷防护材料、酸洗、打醋、材料运输。块料磨边、必须的切割应包含在组价中。

（3）水泥砂浆踢脚线。工作内容为基层清理、底层和面层抹灰、材料运输。

（4）块料踢脚线。工作内容为基层清理、底层抹灰、面层铺贴、磨边、擦缝、磨光酸洗、打蜡、刷防护材料、材料运输。

（5）块料楼梯面层。基层清理、抹找平层、面层铺贴、磨边、贴嵌防滑条、勾缝、刷防护材料、酸洗、打蜡、材料运输。踏步砖抽槽应包含在组价中。

2）楼地面装饰工程清单计价示例

【例 6.11.4】　根据图 6.11.1 中的设计做法与例 6.11.2 中列出的工程量清单及相应的工程量,按清单计价法进行计价。组价计价条件同例 6.11.3 中的定额计价条件。

【解】

细石混凝土楼地面计价。根据清单特征和工程内容,本项清单中包含的组价内容为细石混凝土浇筑、加浆抹光随捣随抹厚 5 mm 的造价。根据例 6.11.3 中定额计价结果,计算清单的综合单价和清单合价。

细石混凝土楼地面综合单价　（429.58＋196.76）/21.66＝28.92(元)

细石混凝土楼地面清单合价　28.92×21.66＝626.41(元)

同样方法,进行其他清单项目的综合单价和清单合价的计算。本例工程量清单计价及各清单项目下定额组价的详细情况见表 6.11.3。

表 6.11.3　楼地面装饰工程清单计价及组价内容明细表

序号	项目编码	项目名称	项目特征描述	计量单位	工程量	金额（元）		
						综合单价	合价	其中 暂估价
		0111 楼地面装饰工程						
1	011101003001	细石混凝土楼地面	1. 面层厚度、混凝土强度等级：40 mm 厚 C25 细石混凝土，5 mm 厚 1：1水泥浆随捣随抹	m²	21.66	28.92	626.41	
1.1	13-18	C25 细石混凝土找平层厚 40 mm		10 m²	2.166	198.33	429.58	
1.2	13-26	加浆抹光随捣随抹厚 5 mm		10 m²	2.166	90.84	196.76	
2	011102003001	块料楼地面	1. 找平层厚度、砂浆配合比：20 mm厚 1：3 水泥砂浆找平层 2. 结合层厚度、砂浆配合比：5 mm厚 1：1 水泥细砂结合层 3. 面层材料品种、规格、颜色：8～10 mm 厚 300 mm×300 mm 防滑地砖 4. 嵌缝材料种类：素水泥浆擦缝	m²	21.04	128.99	2 713.95	
2.1	13-83	楼地面单块 0.4 m² 以内地砖水泥砂浆		10 m²	2.104	1 289.86	2 713.86	
3	011102003002	块料楼地面	1. 找平层厚度、砂浆配合比：20 mm厚 1：3 水泥砂浆找平层 2. 结合层厚度、砂浆配合比：5 mm厚 1：1 水泥细砂结合层 3. 面层材料品种、规格、颜色：8～10 mm 厚 800 mm×800 mm 同质地砖 4. 嵌缝材料种类：素水泥浆擦缝	m²	75.79	168.93	12 803.20	
3.1	13-85	楼地面单块 0.4 m² 以外地砖水泥砂浆		m²	7.579	1 689.27	12 802.98	
4	011106002001	块料楼梯面层	1. 找平层厚度、砂浆配合比：20 mm厚 1：3 水泥砂浆找平层 2. 粘结层厚度、材料种类：5 mm厚 1：1 水泥细砂结合层 3. 面层材料品种、规格、颜色：8～10 mm 厚 800 mm×800 mm 防滑地砖 4. 勾缝材料种类：素水泥浆擦缝	m²	9.70	375.75	3 644.78	
4.1	13-91	楼梯单块 0.4 m² 以内水泥砂浆		10 m²	1.499	2 431.52	3 644.85	
5	011105001001	水泥砂浆踢脚线	1. 踢脚线高度：120 mm 2. 底层厚度、砂浆配合比：10 mm 厚 1：3水泥砂浆打底 3. 面层厚度、砂浆配合比：8 mm 厚 1：2.5水泥砂浆	m	15.54	7.79	121.06	
5.1	13-27	水泥砂浆踢脚线		10 m	1.904	63.57	121.04	
6	011105003001	块料踢脚线	1. 踢脚线高度：120 mm 2. 粘贴层厚度、材料种类：12 mm厚 1：3水泥砂浆找底，5 mm 厚 1：1 水泥细砂结合层 3. 面层材料品种、规格、颜色：8 mm厚地砖，素水泥浆擦缝	m	46.02	27.71	1 275.21	
6.1	13-95	同质地砖踢脚线水泥砂浆		10 m	4.602	277.10	1 275.21	
		分部小计					21 184.61	

6.12 墙、柱面装饰与隔断、幕墙工程计量与计价

6.12.1 墙、柱面装饰与隔断、幕墙工程计量

6.12.1.1 墙、柱面装饰与隔断、幕墙工程定额计量

1) 墙、柱面装饰与隔断、幕墙工程定额计量计算要点

(1) 内墙面抹灰面积应扣除门窗洞口和空圈所占的面积,不扣除踢脚线、挂镜线、0.3 m² 以内的孔洞和墙与构件交接处的面积;但其洞口侧壁和顶面抹灰亦不增加。垛的侧面抹灰面积应并入内墙面工程量内计算。内墙面抹灰长度,以主墙间的图示净长计算,其高度按实际抹灰高度确定,不扣除间壁所占的面积。

(2) 外墙面抹灰面积按外墙面的垂直投影面积计算,应扣除门窗洞口和空圈所占的面积,不扣除 0.3 m² 以内的孔洞面积。但门窗洞口、空圈的侧壁、顶面及垛等抹灰,应按结构展开面积并入墙面抹灰中计算。

(3) 内、外墙面、柱梁面、零星项目镶贴块料面层均按块料面层的建筑尺寸(各块料面层+粘贴砂浆厚度=25 mm)面积计算。门窗洞口面积扣除,侧壁、附垛贴面应并入墙面工程量中。内墙面腰线花砖按延长米计算。

(4) 窗台、腰线、门窗套、天沟、挑檐、盥洗槽、池脚等块料面层镶贴,均以建筑尺寸的展开面积(包括砂浆及块料面层厚度)按零星项目计算。

(5) 石材块料面板挂、贴均按面层的建筑尺寸(包括干挂空间、砂浆、板厚度)展开面积计算。

(6) 幕墙以框外围面积计算。幕墙与建筑顶端、两端的封边按图示尺寸以平方米计算,自然层的水平隔离与建筑物的连接按延长米计算(连接层包括上、下镀锌钢板在内)。幕墙上下设计有窗者,计算幕墙面积时,窗面积不扣除,但每 10 m² 窗面积另增加人工 5 工日,增加的窗料及五金按实计算(幕墙上铝合金窗不再另计算)。其中:全玻璃幕墙以结构外边按玻璃(带肋)展开面积计算,支座处隐藏部分玻璃合并计算。

2) 墙、柱面装饰与隔断、幕墙工程定额计量计算示例

【例 6.12.1】 一设备间平面图见图 6.12.1,该设备间层高 3.3 m,板厚 120 mm,墙面粉刷采用 12 mm 厚 1:2.5 水泥砂浆打底,8 mm 厚 1:3 水泥砂浆粉面,计算图中室内墙柱面抹灰定额工程量。

【解】

墙面抹灰定额工程量 $(6-0.3\times2)\times(3.3-0.12)\times4+(4-0.3\times2)\times(3.3-0.12)\times4-1.5\times2.1-1.8\times1.8\times2=102.31(m^2)$

附墙柱面抹灰定额工程量 $[(0.4\times2+0.6)\times4+0.4\times2\times4]\times(3.3-0.12)=27.98(m^2)$

独立柱抹面定额工程量 $0.6\times4\times(3.3-0.12)=7.63(m^2)$

【例 6.12.2】 一卫生间墙面装饰如图 6.12.2,做法为 12 mm 厚 1:3 水泥砂浆底层,5 mm厚素水泥砂浆结合层,5 mm 厚白色瓷砖,白水泥浆擦缝,计算该分项工程定额工程量。

【解】

腰线定额工程量 $(6+2.5)\times2-1.25-0.75=15(m)$

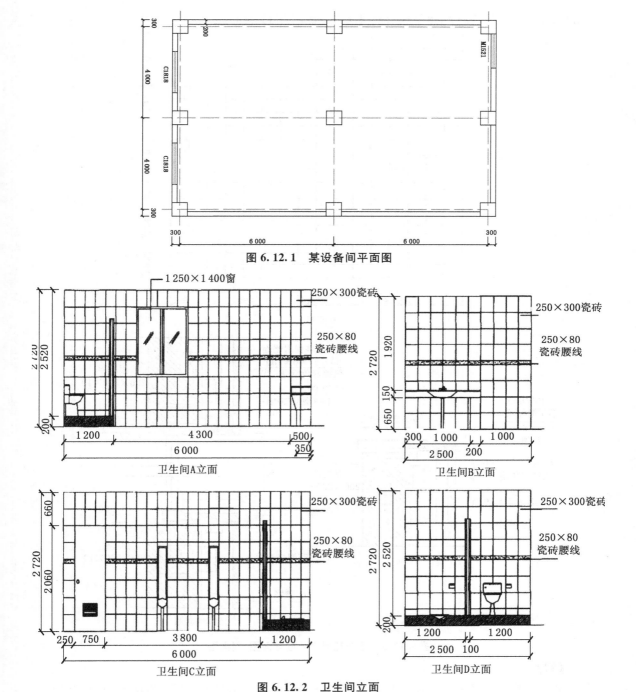

图 6.12.1 某设备间平面图

图 6.12.2 卫生间立面

瓷砖定额工程量：（2.50＋6.00）×2×2.72－0.75×2.06－1.25×1.40－（2.50＋1.20×2）×0.20－15×0.08＝40.77（m²）

【例 6.12.3】 某体育馆一外墙采用钢骨架上干挂花岗岩（28 mm 厚荔枝面黄绣石）勾缝，勾缝宽度为 6 mm，如图 6.12.3，计算该分项工程的定额工程量。（钢材单位重量：[8 槽钢为 8.04 kg/m，∟50×5 等边角钢为 3.77 kg/m，∟80×50×6×100 不等边角钢为

0.593 5 kg/块,共 222 块,预埋铁件为 4.4 kg/块,共 111 块)

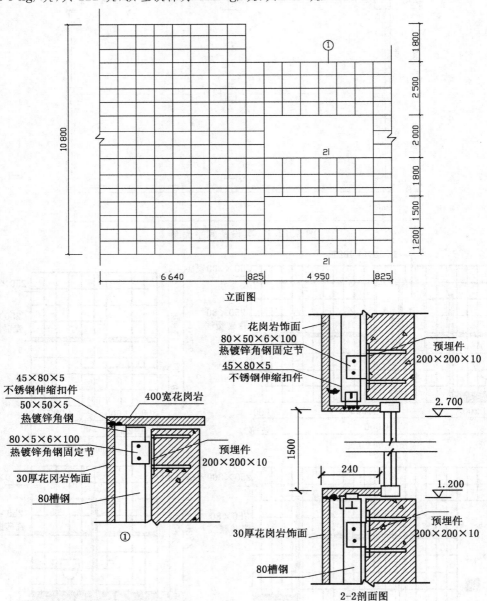

图 6.12.3 干挂花岗岩外墙立面图、剖面图

【解】

花岗岩定额工程量 $6.64 \times 10.8 + 6.60 \times 9.00 - 4.95 \times 1.50 - 4.95 \times 2.00 + (4.95 + 2 + 4.95 + 1.5) \times 2 \times 0.24 + (6.64 + 0.825 \times 2 + 4.95) \times 0.4 = 125.52(m^2)$

钢骨架定额工程量

[8 槽钢 $(10.80 \times 9 + 9.00 \times 8 - 1.50 \times 5 - 2 \times 5) \times 8.04 = 1\ 219.67(kg)$

∟ 50×5 等边角钢 $(6.64 \times 18 + 6.60 \times 12 + 0.825 \times 6) \times 3.77 = 767.84(kg)$

∟ 80×50×6×100 边角钢 $222 \times 0.593\ 5 = 131.76(kg)$

合计 1 219.67＋767.84＋131.76＝2 119.27(kg)

预埋铁件 111×4.4＝488.4(kg)

【例6.12.4】 某体育馆一玻璃幕墙做法见图6.12.4,型材为断桥隔热型铝合金,计算其定额工程量。

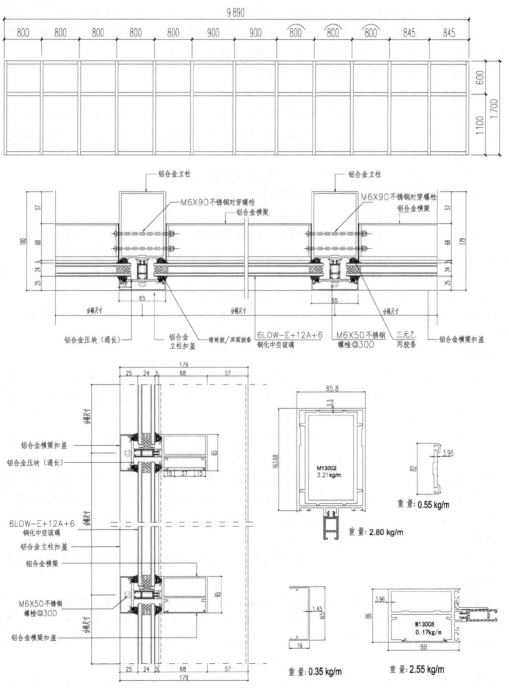

图6.12.4

【解】

玻璃幕墙定额工程量 $9.89 \times 1.7 = 16.81 (m^2)$

6.12.1.2 墙、柱面装饰与隔断、幕墙工程清单计量

1）墙、柱面装饰与隔断、幕墙工程清单计量计算要点

（1）墙面抹灰按设计图示尺寸以面积计算。扣除墙裙、门窗洞口及单个大于 $0.3\ m^2$ 的孔洞面积，不扣除踢脚线、挂镜线和墙与构件交接处的面积，门窗洞口和孔洞的侧壁及顶面不增加面积。附墙柱、梁、垛、烟囱侧壁并入相应的墙面面积内。

① 外墙抹灰面积按外墙垂直投影面积计算。

② 外墙裙抹灰面积按其长度乘以高度计算。

③ 内墙抹灰面积按主墙间的净长乘以高度计算。无墙裙的，高度按室内楼地面至天棚底面计算；有墙裙的，高度按墙裙顶至天棚底面计算；有吊顶天棚抹灰，高度算至天棚底。

④ 内墙裙抹灰面按内墙净长乘以高度计算。

（2）柱面抹灰按设计图示柱断面周长乘高度以面积计算。

（3）石材、块料墙柱面按镶贴表面积计算。

（4）干挂石材钢骨架按设计图示以质量计算。

（5）带骨架幕墙按设计图示框外围尺寸以面积计算。与幕墙同种材质的窗所占面积不扣除。

（6）全玻（无框玻璃）幕墙按设计图示尺寸以面积计算。带肋全玻幕墙按展开面积计算。

2）墙、柱面装饰与隔断、幕墙工程清单计量计算示例

【例 6.12.5】 根据例 6.12.1 中设计内容，列出室内墙柱面抹灰清单并计算清单工程量。

【解】

清单编号：011201001001；清单名称：墙面一般抹灰；项目特征：①墙体类型：砌块与混凝土内墙；②底层厚度、砂浆配合比：12 mm 厚 1：2.5 水泥砂浆打底；③面层厚度、砂浆配合比：8 mm 厚 1：3 水泥砂浆抹面。

清单工程量 $(12.6-0.2\times2+8.6-0.2\times2)\times2\times(3.3-0.12)+(0.6-0.2)\times2\times4\times(3.3-0.12)-1.5\times2.1-1.8\times1.8\times2=130.29(m^2)$

清单编号：011202001001；清单名称：柱、梁面一般抹灰；项目特征：①柱（梁）体类型：混凝土矩形柱；②底层厚度、砂浆配合比：12 mm 厚 1：2.5 水泥砂浆打底；③面层厚度、砂浆配合比：8 mm 厚 1：3 水泥砂浆抹面。

清单工程量 $0.6\times4\times(3.3-0.12)=7.63(m^2)$

【例 6.12.6】 根据例 6.12.2 中设计内容，列出其分项工程清单并计算清单工程量。

【解】

清单编号：011204003001；清单名称：块料墙面；项目特征：①墙体类型：内墙；②安装方式：12 mm 厚 1：3 水泥砂浆底层，5 mm 厚素水泥砂浆结合层；③面层材料品种、规格、颜色：250 mm×30 mm 白色瓷砖，墙中设 250 mm×80 mm 瓷砖腰线；④缝宽、嵌缝材料种类：白水泥擦缝。

清单工程量 $(2.50+6.00)\times2\times2.72-0.75\times2.06-1.25\times1.40-(2.50+1.20\times2)\times0.20=41.97(m^2)$

【例 6.12.7】 根据例 6.12.3 中设计内容,列出其分项工程清单并计算清单工程量。

【解】

清单编号:011204001001;清单名称:石材墙面;项目特征:①墙体类型:混凝土外墙;②安装方式:干挂;③面层材料品种、规格、颜色:28 mm 厚荔枝面黄绣石;④缝宽、嵌缝材料种类:密封胶嵌缝。

清单工程量　$6.64×10.8+6.60×9.00-4.95×1.50-4.95×2.00+(4.95+2+4.95+1.5)×2×0.24+(6.64+0.825×2+4.95)×0.4=125.52(m^2)$

清单编号:011204004001;清单名称:干挂石材钢骨架;项目特征:骨架种类、规格:∟50×5 镀锌角钢,[8 槽钢。

清单工程量

[8 槽钢　$(10.80×9+9.00×8-1.50×5-2×5)×8.04=1\ 219.67(kg)$

∟50×5 等边角钢　$(6.64×18+6.60×12+0.825×6)×3.77=767.84(kg)$

∟80×50×6×100 边角钢　$222×0.593\ 5\ kg=131.76(kg)$

合计　$1\ 219.67+767.84+131.76=2\ 119.27(kg)$

清单编号:010516002002;清单名称:预埋铁件;项目特征:①钢材种类:Q235;②规格:10 mm;③铁件尺寸:200 mm×200 mm。

清单工程量　$111×4.4=488.4(kg)$

【例 6.12.8】 根据例 6.12.4 中设计内容,列出其分项工程清单并计算清单工程量。

【解】

清单编号:011209001001;清单名称:带骨架幕墙;项目特征:①骨架材料种类、规格、中距:断桥隔热铝合金;②面层材料品种、规格、颜色:6LOW-E+12A+6 钢化中空玻璃。

清单工程量　$9.89×1.7=16.81(m^2)$

根据例 6.12.5~例 6.12.8 中计算出的结果,列出分部分项工程和单价措施项目清单与计价表,见表 6.12.1。

表 6.12.1　分部分项工程和单价措施项目清单与计价表

序号	项目编码	项目名称	项目特征描述	计量单位	工程量	金额(元)			
						综合单价	合价	其中	
								暂估价	
			0112 墙、柱面装饰与隔断、幕墙工程						
1	011201001001	墙面一般抹灰	1. 墙体类型:砌块与混凝土内墙 2. 底层厚度、砂浆配合比:12 mm厚1:2.5 水泥砂浆打底 3. 面层厚度、混凝土强度等级:8 mm 厚1:3 水泥砂浆抹面	m²	130.29				
2	011202001001	柱、梁面一般抹灰	1. 墙体类型:砌块与混凝土内墙 2. 底层厚度、砂浆配合比:12 mm厚1:2.5 水泥砂浆打底 3. 面层厚度、混凝土强度等级:8 mm 厚1:3 水泥砂浆抹面	m²	7.63				

（续　表）

序号	项目编码	项目名称	项目特征描述	计量单位	工程量	金额（元）		其中
						综合单价	合价	暂估价
3	011204003001	块料墙面	1. 墙体类型：内墙 2. 安装方式：12 mm厚1：3水泥砂浆底层，5 mm厚素水泥砂浆结合层 3. 面层材料品种、规格、颜色：250 mm×30 mm白色瓷砖，墙中设250 mm×80 mm瓷砖腰线 4. 缝宽、嵌缝材料种类：白水泥擦缝	m²	41.97			
4	011204001001	石材墙面	1. 墙体类型：混凝土外墙 2. 安装方式：干挂 3. 面层材料品种、规格、颜色：28 mm厚荔枝面黄绣石 4. 缝宽、嵌缝材料种类：密封胶嵌缝	m²	125.52			
5	011204004001	干挂石材钢骨架	1. 骨架种类、规格：∟50×5镀锌角钢，[8槽钢	t	2.119			
6	010516002002	预埋铁件	1. 钢材种类：Q235 2. 规格：10 mm 3. 铁件尺寸：200 mm×200 mm	t	0.488			
7	011209001001	带骨架幕墙	1. 骨架材料种类、规格、中距：断桥隔热铝合金 2. 面层材料品种、规格、颜色：6LOW－E＋12A＋6钢化中空玻璃	m²	16.81			

6.12.2　墙、柱面装饰与隔断、幕墙工程计价

6.12.2.1　墙、柱面装饰与隔断、幕墙工程定额计价

1）墙、柱面装饰与隔断、幕墙工程定额计价要点

（1）设计砂浆品种、饰面材料规格如与定额取定不同时，应按设计调整，但人工数量不变。

（2）在弧形墙面、梁面抹灰或镶贴面层（包括挂贴、干挂石材块料面板），按相应子目人工乘以系数1.18（工程量按其弧形面积计算）。块料面层中带有弧形的石材损耗，应按实调整，每10 m弧形部分，切贴人工增加0.6工日，合金钢切割片增加0.14片，石料切割机增加0.6台班。

（3）石材块料面板均不包括磨边，设计要求磨边或墙、柱面贴石材装饰线条者，按相应子目执行。

（4）石材块料面板上钻孔成槽由供应商完成的，扣除基价中人工的10％和其他机械费。

（5）幕墙材料品种、含量，设计要求与定额不同时应调整，但人工、机械不变。所有干挂石材、面砖、玻璃幕墙、金属板幕墙子目中不含钢骨架、预埋（后置）铁件的制作安装费，另按相应子目执行。

2）墙、柱面装饰与隔断、幕墙工程定额计价示例

【例6.12.9】　根据图6.12.1～图6.12.4与例6.12.1～例6.12.4中计算出的工程量，按定额计价。已知条件：人工工资单价为一类工86元/工日，二类工83元/工日，三类工79

元/工日;机械单价(含机械人工单价)按定额基价;材料价格:250 mm×300 mm 瓷砖50元/m²,250 mm×80 mm 腰线80元/m²,28 mm厚荔枝面黄绣石180元/m²,断桥隔热铝合金27元/kg,其余价格均采用定额基价;按三类工程计价;砂浆采用现场自拌。

【解】

1. 墙面粉刷计价

查定额14-11 抹水泥砂浆 混凝土墙内墙

人工费 二类工,定额含量1.58工日 1.58×83＝131.14(元)

材料费 同定额材料费基价 55.14元

机械费 同定额机械费基价 5.27元

管理费 (人工费＋机械费)×管理费率＝(131.14＋5.27)×25%＝34.10(元)

利润 (人工费＋机械费)×利润率＝(131.14＋5.27)×12%＝16.37(元)

定额单价＝人工费＋材料费＋机械费＋管理费＋利润＝131.14＋55.14＋5.27＋34.10＋16.37＝242.02(元)

定额合价＝定额单价×定额工程量＝242.02×(102.31/10)＝2 476.11(元)

2. 柱面粉刷计价

查定额14-23 抹水泥砂浆 矩形混凝土柱、梁面

人工费 二类工,定额含量2.19工日 2.19×83＝181.77(元)

材料费 同定额材料费基价 57.89元

机械费 同定额机械费基价 5.52元

管理费 (人工费＋机械费)×管理费率＝(181.77＋5.52)×25%＝46.82(元)

利润 (人工费＋机械费)×利润率＝(181.77＋5.52)×12%＝22.47(元)

定额单价＝人工费＋材料费＋机械费＋管理费＋利润＝181.77＋57.89＋5.52＋46.82＋22.47＝314.47(元)

附墙柱定额合价＝定额单价×定额工程量＝314.47×(27.98/10)＝879.89(元)

独立柱定额合价＝314.47×(7.63/10)＝239.94(元)

3. 瓷砖计价

查定额14-82 单块面积0.18 m² 以内墙砖砂浆粘贴墙面

人工费 一类工,定额含量4.83工日 4.83×86＝415.38(元)

材料费 定额材料基价费2 614.16元,定额基价中瓷砖价差调整、定额基价中混合砂浆1:0.1:2.5含量0.061 m³ 换成素水泥浆含量0.051 m³

调整后定额材料费 2 614.16＋(50－250)×10.25－261.36×0.061＋472.71×0.051＝572.33(元)

机械费 同定额机械费基价 6.78元

管理费 (人工费＋机械费)×管理费率＝(415.38＋6.78)×25%＝105.54(元)

利润 (人工费＋机械费)×利润率＝(415.38＋6.78)×12%＝50.66(元)

定额单价＝人工费＋材料费＋机械费＋管理费＋利润＝415.38＋572.33＋6.78＋105.54＋50.66＝1 150.69(元)

定额合价＝定额单价×定额工程量＝1 150.69×(40.77/10)＝4 691.36(元)

4. 瓷砖腰线、干挂花岗岩、干挂石材钢骨架、预埋铁件、玻璃幕墙计价定额计价计算过

程从略,本例定额计价汇总表见表 6.12.2。

表 6.12.2 墙、柱面装饰与隔断、幕墙工程分部分项工程费综合单价

序号	定额编号	换	单位	工程量	金额(元)	
					综合单价	合价
1	14-11		抹水泥砂浆 混凝土墙内墙	10 m²	10.231	242.02	2 476.11
2	14-23		抹水泥砂浆 矩形混凝土柱、梁面	10 m²	2.798	314.47	879.89
3	14-23		抹水泥砂浆 矩形混凝土柱、梁面	10 m²	0.763	314.47	239.94
4	14-82	换	单块面积 0.18 m² 以内墙砖砂浆粘贴墙面	10 m²	4.077	1 150.69	4 691.36
5	14-92	换	墙面花砖腰线	10 m	1.500	868.93	1 303.40
6	14-137	换	钢骨架上干挂石材块料面板 墙面勾缝	10 m²	12.552	3 894.54	48 884.27
7	7-61		龙骨钢骨架制作	t	2.119	6 418.59	13 600.99
8	14-183		钢骨架安装	t	2.119	1 468.73	3 112.24
9	5-27		铁件制作	t	0.488	9 231.06	4 504.76
10	5-28		铁件安装	t	0.488	3 495.41	1 705.76
11	14-154	换	铝合金明框玻璃幕墙制安	10 m²	1.681	7 991.48	13 433.68
合 计						94 832.40

注:14-154 中铝合金含量调整为:[1.7×(2.8+0.55+0.35)×13+(9.89-0.065×13)×(2.55+0.17+0.55+0.35)×3]/(9.89×1.7)×1.07(铝合金损耗)×10=114.55(kg/m²)

6.12.2.2 墙、柱面装饰与隔断、幕墙工程清单计价

1)墙、柱面装饰与隔断、幕墙工程清单计价要点

根据清单计算规范中确定的墙、柱面装饰与隔断、幕墙工程清单的工作内容,结合图纸设计的内容,对需计算的工程量,应合理地归入相应的清单中,并根据清单特征描述及设计要求选择合适的定额。下面对部分清单的工作内容和应包括的图纸工程内容进行说明。

(1)墙面一般抹灰。工作内容为基层清理、砂浆制件、运输、底层抹灰、抹面层、抹装饰面、勾分格缝。有吊顶天棚的内墙面抹灰,抹至吊顶以上部分在综合单价中考虑。

(2)柱面一般抹灰。工作内容为基层清理、砂浆制作、运输、底层抹灰、抹面层、勾分格缝。

(3)石材墙面、块料墙面。工作内容为基层清理、砂浆制作、运输、粘结层铺贴、面层安装、嵌缝、刷防护材料、磨光、酸洗、打蜡。

(4)干挂石材钢骨架。工作内容为骨架制作、运输、安装、刷漆。

(5)带骨架幕墙。工作内容为骨架制作、运输、安装、面层安装、隔离带、框边封闭、嵌缝、塞口、清洗。

2)墙、柱面装饰与隔断、幕墙工程清单计价示例

【例 6.12.10】 根据图 6.12.1~图 6.12.4 中的设计做法与例 6.12.5~例 6.12.8 中列出的工程量清单及相应的工程量,按清单计价法进行计价。组价计价条件同例 6.12.9 中的定额计价条件。

【解】

1.墙面一般抹灰计价。根据清单特征和工程内容,本项清单中包含的组价内容为墙面粉刷及其附墙柱面粉刷的造价。根据例 6.12.9 中定额计价结果,计算清单的综合单价和清

单合价。

墙面一般抹灰综合单价 （2 476.11＋879.89)/130.29＝25.76(元)

2. 同样方法,进行其他清单项目的综合单价和清单合价的计算。

本例工程量清单计价及各清单项目下定额组价的详细情况见表6.12.3。

表 6.12.3 墙、柱面装饰与隔断、幕墙工程清单计价及组价内容明细表

序号	项目编码	项目名称	项目特征描述	计量单位	工程量	综合单价	合价	其中暂估价
			0112墙、柱面装饰与隔断、幕墙工程					
1	011201001001	墙面一般抹灰	1. 墙体类型:砌块与混凝土内墙 2. 底层厚度、砂浆配合比:12 mm厚1:2.5水泥砂浆打底 3. 面层厚度、混凝土强度等级:8 mm厚1:3水泥砂浆抹面	m²	130.29	25.76	3 356.27	
1.1	14-11	抹水泥砂浆 混凝土墙内墙		10 m²	10.231	242.02	2 476.11	
1.2	14-23	抹水泥砂浆 矩形混凝土柱、梁面		10 m²	2.798	314.47	879.89	
2	011202001001	柱、梁面一般抹灰	1. 墙体类型:砌块与混凝土内墙 2. 底层厚度、砂浆配合比:12 mm厚1:2.5水泥砂浆打底 3. 面层厚度、混凝土强度等级:8 mm厚1:3水泥砂浆抹面	m²	7.63	31.45	239.96	
2.1	14-23	抹水泥砂浆 矩形混凝土柱、梁面		10 m²	0.763	314.47	239.94	
3	011204003001	块料墙面	1. 墙体类型:内墙 2. 安装方式:12 mm厚1:3水泥砂浆底层,5 mm厚素水泥砂浆结合层 3. 面层材料品种、规格、颜色:250 mm×30 mm白色瓷砖,墙中设250 mm×80 mm瓷砖腰线 4. 缝宽、嵌缝材料种类:白水泥擦缝	m²	41.97	142.83	5 994.58	
3.1	14-82	单块面积0.18 m²以内墙砖砂浆粘贴墙面		10 m²	4.077	1 150.69	4 691.36	
3.2	14-92	墙面花砖腰线		10 m²	1.5	868.93	1 303.40	
4	011204001001	石材墙面	1. 墙体类型:混凝土外墙 2. 安装方式:干挂 3. 面层材料品种、规格、颜色:28 mm厚荔枝面黄绣石 4. 缝宽、嵌缝材料种类:密封胶嵌缝	m²	125.52	389.45	48 883.76	
4.1	14-137	钢骨架上干挂石材块料面板墙面勾缝		10 m²	12.552	3 894.54	48 884.27	
5	011204004001	干挂石材钢骨架	1. 骨架种类、规格:∟50×5镀锌角钢,[8槽钢	t	2.119	7 887.32	16 713.23	
5.1	7-61	龙骨钢骨架制作		t	2.119	6 418.59	13 600.99	
5.2	14-183	钢骨架安装		t	2.119	1 468.73	3 112.24	

（续　表）

| 序号 | 项目编码 | 项目名称 | 项目特征描述 | 计量单位 | 工程量 | 金额（元） | | 其中 |
						综合单价	合价	暂估价
6	010516002002	预埋铁件	1. 钢材种类：Q235 2. 规格：10 mm 3. 铁件尺寸：200 mm×200 mm	t	0.488	12 726.48	6 210.52	
6.1	5-27	铁件制作		t	0.488	9 231.06	4 504.76	
6.2	5-28	铁件安装		t	0.488	3 495.41	1 705.76	
7	011209001001	带骨架幕墙	1. 骨架材料种类、规格、中距：断桥隔热铝合金 2. 面层材料品种、规格、颜色：6LOW－E＋12A＋6 钢化中空玻璃	m²	16.81	799.15	13 433.71	
7.1	14-154	铝合金明框玻璃幕墙制安		10 m²	1.681	7 991.48	13 433.68	
		分部小计					94 832.03	

6.13　天棚工程计量与计价

6.13.1　天棚工程计量

6.13.1.1　天棚工程定额计量

1）天棚工程定额计量计算要点

（1）天棚饰面的面积按净面积计算，不扣除间壁墙、检修孔、附墙烟囱、柱垛和管道所占面积，但应扣除独立柱、0.3 m² 以上的灯饰面积（石膏板、夹板天棚面层的灯饰面积不扣除）、与天棚相连接的窗帘盒面积，整体金属板中间开孔的灯饰面积不扣除。

（2）天棚龙骨的面积按主墙间的水平投影面积计算。天棚龙骨的吊筋按每 10 m² 龙骨面积套相应子目计算；全丝杆的天棚吊筋按主墙间的水平投影面积计算。

（3）天棚抹灰按主墙间天棚水平面积计算，不扣除间壁墙、垛、柱、附墙烟囱、检查洞、通风洞、管道等所占的面积。

（4）密肋梁、井字梁、带梁天棚抹灰面积，按展开面积计算，并入天棚抹灰工程量内。斜天棚抹灰按斜面积计算。

（5）楼梯底面、水平遮阳板底面和沿口天棚，并入相应的天棚抹灰工程量内计算。混凝土楼梯、螺旋楼梯的底板为斜板时，按其水平投影面积（包括休息平台）乘以系数 1.18，底板为锯齿形时（包括预制踏步板），按其水平投影面积乘以系数 1.5 计算。

2）天棚工程定额计量计算示例

【例 6.13.1】　某学校过道采用装配式 U 型（不上人型）轻钢龙骨，面层采用 9.5 mm 厚纸面石膏板，如图 6.13.1。已知：吊筋为 φ8 钢筋，吊筋高度为 1.00 m，主龙骨为 50 mm×20 mm×1.5 mm 轻钢龙骨，次龙骨为 50 mm×15 mm×1.2 mm 轻钢龙骨（U 型龙骨间距如图），计算其分项工程定额工程量。

【解】

天棚吊筋　$10.00×2.10＝21.00（m²）$

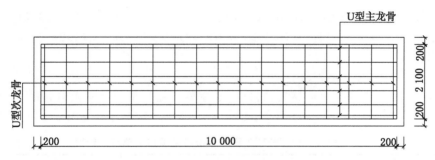

图 6.13.1　吊顶龙骨平面布置图

轻钢龙骨　$10.00 \times 2.10 = 21.00(\text{m}^2)$

纸面石膏板　$10.00 \times 2.10 = 21.00(\text{m}^2)$

【例 6.13.2】　图 6.11.1 中,楼板厚度均为 120 mm,且 3～4/F 轴、2～4/E 轴、C～E/4 轴处梁截面为 240 mm×500 mm,客厅及楼梯间天棚采用 6 mm 厚 1:3 水泥砂浆打底,6 mm 厚 1:2.5 水泥砂浆粉面。计算客厅及楼梯间天棚抹面定额工程量。

【解】

客厅天棚抹灰定额工程量　$(5.8 - 0.12) \times (6 - 0.12 \times 2) + (4 + 0.12 - 0.12) \times (4.8 - 0.12 \times 2) + 0.5 \times (1.44 + 2.4) \times 0.6 + (5.56 + 4.44) \times (0.5 - 0.12) \times 2 = 59.71(\text{m}^2)$

楼梯天棚抹灰定额工程量　$[(0.2 + 2.7 + 0.72) \times 2.36 + 0.5 \times (1.2 + 2.36) \times 0.58] \times 1.18 = 11.30(\text{m}^2)$

合计　$59.71 + 11.30 = 71.01(\text{m}^2)$

6.13.1.2　天棚工程清单计量

1) 天棚工程清单计量计算要点

(1) 天棚抹灰按设计图示尺寸以水平投影面积计算。不扣除间壁墙、垛、柱、附墙烟囱、检查口和管道所占的面积,带梁天棚的梁两侧抹灰面积并入天棚面积内,板式楼梯底面抹灰按斜面积计算,锯齿形楼梯底板抹灰按展开面积计算。

(2) 吊顶天棚按设计图示尺寸以水平投影面积计算。天棚面中的灯槽及跌级、锯齿形、吊挂式、藻井式天棚面积不展开计算。不扣除间壁墙、检查口、附墙烟囱、柱垛和管道所占面积。

2) 天棚工程清单计量计算示例

【例 6.13.3】　根据例 6.13.1、例 6.13.2 中设计内容,列出分项工程清单并计算其清单工程量。

【解】

清单编号:011302001001;清单名称:吊顶天棚;项目特征:①吊顶形式、吊杆规格、高度:简单型不上人吊顶、ϕ8 吊筋、高度 1.00 m;②龙骨材料种类、规格、中距:轻钢龙骨、主龙骨 50 mm×20 mm×1.5 mm@400,次龙骨 50 mm×15 mm×1.2 mm@600;③面层材料品种、规格:9.5 mm 厚纸面石膏板。

清单工程量:$10.00 \times 2.10 = 21.00(\text{m}^2)$

清单编号:011301001001;清单名称:天棚抹灰;项目特征:①基层类型:混凝土;②龙骨抹灰厚度、材料种类:6 mm 厚 1:3 水泥砂浆打底,6 mm 厚 1:2.5 水泥砂浆粉面。

清单工程量

客厅天棚抹灰清单工程量　$(5.8 - 0.12) \times (6 - 0.12 \times 2) + (4 + 0.12 - 0.12) \times (4.8 -$

$0.12 \times 2) + 0.5 \times (1.44 + 2.4) \times 0.6 + (5.56 + 4.44) \times (0.5 - 0.12) \times 2 = 59.71 (m^2)$

楼梯天棚抹灰清单工程量 $[(0.2 + 2.7 + 0.72) \times 2.36 + 0.5 \times (1.2 + 2.36) \times 0.58] \times 1.18 = 11.30 (m^2)$

合计 $59.71 + 11.30 = 71.01 (m^2)$

根据例 6.13.3 中计算出的结果,列出分部分项工程和单价措施项目清单与计价表,见表 6.13.1。

表 6.13.1 分部分项工程和单价措施项目清单与计价表

序号	项目编码	项目名称	项目特征描述	计量单位	工程量	金额(元)		
						综合单价	合价	其中
								暂估价
		0113 天棚工程						
1	011301001001	天棚抹灰	1. 基层类型:混凝土 2. 龙骨抹灰厚度、材料种类:6 mm 厚1:3 水泥砂浆打底,6 mm厚1:2.5 水泥砂浆粉面	m²	71.01			
2	011302001001	吊顶天棚	1. 吊顶形式、吊杆规格、高度:简单型不上人吊顶、$\phi8$ 吊筋、高度 1.00 m 2. 龙骨材料种类、规格、中距:轻钢龙骨、主龙骨 50 mm×20 mm×1.5 mm@400,次龙骨 50 mm×15 mm×1.2 mm@600 3. 面层材料品种、规格:9.5 mm厚纸面石膏板	m²	21.00			

6.13.2 天棚工程计价

6.13.2.1 天棚工程定额计价

1) 天棚工程定额计价要点

(1) 天棚面的抹灰设计砂浆品种、厚度如与定额取定不同时,应按设计调整,但人工数量不变。

(2) 吊顶龙骨设计与定额不符时,应按设计的长度用量加下列损耗调整定额中的含量:木龙骨 6%,轻钢龙骨 6%,铝合金龙骨 7%。

(3) 天棚的骨架基层分为简单型、复杂型两种。简单型是指每间面层在同一标高的平面上;复杂型是指每一间面层不在同一标高平面上,其高差在 100 mm 以上(含 100 mm),但必须满足不同标高的少数面积占该间面积的 15% 以上。

2) 天棚工程定额计价示例

【例 6.13.4】 根据例 6.13.1、例 6.13.2 中计算出的工程量,按定额计价法进行计价。已知条件:人工工资单价为一类工 86 元/工日,二类工 83 元/工日,三类工 79 元/工日;机械单价(含机械人工单价)按定额基价;材料价格均采用定额基价;按三类工程计价;施工方案:砂浆采用现场自拌。

【解】

1. 天棚吊筋计价

查定额,套用 15-34 天棚吊筋 吊筋规格 $\phi 8$ mm,$H = 750$ mm

人工费 0 元

材料费 定额材料费基价 46.13 元,设计吊筋高度 1.0 m,同比例调整吊筋含量,调整后材料费 $46.13 + 4.02 \times (5.24 - 3.93) = 51.40$(元)

机械费 同定额机械费基价 10.52 元

管理费 (人工费＋机械费)×管理费率＝10.52×25％＝2.63(元)

利润 (人工费＋机械费)×利润率＝10.52×12％＝1.26(元)

定额单价＝人工费＋材料费＋机械费＋管理费＋利润＝51.4＋10.52＋2.63＋1.26＝65.81(元)

定额合价＝定额单价×定额工程量＝65.81×(21.00/10)＝138.20(元)

2. 轻钢龙骨计价

查定额,套用 15-7 装配式 U 型(不上人型)轻钢龙骨面层规格 400 mm×600 mm 简单

人工费 一类工,定额含量 1.88 工日。1.88×86＝161.68(元)

材料费 定额材料费基价 363.16 元。

设计龙骨含量 主龙骨$(10.00 \times 6/21.00) \times 1.06 = 3.029$(m/m²)

次龙骨$(2.10 \times 17/21.00) \times 1.06 = 1.802$(m/m²)

调整龙骨含量后定额材料费 $363.16 + (30.29 - 25.05) \times 4 + (18.02 - 13.68) \times 6.5 = 412.33$(元)

机械费 同定额机械费基价 3.40 元

管理费 (人工费＋机械费)×管理费率＝(161.68＋3.40)×25％＝41.27(元)

利润 (人工费＋机械费)×利润率＝(161.68＋3.40)×12％＝19.81(元)

定额单价＝人工费＋材料费＋机械费＋管理费＋利润＝161.68＋412.33＋3.40＋41.27＋19.81＝638.49(元)

定额合价＝定额单价×定额工程量＝638.49×(21.00/10)＝1 340.83(元)

3. 纸面石膏板、天棚粉刷计价定额计价计算过程从略,本例定额计价汇总表见表 6.13.2。

表 6.13.2 天棚工程分部分项工程费综合单价

序号	定额编号	换	定额名称	单位	工程量	金额(元)	
						综合单价	合价
1	15-34	换	天棚吊筋 吊筋规格 $\phi 8$ mm,$H = 750$ mm	10 m²	2.10	65.81	138.20
2	15-7	换	装配式 U 型(不上人型)轻钢龙骨面层规格 400 mm×600 mm 简单	10 m²	2.10	638.49	1 340.83
3	15-45		纸面石膏板天棚面层安装在 U 型轻钢龙骨上平面	10 m²	2.10	274.31	576.05
4	15-85		混凝土天棚水泥砂浆面现浇	10 m²	7.101	207.50	1 473.46
			合 计				3 528.54

6.13.2.2 天棚工程清单计价

1) 天棚工程清单计价要点

根据清单计算规范中确定的天棚工程清单的工作内容,结合图纸设计的内容,对需计算的工程量,应合理地归入相应的清单中,并根据清单特征描述及设计要求选择合适的定额。

下面对部分清单的工作内容和应包括的图纸工程内容进行说明。

（1）天棚抹灰。工作内容为基层清理、底层抹灰、抹面层。

（2）吊顶天棚。工作内容为基层清理、吊杆安装、龙骨安装、基层板铺贴、面层铺贴、嵌缝、刷防护材料。

2）天棚工程清单计价示例

【例 6.13.5】 根据图 6.13.1、图 6.11.1 中的设计做法与例 6.13.3 中列出的工程量清单及相应的工程量，按清单计价法进行计价。组价计价条件同例 6.13.4 中的定额计价条件。

【解】

1．天棚抹灰计价。根据清单特征和工程内容，本项清单中包含的组价内容为天棚粉刷的造价。根据例 6.13.4 中定额计价结果，计算清单的综合单价和清单合价。

天棚抹灰综合单价　1 473.46/71.01＝20.75(元)

2．天棚吊顶计价。根据清单特征和工程内容，本项清单中包含的组价内容为天棚吊筋、轻钢龙骨、纸面石膏板的造价。根据例 6.13.4 中定额计价结果，计算清单的综合单价和清单合价。

天棚吊顶综合单价　(138.20＋1 340.83＋576.05)/21.00＝97.86(元)

本例工程量清单计价及各清单项目下定额组价的详细情况见表 6.13.3。

表 6.13.3　天棚工程清单计价及组价内容明细表

序号	项目编码	项目名称	项目特征描述	计量单位	工程量	综合单价	合价	其中暂估价
			0113 天棚工程					
1	011301001001	天棚抹灰	1. 基层类型：混凝土 2. 龙骨抹灰厚度、材料种类：6 mm 厚 1：3 水泥砂浆打底，6 mm 厚 1：2.5 水泥砂浆粉面	m²	71.01	20.75	1 473.46	
1.1	15-85	混凝土天棚水泥砂浆面现浇		10 m²	7.101	207.50	1 473.46	
2	011302001001	吊顶天棚	1. 吊顶形式、吊杆规格、高度：简单型不上人吊顶、φ8 吊筋，高度 1.00 m 2. 龙骨材料种类、规格、中距：轻钢龙骨，主龙骨 50 mm×20 mm×1.5 mm@400，次龙骨 50 mm×15 mm×1.2 mm@600 3. 面层材料品种、规格：9.5 mm 厚纸面石膏板	m²	21.00	97.86	2 055.06	
2.1	15-34	天棚吊筋　吊筋规格 φ8 mm H＝750 mm		10 m²	2.10	65.81	138.20	
2.2	15-7	装配式 U 型(不上人型)轻钢龙骨面层规格 400 mm×600 mm 简单		10 m²	2.10	638.49	1 340.83	
2.3	15-45	纸面石膏板天棚面层安装在 U 型轻钢龙骨上平面		10 m²	2.10	274.31	576.05	
			分部小计				3 528.52	

6.14 油漆、涂料、裱糊工程计量与计价

6.14.1 油漆、涂料、裱糊工程计量

6.14.1.1 油漆、涂料、裱糊工程定额计量

1) 油漆、涂料、裱糊工程定额计量计算要点

(1) 天棚、墙面、柱、梁面的喷(刷)涂料和抹面乳胶漆,工程量按实喷(刷)面积计算,但不扣除 0.3 m² 以内的孔洞面积。

(2) 金属面油漆套用单层钢门窗定额的项目工程量乘以计价定额中规定的系数,其他金属面油漆,按构件油漆部分表面积计算。

2) 油漆、涂料、裱糊工程定额计量计算示例

【例 6.14.1】 如图 6.13.1,天棚面层采用两遍白水腻子,两遍白色乳胶漆,计算天棚涂料定额工程量。

【解】
天棚涂料 $10.00 \times 2.10 = 21.00 (m^2)$

【例 6.14.2】 某一住宅楼机房屋面高 3.0 m,距地 600 mm 设置间距 300 mm 的检修爬梯,检修爬梯形状如图 6.14.1,检修爬梯面刷防锈漆两遍、调和漆两遍,计算钢爬梯油漆定额工程量。

【解】
钢爬梯油漆 $3.14 \times 0.02 \times (0.4 \times 2 + 0.05 \times 2 + 0.4 + 0.07 \times 2) \times 8 = 0.72 (m^2)$

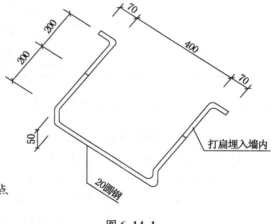

图 6.14.1

6.14.1.2 油漆、涂料、裱糊工程清单计量

1) 油漆、涂料、裱糊工程清单计量计算要点

(1) 墙面、天棚喷(刷)涂料和抹灰面油漆按设计图示尺寸以面积计算。

(2) 金属门窗油漆以樘计量或按设计图示数量以平方米计量,按设计图示洞口尺寸以面积计算;金属面油漆以吨计量,按设计图示尺寸以质量计算或以平方米计量,按设计展开面积计算。

2) 油漆、涂料、裱糊工程清单计量计算示例

【例 6.14.3】 根据图 6.13.1 天棚面层石膏板采用两遍白水腻子,两遍白色乳胶漆,列出天棚涂料工程清单并计算其清单工程量。

【解】
清单编号:011407002001;清单名称:天棚喷刷涂料;项目特征:①基层类型:石膏板面;②喷刷涂料部位:室内天棚;③腻子种类:901 胶白水腻;④刮腻子要求:两遍;⑤涂料品种、喷刷遍数:白色乳胶漆、两遍。

清单工程量　$10.00 \times 2.10 = 21.00(\text{m}^2)$

【例6.14.4】　根据例6.14.2中设计内容,列出分项工程清单并计算其清单工程量。

【解】

清单编号:011405001001;清单名称:金属面油漆;项目特征:①构件名称:钢爬梯;②油漆品种、刷漆遍数:防锈漆两遍、调和漆两遍。

清单工程量　$3.14 \times 0.02 \times (0.4 \times 2 + 0.05 \times 2 + 0.4 + 0.07 \times 2) \times 8 = 0.72(\text{m}^2)$

根据例6.14.3、例6.14.4中计算出的结果,列出分部分项工程和单价措施项目清单与计价表,见表6.14.1。

表6.14.1　分部分项工程和单价措施项目清单与计价表

序号	项目编码	项目名称	项目特征描述	计量单位	工程量	金额(元)		
						综合单价	合价	其中
								暂估价
			0114 油漆、涂料、裱糊工程					
1	011407002001	天棚喷刷涂料	1. 基层类型:石膏板面 2. 喷刷涂料部位:室内天棚 3. 腻子种类:901 胶白水腻 4. 刮腻子要求:两遍 5. 涂料品种、喷刷遍数:白色乳胶漆、两遍	m²	21.00			
2	011405001001	金属面油漆	1. 构件名称:钢爬梯 2. 油漆品种、刷漆遍数:防锈漆两遍、调和漆两遍	m²	0.72			

6.14.2　油漆、涂料、裱糊工程计价

6.14.2.1　油漆、涂料、裱糊工程定额计价

1) 油漆、涂料、裱糊工程定额计价要点

(1) 定额中规定的喷、涂刷的遍数,如与设计不符时,可按每增减一遍的相应子目执行。

(2) 石膏板油漆、涂料套用抹灰面定额。

(3) 套用金属面定额的项目,原材料每米重量5 kg 以内为小型构件,油漆用量乘以1.02 的系数,人工乘以1.1 的系数。

2) 油漆、涂料、裱糊工程定额计价示例

【例6.14.5】　根据例6.14.1、例6.14.2中计算出的工程量,按定额计价法进行计价。已知条件:人工工资单价为一类工86 元/工日,二类工83 元/工日,三类工79 元/工日;机械单价(含机械人工单价)按定额基价;材料价格均采用定额基价;按三类工程计价。

【解】

1. 天棚涂料(两遍白水泥腻子、两遍白色乳胶漆)计价

查定额,套用17-178　柱、梁及天棚面在抹灰面上901 胶白水泥腻子批、刷乳胶漆各三遍

套用17-183　抹灰面上增减批901 胶白水泥腻子一遍

套用17-184　抹灰面上增减刷乳胶漆一遍

采用组合定额的计价方式,定额编号:17-178-[17-183]×1-[17-184]×1,柱、梁及

天棚面在抹灰面上901胶白水泥腻子批二遍、刷乳胶漆二遍。

人工费 一类工,定额含量(1.82−0.32−0.18)工日 (1.82−0.32−0.18)×86=113.52(元)

材料费 同定额材料基价 71.26−5.08−15.92=50.26(元)

机械费 同定额机械费基价 0元

管理费 (人工费+机械费)×管理费率=113.52×25%=28.38(元)

利润 (人工费+机械费)×利润率=113.52×12%=13.62(元)

定额单价=人工费+材料费+机械费+管理费+利润=113.52+50.26+28.38+13.62=205.78(元)

定额合价=定额单价×定额工程量=205.78×(21.00/10)=432.14(元)

2. 钢爬梯油漆(防锈漆两遍、调和漆两遍)计价

查定额,套用17−135 红丹防锈漆第一遍金属面

17−136 红丹防锈漆第二遍金属面

17−132 调和漆第一遍金属面

17−133 调和漆第二遍金属面

人工费 原材料每米重量5 kg以内,人工乘以1.1的系数

17−135 一类工,定额含量0.24工日,调整后定额人工费 0.24×1.1×86=22.70(元)

17−136 一类工,定额含量0.23工日,调整后定额人工费 0.23×1.1×86=21.76(元)

17−132 一类工,定额含量0.24工日,调整后定额人工费 0.24×1.1×86=22.70(元)

17−133 一类工,定额含量0.23工日,调整后定额人工费 0.23×1.1×86=21.76(元)

材料费 原材料每米重量5 kg以内,油漆乘以1.02的系数

17−135 定额材料费基价29.28元,调整后定额材料费 29.28+1.46×(1.02−1)×15=29.72(元)

17−136 定额材料费基价24.86元,调整后定额材料费 24.86+1.28×(1.02−1)×15=25.24(元)

17−132 定额材料费基价17.26元,调整后定额材料费 17.26+1.04×(1.02−1)×13=17.53(元)

17−133 定额材料费基价14.40元,调整后定额材料费 14.40+0.92×(1.02−1)×13=14.64(元)

机械费 同定额机械费基价

17−135 定额机械费基价 0元

17−136 定额机械费基价 0元

17−132 定额机械费基价 0元

17−133 定额机械费基价 0元

管理费

17−135 管理费=(人工费+机械费)×管理费率=22.70×25%=5.68(元)

17−136 管理费=(人工费+机械费)×管理费率=21.76×25%=5.44(元)

17−132 管理费=(人工费+机械费)×管理费率=22.70×25%=5.68(元)

17−133 管理费=(人工费+机械费)×管理费率=21.76×25%=5.44(元)

利润

17-135 利润＝(人工费＋机械费)×利润率＝22.70×12％＝2.72(元)

17-136 利润＝(人工费＋机械费)×利润率＝21.76×12％＝2.61(元)

17-132 利润＝(人工费＋机械费)×利润率＝22.70×12％＝2.72(元)

17-133 利润＝(人工费＋机械费)×利润率＝21.76×12％＝2.61(元)

定额单价

17-135 定额单价＝人工费＋材料费＋机械费＋管理费＋利润＝22.70＋29.72＋5.68＋2.72＝60.82(元)

17-136 定额单价＝人工费＋材料费＋机械费＋管理费＋利润＝21.76＋25.24＋5.44＋2.61＝55.05(元)

17-132 定额单价＝人工费＋材料费＋机械费＋管理费＋利润＝22.70＋17.53＋5.68＋2.72＝48.63(元)

17-133 定额单价＝人工费＋材料费＋机械费＋管理费＋利润＝21.76＋14.64＋5.44＋2.61＝44.45(元)

定额合价

17-135 定额合价＝定额单价×定额工程量＝60.82×(0.72/10)＝4.38(元)

17-136 定额单价＝定额单价×定额工程量＝55.05×(0.72/10)＝3.96(元)

17-132 定额单价＝定额单价×定额工程量＝48.63×(0.72/10)＝3.50(元)

17-133 定额单价＝定额单价×定额工程量＝44.45×(0.72/10)＝3.20(元)

3. 根据上述计算结果列出油漆、涂料、裱糊分部分项工程费综合单价表见表 6.14.2

表 6.14.2 天棚工程分部分项工程费综合单价

序号	定额编号	换	定额名称	单位	工程量	金额(元)	
						综合单价	合价
1	17-178－[17-183]×1－[17-184]×1	换	柱、梁及天棚面在抹灰面上 901 胶白水泥腻子批二遍、刷乳胶漆二遍	10 m²	2.10	205.78	432.14
2	17-135		红丹防锈漆第一遍金属面	10 m²	0.072	60.82	4.38
3	17-136		红丹防锈漆第二遍金属面	10 m²	0.072	55.05	3.96
4	17-132		调和漆第一遍金属面	10 m²	0.072	48.63	3.50
5	17-133		调和漆第二遍金属面	10 m²	0.072	44.45	3.20
合　计							447.18

6.14.2.2 油漆、涂料、裱糊工程清单计价

1) 油漆、涂料、裱糊工程清单计价要点

根据清单计算规范中确定的天棚工程清单的工作内容,结合图纸设计的内容,对需计算的工程量,应合理地归入相应的清单中,并根据清单的特征描述及设计要求选择合适的定额。下面对部分清单的工作内容和应包括的图纸工程内容进行说明。

(1)金属门油漆、金属窗油漆。工作内容为除锈、基层清理、刮腻子、刷防护材料。

(2)金属面油漆。工作内容为基层清理、刮腻子、刷防护材料。

(3)墙面喷刷涂料、天棚喷刷涂料。工作内容为基层清理、刮腻子、刷喷涂料。喷刷墙面涂料部位要注明内墙或外墙。

2)油漆、涂料、裱糊工程清单计价示例

【例6.14.6】 根据图6.13.1、图6.14.1中的设计做法与例6.14.3中列出的工程量清单及相应的工程量,按清单计价法进行计价。组价计价条件同例6.14.5中的定额计价条件。

【解】

1.天棚喷刷涂料计价。根据清单特征和工程内容,本项清单中包含的组价内容为二遍白水泥腻子与两遍白色乳胶漆的造价。根据例6.14.5中定额计价结果,计算清单的综合单价和清单合价。

天棚喷刷涂料综合单价 432.14/21.00=20.58(元)

2.金属面油漆计价。根据清单特征和工程内容,本项清单中包含的组价内容为防锈漆两遍、调和漆两遍的造价。根据例6.14.5中定额计价结果,计算清单的综合单价和清单合价。

金属面油漆综合单价 (4.38+3.96+3.50+3.20)/0.72=20.89(元)

本例工程量清单计价及各清单项目下定额组价的详细情况见表6.14.3。

表6.14.3 油漆、涂料、裱糊工程清单计价及组价内容明细表

序号	项目编码	项目名称	项目特征描述	计量单位	工程量	综合单价	合价	其中 暂估价
			0114 油漆、涂料、裱糊工程					
1	011407002001	天棚喷刷涂料	1. 基层类型:石膏板面 2. 喷刷涂料部位:室内天棚 3. 腻子种类:901胶白水腻 4. 刮腻子要求:两遍 5. 涂料品种、喷刷遍数:白色乳胶漆、两遍	m²	21.00	20.58	432.18	
1.1	17-178-[17-183]×1-[17-184]×1		柱、梁及天棚面在抹灰面上901胶白水泥腻子批二遍、刷乳胶漆二遍	10 m²	2.10	205.78	432.14	
2	011405001001	金属面油漆	1. 构件名称:钢爬梯 2. 油漆品种、刷漆遍数:防锈漆两遍、调和漆两遍	m²	0.72	20.89	15.04	
2.1	17-135	红丹防锈漆第一遍金属面		10 m²	0.072	60.82	4.38	
2.2	17-136	红丹防锈漆第二遍金属面		10 m²	0.072	55.05	3.96	
2.3	17-132	调和漆第一遍金属面		10 m²	0.072	48.63	3.50	
2.4	17-133	调和漆第二遍金属面		10 m²	0.072	44.45	3.20	
			分部小计				447.22	

6.15 措施项目清单与计价

6.15.1 单价措施项目清单与计价

6.15.1.1 脚手架工程

1)脚手架工程清单应用要点

脚手架工程量清单项目分为综合脚手架、外脚手架、里脚手架、悬空脚手架、挑脚手架、

满堂脚手架、整体提升架、外装饰吊篮等 8 个清单,使用时应注意以下事项:

(1) 使用综合脚手架时,不再使用外脚手架、里脚手架等单项脚手架;综合脚手架适用于能够按"建筑面积计算规则"计算建筑面积的建筑工程脚手架,不适用于房屋加层、构筑物及附属工程脚手架。

(2) 同一建筑物有不同檐高时,按建筑物竖向切面分别按不同檐高编列清单项目。

(3) 整体提升架已包括 2 米高的防护架体设施。

(4) 脚手架材质可以不描述,但应注明由投标人根据工程实际情况按照《建筑施工扣件式钢管脚手架安全技术规范》JGJ130、《建筑施工附着升降脚手架管理暂行规定》(建建〔2000〕230 号)等规范自行确定。

2) 脚手架计价定额应用要点

(1) 适用范围

脚手架适用于各类工业与民用建筑以及构筑物的新建、扩建、改建工程的脚手架搭设。超过 20 m 脚手架材料增加费适用于建筑物设计室外标高至檐口高度超过 20 m 的工程(构筑物除外)。

脚手架分为综合脚手架和单项脚手架两部分。单项脚手架适用于单独地下室、装配式和多(单)层工业厂房、仓库、独立的展览馆、体育馆、影剧院、礼堂、饭堂(包括附属厨房)、锅炉房、檐高未超过 3.60 m 的单层建筑、超过 3.60 m 高的屋顶构架、构筑物等。除此之外的单位工程均执行综合脚手架项目。

(2) 综合脚手架使用注意点

① 檐高在 3.60 m 内的单层建筑不执行综合脚手架定额。

② 综合脚手架项目仅包括脚手架本身的搭拆,不包括建筑物洞口临边、电器防护设施等费用,以上费用已在安全文明施工措施费中列支。

③ 单位工程在执行综合脚手架时,遇有下列情况应另列项目计算,不再计算超过20 m 脚手架材料增加费。

A. 各种基础自设计室外地面起深度超过 1.50 m(砖基础至大方脚砖基底面、钢筋混凝土基础至垫层上表面),同时混凝土带形基础底宽超过 3 m、满堂基础或独立柱基(包括设备基础)混凝土底面积超过 16 m^2 应计算砌墙、混凝土浇捣脚手架。砖基础以垂直面积按单项脚手架中里架子、混凝土浇捣按相应满堂脚手架定额执行;

B. 层高超过 3.60 m 的钢筋混凝土框架柱、梁、墙混凝土浇捣脚手架按单项定额规定计算;

C. 独立柱、单梁、墙高度超过 3.60 m 的混凝土浇捣脚手架按单项定额规定计算;

D. 层高在 2.20 m 以内的技术层外墙脚手架按相应单项定额规定执行;

E. 施工现场需搭设高压线防护架、金属过道防护棚脚手架按单项定额规定执行;

F. 屋面坡度大于 45°时,屋面基层、盖瓦的脚手架费用应另行计算。

G. 未计算到建筑面积的室外柱、梁等,其高度超过 3.60 m 时,应另按单项脚手架相应定额计算。

H. 地下室的综合脚手架按檐高在 12 m 以内的综合脚手架相应定额乘以系数 0.5 执行。

I. 檐高 20 m 以下采用悬挑脚手架的可计取悬挑脚手架增加费用,20 m 以上悬挑脚手架增加费已包括在脚手架超高材料增加费中。

（3）单项脚手架使用注意点

① 除高压线防护架外，本定额已按扣件式钢管脚手架编制，实际施工中不论使用何种脚手架材料，均按本定额执行。

② 因建筑物高度超过脚手架允许搭设高度、建筑物外形要求或工期要求，根据施工组织设计需采用型钢悬挑脚手架时，除计算脚手架费用外，应计算外架子悬挑脚手架增加费。

③ 本定额满堂扣件式钢管脚手架（简称满堂脚手架）不适用于满堂扣件式钢管支撑架（简称满堂支撑架），满堂支撑架应根据专家论证后的实际搭设方案计价。

④ 单层轻钢厂房脚手架适用于单层轻钢厂房钢结构施工用脚手架，分钢柱梁安装脚手架、屋面瓦等水平结构安装脚手架和墙板、门窗、雨篷、天沟等竖向结构安装脚手架，不包括厂房内土建、装饰工作脚手架，实际发生时另执行相关单项脚手架子目。

⑤ 外墙镶（挂）贴脚手架定额适用于单独外装饰工程脚手架搭设。

⑥ 天棚、柱、梁、墙面不抹灰但满批腻子时，脚手架执行同抹灰脚手架。

⑦ 当结构施工搭设的电梯井脚手架延续至电梯设备安装使用时，套用安装用电梯井脚手架时应扣除定额中的人工及机械。

⑧ 建筑物外墙设计采用幕墙装饰，不需要砌筑墙体，根据施工方案需搭设外围防护脚手架的，且幕墙施工不利用外防护架，应按砌筑脚手架相应子目另计防护脚手架费。

（4）超高脚手架材料增加费使用注意点

① 本定额中脚手架是按建筑物檐高在 20 m 以内编制的。檐高超过 20 m 时应计算脚手架材料增加费。

② 檐高超过 20 m 脚手架材料增加费内容包括：脚手架使用周期延长摊销费、脚手架加固。脚手架材料增加费包干使用，无论实际发生多少，均按本章执行，不调整。

（5）计算规则

① 综合脚手架

综合脚手架按建筑面积计算，单位工程中不同层高的建筑面积应分别计算。目前，建筑面积执行的是《建筑工程建筑面积计算规范》（GB/T 50353—2013）。

《建筑工程建筑面积计算规范》（GB/T 50353—2013）具体条款及其说明如下：

A. 建筑物的建筑面积应按自然层外墙结构外围水平面积之和计算。结构层高在 2.20 m 及以上的，应计算全面积；结构层高在 2.20 m 以下的，应计算 1/2 面积，见图 6.15.1。

说明：建筑面积计算，在主体结构内形成的建筑空间，满足计算面积结构层高要求的均应按本条规定计算建筑面积。主体结构外的室外阳台、雨篷、檐廊、室外走廊、室外楼梯等按相应条款计算建筑面积。当

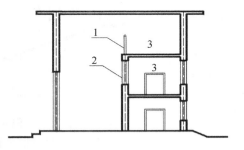

图 6.15.1　建筑物内的局部楼层

1—围护设施；2—围护结构；3—局部楼层

外墙结构本身在一个层高范围内不等厚时，以楼地面结构标高处的外围水平面积计算。

B. 建筑物内设有局部楼层时，对于局部楼层的二层及以上楼层，有围护结构的应按其围护结构外围水平面积计算，无围护结构的应按其结构底板水平面积计算，且结构层高在 2.20 m 及以上的，应计算全面积，结构层高在 2.20 m 以下的，应计算 1/2 面积，见图 6.15.1。

C. 对于形成建筑空间的坡屋顶,结构净高在2.10 m及以上的部位应计算全面积;结构净高在1.20 m及以上至2.10 m以下的部位应计算1/2面积;结构净高在1.20 m以下的部位不应计算建筑面积。

D. 对于场馆看台下的建筑空间,结构净高在2.10 m及以上的部位应计算全面积;结构净高在1.20 m及以上至2.10 m以下的部位应计算1/2面积;结构净高在1.20 m以下的部位不应计算建筑面积。室内单独设置的有围护设施的悬挑看台,应按看台结构底板水平投影面积计算建筑面积。有顶盖无围护结构的场馆看台应按其顶盖水平投影面积的1/2计算面积。

说明:场馆看台下的建筑空间因其上部结构多为斜板,所以采用净高的尺寸划定建筑面积的计算范围和对应规则。室内单独设置的有围护设施的悬挑看台,因其看台上部设有顶盖且可供人使用,所以按看台板的结构底板水平投影计算建筑面积。"有顶盖无围护结构的场馆看台"所称的"场馆"为专业术语,指各种"场"类建筑,如体育场、足球场、网球场、带看台的风雨操场等。

E. 地下室、半地下室应按其结构外围水平面积计算。结构层高在2.20 m及以上的,应计算全面积;结构层高在2.20 m以下的,应计算1/2面积。

F. 出入口外墙外侧坡道有顶盖的部位,应按其外墙结构外围水平面积的1/2计算面积。

说明:出入口坡道分有顶盖出入口坡道和无顶盖出入口坡道,出入口坡道顶盖的挑出长度,为顶盖结构外边线至外墙结构外边线的长度;顶盖以设计图纸为准,对后增加及建设单位自行增加的顶盖等,不计算建筑面积。顶盖不分材料种类(如钢筋混凝土顶盖、彩钢板顶盖、阳光板顶盖等)。地下室出入口见图6.15.2。

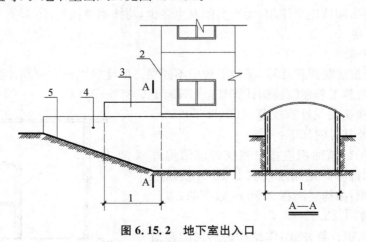

图6.15.2 地下室出入口

1—计算1/2投影面积部位;2—主体建筑;3—出入口顶盖;
4—封闭出入口侧墙;5—出入口坡道

G. 建筑物架空层及坡地建筑物吊脚架空层,应按其顶板水平投影计算建筑面积。结构层高在2.20 m及以上的,应计算全面积;结构层高在2.20 m以下的,应计算1/2面积。

说明:本条既适用于建筑物吊脚架空层、深基础架空层建筑面积的计算,也适用于目前部分住宅、学校教学楼等工程在底层架空或在二楼或以上某个甚至多个楼层架空,作为公共活动、停车、绿化等空间的建筑面积的计算。架空层中有围护结构的建筑空间按相关规定计算。建筑物吊脚架空层见图6.15.3。

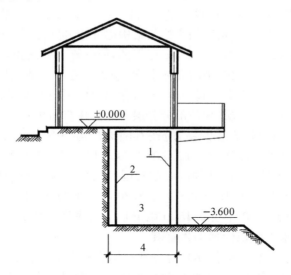

图6.15.3 建筑物吊脚架空层

1—柱;2—墙;3—吊脚架空层;4—计算建筑面积部位

H. 建筑物的门厅、大厅应按一层计算建筑面积,门厅、大厅内设置的走廊应按走廊结构底板水平投影面积计算建筑面积。结构层高在2.20 m及以上的,应计算全面积;结构层高在2.20 m以下的,应计算1/2面积。

I. 对于建筑物间的架空走廊,有顶盖和围护设施的,应按其围护结构外围水平面积计算全面积(见图6.15.4);无围护结构、有围护设施的,应按其结构底板水平投影面积计算1/2面积(见图6.15.5)。

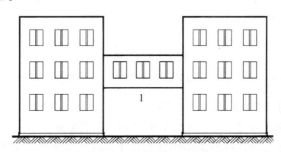

图6.15.4 有围护结构的架空走廊

1—架空走廊

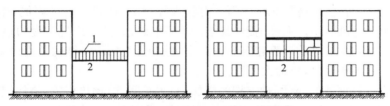

图6.15.5 无围护结构的架空走廊

1—栏杆;2—架空走廊

J. 对于立体书库、立体仓库、立体车库，有围护结构的，应按其围护结构外围水平面积计算建筑面积；无围护结构、有围护设施的，应按其结构底板水平投影面积计算建筑面积。无结构层的应按一层计算，有结构层的应按其结构层面积分别计算。结构层高在 2.20 m 及以上的，应计算全面积；结构层高在 2.20 m 以下的，应计算 1/2 面积。

说明：本条主要规定了图书馆中的立体书库、仓储中心的立体仓库、大型停车场的立体车库等建筑的建筑面积计算规定。起局部分隔、存储等作用的书架层、货架层或可升降的立体钢结构停车层均不属于结构层，故该部分分层不计算建筑面积。

K. 有围护结构的舞台灯光控制室，应按其围护结构外围水平面积计算。结构层高在 2.20 m 及以上的，应计算全面积；结构层高在 2.20 m 以下的，应计算 1/2 面积。

L. 附属在建筑物外墙的落地橱窗，应按其围护结构外围水平面积计算。结构层高在 2.20 m 及以上的，应计算全面积；结构层高在 2.20 m 以下的，应计算 1/2 面积。

M. 窗台与室内楼地面高差在 0.45 m 以下且结构净高在 2.10 m 及以上的凸（飘）窗，应按其围护结构外围水平面积计算 1/2 面积。

N. 有围护设施的室外走廊（挑廊），应按其结构底板水平投影面积计算 1/2 面积；有围护设施（或柱）的檐廊，应按其围护设施（或柱）外围水平面积计算 1/2 面积。

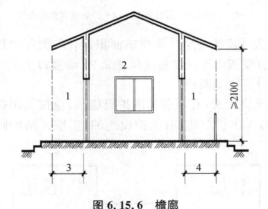

图 6.15.6　檐廊

1—檐廊；2—室内；3—不计算建筑面积部位；4—计算 1/2 建筑面积部位

O. 门斗应按其围护结构外围水平面积计算建筑面积，且结构层高在 2.20 m 及以上的，应计算全面积；结构层高在 2.20 m 以下的，应计算 1/2 面积。

P. 门廊应按其顶板的水平投影面积的 1/2 计算建筑面积；有柱雨篷应按其结构板水平投影面积的 1/2 计算建筑面积；无柱雨篷的结构外边线至外墙结构外边线的宽度在 2.10 m 及以上的，应按雨篷结构板的水平投影面积的 1/2 计算建筑面积。

说明：雨篷分为有柱雨篷和无柱雨篷。有柱雨篷，没有出挑宽度的限制，也不受跨越层数的限制，均计算建筑面积。无柱雨篷，其结构板不能跨层，并受出挑宽度的限制，设计出挑宽度大于或等于 2.10 m 时才计算建筑面积。出挑宽度，系指雨篷结构外边线至外墙结构外边线的宽度，弧形或异形时，取最大宽度。

Q. 设在建筑物顶部的、有围护结构的楼梯间、水箱间、电梯机房等，结构层高在 2.20 m 及以上的应计算全面积；结构层高在 2.20 m 以下的，应计算 1/2 面积。

R. 围护结构不垂直于水平面的楼层，应按其底板面的外墙外围水平面积计算。结构净

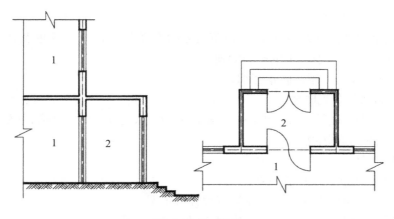

图 6.15.7　门斗

1—室内;2—门斗

高在 2.10 m 及以上的部位,应计算全面积;结构净高在 1.20 m 及以上至 2.10 m 以下的部位,应计算 1/2 面积;结构净高在 1.20 m 以下的部位,不应计算建筑面积。

　　S. 建筑物的室内楼梯、电梯井、提物井、管道井、通风排气竖井、烟道,应并入建筑物的自然层计算建筑面积。有顶盖的采光井应按一层计算面积,且结构净高在 2.10 m 及以上的,应计算全面积;结构净高在 2.10 m 以下的,应计算 1/2 面积。

　　T. 室外楼梯应并入所依附建筑物自然层,并应按其水平投影面积的 1/2 计算建筑面积。

　　U. 在主体结构内的阳台,应按其结构外围水平面积计算全面积;在主体结构外的阳台,应按其结构底板水平投影面积计算 1/2 面积。

　　V. 有顶盖无围护结构的车棚、货棚、站台、加油站、收费站等,应按其顶盖水平投影面积的 1/2 计算建筑面积。

　　W. 以幕墙作为围护结构的建筑物,应按幕墙外边线计算建筑面积。

　　X. 建筑物的外墙外保温层,应按其保温材料的水平截面积计算,并计入自然层建筑面积。

　　Y. 与室内相通的变形缝,应按其自然层合并在建筑物建筑面积内计算。对于高低联跨的建筑物,当高低跨内部连通时,其变形缝应计算在低跨面积内。

　　Z. 对于建筑物内的设备层、管道层、避难层等有结构层的楼层,结构层高在 2.20 m 及以上的,应计算全面积;结构层高在 2.20 m 以下的,应计算 1/2 面积。

　　Z'. 下列项目不应计算建筑面积:

　　a. 与建筑物内不相连通的建筑部件。

　　b. 骑楼、过街楼底层的开放公共空间和建筑物通道。

　　c. 舞台及后台悬挂幕布和布景的天桥、挑台等。

　　d. 露台、露天游泳池、花架、屋顶的水箱及装饰性结构构件。

　　e. 建筑物内的操作平台、上料平台、安装箱和罐体的平台。

　　f. 勒脚、附墙柱、垛、台阶、墙面抹灰、装饰面、镶贴块料面层、装饰性幕墙,主体结构外的空调室外机搁板(箱)、构件、配件,挑出宽度在 2.10 m 以下的无柱雨篷和顶盖高度达到或超过两个楼层的无柱雨篷。

g. 窗台与室内地面高差在 0.45 m 以下且结构净高在 2.10 m 以下的凸(飘)窗,窗台与室内地面高差在 0.45 m 及以上的凸(飘)窗。

h. 室外爬梯、室外专用消防钢楼梯。

i. 无围护结构的观光电梯。

j. 建筑物以外的地下人防通道,独立的烟囱、烟道、地沟、油(水)罐、气柜、水塔、贮油(水)池、贮仓、栈桥等构筑物。

② 单项脚手架

A. 脚手架工程量计算一般规则

a. 凡砌筑高度超过 1.5 m 的砌体均需计算脚手架。

b. 脚手架均按墙面(单面)垂直投影面积以平方米计算。

c. 计算脚手架时,不扣除门、窗洞口、空圈、车辆通道、变形缝等所占面积。

d. 建筑物高度不同时,按建筑物的竖向不同高度分别计算。

B. 砌筑脚手架工程量计算规则

a. 外墙脚手架按外墙外边线长度(如外墙有挑阳台,则每只阳台计算一个侧面宽度,计入外墙面长度内,两户阳台连在一起的也只算一个侧面)乘以外墙高度以平方米计算。外墙高度指室外设计地坪至檐口(或女儿墙上表面)高度。坡屋面至屋面板下(或椽子顶面)墙中心高度。山墙算至山尖 1/2 处的高度。

b. 内墙脚手架以内墙净长乘以内墙净高计算。有山尖者算至山尖 1/2 处的高度;有地下室时,自地下室室内地坪至墙顶面高度。

c. 砌体高度在 3.60 m 以内者,套用里脚手架;高度超过 3.60 m 者,套用外脚手架。

d. 山墙自设计室外地坪至山尖 1/2 处的高度超过 3.60 m 时,该整个外山墙按相应外脚手架计算,内山墙按单排外架子计算。

e. 外墙脚手架包括一面抹灰脚手架在内,另一面墙可计算抹灰脚手架。

f. 砖基础自设计室外地坪至垫层(或混凝土基础)上表面的深度超过 1.50 m 时,按相应砌墙脚手架执行。

C. 外墙镶(挂)贴脚手架工程量计算规则

a. 外墙镶(挂)贴脚手架工程量计算规则参照砌筑外墙脚手架相关规定。

b. 吊篮脚手架按装修墙面垂直投影面积以平方米计算(计算高度从室外地坪至设计高度)。吊篮数量按施工组织设计或实际数量确定。

D. 现浇钢筋混凝土脚手架工程量计算规则

a. 钢筋混凝土基础自设计室外地坪至垫层上表面的深度超过 1.50 m 时,同时带形基础底宽超过 3.0 m、独立基础或满堂基础及大型设备基础的底面积超过 16 m² 的混凝土浇捣脚手架应按槽、坑土方规定放工作面后的底面积计算,按满堂脚手架相应定额乘以 0.3 系数计算脚手架费用。(使用泵送混凝土者,混凝土浇捣脚手架不得计算)

b. 现浇钢筋混凝土独立柱、单梁、墙高度超过 3.6 m 应计算浇捣脚手架。柱的浇捣脚手架以柱的结构周长加 3.6 m 乘以柱高计算;梁的浇捣脚手架按梁的净长乘以地面(或楼面)至梁顶面的高度计算;墙的浇捣脚手架以墙的净长乘以墙高计算。套柱、梁、墙混凝土浇捣脚手架。

c. 层高超过 3.60 m 的钢筋混凝土框架柱、墙(楼板、屋面板为现浇板)所增加的混凝土浇捣脚手架费用,以每 $10 m^2$ 框架轴线水平投影面积,按满堂脚手架相应子目乘以 0.3 系数执行;层高超过 3.60 m 的钢筋混凝土框架柱、梁、墙(楼板、屋面板为预制空心板)所增加的混凝土浇捣脚手架费用,以每 $10 m^2$ 框架轴线水平投影面积,按满堂脚手架相应子目乘以 0.4 系数执行。

E. 抹灰脚手架、满堂脚手架工程量计算规则

a. 钢筋混凝土单梁、柱、墙抹灰脚手架,按以下规定计算脚手架:

单梁:以梁净长乘以地坪(或楼面)至梁顶面高度计算;

柱:以柱结构外围周长加 3.6 m 乘以柱高计算;

墙:以墙净长乘以地坪(或楼面)至板底高度计算。

b. 墙面抹灰:以墙净长乘以净高计算。

c. 如有满堂脚手架可以利用时,不再计算墙、柱、梁面抹灰脚手架。

d. 天棚抹灰高度在 3.60 m 以内,按天棚抹灰面(不扣除柱、梁所占的面积)以平方米计算。

e. 满堂脚手架:天棚抹灰高度超过 3.60 m,按室内净面积计算满堂脚手架,不扣除柱、垛、附墙烟囱所占面积。

基本层:高度在 8 m 以内计算基本层;

增加层:高度超过 8 m,每增加 2 m,计算一层增加层,计算式如下:

$$增加层数 = \frac{室内净高(m) - 8 m}{2 m}$$

计算结果保留整数,小数在 0.6 以内舍去,在 0.6 以上进位。

满堂脚手架高度以室内地坪面(或楼面)至天棚面或屋面板的底面为准(斜的天棚或屋面板按平均高度计算)。室内挑台栏板外侧共享空间的装饰如无满堂脚手架利用时,按地面(或楼面)至顶层栏板顶面高度乘以栏板长度以平方米计算,套相应抹灰脚手架定额。

F. 其他脚手架工程量计算规则

a. 外架子悬挑脚手架增加费按悬挑脚手架部分的面积计算,计算原则参照外墙脚手架。

b. 单层轻钢厂房脚手架柱梁、屋面瓦等水平结构安装按厂房水平投影面积计算,墙板、门窗、雨篷等竖向结构安装按厂房垂直投影面积计算。

c. 高压线防护架按搭设长度以延长米计算。

d. 金属过道防护棚按搭设水平投影面积以平方米计算。

e. 斜道、电梯井脚手架区别不同高度以座计算。

f. 满堂支撑架应根据建设单位认可的合理施工方案计算,搭拆按实际使用的脚手钢管重量计算,使用费按实际使用的脚手钢管重量和天数计算,应包括搭设和拆除天数,不包括现场囤积和转运天数。

③ 综合脚手架超高脚手架材料增加费

A. 建筑物檐高超过 20 m 可计算脚手架材料增加费。建筑物檐高超过 20 m 脚手架材料增加费以建筑物超过 20 m 部分建筑面积计算。

B. 层高超过 3.6 m 每增高 0.1 m 按增高 1 m 的比例换算(不足 0.1 m 按 0.1 m 计算)。

C. 建筑物檐高高度超过 20 m,但其最高一层或其中一层楼面未超过 20 m 时,则该楼层在 20 m 以上部分仅能计算每增高 1 m 的增加费。

D. 同一建筑物中有 2 个或 2 个以上的不同檐口高度时,应分别按不同高度竖向切面的建筑面积套用相应子目。

E. 单层建筑物(无楼隔层者)高度超过 20 m,其超过部分除构件安装按定额第八章的规定执行外,另按本章相应项目计算脚手架材料增加费。

④ 单项脚手架超高脚手架材料费增加费

建筑物檐高超过 20 m 可计算脚手架材料增加费。建筑物檐高超过 20 m 脚手架材料增加费同外墙脚手架计算规则,从设计室外地面起算。

同一建筑物中有 2 个或 2 个以上的不同檐口高度时,应分别按不同高度竖向切面的外脚手架面积套用相应子目。

3) 脚手架工程计算示例

【例 6.15.1】 如图 6.15.8,某多层住宅变形缝宽度为 0.20 m,与室内不连通,阳台水平投影尺寸为 1.80 m×3.60 m(共 18 个),雨篷水平投影尺寸为 2.60 m×4.00 m,坡屋面阁楼室内净高最高点为 3.65 m,坡屋面坡度为 1∶2,平屋面女儿墙顶面标高为 11.60 m,A—B 轴部分长 30.2 m,C—D 轴部分长 60.2 m。请按《建筑工程建筑面积计算规范》(GB/T 50353—2013)计算下图的建筑面积,并按 2014 年计价定额规定计算脚手架工程费。

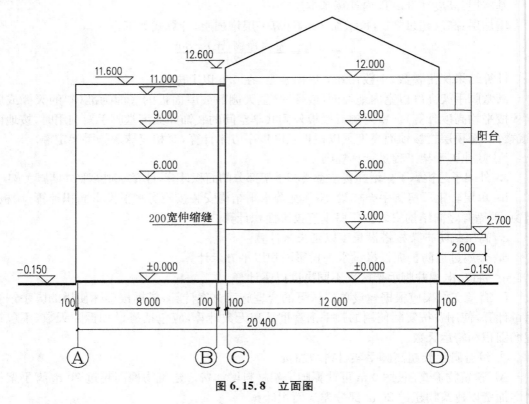

图 6.15.8　立面图

【相关知识】

1. 本工程属于住宅楼,根据 2014 年江苏省计价定额的规定,应按综合脚手架计算,因此,计算规范中应套用综合脚手架清单项目。

2. 清单计算规则和计价定额计算规则是一样的,都是按建筑面积计算。

【解】

1. 工程量计算

A—B轴　$30.20 \times (8.20 \times 2 + 8.20 \times 1/2) = 619.1(m^2)$

B—C轴　$60.20 \times 12.20 \times 4 = 2\,937.76(m^2)$

坡屋面　$60.20 \times (6.20 + 1.80 \times 2 \times 1/2) = 481.60(m^2)$

雨篷　$2.60 \times 4.00 \times 1/2 = 5.20(m^2)$

阳台　$18 \times 1.80 \times 3.60 \times 1/2 = 58.32(m^2)$

合计　$4\,101.98\ m^2$

2. 编制清单

表 6.15.1　单价措施项目工程量清单

工程名称:某跃层住宅　　　　　　　　　　　　　　　　　　　　　　　第　页　共　页

序号	项目编号	项目名称	计量单位	工程数量
	011701001001	综合脚手架 建筑结构形式:砖混结构 檐口高度:12.75 m	m²	4 101.98
		本页小计		
		合计		

3. 定额计价

表 6.15.2　单价措施项目工程量清单

工程名称:某住宅　　　　　　　　　　　　　　　　　　　　　　　第　页　共　页

序号	项目编号	项目名称	计量单位	工程数量	金额	
					综合单价	合价
	011701001001	综合脚手架 建筑结构形式:砖混结构 檐口高度:12.75 m	m²	4 101.98	24.48	100 416.47
		本页小计				100 416.47
		合计				100 416.47

项目编码	011701001001	项目名称	综合脚手架	计量单位	m²	清单工程量	4 101.98
清单综合单价组成明细							
定额编号	名称	单位	工程量	基价	合价		
20-1	檐高在 12 m 以内,层高在 3.6 m 内	m²	371.46	17.99	6 682.57		
20-3	檐高在 12 m 以内,层高在 8 m 内	m²	247.64	77.35	19 154.95		
20-5	檐高在 12 m 以上,层高在 3.6 m 内	m²	3 482.88	21.41	74 568.46		
计价表合价汇总(元)							100 405.98
清单项目综合单价(元)							24.48

20-1　檐高在 12 m 以内,层高在 3.6 m 内

A—B轴二、三层　30.20×(8.20+8.20×1/2)=371.46(m²)

371.46×17.99=6 682.57(元)

20-3　檐高在12 m以内,层高在8 m内

A—B轴一层　30.20×8.20=247.64(m²)

247.64×77.35=19 154.95(元)

20-5　檐高在12 m以上,层高在3.6 m内

B—C轴　60.20×12.20×4=2 937.76(m²)

坡屋面　60.20×(6.20+1.80×2×1/2)=481.60(m²)

雨篷　2.60×4.00×1/2=5.20(m²)

阳台　18×1.80×3.60×1/2=58.32(m²)

小计　3 482.88 m²

3 482.88×21.41=74 568.46 元

【例6.15.2】　某工业工程取费三类工程,钢筋混凝土独立基础如图6.15.9所示,请判别该基础是否可计算浇捣脚手费。如可以计算,请计算出工程量和合价。

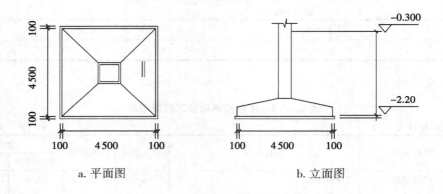

a. 平面图　　　　　　　　　b. 立面图

图6.15.9　某工程钢筋混凝土独立基础图

【相关知识】

1. 计算钢筋混凝土浇捣脚手架的条件。

混凝土带形基础:

(1) 自设计室外地坪至垫层上表面的深度超过1.5 m。

(2) 带形基础混凝土底宽超过3.0 m。

混凝土独立基础、满堂基础、大型设备基础。

(1) 自设计室外地坪至垫层上表面的深度超过1.5 m。

(2) 混凝土底面积超过16 m²。

2. 按槽坑规定放工作面后的底面积计算。

3. 按满堂脚手架乘以系数0.3计算。

【解】

1. 因为该钢筋混凝土独立基础深度2.2−0.3=1.9(m)>1.5 m

该钢筋混凝土独立基础混凝土底面积4.5×4.5=20.25(m²)>16 m²

同时满足两个条件:故应计算浇捣脚手架。

2. 工程量计算

(4.5+0.6)×(4.5+0.6)＝26.01(m²)(0.3 m为规定的工作面增加尺寸)

3. 套建筑与装饰计价表

套20—20×0.3子目　26.01/10×156.85×0.3＝122.39(元)

【例6.15.3】　某工业工程天棚抹灰需要搭设满堂脚手架,室内净面积为500 m²,室内净高为11 m,计算该项满堂脚手架费。

【相关知识】

1. 计算满堂脚手架的增加层数。

2. 余数的处理,在0.6以内不计算增加层。

【解】

1. 工程量为已知室内净面积500 m²。

2. 计算增加层数＝(11-8)/2＝1.5

余数0.5<0.6,只能计算1个增加层

3. 套子目(2014年江苏省计价定额)

20-21　500×196.8/10＝9 840(元)

20-22　500×44.54/10＝2 227(元)

4. 该项满堂脚手费合计　12 067元

【例6.15.4】　某单层工业建筑物平面如图6.15.10所示,室内外高差0.3 m,平屋面,预应力空心板厚0.12 m,天棚抹灰。试根据以下条件计算内外墙、天棚脚手架费用:(1)檐高3.52 m;(2)檐高4.02 m;(3)檐高6.12 m。

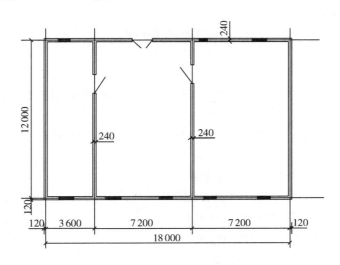

图6.15.10　某单层建筑平面图

【解】

1. 檐高3.52 m

(1) 计算

工程量：

① 外墙砌筑脚手架

(18.24+12.24)×2×3.52＝214.58(m²)

② 内墙砌筑脚手架

(12-0.24)×2×(3.52-0.3-0.12)＝72.91(m²)

③ 抹灰脚手架

高度 3.6 m 以内的墙面,天棚套用 3.6 m 以内的抹灰脚手架

a. 墙面抹灰(外墙面按砌筑脚手架可以利用考虑,内墙不考虑利用)

[(12-0.24)×6+(18-0.24)×2]×(3.52-0.3-0.12)＝328.85(m²)

b. 天棚抹灰

[(3.6-0.24)+(7.2-0.24)×2]×(12-0.24)＝203.21(m²)

抹灰面积小计 328.85+203.21＝532.06(m²)

(2) 套子目 (2014 年江苏省计价定额)

20-9 (214.58+72.91)/10×16.33＝469.47(元)

20-23 532.06/10×3.9＝207.50(元)

内外墙、天棚的脚手架费 676.97 元。

2. 檐高 4.02 m

(1) 计算

工程量：

① 外墙砌筑脚手架

(18.24+12.24)×2×4.02＝245.06(m²)

② 内墙砌筑脚手架

(12-0.24)×2×(4.02-0.3-0.12)＝84.67(m²)

③ 抹灰脚手架

a. 墙面抹灰

[(12-0.24)×6+(18-0.24)×2]×(4.02-0.3-0.12)＝381.89(m²)

b. 天棚抹灰

[(3.6-0.24)+(7.2-0.24)×2]×(12-0.24)＝203.21(m²)

抹灰面积小计 585.10 m²

(2) 套子目 (2014 年江苏省计价定额)

20-10 245.06/10×137.43＝3 367.86(元)

20-9 84.67/10×16.33＝138.27(元)

20-23 585.10/10×3.9＝228.19(元)

内外墙、天棚的脚手费 3 734.32 元。

3. 檐高 6.12 m

(1) 计算

工程量：

① 外墙砌筑脚手架

(18.24+12.24)×2×6.12＝373.08(m²)

② 内墙砌筑脚手架

$(12-0.24)\times2\times(6.12-0.3-0.12)=134.06(\text{m}^2)$

③ 抹灰脚手架

净高超 3.6 m,按满堂脚手架计算

$[(3.6-0.24)+(7.2-0.24)\times2]\times(12-0.24)=203.21(\text{m}^2)$

(2)套子目　(2014 年江苏省计价定额)

20-10　$(373.08+134.06)/10\times137.43=6\ 969.63(元)$

20-21　$203.21/10\times196.80=3\ 999.17(元)$

内外墙、天棚的脚手费　10 968.80 元

【例 6.15.5】　某工业工程施工图纸标明有 370 mm×490 mm 方形独立柱 10 根,高度 4.6 m;300 mm×400 mm 方形独立柱 6 根,高度 3.5 m,请计算柱的浇捣脚手架费(三类工程)。

【相关知识】

现浇钢筋混凝土独立柱高度超 3.6 m 的应计算浇捣脚手架。

【解】

1. 工程量

$[(0.37+0.49)\times2+3.6]\times4.6\times10=244.72(\text{m}^2)$

2. 套子目　(2014 年江苏省计价定额)

20-26　$244.72/10\times36.16=884.91(元)$

3. 柱的浇捣脚手费为 884.91 元。

【例 6.15.6】　某工业工程施工图标明有现浇钢筋混凝土剪力墙三道,净长长度共为 15.5 m,二层楼表面至三层楼表面层高 3.8 m,楼板厚 80 mm,试计算该三道剪力墙的浇捣脚手架费。

【相关知识】

墙的浇捣脚手架以墙的净长乘以墙高计算。

【解】

1. 工程量

$15.5\times(3.8-0.08)=57.66(\text{m}^2)$

2. 套子目

20-26　$57.66/10\times36.16=208.50(元)$

3. 剪力墙的浇捣脚手架费　208.50 元

6.15.1.2　混凝土模板及支架(撑)

1) 混凝土模板及支架(撑)工程清单应用要点

(1)根据江苏省的规定,现浇混凝土模板不与混凝土合并,在单价措施项目中列项,预制混凝土的模板包含在相应预制混凝土的项目中。

(2)混凝土模板及支架(撑)工程量按模板与现浇混凝土构件的接触面积计算。

① 现浇钢筋混凝土墙、板单孔面积≤0.3 m² 的孔洞不予扣除,洞侧壁模板亦不增加;单孔面积>0.3 m² 时应予扣除,洞侧壁模板面积并入墙、板工程量内计算。

② 现浇框架分别按梁、板、柱有关规定计算;附墙柱、暗梁、暗柱并入墙内工程量内计算。

③ 柱、梁、墙、板相互连接的重叠部分,均不计算模板面积。

④ 构造柱按图示外露部分计算模板面积,江苏省将构造柱模板工程量计算规则调整为按图示外露部分计算面积(锯齿形按锯齿形最宽面计算模板宽度)。

(3) 雨篷、悬挑板、阳台板按图示外挑部分尺寸的水平投影面积计算,挑出墙外的悬臂梁及板边不另计算。

(4) 楼梯按楼梯(包括休息平台、平台梁、斜梁和楼层板的连接梁)的水平投影面积计算,不扣除宽度≤500 mm 的楼梯井所占面积,楼梯踏步、踏步板、平台梁等侧面模板不另计算,伸入墙内部分亦不增加。

(5) 台阶按图示台阶水平投影面积计算,台阶端头两侧不另计算模板面积。架空式混凝土台阶,按现浇楼梯计算

(6) 混凝土采用清水模板时,应在特征中注明。

(7) 若现浇混凝土梁、板支撑高度超过 3.6 m 时,项目特征应描述支撑高度。

(8) 原槽浇灌的混凝土基础、垫层,不计算模板。

2) 混凝土模板及支架(撑)计价定额应用要点

(1) 在定额编制中,现场预制构件的底模按砖底模考虑,侧模考虑了组合钢模板和复合木模板两种;加工场预制构件的底模按混凝土底模考虑,侧模考虑定型钢模板和组合钢模板两种;现浇构件除部分项目采用全木模和塑壳模外,都考虑了组合钢模板配钢支撑和复合木模板配钢支撑两种。在编制报价时施工单位应根据制定的施工组织设计中的模板方案选择一种子目或补充一种子目执行。

(2) 为便于施工企业快速报价,在附录中列出了混凝土构件的模板含量表,供使用单位参考。按设计图纸计算模板接触面积或使用混凝土含模量折算模板面积,这两种方法仅能使用其中一种,相互不得混用。使用含模量者,竣工结算时模板面积不得再调整。构筑物工程中的滑升模板是以立方米混凝土为单位的模板系综合考虑。倒锥形水塔水箱提升以"座"为单位。

(3) 预制构件模板子目,按不同构件,分别以组合钢模板、复合木模板、木模板、定型钢模板、长线台钢拉模、加工厂预制构件配混凝土地模、现场预制构件配砖胎模、长线台配混凝土地胎模编制,使用其他模板时,不予换算。

(4) 模板工作内容包括清理、场内运输、安装、刷隔离剂、浇灌混凝土时模板维护、拆模、集中堆放、场外运输。木模板包括制作(预制构件包括刨光,现浇构件不包括刨光);组合钢模板、复合木模板包括装箱。

(5) 现浇钢筋混凝土柱、梁、墙、板的支模高度以净高(底层无地下室者高需另加室内外高差)在 3.6 m 以内为准,净高超过 3.6 m 的构件其钢支撑、零星卡具及模板人工分别乘相应系数。但其脚手架费用应按脚手架工程的规定另行执行。注意:轴线未形成封闭框架的柱、梁、板称独立柱、梁、板。

(6) 支模高度净高是指:

① 柱:无地下室底层是指设计室外地面至上层板底面、楼层板顶面至上层板底面;

② 梁:无地下室底层是指设计室外地面至上层板底面、楼层板顶面至上层板底面;

③ 板:无地下室底层是指设计室外地面至上层板底面、楼层板顶面至上层板底面;

④ 墙:整板基础板顶面(或反梁顶面)至上层板底面、楼层板顶面至上层板底面。

（7）模板项目中，仅列出周转木材而无钢支撑的项目，其支撑量已含在周转木材中，模板与支撑按 7∶3 拆分。

（8）设计 T、L、十形柱，两边之和在 2 000 mm 内按 T、L、十形柱相应子目执行，其余按直行墙相应定额执行。

（9）模板材料已包含砂浆垫块与钢筋绑扎用的 22# 镀锌铁丝在内，现浇构件和现场预制构件不用砂浆垫块，而改用塑料卡，应根据定额说明增加费用。目前，许多城市已强行规定使用塑料卡，因此在编制标底和投标报价时一定要注意。

（10）有梁板中的弧形梁模板按弧形梁定额执行（含模量＝肋形板含模量），其弧形板部分的模板按板定额执行。

（11）砖墙基上带形混凝土防潮层模板按圈梁定额执行。

（12）混凝土底板面积在 1 000 m² 以内，若使用含模量计算模板面积，有梁式满堂基础的反梁或地下室墙侧面的模板如用砖侧模时，砖侧模的费用应另外增加，同时扣除相应的模板面积（扣除的模板总量不得超过总的定额中的含模量，否则会出现倒挂现象）；超过 1 000 m² 时，按混凝土与模板接触面积计算。

（13）地下室后浇墙带的模板应按已审定的施工组织设计另行计算，但混凝土墙体模板含量不扣。

（14）弧形构件按相应定额执行，但带形基础、设备基础、栏板、地沟如遇圆弧形，除按相应定额的复合模板执行外，其人工、复合木模板乘系数 1.3 调整，其他不变。

（15）用钢滑升模板施工的烟囱、水塔、贮仓使用的钢提升杆是按 φ25 一次性用量编制的，设计要求不同时，进行换算。定额中施工时是按无井架计算的，并综合了操作平台，不再计算脚手架和竖井架。

（16）本章的 21-250、21-251、21-252 子目混凝土、钢筋混凝土地沟是指建筑物室外的地沟，室内钢筋混凝土地沟按 21-91、21-92 子目执行。

（17）现浇有梁板、无梁板、平板、楼梯、雨篷及阳台，底面设计不抹灰者，增加模板缝贴胶带纸人工 0.27 工日/10 m²。

（18）模板工程计算规则

① 现浇混凝土及钢筋混凝土模板工程量

a. 现浇混凝土及钢筋混凝土模板工程量除另有规定者外，均按混凝土与模板的接触面积以平方米计算。若使用含模量计算模板接触面积者，其工程量＝构件体积×相应项目含模量，含模量表见附录一。

b. 钢筋混凝土墙、板上单孔面积在 0.3 m² 以内的孔洞，不予扣除，洞侧壁模板不另增加，但突出墙面的侧壁模板应相应增加。单孔面积在 0.3 m² 以外的孔洞，应予扣除，洞侧壁模板面积并入墙、板模板工程量之内计算。

c. 现浇钢筋混凝土框架分别按柱、梁、墙、板有关规定计算，墙上单面附墙柱、暗梁、暗柱并入墙内工程量计算，双面附墙柱按柱计算，但后浇墙、板带的工程量不扣除。

d. 设备螺栓套孔或设备螺栓分别按不同深度以"个"计算；二次灌浆，按实灌体积以立方米计算。

e. 预制混凝土板间或边补现浇板缝，缝宽在 100 mm 以上者，模板按平板定额计算。

f. 构造柱外露均应按图示外露部分计算面积（锯齿形则按锯齿形最宽面计算模板宽

度),构造柱与墙接触面不计算模板面积。

g. 现浇混凝土雨篷、阳台、水平挑板,按图示挑出墙面以外板底尺寸的水平投影面积计算(附在阳台梁上的混凝土线条不计算水平投影面积)。挑出墙外的牛腿及板边模板已包括在内。复式雨篷挑口内侧净高超过 250 mm 时,其超过部分按挑檐定额计算(超过部分的含模量按天沟含模量计算)。竖向挑板按 100 mm 内墙定额执行。

h. 整体直形楼梯包括楼梯段、中间休息平台、平台梁、斜梁及楼梯与楼板连接的梁,按水平投影面积计算,不扣除小于 500 mm 的梯井,伸入墙内部分不另增加。

i. 圆弧形楼梯按楼梯的水平投影面积以平方米计算(包括圆弧形梯段、休息平台、平台梁、斜梁及楼梯与楼板连接的梁)。

j. 楼板后浇带以延长米计算(整板基础的后浇带不包括在内)。

k. 现浇圆弧形构件除定额已注明者外,均按垂直圆弧形的面积计算。

l. 栏杆按扶手的延长米计算,栏板竖向挑板按模板接触面积以平方米计算。扶手、栏板的斜长按水平投影长度乘系数 1.18 计算。

m. 劲性混凝土柱模板,按现浇柱定额执行。

n. 砖侧模分不同厚度,按砌筑面积以平方米计算。

o. 后浇带模板、支撑增加费,工程量按后浇板带设计长度以延长米计算。

p. 整板基础后浇带铺设热镀锌钢丝网,按实铺面积计算。

② 现场预制混凝土及钢筋混凝土模板工程量

a. 现场预制构件模板工程量,除另有规定者外,均按模板接触面积以平方米计算。若使用含模量计算模板面积者,其工程量=构件体积×相应项目的含模量。砖地模费用已包括在定额含量中,不再另行计算。

b. 漏空花格窗、花格芯按外围面积计算。

c. 预制桩不扣除桩尖虚体积。

d. 加工厂预制构件有此项目,而现场预制无此项目,实际在现场预制时模板按加工厂预制模板子目执行。现场预制构件有此项目,加工厂预制构件无此项目,实际在加工厂预制时,其模板按现场预制模板子目执行。

③ 加工厂预制构件的模板工程量

a. 除漏空花格窗、花格芯外,混凝土构件体积一律按施工图纸的几何尺寸以实体积计算,空腹构件应扣除空腹体积。

b. 漏空花格窗、花格芯按外围面积计算。

3) 混凝土模板及支架(撑)计算示例

【例 6.15.7】 设现浇钢筋混凝土方形柱高 5 m,板厚 100 mm,设计断面尺寸为 450 mm×400 mm,请计算模板接触面积和模板费用。(按一类工程计取)

【相关知识】

柱净高超 3.6 m 支模增加费,钢支撑、零星卡具模板乘以调整系数。

【解】

1. 模板接触面积

$(0.45+0.4)×2×(5-0.1)=8.33(m^2)$

2. 根据施工组织设计,施工方法按复合木模板考虑

21-27 换 单价换算

① 取费由三类工程换算为一类工程

$(285.36+16.43)\times(1+31\%+12\%)+202.88=634.44$(元/m²)

② 超 3.6 m 增加费

$(8.64+14.96)\times0.07+285.36\times0.3\times(1+31\%+12\%)=124.07$(元/m²)

3. 套子目 （2014 年江苏省计价定额）

21-27 换（1） $8.33/10\times634.44=528.49$(元)

21-27 换（2） $8.33/10\times124.07=103.35$(元)

模板费 $528.49+103.35=631.84$(元)

【例 6.15.8】 现浇有梁板中的主梁长为 14.24 m,断面尺寸为 300 mm×400 mm,板厚 80 mm,采用复合木模板、塑料卡垫保护层,请计算模板费用(三类工程)。

【相关知识】

1. 有梁板中的肋梁部分模板应套用现浇板子目。

2. 用塑料卡代替砂浆垫块,应增加费用。

【解】

1. 模板接触面积

$[(0.4-0.08)\times2+0.3]\times14.24=13.39$(m²)

2. 套子目 （2014 年江苏省计价定额）

21-57 $13.39/10\times503.57=674.28$(元)

塑料卡费 $13.39/10\times6=8.03$(元)

3. 模板费 $674.28+8.03=682.31$(元)。

【例 6.15.9】 设现浇 240 mm×250 mm 圈梁一道,其周长为 45 m,采用复合木模板, 计算它的模板接触面积及模板费用(三类工程)。

【解】

1. 模板接触面积

$(0.25+0.25)\times45=22.5$(m²)

2. 套子目 （2014 年江苏省计价定额）

21-42 $22.5/10\times562.77=1\,266.23$(元)

【例 6.15.10】 某工程地面上钢筋混凝土墙厚 180 mm,混凝土工程量 1 200 m³,墙根 据附录中混凝土及钢筋混凝土构件模板含量表计算模板接触面积。

【解】

$1\,200\times13.63=16\,356$(m²)

模板接触面积 $16\,356$(m²)

【例 6.15.11】 请计算"L"、"T"形墙体处构造柱模板工程量,墙体厚 240 mm,构造柱 高 2.8 m,三类工程("L"形 20 根,"T"形 10 根)。

【相关知识】

构造柱按锯齿形最宽面计算模板宽度。

【解】

1. 工程量

"L"形：$(0.3×2+0.06×2)×2.8=2.02(m^2)$

"T"形：$(0.36+0.12×2)×2.8=1.68(m^2)$

工程量：$2.02×20+1.68×10=57.2(m^2)$

2. 套子目 （2014年江苏省计价定额）

21-31　$57.2/10×617.85=3552.64(元)$

【例6.15.12】 如图6.15.11所示独立基础，复合木模板，请计算该独立基础模板费用（三类工程）。

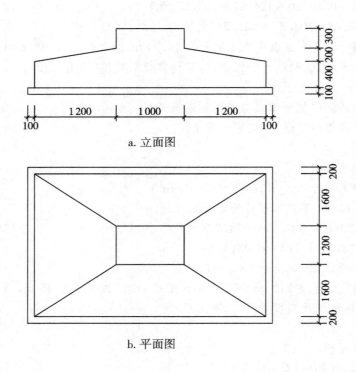

a. 立面图

b. 平面图

图6.15.11　独立基础图

【解】

1. 工程量

$(1+1.2×2+1.6×2+1.2)×2×0.4+(1.0+1.2)×2×0.3=7.56(m^2)$

2. 套子目 （2014年江苏省计价表）

21-12　$7.56/10×605.78=457.97(元)$

【例6.15.13】 如图6.15.12所示，某带三层裙房的现浇框架高层建筑，一至三层有关情况如下：层高底层5 m，二、三层4.5 m，室内外高差0.6 m。房间面与墙中心线，墙厚200 mm，二至四层C30混凝土有梁楼板厚度100 mm，后浇带C35混凝土，宽度1 000 mm，后浇带立最底层支撑至拆四层屋面支撑预计需10个月零8天。底层柱上焊钢牛腿0.48 t，现场制作钢牛腿刷一度防锈漆，二度调和漆。图中肋梁不考虑，每层的楼梯、电梯间等非有梁板面积60 m²，柱子工程量自室外地坪起算。

请计算柱的混凝土、模板（按含量）、脚手架费用，钢牛腿、后浇带混凝土、模板费用。（工

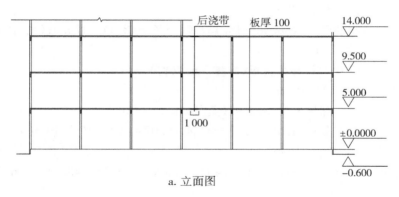

a. 立面图

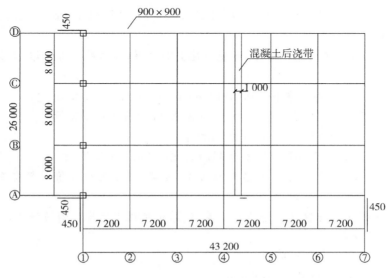

b. 平面图

图 6.15.12　三层裙房现浇框架图

程类别等按定额执行,不调整)

【解】

1. 柱混凝土

计价定额 6-14　矩形柱　506.05 元/m³

0.9×0.9×5.6×28(个)=127.01(m³)

0.9×0.9×4.5×28(个)×2(层)=204.12(m³)

计　331.13 m³

柱混凝土费用　331.13×506.05=167 568.34(元)。

2. 矩形柱模板

计价定额 21-27 换　矩形柱模板(支撑 8 m 以内)　678.51 元/10 m²

工程量　127.01×5.56(含量)=706.18(m²)

单价　人工　285.36×1.60=456.58(元/10 m²)

　　　材料　202.88+14.96×0.15+8.64×0.15=206.42(元/10 m²)

　　　　机械　16.43 元/10 m²

　　　　管理费和利润　（456.58＋16.43）×（25％＋12％）＝175.01（元/10 m²）

　　单价　854.44 元/10 m²

　　计价定额 21-27 换　矩形柱模板（支撑 5 m 以内）

204.12×5.56＝1 134.91（m²）

　　单价　人工　285.36×1.3＝370.97（元/10 m²）

　　　　材料　202.88＋14.96×0.07＋8.64×0.07＝204.53（元/10 m²）

　　　　机械　16.43 元/10 m²

　　　　管理费和利润　（370.97＋16.43）×（25％＋12％）＝143.34（元/m²）

　　单价　735.27 元/10 m²

　　矩形柱模板费用　706.18×854.44＋1 134.91×735.27＝1 437 853.72（元）。

　　3. 钢牛腿

（依附于钢柱的牛腿应并入钢柱；混凝土柱上钢牛腿，制作按铁件制作，安装按钢墙架安装）

　　计价定额 7-57　钢牛腿制作　0.48 t×8 944.78 元/t＝4 293.49 元

　　计价定额 8-132　钢牛腿安装 0.48 t×1 358.96 元/t＝652.30 元

　　计价定额 17-132＋17-133　钢牛腿调和漆

0.48 t×23.94 m²/t÷10×（45.21＋41.19）元/10 m²＝99.28 元

　　注：系数 23.94 m²/t 见《江苏省建筑与装饰、安装、市政工程计价定额交底资料》（2014年）。

　　计价定额中钢牛腿防锈漆一遍不另计算，钢结构制作中已含一遍防锈漆。

　　4. 后浇带混凝土

　　计价定额 6-36 换　后浇带 C35

1.00×26.2×0.1×3（层）＝7.86（m³）

　　单价　469.85－276.61＋290.19＝483.43（元/m³）

　　后浇带混凝土费用　7.86×483.43＝3 799.76 元

　　5. 后浇带模板

　　计价定额 21-57 换　后浇板带模板（8 m 以内）

　　工程量　1.00×26.2×0.1＝2.62（m³）

2.62×10.7（系数）＝28.03（m²）

　　单价　人工　201.72×1.6＝322.75（元/10 m²）

　　　　材料　203.76＋24.26×0.15＋8.83×0.15＝208.72（元/10 m²）

　　　　机械　17.12 元/10 m²

　　　　管理费和利润　（322.75＋17.12）×（25％＋12％）＝125.75（元）

　　单价　674.34 元/10 m²

　　计价定额 21-57 换　后浇板带模板（5 m 以内）　519.71 元/10 m²

　　工程量　1.00×26.2×0.1×2＝5.24（m³）

5.24×10.7＝56.07（m²）

　　单价　人工　201.72×1.3＝262.24（元/10 m²）

材料 $203.76＋24.26×0.07＋8.83×0.07＝206.08(元/10 m^2)$

机械 17.12 元/10 m^2

管理费和利润 $(262.24＋17.12)×(25\%＋12\%)＝103.36(元/10 m^2)$

单价 588.8 元/10 m^2

计价定额 21-67＋21-68×5 换 后浇板带模板支撑增加费(8 m 以内)

工程量 26.2 m

单价换算 $1\ 997.98＋404.38×0.15＝2\ 058.64(元/10 m)$

$(91.17＋80.87×0.15)×5＝516.50(元/10 m)$

单价 $2\ 575.14$ 元/10 m

计价定额 21－67＋68×5 换 后浇板带模板支撑增加费(5 m 以内)

工程量 $26.2×2＝52.4(m)$

单价换算 $1\ 997.98＋404.38×0.07＝2\ 026.29(元/10 m)$

$(91.17＋80.87×0.07)×5＝484.15(元/10 m)$

单价 $2\ 510.74$ 元/10 m

后浇带模板费用 $2.803×674.34＋5.607×588.8＋2.62×2\ 575.14＋5.24×2\ 510.74$
$＝25\ 094.72(元)$。

6. 浇捣脚手架(假设题目要求按单项脚手架计算)

计价定额 20-21×0.3 框架浇捣脚手架(8 m 以内) 59.04 元/10 m^2

$7.2×6×26＝1\ 123.2(m^2)$

计价定额 20-20×0.3 框架浇捣脚手架(5 m 以内) 47.06 元/10 m^2

$7.2×6×26×2$ 层$＝2\ 246.4(m^2)$

浇捣脚手架费用 $112.32×59.04＋224.64×47.06＝17\ 202.93(元)$。

6.15.1.3 垂直运输

1) 垂直运输工程清单应用要点

(1) 垂直运输计量单位为 m^2 时,按建筑面积计算;计量单位为天时,按施工工期日历天数计算,江苏省规定"施工工期日历天"为定额工期。

(2) 垂直运输指施工工程在合理工期内所需垂直运输机械费用,包括垂直运输机械的固定装置、基础制作、安装和行走式垂直运输机械轨道的铺设、拆除、摊销等费用。

(3) 如计量单位为建筑面积,同一建筑物有不同檐高时,按建筑物的不同檐高做纵向分割,分别计算建筑面积,以不同檐高分别编码列项。建筑物的檐口高度是指设计室外地坪至檐口滴水的高度(平屋顶系指屋面板底高度),突出主体建筑物屋顶的电梯机房、楼梯出口间、水箱间、瞭望塔、排烟机房等不计入檐口高度。

2) 垂直运输计价定额应用要点

(1) 建筑工程垂直运输计价表概况

《江苏省建筑与装饰工程计价定额》垂直运输一章划分为建筑物垂直运输,单独装饰工程垂直运输,烟囱、水塔、筒仓垂直运输和施工塔吊、电梯基础、塔吊及电梯与建筑物连接件等四节。

本章中所指的工期定额为建标〔2000〕38 号文颁发的《全国统一建筑安装工程工期定额》。

本章中所指的我省工期调整规定为江苏省建设厅苏建定〔2000〕283号"关于贯彻执行《全国统一建筑安装工程工期定额》的通知"。

我省工期调整规定如下：

① 民用建筑工程中单项工程

±0.00以下工程调减5％；

±0.00以上工程中的宾馆、饭店、影剧院、体育馆调减5％。

② 民用建筑工程中单位工程

±0.00以下结构工程调减5％；±0.00以上结构工程，宾馆、饭店及其他建筑的装修工程调减10％。

③ 工业建筑工程均调减10％。

④ 其他建筑工程均调减5％。

⑤ 专业工程

设备安装工程中除电梯安装外均调减5％。

⑥ 其他工程均按国家工期定额标准执行。

(2) 建筑工程垂直运输费说明

① "檐高"是指设计室外地坪至檐口的高度，突出主体建筑物顶的女儿墙、电梯间、楼梯间、水箱等不计入檐口高度以内；"层数"指地面以上建筑物的层数，其中地下室、地面以上部分净高小于2.1m的半地下室不计入层数。

② 本定额工作内容包括江苏省调整后的国家工期定额内完成单位工程全部工程项目所需的垂直运输机械台班，不包括机械的场外运输、一次安装、拆卸、路基铺垫和轨道铺拆等费用。施工塔吊与电梯基础、施工塔吊和电梯与建筑物连接的费用单独计算。

③ 本定额项目划分是以建筑物"檐高"、"层数"两个指标界定的，只要其中一个指标达到定额规定，即可套用该定额子目。

④ 一个工程，出现两个或两个以上檐口高度（层数），使用同一台垂直运输机械时，定额不作调整；使用不同垂直运输机械时，应依照国家工期定额分别计算。

⑤ 当建筑物垂直运输机械数量与定额不同时，可按比例调整定额含量。本定额按卷扬机施工配两台卷扬机，塔式起重机施工配一台塔吊一台卷扬机（施工电梯）考虑。如仅采用塔式起重机施工，不采用卷扬机时，塔式起重机台班含量按卷扬机含量取定，卷扬机扣除。

⑥ 垂直运输高度小于3.6m的单层建筑物、围墙和单独地下室，不计算垂直运输机械台班。

⑦ 预制混凝土平板、空心板、小型构件的吊装机械费用已包括在本定额中。

⑧ 本定额中现浇框架系指柱、梁、板全部为现浇的钢筋混凝土框架结构。如部分现浇，部分预制，按现浇框架乘系数0.96。

⑨ 柱、梁、墙、板构件全部现浇的钢筋混凝土框筒结构、框剪结构按现浇框架执行；筒体结构按剪力墙（滑模施工）执行。

⑩ 预制屋架的单层厂房，不论柱为预制或现浇，按预制排架定额计算。

⑪ 单独地下室工程项目定额工期按不含打桩工期自基础挖土开始计算。多栋房屋下有整体连通地下室时，上部房屋分别套用对应单项工程工期定额，整体连通地下室按单独地下室工程执行。

⑫ 计算工期时未承包施工的工程内容,如打桩、挖土等的工期不扣除。

⑬ 混凝土构件,使用泵送混凝土浇筑者,卷扬机施工定额台班乘系数 0.96;塔式起重机施工定额中的塔式起重机台班含量乘系数 0.92。

⑭ 采用履带式、轮胎式、汽车式起重机(除塔式起重机外)吊(安)装预制大型构件的工程,除按定额本章规定计算垂直运输费外,另按定额第八章有关规定计算构件吊(安)装费。

⑮ 烟囱、水塔、筒仓的"高度"指设计室外地坪至构筑物的顶面高度,突出构筑物主体顶的机房等高度不计入构筑物高度内。

(3) 建筑工程垂直运输费计算规则

① 建筑物垂直运输机械台班用量,区分不同结构类型、檐口高度(层数)按国家工期定额以日历天计算。

② 单独装饰工程垂直运输机械台班,区分不同施工机械、垂直运输高度、层数按定额工日分别计算。

③ 烟囱、水塔、筒仓垂直运输机械台班,以"座"计算。超过定额规定高度时,按每增高 1 m 定额项目计算。高度不足 1 m,按 1 m 计算。

④ 施工塔吊、电梯基础,塔吊及电梯与建筑物连接件,按施工塔吊及电梯的不同型号以"台"计算。

(4) 工期定额说明

① 单项工程工期是指单项工程从基础破土开工(或原桩位打基础桩)起至完成建筑安装工程施工全部内容,并达到国家验收标准之日止的全过程所需的日历天数。

② 执行中的一些规定

a. 《全国统一建筑安装工程工期定额》(简称《工期定额》)是在原城乡建设环境保护部 1985 年制定的《建筑安装工程工期定额》基础上,依据国家建筑安装工程质量检验评定标准、施工及验收规范等有关规定,按正常施工条件、合理的劳动组织,以施工企业技术装备和管理的平均水平为基础,结合各地区工期定额执行情况,在广泛调查研究的基础上修编而成。

b. 《工期定额》是编制招标文件的依据,是签订建筑安装工程施工合同、确定合理工期及施工索赔的基础,也是施工企业编制施工组织设计、确定投标工期、安排施工进度的参考。

c. 单项(位)工程中层高在 2.2 m 以内的技术层不计算建筑面积,但计算层数。

以下情况可以调整工期:因重大设计变更或发包方原因造成停工,经承发包双方确认后,可顺延工期;因承包方原因造成停工,不得增加工期;施工技术规范或设计要求冬季不能施工而造成工程主导工序连续停工,经承发包双方确认后,可顺延工期;基础施工遇到障碍物或古墓、文物、流砂、溶洞、暗浜、淤泥、石方、地下水等需要进行基础处理时,由承发包双方确定增加工期。

d. 单项(位)工程层数超出本定额时,工期可按定额中最高相邻层数的工期差值增加。

e. 一个承包单位同时承包 2 个以上(含 2 个)单项(位)工程时,工期的计算,以一个单项(位)工程的最大工期为基数,另加其他单项(位)工程工期总和乘相应系数计算:加一个乘系数 0.35,加两个乘系数 0.2,加三个乘系数 0.15,四个以上的单项(位)工程不另增加工期。

f. 坑底打基础桩,另增加工期。

③ 《工期定额》的基本内容

定额总共有六章,根据工程类别,定额又分为三大部分:第一部分民用建筑工程,第二部分工业及其他建筑工程,第三部分专业工程。

A. 第一部分民用建筑工程基本内容

在第一部分民用建筑工程中,包括第一章单项工程和第二章单位工程。

a. 第一章单项工程:本章包括±0.00 m以下工程、±0.00 m以上工程、影剧院和体育馆工程。而±0.00 m以下工程按土质分类,划分为无地下室和有地下室两部分,无地下室按基础类型及首层建筑面积划分,有地下室按地下室层数及建筑面积划分。其工期包括±0.00 m以下全部工程内容。±0.00 m以上工程按工程用途、结构类型、层数及建筑面积划分。其工期包括结构、装修、设备安装全部内容。影剧院和体育馆工程按结构类型、檐高及建筑面积划分。其工期不分±0.00 m以下、±0.00 m以上,均包括基础、结构、装修全部工程内容。另外,对于±0.00 m以上工程,按工程用途又划分为住宅工程,宾馆、饭店工程,综合楼工程,办公、教学楼工程,医疗、门诊楼工程以及图书馆工程,可以按照这一分类方式分别计算各类工程工期。

b. 第二章单位工程:本章包括结构工程和装修工程。结构工程包括±0.00 m以下结构工程和±0.00 m以上结构工程。±0.00 m以下结构工程有地下室按地下室层数及建筑面积划分。±0.00 m以上结构工程按工程结构类型、层数及建筑面积划分。±0.00以下结构工程工期包括:基础挖土、±0.00 m以下结构工程、安装的配管工程内容。±0.00 m以上结构工程工期包括:±0.00 m以上结构、屋面及安装的配管工程内容。装修工程按工程用途、装修标准及建筑面积划分。装修工程工期适用于单位工程,以装修单位为总协调单位,其工期包括:内装修、外装修及相应的机电安装工程工期。宾馆、饭店星级划分标准按《中华人民共和国旅游涉外饭店星级标准》确定。其他建筑工程装修标准划分为一般装修、中级装修、高级装修,划分标准按规定执行。

B. 第二部分工业及其他建筑工程基本内容

在第二部分工业及其他建筑工程中,包括第三章工业建筑工程和第四章其他建筑工程。

a. 第三章工业建筑工程:本章包括单层、多层厂房、降压站、冷冻机房、冷库、冷藏间、空压机房等工业建筑,工程工期是指一个单项工程(土建、安装、装修等)的工期,其中土建包括基础和主体结构。除本定额有特殊规定外,工业建筑工程的附属配套工程的工期已包括在一个单项工程工期内,不得再计算。冷库工程不适用于山洞冷库、地下冷库和装配式冷库工程,现浇框架结构冷库的工期也适用于柱板结构的冷库。

b. 第四章其他建筑工程:本章包括地下汽车库、汽车库、仓库、独立地下工程、服务用房、停车场、园林庭院和构筑物工程等,地下车库为独立的地下车库工程工期。如遇有单独承包零星建筑工程(如传达室、有围护结构的自行车库、厕所等),按服务用房工程定额执行。

C. 第三部分专业工程基本内容

在第三部分专业工程中,包括第五章设备安装工程和第六章机械施工工程。

a. 第五章设备安装工程:本章适用于民用建筑设备安装和一般工业厂房的设备安装工程,包括电梯、起重机、锅炉、供热交换设备、空调设备、通风空调、变电室、开关所、降压站、发电机房、肉联厂屠宰间、冷冻机房冷冻冷藏间、空压站、自动电话交换机及金属容器等的安装工程。本章工期从土建交付安装并具备连续施工条件起,至完成承担的全部设计内容,并达到国家建筑安装工程验收标准的全部日历天数。室外设备安装工程中的气密性试验、压力试验,如受气候影响,应事先征得建设单位同意后,工期可以顺延。

　　b. 第六章机械施工工程:本章具体包括构件吊装、网架吊装、机械土方、机械打桩钻孔灌注桩和人工挖孔桩等工程,而且是以各种不同施工机械综合考虑的,对使用任何机械种类,均不做调整。构件吊装工程(网架除外)包括柱子、屋架、梁、板、天窗架、支撑、楼梯、阳台等构件的现场搬运、就位、拼装、吊装、焊接等。不包括钢筋张拉、孔道灌浆和开工前的准备工作。单层厂房的吊装(网架除外)工期,以每10节间(柱距6 m)为基数,在定额规定10节间以上时,其增加节间的工期,按定额工期的60%计算。柱距在6 m以上时,按2个节间计算。网架吊装工程包括就位、拼装、焊接、搭设架子、刷油、安装等全过程,不包括下料、喷漆等。机械土方工程的开工日期以基槽开挖开始计算,不包括开工前的准备工作时间。机械打桩工程包括桩的现场搬运、就位、打桩、接桩和2 m以内的送桩。打桩的开工日期以打第一根桩开始计算,不包括试桩时间。

　　3) 垂直运输计算示例

　　【例6.15.14】　某办公楼工程,要求按照国家定额工期提前15%工期竣工。该工程为三类土、条形基础,现浇框架结构五层,每层建筑面积900 m²,檐口高度16.95 m,使用泵送商品混凝土,配备40 t·m自升式塔式起重机、带塔卷扬机各一台。请计算该工程定额垂直运输费。

　　【解】

　　1. 基础定额工期

　　1-2　50天×0.95(江苏省调整系数)=47.5天

　　47.5天四舍五入为48天

　　2. 上部定额工期

　　1-1011　235天

　　合计(1)+(2)　283天

　　3. 定额综合单价

　　注意:由于是混凝土泵送,因此塔吊台班要乘系数,而不是整个子目乘系数,合同工期提前还要按定额工期计算。

　　23-8子目换算过程:该子目人工费、材料费为零,0.523为机械台班含量,乘系数0.92,卷扬机不动,管理费、利润相应变化。

　　机械费:

　　其中,塔式起重机　0.523×511.46×0.92=246.09元

　　卷扬机　154.81元

　　机械费小计　400.90元

　　管理费　400.90×25%=100.23(元)

　　利润　400.90×12%=48.11(元)

　　综合单价　400.90+100.23+48.11=549.24(元/天)

　　23-8换　549.24元/天

　　4. 垂直运输费

　　549.24×283天(定额工期)=155 434.92元

　　【例6.15.15】　某工程单独招标地下室土方和主体结构部分的施工(打桩工程已另行发包出去)。该地下室二层、三类土、钢筋混凝土箱形基础,每层建筑面积1 400 m²,现场配

置一台 80 t·m 自升式塔式起重机。请计算该工程定额垂直运输费。

【解】

1. 定额工期

2-6　115 天×0.95(江苏省调整系数)=109(天)

2. 定额综合单价

23-28 换(二类工程,管理费 28%)　599.03+599.03×28%+71.88=838.64(元/天)

3. 垂直运输费

838.64×109 天=91 411.76(元)

【例 6.15.16】　××大学砖混结构学生公寓工程概况如下:

1. 该工程为留学生公寓,位于江苏省,总建筑面积 6 246 m²,结构形式为砖混结构,基础采用筏基。

2. 留学生公寓体型为"L"型,长边轴线尺寸为 57.04 m,短边轴线尺寸为 33.90 m,入口大门设在北面,建筑主体高 6 层,两翼作退层处理,局部高为五层。

3. 建筑物层数为 6 层,首层 4.20 m,2~5 层 3.0 m,6 层 3.30 m。

4. 建筑物入口大厅设 2 层共享空间,通过内通道与建筑各个功能用房相联系,北面为圆弧形阶梯、圆弧形雨篷,与入口门厅形成富于变化的交流共享环境。

5. 建筑物首层设会议、办公、接待、阅览、洗衣、库房、咖啡厅、设备用房及部分公寓用房,其他层全部为公寓用房(每间公寓设简易厨房及一套卫生间),顶层为水箱间与电梯机房。

6. 建筑物有 2 座楼梯及 1 台电梯,其中 1 座楼梯设有封闭楼梯间。

7. 建筑物每层均设有休息厅,屋顶设有屋顶平台,为留学生提供了充分的交流活动场所。

8. 本建筑物设计抗震烈度为七度,耐火等级为二级。

9. 屋面排水采用有组织外排水,直接排向室外。垃圾处理各自打包,由清洁工统一运出。

10. 建筑物首层面积为 1 089 m²,第 2 层为 1 010 m²,3~5 层均为 1 044 m²,第 6 层为 911 m²,顶层为 104 m²,总建筑面积 6 246 m²。

11. 场地地面标高为 3.50~3.74 m,按由上而下依次为人工填土、黏土、粉质黏土、黏土、粉质黏土、粉土。

12. 基础采用筏片基础,厚 300 m,由 Ⅱ 类黏土作天然地基持力层,承载力标准值 110 kPa,在大开间部分设置地梁加强整体刚度。

13. 给水系统:生活用水分为两个系统供水,Ⅰ 区为 1~4 层,由市政直接供水。Ⅱ 区为 5~6 层,由设在首层设备用房内的生活泵加压到顶层生活及消防合用水箱,再由水箱上行下给供水,Ⅱ 区生活泵共 2 台。

14. 热源由 2 台燃油热水器提供热水,主要供 3 件套卫生间洗浴用水。

15. 排水采用雨污分流制。

计算该工程的施工工期及垂直运输费。

【相关知识】

1. 总工期为:±0.00 以下工期与±0.00 以上工期之和。

2. ±0.00 以上工程首先按照结构类型进行大的分类,这些结构类型包括砖混结构、内浇外砌结构、内浇外挂结构、全现浇结构、现浇框架结构、砖木结构、砌块结构、内板外砌结构、预制框架结构和滑模结构。

3. 对于±0.00 m以上工程的每一种结构类型,《工期定额》中按层数、建筑面积和地区类型来划分。

4. 当建筑物垂直运输机械数量与定额不同时,可按比例调整定额含量。

【解】

1. 工期计算

(1)基础工程工期(±0.00 m以下工程工期)。该工程基础为筏基(满堂红基础),查《工期定额》第6页,见下表。

表6.15.3　无地下室工程工期表

编号	基础类型	建筑面积(m²)	工期天数	
			Ⅰ、Ⅱ类土	Ⅲ、Ⅳ类土
1-1	带形基础	500以内	30	50
1-2		1 000以内	45	50
1-3		1 000以外	65	70
1-4	满堂红基础	500以内	40	45
1-5		1 000以内	55	60
1-6		1 000以外	75	80
1-7	框架基础	500以内	25	30
1-8	(独立柱基)	1 000以内	35	40
1-9		1 000以外	55	60

本工程地基为黏土、粉质黏土、黏土、粉质黏土、粉土,属Ⅰ、Ⅱ类土,单层面积为1 041 m²,由编号1-6查得:基础工期 $T_1 = 75$ 天。

(2)主体工程工期(±0.00 m以上工程)。查《工期定额》第10页表"住宅工程",见下表。

表6.15.4　砖混结构工期表

编号	层数	建筑面积(m²)	工期天数		
			Ⅰ类	Ⅱ类	Ⅲ类
1-41	4	3 000以内	125	135	155
1-42	4	5 000以内	135	145	165
1-43	4	5 000以外	150	160	185
1-44	5	3 000以内	145	155	180
1-45	5	5 000以内	155	165	190
1-46	5	5 000以外	170	180	205
1-47	6	3 000以内	170	180	205
1-48	6	5 000以内	180	190	215
1-49	6	7 000以内	195	205	235
1-50	6	7 000以外	210	225	255
1-51	7	3 000以内	195	205	235
1-52	7	5 000以内	205	220	250
1-53	7	7 000以内	220	235	265
1-54	7	7 000以外	240	255	285

本工程在江苏,属Ⅰ类地区,层数为6层,建筑面积6 246 m²,由1-49查得:主体结构工期 $T_2 = 195$ 天。

（3）总工期

根据苏建定〔2000〕283 号规定，江苏省定额工期调整如下：±0.00 以下工程调减 5%；±0.00 以上住宅楼工程不作调整。

××大学留学生公寓施工总工期 $T＝T_1×0.95＋T_2＝75×0.95＋195＝266$（天）。

2. 垂直运输费计算

本工程住宅，6 层，建筑面积 6 246 m²，檐口高度＜34 m，工程类别为三类。

根据施工组织设计，本工程使用 2 台塔式起重机。

套 2014 年江苏省计价定额子目 23-6 换算，该子目人工费、材料费为零，卷扬机扣除，塔式起重机机械台班含量调整为 0.811 后乘以 2，管理费、利润相应变化。

机械费：

其中，塔式起重机　0.811×2×511.46＝829.59（元）

机械费小计　829.59 元

管理费　829.59×25%＝207.40（元）

利润　829.59×12%＝99.55（元）

综合单价　829.59＋207.40＋99.55＝1 136.54（元/天）

本工程垂直运输费　266 天×1 136.54 元/天＝302 319.64 元。

【例 6.15.17】　江苏省××市电信枢纽综合楼工程概况如下：

1. 该工程位于江苏省××市，枢纽大楼主体地上 17 层，地下 2 层，裙房 2 层，总建筑面积 33 329 m²，其中地上部分建筑面积 29 807 m²，地下部分建筑面积 3 522 m²。

2. 枢纽大楼主体 17 层建筑面积为 28 985 m²，结构采用现浇钢筋混凝土框架结构——筒体结构，裙房两层建筑面积为 822 m²，也采用现浇钢筋混凝土框架结构，且主楼与裙房用沉降缝分开。

3. 地基基础，由于缺乏工程地质考察报告，凭该地区施工经验可知，一般为砂类土，所以基础设计初选结构基础为桩—筏基础，桩选型为钻孔灌注桩。

4. 装修工程，裙房外墙拟采用石材饰面，主楼外墙采用面砖，室内装修材料的选择将依工艺的环境要求而定，初步定在中级装修水平。

求该工程的施工工期和垂直运输费。

【相关知识】

1. 主体建筑物施工工期的确定。根据已知设计情况，由《工期定额》说明，本工程分±0.00 m 以下和±0.00 m 以上两部分工期。

2. ±0.00 m 以上工程首先按照结构类型进行大的分类，这些结构类型包括砖混结构、内浇外砌结构、内浇外挂结构、全现浇结构、现浇框架结构、砖木结构、砌块结构、内板外砌结构、预制框架结构和滑模结构。

3.《工期定额》第二章"单位工程"说明：单位工程±0.00 m 以上结构由 2 种或 2 种以上结构组成。无变形缝时，先按全部面积查出不同结构的相应工期，再按不同结构各自的建筑面积加权平均计算；有变形缝时，先按不同结构各自的面积查出相应工期，再以其中一个最大的工期为基数，另加其他部分工期的 25% 计算。

【解】

1. 工期确定

（1）±0.00 m 以下工程工期

本工程属综合楼工程，土质一般为砂类土为主，属Ⅰ、Ⅱ类土，由此可查《工期定额》第136 页表"±0.00 m 以下结构工程"，见下表。本工程有地下室 2 层，建筑面积为 3 522 m²。

表 6.15.5　有地下室工程工期表

编号	层数	建筑面积（m²）	工期天数	
			Ⅰ、Ⅱ类土	Ⅲ、Ⅳ类土
2-1	1	500 以内	50	55
2-2	1	1 000 以内	60	65
2-3	1	1 000 以外	75	80
2-4	2	1 000 以内	85	90
2-5	2	2 000 以内	95	100
2-6	2	3 000 以内	110	115
2-7	2	3 000 以外	130	135
2-8	3	3 000 以内	140	150
2-9	3	5 000 以内	160	170

根据编号 2-7 查得：两层地下室工程工期 $T_1 = 130$ 天。

说明：本工程拟采用钻孔灌注桩基础，但由于该分部不在报价范围内，所以打桩工程不考虑了。

（2）±0.00 m 以上工程工期

本枢纽大楼为 17 层，建筑面积为 28 985 m²，结构采用现浇钢筋混凝土框架—筒体结构，裙房两层建筑面积为 822 m²，也采用现浇钢筋混凝土框架结构，且主楼与裙房用沉降缝分开。故其工期可以分为两部分。

① 高层部分计算施工工期。根据查《工期定额》第 151 页表"±0.00 以上结构工程"，见下表。

表 6.15.6　现浇框架结构工期表（1）

编号	层数	建筑面积（m²）	工期天数		
			Ⅰ类	Ⅱ类	Ⅲ类
2-199	16 以下	10 000 以内	320	335	370
2-200	16 以下	15 000 以内	335	350	385
2-201	16 以下	20 000 以内	350	365	405
2-202	16 以下	25 000 以内	370	385	425
2-203	16 以下	25 000 以外	390	410	455
2-204	18 以下	15 000 以内	365	380	420
2-205	18 以下	20 000 以内	380	395	435
2-206	18 以下	25 000 以内	395	415	460
2-207	18 以下	30 000 以内	415	435	480
2-208	18 以下	30 000 以外	440	460	505
2-209	20 以下	15 000 以内	390	410	455
2-210	20 以下	20 000 以内	405	425	470

该工程位于江苏省，属Ⅰ类地区，所以，根据上表采用编号 2-207 查得：主体枢纽大楼工程，工期 $T_{2-1} = 415$ 天。

② 裙房部分施工工期。裙房两层建筑面积为 822 m²，也采用现浇钢筋混凝土框架结构，且主楼与裙房用沉降缝分开。根据《工期定额》第 149 页表"±0.00 m 以上结构工程"，见下表。

表 6.15.7　现浇框架结构工期表(2)

编号	层数	建筑面积(m²)	工期天数		
			Ⅰ类	Ⅱ类	Ⅲ类
2-175	6 以下	3 000 以内	160	165	185
2-176	6 以下	5 000 以内	170	175	195
2-177	6 以下	7 000 以内	180	185	205
2-178	6 以下	7 000 以外	195	200	220
2-179	8 以下	5 000 以内	210	220	245
2-180	8 以下	7 000 以内	220	230	255
2-181	8 以下	10 000 以内	235	245	270
2-182	8 以下	15 000 以内	250	260	285
2-183	8 以下	15 000 以外	270	280	310
2-184	10 以下	7 000 以内	240	250	275
2-185	10 以下	10 000 以内	255	265	295
2-186	10 以下	15 000 以内	270	280	310

根据编号 2-175 可得裙房部分施工工期 T_{2-2}＝165 天。

高层部分施工工期 $T_2＝T_{2-1}＋T_{2-2}×25\%＝415＋160×25\%＝455$（天）。

③ 装修工程。根据《工期定额》第 168 页表"其他建筑工程"，见下表。

表 6.15.8　中级装修工期表

编号	建筑面积(m²)	工期天数		
		Ⅰ类	Ⅱ类	Ⅲ类
2-405	500 以内	65	70	80
2-406	1 000 以内	75	80	90
2-407	3 000 以内	95	100	110
2-408	5 000 以内	115	120	130
2-409	10 000 以内	145	150	165
2-410	15 000 以内	180	185	205
2-411	20 000 以内	215	225	250
2-412	30 000 以内	285	295	325
2-413	35 000 以内	325	340	375
2-414	35 000 以外	380	400	440

因为该工程初步定在中级装修水平，所以根据编号 2-412 得：装修工程工期 T_3＝285 天。

(3) 该工程总工期(不包括打桩工程工期)$T＝T_1＋T_2＋T_3＝130×0.95＋455×0.9＋285×0.9＝790$(天)

2. 垂直运输费计算

本工程高层，地上 17 层，地下 2 层，建筑面积 33 329 m²，工程类别为一类。

根据施工组织设计,本工程使用一台塔式起重机,一台人货电梯。

套子目 23-11 换

定额子目中三类工程换算为一类工程,管理费、利润相应变化。

管理费　754.64×31％＝233.94(元)

利润　754.64×12％＝90.56(元)

综合单价　754.64＋233.94＋90.56＝1 079.14(元/天)

本工程垂直运输费＝790 天×1 079.14 元/天＝852 520.60 元。

【例 6.15.18】 A、B、C、三栋 6 层带一层地下室建筑物,共用一台塔吊,各自配一台卷扬机,框架剪力墙结构,查《工期定额》三栋均为 286 天,已知三栋楼同时开工、竣工,工程类别为二类。计算 A 栋房屋垂直运输费。

【相关知识】

多栋建筑物合用垂直运输机械的问题:

垂直运输机械台班含量在取定时,按照垂直运输机械正常满负荷工作考虑。由于按照单项工程工期计算工程量,实际工程初期的土方、桩基的工期以及进入内装阶段时不使用塔吊的时间未扣除,反映到定额中塔吊的台班量小于 1。

对于部分建筑物,由于单层建筑面积较小,实际两栋、三栋建筑物合用一台塔吊的情况,执行定额时,每栋房子垂直运输费工程量分别套用对应工期定额,定额中的台班含量乘以分摊系数。

【解】

A 栋垂直运输费工程量为 286 天,套用定额号为 23-8,其中起重机台板含量根据分摊的原则,调整为 0.523÷3＝0.174(台班)。

23-8 换　(154.81＋0.174×511.46)×(1＋28％＋12％)＝341.33(元/天)

A 栋垂直运输费　工程量×定额综合单价＝286×341.33＝97 620.38(元)。

【例 6.15.19】 A、B、C、三栋楼,地下一层为连通地下室,地下室建筑面积为 15 000 m²。根据本章定额说明第 11 条,多幢房屋下有整体连通地下室,整体连通地下室按单独地下室工程执行。已知设计室外地面至基础底板底面超过 3.6 m,实际配置三台塔吊。地下室部分工程类别为一类。请计算地下室部分垂直运输费。

【解】

查《工期定额》4-164 补 5(见江苏省 2014 计价定额交底材料),工期为 265×(1−5％)＝252(天)

23-27 换　0.81×3×777.96×(1＋31％＋12％)＝2 703.33(元/天)

连通地下室部分垂直运输费＝工程量×定额综合单价＝252×2 703.33＝681 239.16元。

6.15.1.4　超高施工增加

1) 超高施工增加工程清单应用要点

(1) 超高施工增加按建筑物超高部分的建筑面积计算。

(2) 超高施工增加包括建筑物超高引起的人工工效降低以及由于人工工效降低引起的机械降效、高层施工用水加压水泵的安装拆除及工作台班、通讯联络设备的使用及摊销。

(3) 单层建筑物檐口高度超过 20 m,多层建筑物超过 6 层时,可按超高部分的建筑面积计算超高施工增加。计算层数时,地下室不计入层数。

(4) 同一建筑物有不同檐高时,可按不同高度的建筑面积分别计算建筑面积,以不同檐高分别编码列项。

(5) 江苏省规定,"超高施工增加适用于建筑物檐口高度超过 20 m 或层数超过 6 层时。单层建筑物按超过 20 m 部分的建筑面积计算。多层建筑物按楼面超过 20 m 或超过 6 层部分的建筑面积计算。地下室不计算层数。"

2) 超高施工增加计价定额应用要点

(1) 建筑物超高增加费

① 建筑物设计室外地面至檐口的高度(不包括女儿墙、屋顶水箱、突出屋面的电梯间、楼梯间等的高度)超过 20 m 或建筑物超过 6 层时,应计算超高费。

② 超高费内容包括:人工降效、除垂直运输机械外的机械降效费用、高压水泵摊销、上下联络通讯费用。超高费包干使用,不论实际发生多少,均按定额执行,不调整。

③ 超高费按下列规定计算

a. 建筑物檐高超过 20 m 或层数超过 6 层部分的按其超过部分的建筑面积计算。

b. 建筑物檐高超过 20 m,但其最高一层或其中一层楼面未超过 20 m 且在 6 层以内时,则该楼层在 20 m 以上部分的超高费,每超过 1 m(不足 0.1 m 按 0.1 m 计算)按相应定额的 20%计算。

c. 建筑物 20 m 或 6 层以上楼层,如层高超过 3.6 m 时,层高每增高 1 m(不足 0.1 m 按 0.1 m 计算),层高超高费按相应定额的 20%计取。

d. 同一建筑物中有 2 个或 2 个以上的不同檐口高度时,应分别按不同高度竖向切面的建筑面积套用定额。

e. 单层建筑物(无楼隔层者)高度超过 20 m,其超过部分除构件安装按第八章的规定执行外,另再按本章相应项目计算每增高 1 m 的层高超高费。

(2) 单独装饰工程超高人工降效

① "高度"和"层数",只要其中一个指标达到规定,即可套用该项目。

② 当同一个楼层中的楼面和天棚不在同一计算段内,按天棚面标高段为准计算。

(3) 本章工程量计算规则(相对比较简单)

① 建筑物超高费以超过 20 m 或 6 层部分的建筑面积计算。

② 单独装饰工程超高人工降效,以超过 20 m 或 6 层部分的工日分段计算。

例如:19-19　20～30 m 的工程比 20 m 以下的人工增加 5%

19-20　30～40 m 的工程比 20 m 以下的人工增加 7.5%

19-21　40～50 m 的工程比 20 m 以下的人工增加 10%

其余计算段依此类推,均比上个计算段的比例基数递增 2.5%。

3) 超高施工增加计算示例

【例 6.15.20】　某综合楼,现浇框架结构,钢筋混凝土整板基础,十五层,另加地下室一层和顶层技术层一层,结构外围平面尺寸 20 m×50 m,室内外高差 0.3 m,地下室层高4.0 m,第一层层高 5.5 m,第二层层高 4.5 m,技术层层高 1.9 m,其余层高为 3.0 m,计算该工程超高费。(按定额套价,不考虑工程类别)

【解】

【分析】　1. 建筑物超高 20～60 m 从第 7 层开始,每层面积 20×50＝1 000(m²),1 000

×9 层（技术层不计算）＝9 000（m²）。

2. 建筑物顶层技术层超高费按定额 20% 计算。

3. 第 6 层超 20 m 以上部分超高费。

计算如表 6.15.9 所示。

表 6.15.9　超高费计算表

序号	定额编号	项目名称	计量单位	工程量	综合单价(元)	合计(元)
	19-4	超高费 20～60 m	m²	9 000	66.89	602 010.00
	19-4×20%×1.9	建筑物技术层超高费	m²	1 000	25.42	25 420.00
	19-4×20%×2.3	第 6 层超 20 m 以上部分超高费	m²	1 000	30.77	30 770.00
		合计				658 200.00

【**例 6.15.21**】　某楼，主楼为 19 层，每层建筑面积 1 000 m²，副楼为 7 层，每层建筑面积 1 500 m²，底层主副楼层高都为 4.2 m，其余各层层高都为 3 m，室内外高差 0.3 m，计算该楼的超高费。（按定额套价，不考虑工程类别）

【**解**】

【**分析**】　根据本章节的说明，同一建筑物中有 2 个或 2 个以上的不同檐口高度时，应分别按不同高度竖向切面的建筑面积套用定额。因此，主楼和副楼需分开计算。

第 6 层顶高度 19.5 m，因此超高费应从第 7 层开始算。

1. 主楼部分 7 至 19 层，共 13 层，13×1 000＝13 000（m²）；

2. 副楼部分第 7 层 1 500 m²。

表 6.15.10　超高费计算表

序号	定额编号	项目名称	计量单位	工程量	综合单价(元)	合计(元)
	19-4	主楼超高费 20～60 m	m²	13 000	66.89	869 570.00
	19-1	副楼超高费 20～30 m	m²	1 500	29.30	43 950.00
		合计				913 520.00

6.15.1.5　大型机械设备进出场及安拆

1）大型机械设备进出场及安拆工程清单应用要点

（1）大型机械设备进出场及安拆按使用机械设备的数量及进退场台次计算。江苏省规定按"项"计算，即将所有项目的大型机械进出场及安拆费列入。

（2）安拆费包括施工机械、设备在现场进行安装拆卸所需人工、材料、机械和试运转费用以及机械辅助设施的折旧、搭设、拆除等费用；进出场费包括施工机械、设备整体或分体自停放地点运至施工现场或由一施工地点运至另一施工地点所发生的运输、装卸、辅助材料等费用。

（3）项目特征需描述机械设备名称、机械设备规格型号。江苏省规定项目特征可不描述。

2）大型机械设备进出场及安拆计价定额应用要点

目前，江苏省执行的是《江苏省施工机械台班费用定额》（2007 版），该定额包括机械台班单价表和特、大型机械场外运输及组装、拆卸费用两个部分。

（1）安拆费指机械在施工现场进行安装、拆卸所需的人工费、材料费、机械费、试运转费以及安装所需的辅助设施的费用。包括：基础、底座、固定锚桩、行走轨道、枕木和大型履带吊、汽车吊工作时行走路线加固所用的路基箱等的折旧费及其搭设、拆除费用。

（2）场外运输费（进退场费）指机械整体或分体自停放场地运至施工现场或由一个施工地点至另一个施工地点，在城市范围内的机械进出场运输及转移费用（包括机械的装卸、运输及辅助材料费和机械在现场使用期需回基地大修理的因素等）。

（3）机械在运输途中交纳的过路、过桥、过隧道费按交通运输部门的规定另行计算费用。如遇道路、桥梁限载、限高、公安交通部门保安护送所发生的费用计入独立费用。远征工程在城市间的机械调运费按公路、铁路、航运部门运输的标准计算，列入独立费。

（4）定额基价中未列入场外运费的，一指不应考虑本项费用的机械，如：金属切削机械、水平运输机械等；二指不适于按台班摊销本项费用的机械，可计算一次性场外运费和安拆费。

（5）大型施工机械在一个工程地点只计算一次场外运费（进退场费）及安装、拆卸费。大型施工机械在施工现场内单位工程或栋号之间的拆、卸转移，其安装、拆卸费按实际发生次数套安、拆费计算。机械转移费按其场外运输费用的75%计算。

（6）不需拆卸安装、自身又能开行的机械（履带式除外），如自行式铲运机、平地机、轮胎式装载机及水平运输机械等，其场外运输费（含回程费）按1个台班费计算。

（7）注意机械台班定额仅是机械费，还不是综合单价，因此需再计取管理费和利润。（此条执行时应根据各地规定，部分地区不允许计取管理费和利润）

3）大型机械设备进出场及安拆计算示例

【例6.15.22】 某住宅工程大型机械共使用1台履带式单斗挖掘机（液压），斗容量1 m³，1台40 t塔式起重机，请计算机械进出场及安拆费。（三类工程）

【解】

查阅《江苏省施工机械台班费用定额》（2007版）

1. 履带式单斗挖掘机进出场及安拆费

14001 履带式单斗挖掘机（液压），斗容量1 m³以内

定额基价 3 758.13元

综合单价 3 758.13×(1+25%+12%)＝5 148.64（元）

2. 塔式起重机进出场及安拆费

14038 塔式起重机（60 t以内）场外运输费 9 729.95

14039 塔式起重机（60 t以内）安装拆卸费 8 167.30

定额基价 （9 729.95+8 167.30）元

综合单价 （9 729.95+8 167.30)×(1+25%+12%)＝24 519.23（元）

表6.15.11 某大型机械进出场及安拆费

项目编码	011705001001		项目名称	大型机械设备进出场及安拆	计量单位	项	清单工程量	1
清单综合单价组成明细								
定额编号	名称		单位	工程量	基价	合价		
14001	履带式单斗挖掘机（液压），斗容量1 m³以内		台次	1	5 148.64	5 148.64		
14038＋14039	塔式起重机（60 t以内）场外运输、安装拆卸费		台次	1	24 519.23	24 519.23		
				计价表合价汇总（元）				29 667.87
				清单项目综合单价（元）				29 667.87

6.15.1.6 施工排水、降水

1) 施工排水、降水工程清单应用要点

(1) 成井按设计图示尺寸以钻孔深度计算,包括准备钻孔机械、埋设护筒、钻机就位;泥浆制作、固壁;成孔、出渣、清孔等;对接上、下井管(滤管),焊接,安放,下滤料,洗井,连接试抽等。

(2) 排水、降水按排、降水日历天数计算,包括管道安装,拆除,场内搬运;抽水、值班、降水设备维修等。

2) 施工排水、降水计价定额应用要点

(1) 本章划分为施工排水、施工降水两个部分。

(2) 人工土方施工排水是在人工开挖湿土、淤泥、流砂等施工过程中发生的机械排放地下水费用。

(3) 基坑排水:以下两个条件必须同时具备:①地下常水位以下;②基坑底面积超过150 m²。土方开挖以后,在基础或地下室施工期间所发生的排水包干费用,如果±0.00 以上有设计要求待框架、墙体完成以后再回填基坑土方的,此期间的排水费用应该另算。

(4) 井点降水项目适用于地下水位较高的粉砂土、砂质粉土或淤泥质夹薄层砂性土的地层。一般情况下,降水深度在 6 m 以内。井点降水使用时间根据施工组织设计确定。井点降水材料使用摊销量中包括井点拆除时材料损耗量。井点间距根据地质和降水要求由施工组织设计确定,一般轻型井点管间距为 1.2 m。

(5) 强夯法加固地基坑内排水是指击点坑内的积水排抽台班费用。

(6) 机械土方工作面中的排水费已包含在土方中,但地下水位以下的施工排水费用不包括,如发生,依据施工组织设计规定,排水人工、机械费用另行计算。

(7) 施工排水、降水计算规则:

① 人工土方施工排水不分土壤类别、挖土深度,按挖湿土工程量以立方米计算。

② 人工挖淤泥、流砂施工排水按挖淤泥、流砂工程量以立方米计算。

③ 基坑、地下室排水按土方基坑的底面积以平方米计算。

④ 强夯法加固地基坑内排水,按强夯法加固地基工程量以平方米计算。

⑤ 井点降水 50 根为一套,累计根数不足一套者按一套计算,井点使用定额单位为套天,一天按 24 小时计算。井管的安装、拆除以"根"计算。

⑥ 深井管井降水安装、拆除按座计算,使用按座天计算,一天按 24 小时计算。

3) 施工排水、降水计算示例

【例 6.15.23】 某工程项目,整板基础,在地下常水位以下,基础面积 115.00 m×10.5 m,该工程不采用井点降水,采用坑底明沟排水,请计算基坑排水费用(三类工程)。

【相关知识】

计算条件:1. 地下常水位以下。

2. 基坑底面积超过 150 m²。

【解】

1. 计算工程量

$(115+0.3×2)×(10.5+0.3×2)=1 283.16(m^2)$

2. 套子目(2014 年江苏省计价定额)

22-2 1 283.16/10×298.07＝38 247.15(元)

3. 该工程基坑排水费用 38 247.15 元,包干使用。

【例 6.15.24】 若上题的工程项目因地下水位太高,施工采用井点降水,基础施工工期为 80 天,请计算井点降水的费用(成孔产生的泥水处理不计)。

【解】

1. 计算井点根数

(115.00+0.3×2)/1.2=97(根)

(10.5+0.3×2)/1.2=10(根)

因此四周一圈:(97+10)×2=214(根)

214/50=5 套

2. 套 2014 年江苏省计价定额子目

22-11   214/10×783.61=16 769.25(元)

22-12   214/10×306.53=6 559.74(元)

22-13   5×372.81×80=149 124(元)

3. 本工程井点降水费用   16 769.25+6 559.74+149 124=172 452.99(元)

6.15.1.7   场内二次搬运

1) 场内二次搬运工程清单应用要点

清单编号:011707004,二次搬运费,工作内容包括由于施工场地条件限制而发生的材料、成品、半成品等一次运输不能到达堆放地点,必须进行二次或多次搬运的费用。

2) 场内二次搬运计价定额应用要点

(1) 本章按运输工具划分为机动翻斗车二次搬运和单(双)轮车二次搬运两部分。

(2) 现场堆放材料有困难,材料不能直接运到单位工程周边需再次中转,建设单位不能按正常合理的施工组织设计提供材料、构件堆放场地和临时设施用地的工程而发生的二次搬运费用,执行本章定额。

(3) 执行本定额时,应以工程所发生的第一次搬运为准。

(4) 水平运距的计算,分别以取料中心点为起点,以材料堆放中心为终点。超运距增加运距,不足整数者,进位取整计算。

(5) 运输道路已按 15% 以内的坡度考虑,超过时另行处理。

(6) 松散材料运输不包括做方,但要求堆放整齐。如需做方者,应另行处理。

(7) 机动翻斗车最大运距为 600 m,单(双)轮车最大运距为 120 m,超过时,应另行处理。

(8) 场内二次搬运工程量计算规则:

① 砂子、石子、毛石、块石、炉渣、矿渣、石灰膏按堆积原方计算。

② 混凝土构件及水泥制品按实体积计算。

③ 玻璃按标准箱计算。

④ 其他材料按表中计量单位计算。

3) 场内二次搬运计算示例

【例 6.15.25】 某三类工程因施工现场狭窄,计有 300 吨弯曲成型钢筋和 20 万块空心砖发生二次转运,成型钢筋采用人力双轮车运输,转运运距 250 m,空心砖采用人力双轮车运输,转运运距 100 m,计算该工程定额二次转运费。

【解】

1. 成型钢筋二次转运

24-107　300×25.32＝7 596(元)

24-108×4　300×2.11×4＝2 532(元)

2. 空心砖二次转运

24-31　2 000 百块×71.73＝143 460(元)

24-32×1　2 000 百块×8.44＝16 880(元)

3. 该工程定额二次转运费 170 468 元。

6.15.2　总价措施项目清单与计价

1) 总价措施项目清单与计价应用要点

(1) 总价措施项目是指在现行工程量清单计算规范中无工程量计算规则,以总价或计算基础乘以费率计算的措施项目。江苏省对各专业可能发生的通用总价措施作了以下调整。

总价措施项目调整和增加如下表所示。

表 6.15.12　总价措施项目调整表

工程类型	项目编码	项目名称	工作内容及包含范围
房屋建筑与装饰工程	011707001	安全文明施工	1. 环境保护:现场施工机械设备降低噪音、防扰民措施费用;水泥和其他易飞扬细颗粒建筑材料密闭存放或采取覆盖措施等费用;工程防扬尘洒水费用;土石方、建渣外运车辆冲洗、防洒漏等费用;现场污染源的控制、生活垃圾清理外运、场地排水排污措施的费用;其他环境保护措施费用。 2. 文明施工:"五牌一图"的费用;现场围挡的墙面美化(包括内外粉刷、刷白、标语等)、压顶装饰费用;现场厕所便槽刷白、贴瓷砖,水泥砂浆地面或地砖费用,建筑物内临时便溺设施费用;其他施工现场临时设施的装饰装修、美化措施费用;现场生活卫生设施费用;符合卫生要求的饮水设备、淋浴、消毒等设施费用;生活用洁净燃料费用;防煤气中毒、防蚊虫叮咬等措施费用;施工现场操作场地的硬化费用;现场绿化费用、治安综合治理费用、现场电子监控设备费用;现场配备医药保健器材、物品费用和急救人员培训费用;用于现场工人的防暑降温费、电风扇、空调等设备及用电费用;其他文明施工措施费用。 3. 安全施工:安全资料、特殊作业专项方案的编制,安全施工标志的购置及安全宣传的费用;"三宝"(安全帽、安全带、安全网)、"四口"(楼梯口、电梯井口、通道口、预留洞口)、"五临边"(阳台周边、楼板围边、屋面围边、槽坑围边、卸料平台两侧),水平防护架、垂直防护架、外架封闭等防护的费用;施工安全用电的费用,包括配电箱三级配电、两级保护装置要求、外电防护措施;起重机、塔吊等起重设备(含井架、门架)及外用电梯的安全防护措施(含警示标志)费用及卸料平台的临边防护、层间安全门、防护棚等设施费用;建筑工地起重机械的检验检测费用;施工机具防护棚及其围栏的安全保护设施费用;施工安全防护通道的费用;工人的安全防护用品、用具购置费用;消防设施与消防器材的配置费用;电气保护、安全照明设施费;其他安全防护措施费用。 4. 绿色施工:建筑垃圾分类收集及回收利用费用;夜间焊接作业及大型照明灯具的挡光措施费用;施工现场办公区、生活区使用节水器具及节能灯具增加费用;施工现场基坑降水储存使用、雨水收集系统、冲洗设备用水回收利用设施增加费用;施工现场生活厕所化粪池、厨房隔油池设置及清理费用;从事有毒、有害、有刺激性气味和强光、噪音施工人员的防护器具;现场危险设备、地段、有毒物品存放地安全标识和防护措施;厕所、卫生设施、排水沟、阴暗潮湿地带定期消毒费用;保障现场施工人员劳动强度和工作时间符合国家标准《体力劳动强度等级要求》(GB 3869)的增加费用等
仿古建筑工程	021007001		
通用安装工程	031302001		
市政工程	041109001		
园林绿化工程	050405001		
构筑物工程	070306001		
城市轨道交通工程	081311001		

（续　表）

工程类型	项目编码	项目名称	工作内容及包含范围
房屋建筑与装饰工程	011707008	临时设施	临时设施包括：临时宿舍、文化福利及公用事业房屋与构筑物、仓库、办公室、加工场等。 建筑、装饰、安装、修缮、古建园林工程规定范围内（建筑物沿边起50 m以内，多幢建筑两幢间隔50 m内）围墙、临时道路、水电、管线和轨道垫层等。 市政工程施工现场在定额基本运距范围内的临时给水、排水、供电、供热线路（不包括变压器、锅炉等设备）、临时道路。不包括交通疏解分流通道、现场与公路（市政道路）的连接道路、道路工程的护栏（围挡），也不包括单独的管道工程或单独的驳岸工程施工需要的沿线简易道路
仿古建筑工程	021007008		
通用安装工程	031302008		
市政工程	041109008		
园林绿化工程	050405009		
构筑物工程	070306009		
城市轨道交通工程	081311007		
房屋建筑与装饰工程	011707009	赶工措施	施工合同约定工期比我省现行工期定额提前,施工企业为缩短工期所发生的费用
仿古建筑工程	021007009		
通用安装工程	031302009		
市政工程	041109009		
园林绿化工程	050405010		
构筑物工程	070306010		
城市轨道交通工程	081311008		
房屋建筑与装饰工程	011707010	工程按质论价	施工合同约定质量标准超过国家规定,施工企业完成工程质量达到经有权部门鉴定或评定为优质工程所必须增加的施工成本费
仿古建筑工程	021007010		
通用安装工程	031302010		
市政工程	041109010		
园林绿化工程	050405011		
构筑物工程	070306011		
城市轨道交通工程	081311009		
房屋建筑与装饰工程	011707011	住宅分户验收	按《住宅工程质量分户验收规程》（DGJ32/TJ 103—2010）的要求对住宅工程进行专门验收（包括蓄水、门窗淋水等）发生的费用。不包含室内空气污染测试费用
通用安装工程	031302011		

（2）总价措施费项目内容

①安全文明施工措施费；②夜间施工增加费；③冬雨季施工；④地上、地下设施、建筑物的临时保护设施；⑤已完工程及设备保护费；⑥临时设施费；⑦赶工措施费；⑧工程按质论价；⑨特殊条件下施工增加费；⑩住宅分户验收；⑪非夜间施工照明。

（3）总价措施费项目计算方法

总价措施费计算方法包括系数计算法和方案分析法两种。

① 系数计算法

系数计算法是用整体工程项目直接费（或人工费，或人工费与机械费之和）合计作为计算基数，乘以配套措施费用系数。

配套措施费用系数是根据以往有代表性工程的资料,通过分析计算取得的。

② 方案分析法

方案分析法是通过编制具体的措施实施方案,对方案所涉及的各种经济参数进行计算后,确定配套措施费用。

江苏省计价定额(2014 年)采用的是系数计算法,明确总价措施费的计算基础为"分部分项工程费+单价措施项目费一工程设备费"。

2) 总价措施费计算示例

【例 6.15.26】 某住宅工程地处××市,住宅工程赶工措施费比定额工期提前 20% 以内,按分部分项工程费和单价措施费的 2%~3.5% 计取,住宅工程优良工程增加分部分项工程费和单价措施费的 1.5%~2.5%。该工程建筑面积 6 200 m²,甲方要求合同工期比定额工期提前 20%,该工程质量目标"市优",请计算该工程的措施费。(分部分项工程费为 248 万元)

【解】

1. 单价措施费

(1) 模板费用

根据计价定额第二十一章计算,并考虑到可利用部分已折旧完的原有的旧周材,该项费用 8 万元。

(2) 脚手架费

根据计价定额第二十章计算,并考虑到可利用部分已折旧完的原有的旧周材,该项费用 5 万元。

(3) 垂直运输机械费

根据计价定额第二十三章计算,费用为 8 万元。

(4) 大型机械设备进出场及安拆费

本工程使用一台 60 kN·m 的塔式起重机 17 897.25 元。

(5) 二次搬运费

本工程材料不需转运,该费用为零。

单价措施费小计 227 897.25 元。

2. 总价措施费

(1) 安全文明施工措施费

(2 480 000+227 897.25)×3%=81 236.92(元)

(2) 夜间施工增加费

经测算发生的照明设施、夜餐补助和工效降低的费用为 25 000 元。

(3) 临时设施费

根据以往工程的资料测算,费率为 2%

(2 480 000+227 897.25)×2%=54 157.95(元)

(4) 赶工措施费

甲乙双方约定按 3% 计取

(2 480 000+227 897.25)×3%=81 236.92(元)

(5) 工程优质奖

工程达到"市优",甲乙双方约定按 2.5% 计取

(2 480 000＋227 897.25)×2.5%＝67 697.43(元)

总价措施费小计 309 329.22 元

该工程施工措施费

227 897.25＋309 329.22＝537 226.47(元)

6.16 其他项目计价

其他项目费是指暂列金额、暂估价、计日工、总承包服务费等金额的总和。

暂列金额:招标人在工程量清单中暂定并包括在合同价款中的一笔款项。用于工程合同签订时尚未确定或者不可预见的所需材料、工程设备、服务的采购,施工中可能发生的工程变更、合同约定调整因素出现时的合同价款调整以及发生的索赔、现场签证确认等的费用。

暂估价:招标人在工程量清单中提供的用于支付必然发生但暂时不能确定价格的材料、工程设备的单价以及专业工程的金额。分为材料暂估价和专业工程暂估价。

计日工:在施工过程中,承包人完成发包人提出的工程合同范围以外的零星项目或工作,按合同中约定的综合单价计价的一种方式。

总承包服务费:总承包人为配合协调发包人进行的专业工程分包,对发包人自行采购的材料、工程设备等进行保管以及施工现场管理、竣工资料汇总整理等服务所需的费用。

表 6.16.1 其他项目清单与计价汇总表

工程名称: 标段: 第 页 共 页

序号	项目名称	金额(元)	结算金额(元)	备注
1	暂列金额			
2	暂估价			
2.1	材料(工程设备)暂估价/结算价	—		
2.2	专业工程暂估价/结算价			
3	计日工			
4	总承包服务费			
5	索赔与现场签证			
	合计			—

注:材料(工程设备)暂估单价进入清单项目综合单价,此处不汇总。

表 6.16.2 暂列金额明细表

工程名称: 标段: 第 页 共 页

序号	项目名称	计量单位	暂定金额(元)	备注
1				
2				
3				
	合计		—	

注:此表由招标人填写,如不能详列,也可只列暂定金额总额,投标人应将上述暂列金额计入投标总价中。

表 6.16.3 材料(工程设备)暂估单价及调整表

工程名称：　　　　　　　　标段：　　　　　　　　　　　　　　　　　　第 页 共 页

序号	材料(工程设备)名称、规格、型号	计量单位	数量		暂估(元)		确认(元)		差额±(元)		备注
			暂估	确认	单价	合价	单价	合价	单价	合价	

注：此表由招标人填写"暂估单价"，并在备注栏说明暂估价的材料、工程设备拟用在哪些清单项目上，投标人应将上述材料、工程设备暂估单价计入工程量清单综合单价报价中。

表 6.16.4 专业工程暂估价及结算价表

工程名称：　　　　　　　　标段：　　　　　　　　　　　　　　　　　　第 页 共 页

序号	工程名称	工程内容	暂估金额(元)	结算金额(元)	差额±(元)	备注
	合计					

注：此表"暂估金额"由招标人填写，投标人应将"暂估金额"计入投标总价中。结算时按合同约定结算金额填写。

表 6.16.5 计日工表

工程名称：　　　　　　　　标段：　　　　　　　　　　　　　　　　　　第 页 共 页

编号	项目名称	单位	暂定数量	实际数量	综合单价(元)	合价(元)	
						确定	实际
一	人工						
1							
2							
	人工小计						
二	材料						
1							
2							
	材料小计						
三	施工机械						
1							
2							
	施工机械小计						
	四、企业管理费和利润						
	总计						

注：此表项目名称、暂定数量由招标人填写，编制招标控制价时，单价由招标人按有关计价规定确定；投标时，单价由投标人自主报价，按暂定数量计算合价计入投标总价中。结算时，按发承包双方确认的实际数量计量合价。

表 6.16.6 总承包服务费计价表

工程名称：　　　　　　标段：　　　　　　　　　　　　　　　　　　第　页　共　页

序号	项目名称	项目价值(元)	服务内容	计算基础	费率(%)	金额(元)
1	发包人发包专业工程					
2	发包人供应材料					
	合计	—		—	—	

注：此表项目名称、服务内容由招标人填写，编制招标控制价时，费率及金额由招标人按有关计价规定确定；投标时，费率及金额由投标人自主报价，计入投标总价中。

表 6.16.7 索赔与现场签证计价汇总表

工程名称：　　　　　　标段：　　　　　　　　　　　　　　　　　　第　页　共　页

序号	签证及索赔项目名称	计量单位	数量	单价(元)	合价(元)	索赔及签证依据
—	本页小计	—		—		—
—	合计	—		—		—

注：签证及索赔依据是指经双方认可的签证单和索赔依据的编号。

1）编制工程量清单

暂列金额应根据工程特点按有关计价规定估算；暂估价中的材料、工程设备暂估单价应根据工程造价信息或参照市场价格估算，列出明细表；专业工程暂估价应分不同专业，按有关计价规定估算，列出明细表；计日工应列出项目名称、计量单位和暂估数量；总承包服务费应列出服务项目及其内容等。

2）编制招标控制价

暂列金额应按招标工程量清单中列出的金额填写；暂估价中的材料、工程设备单价应按招标工程量清单中列出的单价计入综合单价；暂估价中的专业工程金额应按招标工程量清单中列出的金额填写；计日工应按招标工程量清单中列出的项目根据工程特点和有关计价依据确定综合单价计算；总承包服务费应根据招标工程量清单列出的内容和要求估算。

3）投标报价

暂列金额应按招标工程量清单中列出的金额填写；材料、工程设备暂估价应按招标工程量清单中列出的单价计入综合单价；专业工程暂估价应按招标工程量清单中列出的金额填写；计日工应按招标工程量清单中列出的项目和数量，自主确定综合单价并计算计日工金额；总承包服务费应根据招标工程量清单中列出的内容和提出的要求自主确定。

4）施工阶段调整、确定

（1）计日工

① 发包人通知承包人以计日工方式实施的零星工作，承包人应予执行。

② 采用计日工计价需按合同约定提交报表和有关凭证，内容包括：工作名称、内容和数量；投入该工作所有人员的姓名、工种、级别和耗用工时；投入该工作的材料名称、类别和数

量;投入该工作的施工设备型号、台数和耗用台时。

③ 承包人应在约定时间提交现场签证报告,发包人应在约定时间内确认或提出修改意见。

④ 承包人应按照确认的计日工现场签证报告核实该类项目的工程数量,根据核实的工程数量和承包人已标价工程量清单中的计日工单价计算,提出应付价款;已标价工程量清单中没有该类计日工单价的,由发承包双方商定计日工单价后计算。

（2）暂定价

① 发包人在招标工程量清单中给定暂估价的材料、工程设备属于依法必须招标的,应由发承包双方以招标的方式选择供应商,确定价格,并应以此为依据取代暂估价,调整合同价款。

② 发包人在招标工程量清单中给定暂估价的材料、工程设备不属于依法必须招标的,应由承包人按照合同约定采购,经发包人确认单价后取代暂估价,调整合同价款。

③ 发包人在招标工程量清单中给定暂估价的专业工程,依法必须招标的,应当由发承包双方依法组织招标选择专业分包人,并接受有管辖权的建设工程招标投标管理机构的监督,还应符合下列要求:

a. 除合同另有约定外,承包人不参加投标的专业工程发包招标,应由承包人作为招标人,但拟定的招标文件、评标工作、评标结果应报送发包人批准。 与组织招标工作有关的费用应当被认为已经包括在承包人的签约合同价(投标总报价)中。

b. 承包人参加投标的专业工程发包招标,应由发包人作为招标人,与组织招标工作有关的费用由发包人承担。同等条件下,应优先选择承包人中标。

c. 应以专业工程发包中标价为依据取代专业工程暂估价,调整合同价款。

④ 发包人在工程量清单中给定暂估价的专业工程不属于依法必须招标的,应由发承包双方按规定确定专业工程价款,并应以此为依据取代专业工程暂估价,调整合同价款。

（3）暂列金额

① 已签约合同价中的暂列金额应由发包人掌握使用。

② 发包人按规定支付变更、签证等后,暂列金额余额应归发包人所有。

5）竣工结算编制、审核

计日工应按发包人实际签证确认的事项计算;暂估价应按上述规定计算;总承包服务费应依据已标价工程量清单金额计算;发生调整的,应以发承包双方确认调整的金额计算;索赔费用应依据发承包双方确认的索赔事项和金额计算;现场签证费用应依据发承包双方签证资料确认的金额计算;暂列金额应减去合同价款调整(包括索赔、现场签证)金额计算,如有余额归发包人。

6.17　规费、税金项目计价

1）规费

规费项目清单应按照下列内容列项:

（1）社会保障费:包括养老保险费、失业保险费、医疗保险费、工伤保险费、生育保险费。

（2）住房公积金。

（3）工程排污费。

2）税金

税金项目清单应包括下列内容：

（1）营业税。

（2）城市维护建设税。

（3）教育费附加。

（4）地方教育附加。

3）计算

规费和税金应按各地造价管理部门发布的计费基础和费率计算。规费中的工程排污费应按工程所在地环境保护部门规定的标准缴纳后按实列入。

表 6.17.1　规费、税金项目计价表

工程名称：　　　　　　标段：　　　　　　　　　　　　　　　　　　　第　页　共　页

序号	项目名称	计算基础	计算基数	计算费率（%）	金额（元）
1	规费				
1.1	社会保险费				
（1）	养老保险费				
（2）	失业保险费				
（3）	医疗保险费				
（4）	工伤保险费				
（5）	生育保险费				
1.2	住房公积金				
1.3	工程排污费	按工程所在地环境保护部门收取标准，按实计入			
2	税金	分部分项工程费＋措施项目费＋其他项目费＋规费－按规定不计税的工程设备金额			
		合计			

编制人（造价人员）：　　　　　　　　　　　　　　　　复核人（造价工程师）：

7 建设工程施工招标

7.1 建设工程交易与市场定价

7.1.1 建筑市场体系

1) 建筑市场的概念

建筑市场可分为广义的建筑市场和狭义的建筑市场两个层次。广义的建筑市场是指承载与建筑生产经营活动相关的一切交易活动的总称。它包括有形市场和无形市场,包括与工程建设有关的技术、租赁、劳务等各种要素的市场,包括为工程建设提供专业服务的中介组织体系,包括靠广告、通信、中介机构或经纪人等媒介沟通买卖双方或通过招标等多种方式成交的各种交易活动,还包括建筑商品生产过程及流通过程中的经济联系和经济关系。可以说,广义的建筑市场是工程建设生产和交易关系的总和。狭义的建筑市场一般指有形建筑市场,以工程承发包交易活动为主要内容,有固定的交易场所——工程交易中心。

2) 建筑市场的特点

由于建筑产品生产周期长,价值量大,生产过程中不同阶段对承包单位的能力和特点要求不同,这些特点决定了建筑市场交易贯穿于建筑产品生产的整个过程。从工程项目的咨询、设计、施工任务的发包开始,到工程竣工、保修期结束为止,发包方与承包方、分包方进行的各种交易以及相关的商品混凝土供应、配件生产、建筑机械租赁等活动,都是在建筑市场中进行的。生产活动和交易活动交织在一起,使得建筑市场在许多方面不同于其他产品市场。其特点可概括为:

(1) 交易方式为买方向卖方直接订货,并以招投标为主要方式。

(2) 交易价格以工程造价为基础,企业信誉、技术力量、施工质量是竞争的主要因素。

(3) 交易行为需受到严格的法律、规章、制度的约束和监督。

经过近年来的发展,建筑市场已形成以发包方、承包方和中介服务机构组成的市场主体、以建筑产品和建筑生产过程组成的市场客体、以招投标为主要交易形式的市场竞争机制、以资质管理为主要内容的市场监督管理体系,以及我国特有的有形建筑市场、工程交易中心等,构成了建筑市场体系。

3) 建筑市场的主体

建筑市场的形成是市场经济的产物。从一般意义去观察,建筑市场交易是业主给付建设费、承包商交付工程的过程。实际上,建筑市场交易包括很复杂的内容,其交易贯穿于建筑产品生产的全过程。在这个过程中,不仅存在业主和承包商之间的交易,还有承包商与分包商、材料供应商之间的交易,业主还要同设计单位、设备供应单位、咨询单位进行交易,以及与工程建设相关的商品混凝土供应、构配件生产、建筑机械租赁等活动一同构成建筑市场生产和交易的总和。参与建设生产交易过程的各方构成建筑市场的主体。

(1)业主

业主是指既有某项工程建设需求,又有该项工程建设需要的建设资金和各种准建手续,在建筑市场中发包工程建设的勘察、设计、施工任务,并最终得到建筑产品的政府部门、企事业单位或个人。

在我国工程建设中,业主也称之为建设单位,只有在发包工程或组织工程建设时才成为市场主体。因此,业主作为市场主体具有不确定性。在我国,有些地方和部门曾提出要对业主实行技术资质管理制度,以改善当前业主行为不规范的问题。但无论是从国际惯例和国内实践看,对业主资格实行审查约束是不成立的,对其行为进行约束和规范,只能通过法律和经济的手段去实现。

项目法人责任制,又称业主责任制,是在我国市场经济体制条件下,为了建立投资责任约束机制、规范项目法人行为提出的。由项目法人对项目建设全过程负责管理,主要包括进度控制、质量控制、投资控制、合同管理和组织协调。

(2)承包商

承包商是指拥有一定数量的建设装备、流动资金、工程技术经济管理人员、取得建筑资质证书和营业执照的、能够按照业主的要求提供不同形态的建筑产品并最终得到相应工程价款的施工企业。

按照其能提供的建筑产品,承包商可分为不同的专业,如铁路、公路、房建、水电、市政工程等专业公司;按照承包方式,也可分为承包商和分包商。相对于业主,承包商作为建筑市场主体,是长期和持续存在的。因此,无论是在国内还是按国际惯例,对承包商一般都要实行从业资格管理。建设部于2001年颁布了《建筑业企业资质管理规定》,对从业条件、资格管理、资格序列、经营范围、资格类别、等级等作了明确规定。

(3)工程咨询服务机构

工程咨询服务机构是指具有一定注册资金、工程技术、经营管理人员,取得建筑咨询证书和营业执照,能对工程建设提供估算测量、管理咨询、建设监理等智力型服务并获取相应费用的企业。

工程咨询服务企业可以开展勘察设计、工程造价、工程管理、招标代理、工程监理等多种业务。这类企业主要是向业主提供工程咨询和管理服务,弥补业主对工程建设过程不熟悉的缺陷。在国际上一般称为咨询公司。在我国,目前数量最多并有明确资质标准的是工程设计院、工程监理公司和工程造价事务所、招标代理、工程管理等咨询类企业。

咨询单位虽然不是工程承发包的当事人,但其受业主聘用,作为项目技术、经济咨询单位,对项目的实施负有相当重要的作用和责任。此外,咨询单位还因其独特的职业特点和在项目实施中所处的地位,要承担其自身的风险。据国际惯例,工程咨询服务机构只对其工程咨询所造成的直接后果负责,专业人士对民事责任的承担方式是购买专项责任保险。咨询单位与业主之间是契约关系,业主聘用工程师作为其技术、经济咨询人,为项目进行咨询、设计、监理、招标代理、管理和测量,许多情况下,咨询的任务贯穿于自项目可行性研究直至工程验收的全过程。

　　4）建筑市场的客体

　　建筑市场的客体,既包括有形建筑产品,也包括无形产品——各类智力型服务。

　　建筑产品不同于一般工业产品。在不同的生产交易阶段,建筑产品表现为不同的形态:可以是咨询公司提供的咨询报告、咨询意见或其他服务;可以是勘察设计单位提供的设计方案、施工图纸、勘察报告;可以是生产厂家提供的混凝土构件;当然也包括承包商生产的房屋和各类构筑物。建筑产品有如下特点:

　　(1)建筑生产和交易的统一性。建筑物与土地相连,不可移动,这就要求施工人员和施工机械只能随建筑物不断流动。从工程的勘察、设计、施工任务的发包,到工程竣工,发包方与承包方、咨询方进行的各种交易与生产活动交织在一起。

　　(2)建筑产品的单件性。由于业主对建筑产品的用途、性能要求不同以及建筑地点的差异,决定了多数建筑产品不能批量生产,决定了建筑市场的买方只能通过选择建筑产品的生产单位来完成交易。业主选择的不是产品,而是产品的生产单位。

　　(3)建筑产品的整体性和专业工程的相对独立性。这个特点决定了总承包、专业承包和劳务分包相结合的承包形式。随着经济的发展和建筑技术的进步,施工生产的专业性越来越强。在建筑生产中,由各种专业施工企业分别承担工程的土建、安装、装饰等专业工程和劳务分包,有利于施工生产技术和效率的提高。

　　(4)建筑生产的不可逆性。建筑产品一旦进入生产阶段,其产品不可能退换,也难以重新建造。否则双方都将承受极大的损失。所以,建筑最终产品质量是由各阶段成果的质量决定着。设计、施工必须按照规范和标准进行,才能保证生产出合格的建筑产品。

　　(5)建筑产品的社会性。绝大部分建筑产品都具有相当广泛的社会性,涉及公众的利益和生命财产的安全,即使是私人住宅也都会影响到环境、人或靠近它的人员的生活和安全。政府作为公众利益的代表,加强对建筑产品的规划、设计、交易、建造的管理是非常必要的,有关建筑的市场行为都应受到管理部门的监督和审查。

7.1.2　建筑市场运行管理

　　建筑市场运行管理,是指建筑工程项目立项后,对参与土木工程、建筑工程、线路管道和设备安装工程以及装修工程活动的各方进行勘察、设计、施工、监督、重要材料和相关设备采购等业务的发包、承包以及中介服务的交易行为和场所的管理。

　　从事建筑市场活动,实施建筑市场监督管理,应当遵循统一开放、竞争有序和公开、公正、平等竞争的原则。任何单位和个人不得违法限制或者排斥本地区、本系统以外的法人或者其他组织参加竞争,不得以任何方式扰乱建筑市场秩序。

　　1)工程发包

　　(1)招标发包与直接发包

　　严格遵守国家和各地政府的规定,确定应当招标发包的工程项目。

　　依法可以实行直接发包的,发包人应当具有与发包工程项目相适应的技术、经济管理人员,将工程项目发包给具有相应资质条件的承包人。发包人不具有与发包工程项目相适应的技术、经济管理人员的,应当委托具有相应人员的单位代理。

　　工程项目发包时,发包人应当有相应的资金或者资金来源已经落实。发包人发包时应当提供开户银行出具的到位资金证明、付款保函或者其他第三方出具的担保证明。

（2）招标发包标段划分

工程项目的勘察、设计、施工、监理、重要材料和相关设备采购等业务的发包,需要划分若干部分或者标段的,应当合理划分;应当由一个承包人完成的,发包人不得将其肢解成若干部分发包给几个承包人。

设计业务的发包,除专项工程设计外,以工程项目的单项工程为允许划分的最小发包单位。发包人将设计业务分别发包给几个设计承包人的,必须选定一个设计承包人作为主承包人,负责整个工程项目设计的总体协调。

施工或者监理业务的发包,以工程项目的单位工程或者标段为允许划分的最小发包单位。

（3）发包人不得实施以下行为

① 强令承包人、中介服务机构从事损害公共安全、公共利益或者违反工程建设程序和标准、规范、规程的活动;

② 将工程发包给没有资质证书或不具有相应资质等级的承包人;

③ 要求承包人以低于发包工程成本的价格承包或者要求承包人以垫资、变相垫资或者其他不合理条件承包工程;

④ 将应当招标发包的工程直接发包,或者与承包人串通,进行虚假招标;

⑤ 泄露标底或者将投标人的投标文件等有关资料提供给其他投标人;

⑥ 强令总承包人实施分包,或者限定总承包人将工程发包给指定的分包人;

⑦ 施工图设计未经审查合格进行施工招标;

⑧ 未依法办理施工许可手续开工建设;

⑨ 擅自修改勘察设计文件、图纸;

⑩ 强行要求承包人购买其指定的生产厂、供应商的产品。

2）工程承包

（1）工程承包人

工程项目勘察、设计、施工、监理、重要材料和相关设备采购业务的承包人,必须以自己的名义,在其依法取得的资质证书许可的业务范围内,独立承包或者与其他承包人联合承包。

我国政府明文规定,禁止任何形式的工程转包和违法分包。转包,是指承包人承包建设工程后,将其承包的全部建设工程转给他人或者将其承包的全部建设工程肢解以后以分包的名义分别转给他人承包的行为。

有下列情形之一的,属于违法分包:

① 总承包人将建设工程分包给不具备相应资质条件的承包人的;

② 建设工程总承包合同中未有约定,又未经发包人认可,承包人将其承包的部分建设工程交由他人完成的;

③ 施工总承包人将建设工程主体结构的施工分包给他人的;

④ 分包人将其承包的建设工程再分包的。

（2）施工现场管理

① 项目经理。施工承包人在承包工程时,必须从本企业选派具有相应资质的项目经理,组建与工程项目相适应的项目经理部。工程开工前,项目经理部的名单应当报工程项目

所在地建设行政主管部门备案。一个工程项目经理部及其项目经理和主要技术人员,不得同时承担两个以上大中型工程主体部分的施工业务。

② 危险作业意外伤害保险。施工承包人必须为下列从事危险作业的人员办理意外伤害保险,支付保险费:高层建筑的架子工,塔吊安装工,爆破作业工,人工挖孔桩作业工,直接从事水下作业的人员,法律、法规规定的其他人员。

③ 进场材料设备的要求。用于工程建设的材料设备,必须符合设计要求并具备下列条件:有产品名称、生产厂厂名、厂址和产地;有产品质量检验合格证明,产品包装和商标式样符合有关规定和标准要求,设备应当有详细的使用说明书。实施生产许可、准用管理或者实行质量认证的产品,应当具有相应的许可证、准用证或者认证证书。

3) 中介服务

从事工程勘察设计、造价咨询、招标代理、建设监理、工程检测等中介服务活动的机构应当依法设立,不得与行政机关和其他国家机关存在隶属关系或者其他利益关系。

工程建设中介服务机构应当在资格(资质)证书许可的业务范围内承接业务并自行完成,不得转让。

从事中介服务活动的专业技术人员,应当具有与所承担的工程业务相适应的执业资格,并不得同时在两个以上的中介服务机构执业。中介服务人员承办业务,应由中介服务机构统一承接。

4) 建筑市场资质管理

建筑企业资质是企业进入市场的准入证,资质管理制度的改革涉及十几万个建筑企业的切身利益,关系到建筑业发展的全局。

按照《建筑业企业资质管理规定》,全国建筑业企业资质管理办法和资质等级标准由国务院建设行政主管部门统一制订颁发,国务院铁道、交通、水利、信息产业、民航等有关部门配合国务院建设行政主管部门实施相关资质类别建筑业企业资质的管理工作。除省级建设行政主管部门可制订补充性的实施细则外,国务院其他部门和地方不得自行制订或修改资质标准,不另外再搞诸如资信登记、专项许可等市场准入限制。

《建筑业企业资质管理规定》将建筑业企业资质分为施工总承包、专业承包和劳务分包三大序列。施工总承包序列企业,是指对工程实行施工全过程承包或主体工程施工承包的建筑业企业。施工总承包序列企业资质设特级、一、二、三共四个等级,重新划分为 12 个资质类别。专业承包序列企业,是指具有专业化施工技术能力,主要在专业分包市场上承接专业施工任务的建筑业企业。专业承包序列资质设 2～3 个等级,划分为 60 个资质类别。劳务分包序列企业,是指具有一定数量的技术工人和工程管理人员、专门在建筑劳务分包市场上承接任务的建筑业企业。劳务分包序列资质设 1～2 个等级,划分为 13 个资质类别。

7.1.3　建设工程交易

建设工程交易的客体可以是整个建设工程项目,也可以是单项工程实体、建筑材料、工程设备、工程咨询、工程管理服务等,还可以是技术、租赁、劳务等各种生产要素。狭义的建设工程交易活动常以工程承发包为主要内容。

1) 建设工程交易的特点

与一般商品交易相比,建设工程交易具有下列特点:

（1）建设工程交易的偶然性。建设工程交易的标的是工程产品,而工程产品具有单件性的特点。此外,在市场经济环境下,除专业化的工程开发商,如房地产商外,工程产品的卖方与买方,即承发包双方多次合作的机会较少。因此,从这一角度看,建设工程交易具有偶然性的特点。交易的偶然性,势必会使交易成本上升。

（2）建设工程交易的长期性。一般商品的交易,绝大部分情况是一手交钱,一手交货;而建设工程交易,基本上是先订货,后生产,交易过程包括了整个生产或施工过程。一般建设工程交易过程较长,相对于一般商品,交易成本也可能较高。

（3）建设工程实施过程和交易过程重叠性。建设工程交易过程是先订货后生产。订货仅是交易的起点,交易随工程的实施而逐步展开。因而工程实施过程中的技术因素、环境因素等方面对建设工程的交易势必有影响。

（4）建设工程交易的不确定性。建设工程交易过程包括生产过程,而工程建设过程受众多因素的影响,具有不确定性。因此,建设工程交易的不确定性,不仅会增加交易成本,还会诱发交易过程的争端。

（5）建设工程交易双方的信息不对称性。由于交易过程的一次性和先订货后生产,在交易市场选择中存在着委托方和代理方在履约能力方面的信息不对称;在合同签订后又存在着工作努力程度的信息不对称。这种信息的不对称,给工程承包方产生了机会主义的动因,使工程发包方面临着"承包方是否诚信的风险"。

（6）建设工程合同的不完备性。工程交易要经过一个签订交易合同及漫长的履行合同的过程。由于工程实施过程具有不确定性,先前签订的合同不可能将这些不确定性全考虑在内,因此,建设工程合同具有不完备性,即不可能将合同履行过程中的各种情况作出明确的规定。合同的不完备性,同样会诱发交易过程的争端和交易成本的上升。

2）建设工程交易模式

建设工程交易模式主要是指业主将工程项目进行发包的方式,这种发包方式决定了工程项目的组织模式、项目管理机制,从而对工程项目管理成本或交易产生重大影响。为工程项目选择或设计一个科学、合理的交易方式,对降低项目交易成本、实现项目目标至关重要。

以下简单介绍国内外较为流行的建设工程交易模式。

（1）DBB 模式

DBB 模式,即设计—招标—建造模式,是国际上最早应用的建设工程发包方式之一。目前在世界银行、亚洲开发银行的贷款项目,以及采用国际咨询工程师联合会合同条件的国际工程项目均采用这种方式。我国目前广泛应用的监理制就属 DBB 模式。

（2）建设工程总承包模式

建设工程总承包是指工程总承包人受业主委托,按照合同约定对工程项目的勘察、设计、采购、施工、试运行等实际全过程或若干阶段的承包。建设工程总承包人按照合同约定对工程项目的质量、工期、造价等向业主负责。还可依法将所承包工程中的部分工作发包给具有相应资质的分包商,分包商按照分包合同的约定对总承包人负责。

（3）CM 模式

CM（Construction Management）模式发源于美国,与 DBB 模式相比,增加了 CM 单位。CM 单位承担建设管理的任务,从详细设计阶段介入,为设计方提供施工方面的建议,并负责随后的施工管理。采用 CM 模式将详细设计、招标、施工等工作相互搭接,即采用阶段施工法,可以缩短建设工期。

CM 模式是一种施工管理或管理型承包模式,CM 单位的工作重点是协调设计与施工的关系,以及对分包商和施工现场进行管理。

（4）PM 模式

PM(Project Management)的概念较为广泛,人们经常将业主方、设计方、施工方等参与工程建设过程的管理统称为项目管理,即 PM。但对 PM 模式,一般是指业主委托工程项目管理公司或咨询公司,采用科学的方法和手段,对工程项目的全过程或项目的实施阶段进行管理服务。工程交易模式可分为自主型和代理型两大类。所谓自主型交易模式,即由项目业主直接与工程承包人进行的工程交易。所谓代理型交易模式,即项目业主委托代理人,由代理人与工程承包人进行的工程交易。对代理型交易模式,工程交易可视为由业主与代理人的项目管理交易及代理人与工程承包人的工程交易的总和。

自主型交易模式下,业主组建项目管理机构委托工程设计,组织工程招标、采购、施工合同管理。在 DBB 方式下,业主在项目管理中起主导作用,各类中介公司为其提供项目管理服务。

代理型交易形模式下,业主不具体从事工程项目实施阶段的管理,甚至项目的前期工作也很少花精力。项目管理公司承担工程项目管理中除重大项目决策外的全部工作,包括工程设计、采购、施工、试运行,有时还包括工程项目的可行性研究工作。业主仅派很少人员对工程项目的实施进行监督。

建设工程交易模式的选择主要受业主建设管理能力、建设项目的经济属性等因素的影响。

20 世纪 80 年代初,我国工程建设才开始实施真正意义上的项目管理。经过多年的努力,在较短的时间内普遍推行了监理制,即传统的 DBB 模式。但我国幅员辽阔,经济社会发展差异大,各类工程复杂程度不同,各类工程的经济属性不同,采用统一的 DBB 模式不能适应经济建设的要求。近年来,我国也尝试推行设计施工一体化模式,鼓励发展 PM 模式,大力推行代建制,但目前 DBB 模式仍占绝对主导地位。

3）建设工程交易费用

（1）建设工程交易费用的概念

建设工程交易费用,是指为完成建设工程交易所发生的费用,包括收集和发布工程招标信息、对承包人进行资格审查、合同谈判和签订、合同履行过程中的监督和管理、处理工程变更、工程索赔和合同争端所发生的费用。建设工程交易过程具有时间长、处理交易纠纷复杂等特点,在许多工程上的交易费用很高。

（2）影响建设工程交易费用的因素

与影响一般交易费用的因素相似,影响建设工程交易费用的因素也分为下列三个方面:

① 建设工程中人的因素

A. 有限理性。建设工程涉及的知识面广,现实社会中建设工程原材料、半成品施工过程存在着大量的不规范因素,人们很难将合同执行中可能遇到的问题全部在合同中作出合理的约定。

B. 机会主义行为。建设工程实施过程中,人的机会主义行为普遍地存在。人的机会主义行为还有不确定性,若人的机会主义行为是确定的,那么在合同中就可包括应对某机会主义行为的内容了。此外,机会主义行为千差万别,人们无法预见到底发生何种具体的行为,可以认为,建设工程中的机会主义行为是影响交易费用的关键因素。

② 建设工程交易的特性因素

A. 建设工程资产的专用性

建设工程资产专用性可以理解为支持特定的工程交易,承发包双方进行的耐久性投资。在工程上,这种专用性投资的类型很广泛。如工程建设地点专用性,包括土地占用、征地拆迁等;有形资产专用性,包括专用施工机械、办公和生活的专用设施等;人力资本专用性,包括各类专业人员、专业人员的培训等。

在工程建设领域,资产的专用性相当高。例如,工程有专门的地点,运到某一建设工地的建筑材料,若调配到其他工程上使用,其成本很高。

建设工程不仅投资规模很大,而且必须整个工程建成才有使用价值。工程建设过程中一旦交易中断,则这种专用性投资将几乎失去了价值。

工程必须全部完工才能使用,而资金是有时间价值的。因此,影响建设工程交易费用的不仅是资产专用性,还应延伸到建设工程交易的周期,因而建设工期也是影响建设工程交易费用的一个因素。

B. 建设工程交易的不确定性

a. 经济社会的不确定性。随着竞争日益激烈,市场越来越充满变数。在工程项目合同签订前要完全把握工程所在地的经济社会发展环境,并在合同中明确应对方案显然是不可能的。一个大型工程项目,工期为 3 年,3 年中建筑材料价格的变化难以预测,在合同实施过程中只能考虑调价。而调价过程中有关建筑材料价格资料的收集需要发生成本。

b. 自然的不确定性。经常见到的有地质条件的不确定、气候条件引起的不确定性。这些不确定性一般是难以预测的,在合同中不可能作出详尽的处理方案,只能在不确定事件发生后进行协调解决。协调处理索赔等事项增加了交易费用。

c. 招投标双方信息不对称。在建设工程招标过程中,对招标人而言,信息具有不确定性。如投标人的经验、能力、信誉状况等,招标人难以完全把握。若要完全把握,其成本很高。一般而言,只能根据投标人提供的信息作出选择,并安排合同。当确定的中标人,即承包商的投标信息为真,且承包商按合同履行时,交易成本处于理想状态;当承包商的投标信息失真,且承包商又具有较强的机会主义动机时,在合同的履行过程中,招标人将要支付较高的交易成本。

C. 建设工程交易的频率

建设工程交易的频率是指发包人在单位时间里进行建设工程交易的次数。对于自主型交易,业主不可能有连续不断的工程需要交易,因而一般其交易过程中工作效率低,交易成本会较高;对于代理型交易,因代理方专职从事建设工程管理,具有建设工程交易经验,因而交易成本较低。

③ 建设市场环境因素

A. 在建设市场还不充分发育的阶段,建设市场环境对建设工程交易方式有决定性作用。目前我国工程项目管理企业、工程总承包企业还处在培育阶段,数量不多,经验不足,在这种情况下采用代理型交易模式,发包人风险较大;当建设市场发育充分时,仅需根据工程交易费用的大小选择或设计交易方式。

B. 建设市场竞争对手多少,对交易成本有直接的影响。当市场竞争激烈时,在合同签订前,投标人会小心谨慎,以争取中标;在签订合同后,中标承包商也会把握机会,认真履行合同,为其后投标创造良好的条件。

在上述影响因素中,有限理性、机会主义行为和资产专用性起着决定性作用。三个因素同时存在才会增大交易成本。若完全理性,则合同尽善尽美,机会主义行为无机可乘;若不存在机会主义行为,则双方都不会"钻空子";若不存在资产专用性因素,则可依赖充分的市场竞争。在三个影响因素中,机会主义行为的影响最为深刻。

7.2　工程量清单编制

工程量清单应由具有编制能力的招标人或受其委托,具有相应资质的工程造价咨询人编制。采用工程量清单方式招标,工程量清单必须作为招标文件的组成部分,其准确性和完整性由招标人负责。工程量清单是工程量清单计价的基础,应作为编制招标控制价、投标报价、计算工程量、支付工程款、调整合同价款、办理竣工结算以及工程索赔等的依据。工程量清单应由分部分项工程量清单、措施项目清单、其他项目清单、规费项目清单、税金项目清单组成。

1)工程量清单编制依据

(1)《建设工程工程量清单计价规范》(GB 50500—2013)。

(2)《房屋建筑与装饰工程工程量计算规范》(GB 50854—2013)。

(3)建设工程设计文件。

(4)与建设工程项目有关的标准、规范、技术资料。

(5)招标文件及其补充通知、答疑纪要。

(6)施工现场情况、工程特点及常规施工方案。

(7)其他相关资料。

2)分部分项工程量清单

(1)分部分项工程量清单应包括项目编码、项目名称、项目特征、计量单位和工程量。

(2)分部分项工程量清单应根据附录规定的项目编码、项目名称、项目特征、计量单位和工程量计算规则进行编制。

(3)分部分项工程量清单的项目编码,应采用十二位阿拉伯数字表示。一至九位应按附录的规定设置,十至十二位应根据拟建工程的工程量清单项目名称设置,同一招标工程的项目编码不得有重码。

(4)分部分项工程量清单的项目名称应按《计算规范》附录的项目名称结合拟建工程的实际确定。

(5)分部分项工程量清单中所列工程量应按《计算规范》附录中规定的工程量计算规则计算。

(6)分部分项工程量清单的计量单位应按《计算规范》附录中规定的计量单位确定。

(7)分部分项工程量清单项目特征应按《计算规范》附录中规定的项目特征,结合拟建工程项目的实际予以描述。

(8) 编制工程量清单出现《计算规范》附录中未包括的项目,编制人应作补充,并报省级或行业工程造价管理机构备案,省级或行业工程造价管理机构应汇总报往住房和城乡建设部标准定额研究所。

(9) 补充项目的编码由附录的顺序码与 B 和三位阿拉伯数字组成,并应从×B001 起顺序编制,同一招标工程的项目不得重码。工程量清单中需附有补充项目的名称、项目特征、计量单位、工程量计算规则、工程内容。

3) 措施项目清单

措施项目清单必须根据相关工程现行国家计量规范的规定编制。措施项目清单应根据拟建工程的实际情况列项。

措施项目中列出了项目编码、项目名称、项目特征、计量单位、工程量计算规则的项目,编制工程量清单时,应按照分部分项工程的规定执行。措施项目中仅列出项目编码、项目名称,未列出项目特征、计量单位和工程量计算规则的项目,编制工程量清单时,应按《计算规范》附录 S 措施项目规定的项目编码、项目名称确定。

4) 其他项目清单

其他项目清单宜按照下列内容列项:暂列金额;暂估价(包括材料暂估价、专业工程暂估价);计日工;总承包服务费。出现清单计价规范未列明的项目,可根据工程实际情况补充。

5) 规费项目清单

规费项目清单应按照下列内容列项:工程排污费;工程定额测定费;社会保障费(包括养老保险费、失业保险费、医疗保险费);住房公积金;危险作业意外伤害保险。出现清单计价规范未列明的项目,应根据省级政府或省级有关权力部门的规定列项。

6) 税金项目清单

税金项目清单应包括下列内容:营业税;城市维护建设税;教育费附加。出现清单计价规范未列明的项目,应根据税务部门的规定列项。

7.3 工程量清单计价一般规定

采用工程量清单计价,建设工程造价由分部分项工程费、措施项目费、其他项目费、规费和税金组成。

分部分项工程量清单应采用综合单价计价。招标文件中的工程量清单标明的工程量是投标人投标报价的共同基础,竣工结算的工程量按发、承包双方在合同中约定应予计量且实际完成的工程量确定。

措施项目清单计价应根据拟建工程的施工组织设计,可以计算工程量的措施项目,应按分部分项工程量清单的方式采用综合单价计价;其余的措施项目可以"项"为单位的方式计价,应包括除规费、税金外的全部费用。措施项目清单中的安全文明施工应按照国家或省级、行业建设主管部门的规定计价,不得作为竞争性费用。

招标人在工程量清单中提供了暂估价的材料和专业工程属于依法必须招标的,由承包人和招标人共同通过招标确定材料单价与专业工程分包价。若材料不属于依法必须招标的,经发、承包双方协商确认单价后计价。若专业工程不属于依法必须招标的,由发包人、总承包人与分包人按有关计价依据进行计价。

　　规费和税金应按国家或省级、行业建设主管部门的规定计算,不得作为竞争性费用。采用工程量清单计价的工程,应在招标文件或合同中明确风险内容及其范围(幅度),不得采用无限风险、所有风险或类似语句规定风险内容及其范围(幅度)。

7.4　招标控制价编制

7.4.1　招标控制价编制概述

　　国有资金投资的工程建设项目应实行工程量清单招标,并应编制招标控制价。招标控制价超过批准的概算时,招标人应将其报原概算部门审核。投标人的投标报价高于招标控制价的,其投标应予以拒绝。招标控制价应由具有编制能力的招标人,或受其委托具有相应资质的工程造价咨询人编制。

　　1) 招标控制价编制依据

　　(1)《建设工程工程量清单计价规范》(GB 50500—2013)。

　　(2) 国家或省级、行业建设主管部门颁发的计价定额、费用定额和计价办法。

　　(3) 建设工程设计文件及相关资料。

　　(4) 招标文件中的工程量清单及有关要求。

　　(5) 与建设项目相关的标准、规范、技术资料。

　　(6) 工程造价管理机构发布的工程造价信息;工程造价信息没有发布的参照市场价。

　　(7) 其他相关资料。

　　2) 各清单项费用的确定

　　(1) 分部分项工程费应根据招标文件中的分部分项工程量清单项目的特征描述及有关要求,按规范规定确定综合单价计算。综合单价中应包括招标文件中要求投标人承担的风险费用。招标文件提供了暂估单价的材料,按暂估的单价计入综合单价。

　　(2) 措施项目费应根据招标文件中的措施项目清单按《计算规范》的规定计价。

　　(3) 其他项目费应按下列规定计价:

　　① 暂列金额应根据工程特点,按有关计价规定估算。

　　② 暂估价中的材料单价应根据工程造价信息或参照市场价格估算;暂估价中的专业工程金额应分不同专业,按有关计价规定估算。

　　③ 计日工应根据工程特点和有关计价依据计算。

　　④ 总承包服务费应按根据招标文件列出的内容和要求估算。

　　(4) 规费和税金应按建设主管部门颁发的费用定额的规定计算。

　　(5) 招标控制价应在招标时公布,不应上调或下浮,招标人应将招标控制价及有关资料报送工程所在地工程造价管理机构备查。

　　(6) 投标人经复核认为招标人公布的招标控制价未按照《计价规范》的规定编制的,应在开标前 5 天向招投标监督机构或（和）工程造价管理机构投诉。

（7）招投标监督机构应会同工程造价管理机构对投诉进行处理，发现有错误的，应责成招标人修改。

7.4.2　招标控制价编制原则

（1）根据《建设工程工程量清单计价规范》的要求，工程量清单的编制与计价必须遵循"四统一"原则：① 项目编码统一；② 项目名称统一；③ 计量单位统一；④ 工程量计算规则统一。

"四统一"原则即是在同一工程项目内对内容相同的分部分项工程只能有一组项目编码与其对应，同一编码下分部分项工程的项目名称、计量单位、工程量计算规则必须一致。

（2）遵循市场形成价格的原则。市场形成价格是市场经济条件下的必然产物。长期以来我国工程招标的招标控制价的确定受国家（或行业）工程预算定额的制约，招标控制价反映的是社会平均消耗水平，不利于市场经济条件下企业间的公平竞争。

工程量清单计价由投标人自主报价，有利于企业发挥自己的最大优势。各投标企业在工程量清单报价条件下必须对单位工程成本、利润进行分析，统筹考虑，精心选择施工方案，并根据企业自身能力合理地确定人工、材料、施工机械等生产要素的投入与配置，优化组合，有效地控制现场费用和技术措施费用，形成最具有竞争力的报价。

工程量清单下的招标控制价反映的是由市场形成的具有社会先进水平的生产要素市场价格。

（3）体现公开、公平、公正的原则。工程造价是工程建设的核心内容，也是建设市场运行的核心。工程量清单下的招标控制价应充分体现公开、公平、公正原则。公开、公平、公正不仅是投标人之间的公开、公平、公正，亦包括招投标双方间的公开、公平、公正。即招标控制价的确定，应同其他商品一样，由市场价值规律来决定，不能人为地盲目压低或提高。

（4）风险合理分担原则。风险无处不在，对建设工程项目而言，存在风险是必然的。

工程量清单计价方法，是在建设工程招投标中，招标人按照国家统一的工程量计算规则计算提供工程数量，由投标人依据工程量清单所提供的工程数量自主报价，即由招标人承担工程量计量的风险，投标人承担工程价格的风险。在标底价的编制过程中，编制人应充分考虑招投标双方风险可能发生的几率，风险对工程量变化和工程造价变化的影响，在招标控制价中予以体现。

（5）招标控制价的计价内容、计价口径，与招标文件的规定一致的原则。招标控制价的计价过程必须严格按照工程量清单给出的工程量及其所综合的工程内容进行计价，不得随意变更或增减。

7.4.3　招标控制价的编制程序与方法

1）招标控制价的编制程序

招标控制价的编制必须遵循一定的程序才能保证招标控制价的正确性。

（1）确定招标控制价的编制单位。

招标控制价由招标单位（或业主）自行编制，或受其委托具有编制招标控制价资格和能力的中介机构代理编制。

（2）搜集审阅编制依据。

（3）取定市场要素价格。

（4）确定工程计价要素消耗量指标。

（5）勘察施工现场。

（6）招标文件质疑。

对招标文件（工程量清单）表述不清的问题向招标人质疑，请求解释，明确招标方的真实意图，力求计价精确。

（7）综合上述内容，按工程量清单表述工程项目特征和描述的综合工程内容进行计价。

（8）招标控制价初稿完成。

2）招标控制价的编制方法

招标控制价由五部分内容组成：分部分项工程量清单计价、措施项目清单计价、其他项目清单计价、规费、税金。

（1）分部分项工程量清单计价

分部分项工程量清单计价有预算定额调整法、工程成本测算法两种方法。

按测算法计算工程成本，编制人员必须有丰富的现场施工经验，才能准确地确定工程的各种消耗。造价人员应深入现场，不断积累现场施工知识，当现场知识累积到一定程度后才能自如地完成相关估算。工程技术与工程造价相结合是今后工程造价人员业务素质发展的方向。

管理费的计算可分为费用定额系数计算法和预测实际成本法。费用定额系数计算法是利用有关的费用定额取费标准，按一定的比例计算管理费。在工程量清单计价条件下，基本直接费的组成内容已经发生变化。一部分费用进入措施清单项目，造成人工费基数不完整。在利用费用定额系数法计算管理费时，要注意调整因基数不同造成的影响。

预测实际成本法是把施工现场和总部为本工程项目预计要发生的各项费用逐项进行计算，汇总出管理费总额，建筑工程以直接费为权数分摊到各分部分项工程量清单中。

利润是投标报价竞争最激烈的项目，在招标控制价编制时其利润率的确定应根据拟建项目的竞争程度，以及参与投标各单位在投标报价中的竞争能力而确定。例如，有五家单位投标，其中三家企业近期工程量不足急于承揽新的工程，这样就会产生激烈的竞争。竞争的手段首先是消减工程利润。招标控制价的编制就要顺应形势以低利润计价，以免投标价与标底价产生较大的偏离。

综上所述，工程量清单下的招标控制价必须严格遵照《建设工程工程量清单计价规范》进行编制，以工程量清单给出的工程数量和综合的工程内容，按市场价格计价。对工程量清单给出的工程数量和综合的工程内容不得随意更改、增减，必须保持与各投标单位计价口径的统一。

（2）措施项目清单计价

《计价规范》为工程量清单提供措施项目一览表，供招标投标双方参考使用。

招标控制价编制人要对表内内容逐项计价。如果编制人认为表内提供的项目不全，亦可列项补充。

措施项目招标控制价的计算依据主要来源于施工组织设计和施工技术方案。措施项目招标控制价的计算，宜采用成本预测法估算。

（3）其他项目清单计价

其他项目清单计价按单位工程计取内容包括暂列金额、暂估价、计日工、总承包服务费。

招标人部分的数据由招标人填写，并随同招标文件一同发至投标人或招标控制价编制人。在招标控制价计价中，编制人按招标文件原数据填写，不得更改。

投标人部分由投标人或招标控制价编制人填写，总承包服务费根据工程规模、工程的复杂程度、投标人的经营范围计取，一般不大于分包工程总造价的5％。

零星工作项目计价表中的单价为综合单价，其中人工费综合了管理费与利润，材料费综合了材料购置费及采购保管费，机械费综合了机械台班使用费、车船使用税以及设备的调遣费。

（4）规费

规费亦称地方规费，是税金之外由政府或政府有关部门收取的各种费用。各地收取的内容多有不同，在招标控制价编制时应按工程所在地的有关规定计算此项费用。

（5）税金

税金包括营业税、城市维护建设税、教育费附加等三项内容。因为工程所在地的不同，税率也有所区别。招标控制价编制时应按工程所在地规定的税率计取税金。

7.4.4　招标控制价的审查与应用

1）招标控制价的审查

（1）招标控制价审查的意义

招标控制价编制完成后，需要认真进行审查。加强招标控制价的审查，对于提高工程量清单计价水平，保证招标控制价质量具有重要作用。

① 发现错误，修正错误，保证招标控制价的正确率。

② 促进工程造价人员提高业务素质，成为懂技术、懂造价的复合型人才，以适应市场经济环境下工程建设对工程造价人员的要求。

③ 提供正确的工程造价基准，保证招标投标工作的顺利进行。

（2）招标控制价的审查过程

招标控制价的审查分三个阶段进行。

① 编制人自审

招标控制价初稿完成后，编制人要进行自我审查，检查分部分项工程生产要素消耗水平是否合理，计价过程的计算是否有误。

② 编制人之间互审

编制人之间互审可以发现不同编制人对工程量清单项目理解的差异，统一认识，准确理解。

③ 审核单位审查

审核单位审查包括对招标文件的符合性审查，计价基础资料的合理性审查，招标控制价整体计价水平的审查，招标控制价单项计价水平的审查，是完成定稿的权威性审查。

（3）招标控制价审查的内容

① 符合性

符合性包括计价价格对招标文件的符合性，对工程量清单项目的符合性，对招标人真实意图的符合性。

②　计价基础资料合理性

计价基础资料的合理,是招标控制价合理的前提。计价基础资料包括工程施工规范、工程验收规范、企业生产要素消耗水平、工程所在地生产要素价格水平。

③　招标控制价整体价格水平

招标控制价是否大幅度偏离概算价,是否无理由偏离已建同类工程造价,各专业工程造价是否比例失调,实体项目与非实体项目价格比例是否失调。

2）招标控制价的应用

招标控制价最基本的应用形式,是招标控制价与各投标单位投标价格的对比。对比分为工程项目总价对比、分项工程总价对比、单位工程总价对比、分部分项工程综合单价对比、措施项目列项与计价对比、其他项目列项与计价对比。

在《建设工程工程量清单计价规范》下的工程量清单报价,为招标控制价在商务标测评中建立了一个基准的平台,即招标控制价的计价基础与各投标单位报价的计价基础完全一致,方便了招标控制价与投标报价的对比。

8 施工招标投标报价

8.1 施工投标概述

8.1.1 投标报价工作的组织与步骤

投标报价是整个投标工作中最重要的一环。一项工程好坏的重要标志是工期、造价、质量,而工期与质量尽管从承包商的历史、技术状况可以看出一部分,但真正的工期与质量还要在施工开始以后才能直观地看出。可是报价却是在开工之前确定,因此,工程投标报价对于承包商来说是至关重要的。

投标报价要根据具体情况,充分进行调查研究,内外结合,逐项确定各种定价依据,切实掌握本企业的成本,力求做到:报价对外有一定的竞争力,对内又有盈利,工程完工后又非常接近实际水平。这样就必须采取合理措施,提高管理水平,更要讲究投标策略,运用作价技巧,在全企业范围内开动脑筋,才能作出合理的标价。

随着竞争程度越来越激烈和工程项目越来越复杂,报价工作成为涉及企业经营战略、市场信息、技术活动的综合的商务活动,因此必须进行科学的组织。

1) 投标报价工作机构

投标报价,不论承包方式和工程范围如何,都必须涉及承包市场竞争态势、生产要素市场行情、工程技术规范和标准、施工组织和技术、工料消耗标准或定额、合同形式和条款以及金融、税收、保险等方面的问题。因此,需要有专门的机构和人员对估价的全部活动加以组织和管理,组织一个由业务水平高、经验丰富、精力充沛的投标报价工作人员组成的工作机构是投标获得成功的基本保证。

投标报价工作机构一般由公司主管副总直接领导,工作机构的成员应是懂技术、懂经济、懂造价、懂法律的多面手,这样的估价班子人员精干,工作效率高,可以提高估价工作的连续性、协调性和系统性。但是,对上述多方面知识都很精深且能力强的专门人才是比较少的,因此在实际工作中,对投标报价工作机构的领导人及注册造价师尽可能按上述要求配备,对工作机构的其他人员则侧重某一方面的专长。一般来说,投标报价工作机构的工作人员应由经济管理、专业技术、商务金融和合同管理等方面的人才组成。

经济管理类人才,主要是指投标报价人员。他们对本公司各类分部分项工程工料消耗的标准和水平应了如指掌,而且对本公司的技术特长和优势以及不足之处有客观的分析和认识,对竞争对手和生产要素市场的行情和动态也非常熟悉。他们应对所掌握的信息和数据进行正确的处理,使估价工作建立在可靠的基础之上。另外,他们对常见工程的主要技术特点和常用施工方法也应有足够的了解。

专业技术类人才,主要是指懂设计和施工的技术人员。他们应掌握本专业最新的技术知识,具备熟练的实际操作能力,能解决本专业的技术难题,以便在估价时从本公司的实际技术水平出发,根据投标工程的技术特点和需要,选择适当的施工方案。

商务金融类人才,是指从事金融、贸易、采购、保险、保函、贷款等方面工作的专业人员。他们要懂税收、保险、财会、外汇管理和结算等方面的知识,根据招标文件的有关规定选择有关的工作方案,如材料采购计划、贷款计划、保险方案、保函业务等。

合同管理类人才,是指从事合同管理和索赔工作的专业人员。他们应熟悉与工程承包有关的重要法律,能对招标文件所规定采用的合同条件进行深入分析,从中找出对承包商有利和不利的条款,提出要予以特别注意的问题,并善于发现索赔的可能性及其合同依据,以便在估价时予以考虑。

估价工作机构仅仅做到个体素质好还不够,各类专业人员既要有明确分工,又要能通力合作,及时交流信息。为此,估价工作机构的负责人就显得相当重要,他不仅要具有比一般人员更全面的知识和更丰富的经验,而且要善于管理、组织和协调,使各类专业人员都能充分发挥自己的主动性和积极性以及专业特长,按照既定的工作程序开展估价工作。

另外,作为承包商来说,要注意保持估价工作机构成员的相对稳定,以便积累和总结经验,不断提高其素质和水平,提高估价工作的效率,从而提高本公司投标报价的竞争力。一般来说,除了专业技术类人才要根据投标工程的工程内容、技术特点等因素而有所变动之外,其他三类专业人员尽可能不做大的调整或变动。

2) 投标报价的工作步骤

投标报价是正确进行投标决策的重要依据,其工作内容繁多,工作量大,而时间往往十分紧迫,因而必须周密地进行,统筹安排,遵照一定的工作程序,使估价工作有条不紊、紧张而有序地进行,估价工作在投标者通过资格预审并获得招标文件后即开始。其主要工作环节可概括为询价、估价和报价。

(1) 询价

询价是投标报价非常重要的一个环节。建筑材料、施工机械设备(购置或租赁)的价格有时差异较大,"货比三家"对承包商总是有利的。询价时要注意两个问题:一要确保产品质量满足招标文件的有关规定,二是要关注供货方式、时间、地点、有无附加费用。如果承包商准备在工程所在地招募劳务,必须进行劳务询价,主要有两种情况:一种是成建制的劳务公司,相当于劳务分包,一般费用较高,但素质较可靠,工效较高,承包商的管理任务较轻;另一种是在劳务市场招募零散劳动力,这种方式虽然劳务价格较低,但往往素质达不到要求,承包商的管理工作较繁重。估价人员应在对劳务市场充分了解的基础上决定采用哪种方式,并以此为依据进行估价;分包商的选择往往也需要通过询价决定。如果总包商或主包商在某一地区有长期稳定的任务来源,这时与一些可靠的分包商建立相对稳定的总分包关系,分包询价工作可以大大简化。

(2) 估价

估价与报价是两个不同的概念。估价是指估价人员在施工进度计划、主要施工方法、分包计划和资源安排确定之后,根据本公司的工料机消耗标准以及询价结果,对本公司完成招标工程所需要支出的费用的估价。其原则是根据本公司的实际情况合理补偿成本。不考虑其他因素,不涉及投标决策问题。

(3) 报价

报价是在估价的基础上,分析该招标工程以及竞争对手的情况,判断本公司在该招标工程上的竞争地位,拟定本公司的经营目标,确定在该工程上的预期利润水平。报价实质上是投标决策,要考虑运用适当的投标技巧或策略,与估价的任务和性质是不同的。因此,报价通常是由承包商主管经营管理的负责人作出。

8.1.2 投标文件的编制原则

1) 资格预审书的编制原则

资格预审是在投标之前发包单位对各个承包单位在财务状况、技术能力等方面所进行的一次全面审查。只有那些财力雄厚、技术水平高、经验丰富、信誉高的承包单位才有可能被通过,而那些在各个方面比较薄弱的公司是很难通过的。编制资格预审书时有几个原则性的问题必须掌握。

(1) 获得信息后,针对工程性质、规模、承包方式及范围,首先进行一次决策,以决定是否有能力承包。

(2) 针对资格预审文件要求,要求报什么就应该报什么,与文件要求无关的内容切记不要报送,于事无补。

(3) 应反映承包商的真正实力。资格预审最主要的目的是考察承包商的能力,特别要注意对财力、人员资格、承包经验、施工设备等的要求,必须满足。切记避免使企业对承包商产生不信任感。

(4) 资格预审的所有内容应有证明文件。以往的经验及成就中所列出的全部项目,都要有用户的证明文件(原件),以证明真实性,有关人员提供相应的资格证明文件;财力方面应由相关机构提供证明。

(5) 施工设备要有详细的性能说明。许多公司在承包工程中所报出的施工机具,仅明示名称、规格、型号、数量,这是不行的。因为施工所付出的劳动相当大,现代建筑工程没有施工机具几乎是不可能的。因此,业主对施工机具的要求很严、很细。

(6) 资格预审文件的内容不能做任何改动,有错误也不能改。如果承包商有不同看法、异议或补充等,可在最后一项"声明"一栏里填写清楚,或另加表格加以补充。

(7) 编制资格预审书时要特别注意打分最多的几项。如业绩、人员、机具这三项一般是得分最多的,一定要不丢分或少丢分。

(8) 报送的资格预审资料应有一份原件及数件复印件,并按指定的时间、地点报送。

2) 技术标和商务标的编制原则

技术标和商务标是是否中标的关键。如果水平太低而不能中标,则在整个投标过程所耗费的费用全部付诸东流。下面将说明报送技术标和商务标的主要原则。

(1) 技术标与商务标必须统一,不应出现矛盾。

有时报价书的关键数字在技术标与商务标中不统一,主要有以下几种情况:技术标中对一项工程耗用的工日数大于商务标中的工日数,特别是高峰人数一般都大得多;耗用机械在技术标中比商务标中的大;施工方案与商务标计算时的口径不一;进度计划中的时间、人数与商务标不一致。

出现上述问题,主要有以下两方面的原因:

一是编制技术标与商务标的两套班子脱节,技术人员考虑的问题与编制商务标人员所考虑的问题不一样。如编制商务标的人员,首先根据所选定的定额计算出与定额水平相符的工日数,然后,以工期除以工日数而得出人员数,而编制技术标的人员,是根据组织人数及其施工条件因素,重点考虑的是留有余地,所以与定额水平肯定有一定差距。

二是定额的编制是考虑了通常使用的施工方法,当施工方案发生变化时,编制商务标时,往往套用相近的定额,致使出现口径不一的现象。

这些问题的出现,将产生如下后果:

标书质量低劣,前后矛盾,使业主无法衡量承包商的水平而将其淘汰;使报价水平降低,费用过高而不中标;商务标中标后,成本失控而造成亏损。

(2) 技术标及商务标编制过程中应遵循下列原则:

① 遵守报价的计算程序。当资格预审合格后,承包商将立即接到购买标书的通知。在研究、吃透标书的基础上,进行现场调查和质疑,然后开始编制报价书。

② 首先计算出直接费中的各种数据。如人工工日数和其中各工种的工日数、材料(各种消耗材料)各个品种的数量、耗用各种机械的品种和台班数。在此基础上进行决策,确定工日数和机械化水平。最后,计算直接费。

③ 编制商务标人员将计算依据通知编制技术标的人员,而编制技术标的人员将所考虑的方案通知编制商务标的人员,取得一致意见。

④ 用人工工日数、施工机械耗用台班数编制进度计划。

⑤ 用各种材料用量和各种施工机械耗用台班数控制技术标中各种材料、机械的数量。

8.1.3　投标中应注意的问题

(1) 投标从计算标价开始到工程完工为止往往时间较长,在建设期内工资、材料价格、设备价格等可能上涨,这些因素在投标时应该予以充分考虑。

(2) 公开招标的工程,承包者在接到资格预审合格的通知以后,或采用邀请招标方式的投标者在收到招标者的投标邀请信后,即可按规定购买标书。

(3) 取得招标文件后,投标者首先要详细弄清全部内容,然后对现场进行实地勘察。重点要了解劳动力、道路、水、电、大宗材料等供应条件,以及水文地质条件,必要时地下情况应取样分析。这些因素对报价影响颇大,招标者有义务组织投标者参观现场,对提出的问题给以必要的介绍和解答。除对图纸、工程量清单和技术规范、质量标准等要进行详细审核外,对招标文件中规定的其他事项如开标、评标、决标、保修期、保证金、保留金、竣工日期、拖期罚款等,一定要搞清楚。

(4) 投标者对工程量要认真审核,发现重大错误应通知招标单位,未经许可,投标单位无权变动和修改。投标单位可以根据实际情况提出补充说明或计算出相关费用,写成函件作为投标文件的一个组成部分。招标单位对于工程量差错而引起的投标计算错误不承担任何责任,投标单位也不能据此索赔。

(5) 估价计算完毕,可根据相关资料计算出最佳工期和可能提前完工的时间,以供决策。报出工期、费用、质量等具有竞争力的报价。

(6) 投标单位准备投标的一切费用,均由投标单位自理。

（7）注意投标的职业道德，不得行贿，营私舞弊，更不能串通一气哄抬标价，或出卖标价，损害国家和企业利益。如有违反，即取消投标资格，严重者给予必要的经济与法律制裁。

8.2　投标报价准备工作

8.2.1　研究招标文件

认真研究招标文件，旨在搞清承包商的责任和报价的范围，明确招标书中的各种问题，使得在投标竞争中做到报价适当，击败竞争对手；在实施过程中，依据合同文件不致承包失误；在执行过程中能索取应该索取的赔款，使承包商获得理想的经营效果。

招标文件包括投标者须知、通用合同条件、专用合同条件、技术规范、图纸、工程量清单，以及必要的附件，如各种担保或保函的格式等。这些内容可归纳为两个方面：一是投标者为投标所需了解并遵守的规定，二是投标者投标所需提供的文件。

招标文件除了明确了招标工程的范围、内容、技术要求等技术问题之外，还反映了业主在经济、合同等方面的要求或意愿，是承包商投标的主要依据。因此，对招标文件进行仔细的分析研究是估价工作中不可忽视的重要环节。

招标书中关于承包商的责任是十分苛刻的。投标和承包工程始终存在着制约的矛盾，工程业主聘请有经验的咨询公司编制严密的招标文件，对承包商的制约条款几乎达到无所不包的地步，承包商基本上是受限制的一方。但是，有经验的承包商并不是完全束手无策。既应当接受那些基本合同的限制，同时，对那些明显不合理的制约条款，可以在投标价中埋下伏笔，争取在中标后作某些修改，以改善自己的地位。

由于招标文件内容很多，涉及多方面的专业知识，因而对招标文件的研究要作适当的分工。一般来说，经济管理类人员研究投标者须知、图纸和工程量清单；专业技术类人员研究技术规范和图纸以及工程地质勘探资料；商务金融类人员研究合同中的有关条款和附件；合同管理类人员研究条件，尤其要对专用合同条件予以特别注意。不同的专业人员所研究的招标文件的内容可能有部分交叉，相互配合、及时交换意见相当重要。

1）研究投标须知

（1）弄清招标项目的资金来源

进行公开招标的工程大多是政府投资项目。这些项目的建筑工程资金可通过多种形式解决，可以是政府提供资金，也可以地方政府或部门提供资金。投标人通过对资金来源的分析，可以了解建设资金的落实情况和今后的支付实力，并摸清资金提供机构的有关规定。

（2）投标担保

投标担保是对招标者的一个保护。若投标者在投标有效期内撤销投标，或在中标后拒绝在规定时间内签署合同，或拒绝在规定时间内提供履约保证，则招标者有权没收投标担保。投标担保一般由银行或其他担保机构出具担保文件（保函），金额一般为投标价格的1‰～3‰，或业主规定的某一数额。估价人员要注意招标文件对投标担保形式、担保机构、担保数额和担保有效期的规定，其中任何一项不符合要求，均可能视为招标文件未作出应有的投标担保而判定为废标。

（3）投标文件的编制和提交

投标须知中对投标文件的编制和提交有许多具体的规定，例如，投标文件的密封方式和要求，投标文件的份数和语种，改动处必须签名或盖章，工程量清单和单价表的每一页页末写明合计金额、最后一页末写明总计金额，等等。估价人员必须注意每一个细节，以免被判为废标。若邮寄提交投书，要充分考虑邮递所需的时间，以确保在投标截止之前到达。

（4）更改或备选方案

估价人员必须注意投标须知中对更改或备选方案的规定。一般来说，招标文件中的内容不得更改，如有任何改动，该投标书即不予考虑。若业主在招标文件中鼓励投标者提出不同方案投标，这时，投标者所提出的方案一定要具有比原方案明显的优点，如降低造价、缩短工期等。

必须注意的是，在任何情况下，投标者都必须对招标文件中的原方案报价，相应的投标书必须完整，符合招标文件中的所有规定。

（5）评标定标办法

对于大型、复杂的建设项目来说，在评标时，除考虑投标价格，还需考虑其他因素，有时在招标文件中明确规定了评标所考虑的各种因素，如投标价格、工期、施工方法的先进性和可靠性、特殊的技术措施等。若招标文件不给定评定因素的权重，估价人员要对各评标因素的相对重要作出客观的分析，把估价的计算工作与方案很好地结合起来。需要说明的是，除少数特殊工程之外，投标价格一般都是很重要的因素。

2）合同条件分析

（1）承包商的任务、工作范围和责任

这是投标报价最基本的依据，通常由工程量清单、图纸、工程说明、技术规范所定义。在分项承包时，要注意本公司与其他承包商，尤其是工程范围相邻或工序相衔接的其他承包商之间的工程范围界限和责任界限。在施工总包或主包时，要注意在现场管理和协调方面的责任。另外，要注意为业主管理人员或监理人员提供现场工作和生活条件方面的责任。

（2）工程变更及相应的合同价格调整

工程变更几乎是不可避免的，承包商有义务按规定完成，但同时也有权利得到合理的补偿。工程变更包括工程数量增减和工程内容变化。一般来说，工程数量增减所引起的合同价格调整的关键在于如何调整幅度，这在合同款中并无明确规定。估价人员应预先估计哪些分项工程的工程量可能发生变化、增加还是减少以及幅度大小，并内定相应的合同价格调整计算方式和幅度。至于合同内容变化引起的合同价格调整，究竟调还是不调、如何调，都很容易发生争议。估价人员应注意合同条款中有关工程变更程序、合同价格调整前提等规定。

（3）付款方式、时间

估价人员应注意合同条款中关于工程预付款、材料预付款的规定，如数额、支付时间、起扣时间和方式，还要注意工程进度款的支付时间、每月保留金扣留的比例、保留金总额及退还时间和条件。根据这些规定和预计的施工进度计划，估价人员可绘出本工程现金流量图，计算出占有资金的数额和时间，从而可计算出需要支付的利息数额并计入估价。如果合同条款中关于付款的有关规定比较含糊或明显不合理,应要求业主在标前答疑会上澄清或解释,最好能修改。

（4）施工工期

合同条款中关于合同工期、工程竣工日期、部分工程分期交付工期等规定,是投标者制订施工进度计划的依据,也是估价的重要依据。但是,在招标文件中业主可能并未对施工工期作出明确规定,或仅提出一个最后期限,而将工期作为投标竞争的一个内容,相应的开竣工日期仅是原则性的规定。估价要注意合同条款中有无工期奖的规定,工期长短与估价结果之间的关系,尽可能做到在工期符合要求的前提下报价有竞争力,或在报价合理的前提下工期有竞争力。

（5）业主责任

通常,业主有责任及时向承包商提供符合开工条件要求的施工场地的设计图纸和说明,及时供应业主负责采购的材料和设备,办理有关手续和及时支付工程款等。投标者所制订的施工进度计划和作出的估价都是以业主正确和完全履行其责任为前提的。虽然估价人员在估价中不必考虑由于业主责任而引起的风险费用,但是,应当考虑到业主不能正确和完全履行其责任的可能性以及由此而造成的承包商的损失。因此,估价人员要注意合同条款中关于业主责任措辞的严密性以及关于索赔的有关规定。

3）工程报价及承包商获得补偿的权利

（1）合同种类

招标项目可以采用总价合同、单价合同、成本加酬金合同、"交钥匙"合同中的一种或几种,有的招标项目可能对不同的工程内容采用不同的计价合同种类。两种合同方式并用的情况是较为常见的。承包商应当充分注意,承包商在总价合同中承担着工程量方面的风险,应当将工程量核算得准确一些;在单价合同中,承包商主要承担单价不准确的风险,就应对每一子项工程的单价作出详尽细致的分析和综合。

（2）工程量清单

应当仔细研究招标文件中工程量清单的编制体系和方法,例如有无初期付款,是否将临时工程、机具设备、临时水电设备设施等列入工程量表。业主对初期工程单独付款,抑或要求承包商将初期准备工程费用摊入正式工程中,这两种不同报价体系对承包商计算标价有很大影响。

另外,还应当认真考虑招标文件中工程量的分类方法及每一项子工程的具体含义和内容。在单价合同方式中,这一点尤其重要。为了正确地进行投标报价,估价人员应对工程量清单进行认真分析,主要应注意以下三方面问题:

① 工程量清单复核

工程量清单中的各分部分项工程量并不十分准确,若设计深度不够则可能有较大的误差。工程量清单仅作为投标报价的基础,并不作为工程结算的依据,工程结算以经监理工程师审核的实际工程量为依据。因此,估价还要复核工程量,因为工程量的多少,是选择施工方法、安排人力和机械、准备材料必须考虑的因素,也自然影响分项工程的单价。如果工程量不准确,偏差太大,就会影响估价的准确性。若采用固定总价合同,对承包商的影响就更大。因此,估价人员一定要复核工程量,若发现误差太大,应要求业主澄清,但不得擅自改动工程量。

② 措施项目、其他项目

措施项目中的总价项目按招标文件及常规施工方案按《计价规范》第 3.1.4 条和 3.1.5 条的规定计价。其他项目按《计价规范》第 5.2.5 的规定计价。

（3）永久工程之外项目的报价要求

如对旧建筑物的拆除、监理工程师的现场办公室的各项开支、模型、广告、工程照片和会议费用等，招标文件有何具体规定，应怎样列入工程总价中去。搞清楚一切费用纳入工程总报价的方法，不得有任何遗漏或归类的错误。

（4）承包商可能获得补偿的权利

搞清楚有关补偿的权利可使承包商正确估计执行合同的风险。一般情况下，由于恶劣天气或工程变更而增加工程量等，承包商可以要求延长工期。有些招标文件还明确规定，如果遇到自然条件和人为障碍等不能合理预见的情况而导致费用增加时，承包商可以得到合理的补偿。但是某些招标项目的合同文件故意删去这一类条款，甚至写明"承包商不得以任何理由而索取合同价格以外的补偿"，这就意味着承包商要承担很大的风险。在这种情况下，承包商投标时不得不增大不可预见费用，而且应当在投标致函中适当提出，以便在商签合同时争取修订。

除索取补偿外，承包商也要承担违约罚款、损害赔偿，以及由于材料或工程不符合质量要求等责任。搞清楚责任及赔偿限度等规定，也是估价风险的一个重要方面，承包商也必须在投标前充分注意和估量。

8.2.2 工程现场调查

工程现场调查是投标者必须经过的投标程序。业主在招标文件中明确注明投标者进行工程现场调查的时间和地点。投标者所提出的报价一般被认为是在审核招标文件后并在工程现场调查的基础上编制出来的。一旦报价提出以后，投标者就无权因为现场调查不周、情况了解不细或其他因素考虑不全面提出修改报价、调整报价或给予补偿等要求。因此，工程现场调查既是投标者的权利又是投标者的责任，必须慎重对待。

工程现场调查之前一定要做好充分准备。首先，针对工程现场调查所要了解的内容对招标文件的内容进行研究，主要是工作范围、专用合同条件、设计图纸和说明等。应拟订尽可能详细的调查提纲，确定重点要解决的问题，调查提纲尽可能标准化、规格化、表格化，以减少工程现场调查的随意性，避免因选派的工程现场调查人员的不同而造成调查结果的明显差异。

现场调查所发生的费用由承包商自行承担，可列入标价内，但对于未中标的承包商将是一笔损失。调查的主要内容包括三方面。

1）一般情况调查

（1）当地自然条件调查

包括年平均气温、年最高气温和最低气温，风向图、最大风速和风压值，日照，年平均降雨（雪）量和最大降雨（雪）量，年平均湿度、最高和最低湿度，其中尤其要分析全年不能或不宜施工的天数。

（2）交通、运输和通信情况调查

① 当地公路运输情况，如公路、桥梁收费和限速、限载、管理等有关规定，运费，车辆租

赁价格，汽车零配件供应情况，油料价格及供应情况。

② 当地铁路运输情况，如动力、装卸能力、提货时间限制、运费、运输保险和其他服务内容等。

③ 当地水路运输情况，如离岸停泊情况（码头吃水或吨位限制、泊位等）、装卸能力、平均装卸时间和压港情况，运输公司的选择及港口设施使用的申请手续等。

④ 当地水、陆联运手续的办理、所需时间、承运人责任、价格等。

⑤ 当地空运条件及价格水平。

⑥ 当地网络、电话、传真、邮递的可靠性、费用、所需时间等。

（3）生产要素市场调查

① 主要建筑装饰材料的采购渠道、质量、价格、供应方式。

② 工程上所需的机、电设备采购渠道、订货周期、付款规定、价格，设备供应商是否负责安装、如何收费，设备质量和安装质量的保证。

③ 施工用地方材料的货源和价格、供应方式。

④ 当地劳动力的技术水平、劳动态度和工效水平、雇佣价格及雇佣当地劳务的手续、途径等。

2）工程施工条件调查

（1）工程现场的用地范围、地形、地貌、地物、标高。

（2）工程现场周围的道路、进出场条件（材料运输、大型施工机具）、有无特殊交通限制（如单向行驶、夜间行驶、转弯方向限制、货载重量、高度、长度限制等规定）。

（3）工程现场施工临时设施、大型施工机具、材料堆放场地安排的可能性，是否需要二次搬运。

（4）工程现场邻近建筑物与招标工程的间距、高度。

（5）市政给水及污水、雨水排放管位置、标高、管径、压力，废水、污水处理方式，市政消防供水管管径、压力、位置等。

（6）当地供电方式、方位、距离、电压等。

（7）工程现场通信线路的连接和铺设。

（8）当地政府有关部门对施工现场管理的一般要求、特殊要求及规定，是否允许节假日和夜间施工。

（9）建筑装饰构件和半成品的加工、制作和供应条件。

（10）是否可以在工程现场安排工人住宿，对现场住宿条件有无特殊规定和要求。

（11）是否可以在工程现场或附近搭建食堂，自己供应施工人员伙食，若不可能，通过什么方式解决施工人员餐饮问题，其费用如何。

（12）工程现场附近治安情况如何，是否需要采用特殊措施加强施工现场保卫工作。

（13）工程现场附近的生产厂家、商店、各种公司和居民的一般情况，本工程施工可能对他们所造成的不利影响程度。

（14）工程现场附近各种社会设备设施和条件，如当地的卫生、医疗、保健、通信、公共交通、文化、娱乐设施情况，其技术水平、服务水平、费用，有无特殊的地方病、传染病，等等。

3）对业主方的调查

对业主方的调查包括对业主、建设单位、咨询公司、设计单位及监理单位的调查。

（1）工程的资金来源、额度及到位情况。

（2）工程的各项审批手续是否齐全，是否符合工程所在地关于工程建设管理的各项规定。

（3）工程业主是首次组织工程建设，还是长期有建设任务，若是后者，要了解该业主在工程招标、评标上的习惯做法，对承包商的基本态度，履行业主责任的可靠程度，尤其是能否及时支付工程款、合理对待承包商的索赔要求。

（4）业主项目管理的组织和人员，其主要人员的工作方式和习惯、工程建设技术和管理方面的知识和经验、性格和爱好等个人特征。

（5）若业主委托咨询单位进行施工阶段监理，要弄清其委托监理的方式，弄清业主项目管理人员和监理人员的权力和责任分工以及与监理有关的主要工作程序。

（6）调查监理工程师的资历，对承包商的基本态度，对承包商的正当要求能否给予合理的补偿，当业主与承包商之间出现合同争端时，能否站在公正的立场提出合理的解决方案。

8.2.3　确定影响估价的其他因素

确定影响估价的其他因素即确定施工方案。主要包括确定进度计划，主要分部工程施工方案，资源计划及分包计划。

1）拟定进度计划

招标文件中一般都明确对工程项目的工期及竣工日期的要求，有时还规定分部工程的交工日期，有时合同中还规定了提前工期奖及拖期惩罚条款。

估价前编制的进度计划不是直接指导施工的作业计划，不必十分详细，但都必须标明各项主要工程的开始和结束时间，要合理安排各个工序，体现主要工序间的合理逻辑关系，并在考虑劳动力、施工机械、资金运用的前提下优化进度计划。施工进度计划必须满足招标文件的要求。

2）选择施工方法

施工方法影响工程造价，估价前应结合工程情况和本企业施工经验、机械设备及技术力量等，选择科学、经济、合理的施工方法，必要时还可进行技术经济分析，比选适当的施工方法。

3）资源安排

资源安排是由施工进度计划和施工方法决定的。资源安排涉及劳动力、施工设备、材料和工程设备以及资金的安排。资源安排合理，对于保证施工进度计划的实现、保证工程质量和承包商的经济效益有重要意义。

（1）劳动力的安排

劳动力的安排计划一方面取决于施工进度计划，另一方面又影响施工进度计划。因此，施工总进度计划的编制与劳动力的安排应同时考虑，劳动力的安排要尽可能均衡，避免短期内出现劳动力使用高峰而增加施工现场临时设施，降低功效。

（2）施工机械设备的安排

施工机械的安排，一方面应尽可能满足施工进度计划的要求，另一方面考虑本企业的现有机械条件，也可以采用租赁的方式。安排施工机械应采用经济分析的方法，并与施工进度计划、施工方法等同时考虑。

（3）材料及工程设备的安排

材料及设备的采购应满足施工进度的要求,施工安排太紧有可能耽误施工进度,购买太早又造成资金的浪费。材料采购应考虑采购地点、产品质量、价格、运输方式、所需时间、运杂费以及合理的储备数量。设备采购应考虑设备价格、订货周期、运输所需时间及费用、付款方式等。

（4）资金的安排

根据施工进度计划,劳动力和施工机械安排,材料和工程设备采购计划,可以绘制出工程资金需要量图。结合业主支付的工程预付款,材料和设备预付款,工程进度款等,就可以绘制出该工程的资金流量图。要特别注意业主预付款和进度款的数额,支付的方式和时间,预付款起扣时间,扣款方式和数额。此外,贷款利率也是必须考虑的重要因素之一。

（5）分包计划

作为总包商或主承包商,如果对某些分部分项工程由自己施工不能保证工程质量要求或成本过高而引起报价过高,就应当对这些工程内容考虑选择适当的分包商来完成。通常对以下工程内容可考虑分包:

① 劳务性工程

对不需要什么技术,也不需要施工机械和设备的工作内容,在工程所在地选择劳务分包公司通常是比较经济的,例如,室外绿化,清理现场施工垃圾,施工现场二次搬运,一般维修工作等。

② 需要专用施工机械的工程

这类工程亦可以在当地购置或租赁施工机械由自己施工。但是,如果相应的工程量不大,或专用机械价格或租赁费过高时,可将其作为分包工程内容。

③ 机电设备安装工程

机电设备供应商负责相应设备的安装在工程承包中是常见的,这比承包商自己安装要经济,而且利于保证安装工程质量。依据分包内容选择分包商,若分包商报价不低于自己施工的费用可调整分包内容。

8.3　工程询价及价格数据维护

工程询价及价格数据维护是投标报价的基础。承包商在估价前必须通过各种渠道,采用各种手段对所需各种材料、设备、劳务、施工机械等生产要素的价格、质量、供应时间、供应数量等进行系统的调查,这一工作过程称为询价。

询价不仅要了解生产要素价格,还应对影响价格的因素有准确的了解,这样才能够为投标报价提供可靠的依据。因此,询价人员不但应具有较高的专业技术知识,还应熟悉和掌握市场行情并有较好的公共关系能力。

由于投标报价往往时间十分紧迫,因此,投标报价人员在平时就应做好价格数据的维护工作。估价人员可从互联网及其他公共媒体获得一部分价格信息;从工程造价主管部门及中介机构获得一部分价格信息;结合询价结果形成本企业的生产要素价格、半成品价格信息库,并不断维护更新。

8.3.1 生产要素询价

1) 劳务询价

随着经评审最低价中标法的推行,按工程量清单报价实施细则的出台,人工单价也必将随行就市。估价人员可参考国际惯例将操作工人划分为高级技术工、熟练工、半熟练工和普工若干个等级,分别确定其人工单价,若为劳务分包,还应考虑劳务公司的管理费用。

2) 材料询价

材料价格在工程造价中占有很大的比例,约占 60%～70%,材料价格是否合理对投标报价影响很大。因此,对材料进行询价是工程询价中最主要的工作。当前建筑市场竞争激烈、价格变化迅速,作为估价人员必须通过询价搜集市场上的最新价格信息。

(1) 询价渠道

① 生产厂商。与生产厂商直接联系可使询价正确,因为减少了流通环节,售价比市场价要便宜。

② 生产厂商的代理商。代理人或从事该项业务的经纪人。

③ 经营该项产品的门市部。

④ 咨询公司。向咨询公司进行询价,所得的询价资料比较可靠,但要支付一定的咨询费。

⑤ 同行或友好人士。

⑥ 自行进行市场调查或信函询价。

询价要抱着"货比三家不吃亏"的原则进行,并要对所询问的资料汇总分析。但要特别注意业主在招标文件中明确规定采用某厂生产的某种牌号产品的条文。询价时,该厂商报价可能还较合适,可到订货时,一旦知道该产品是业主指定需要的产品可能会提价。这种情况,在中标后既要订货迅速,又要订货充足并配齐足够的配件,否则可能会吃亏。

(2) 询价内容

材料询价一般考虑以下内容:

① 材料的规格和质量要求,应满足设计和施工验收规范规定的标准,并达到业主或招标文件提出的要求。

② 材料的数量及计量单位应与工程总需要相适应,并考虑合理的损耗。

③ 材料的供应计划,包括供货期及每段时间内材料的需求量应满足施工进度。

④ 到货地点及当地各种交通限制。

⑤ 运输方式、材料报价的形式、支付方式,及所报单价的有效时间。

承包商询价部门应备有用于材料询价的标准文件格式供随时使用。有时还可从技术规范或其他合同文件摘取有关内容作为询价单的附件。

(3) 询价分析

询价人员在项目的施工方案初步研究后,应立即发出材料询价单,并催促材料供应商及时报价。收到询价单后,询价人员应将从各种渠道所询得的材料报价及其他有关资料加以汇总整理。对同种材料从不同经销部门所得到的所有资料进行比较分析,选择合适、可靠的材料供应商的报价,提供给工程估价及投标报价人员使用。询价资料应采用表格形式,并借助计算机进行分析、管理。

3) 施工机械设备询价

施工用的大型机械设备,不一定要从基地运往工程所在地,有时在当地租赁更为有利。因此,在估价前有必要进行施工机械设备的询价。对必须采购的机械设备,可向供应厂商询价,其询价方法与材料询价方法基本一致。对于租赁的机械设备,可向专门从事租赁业务的机构询价,并详细了解其计价方法。例如,各种机械每台时的租赁费、最低计费起点、燃料费和机械进出场运费以及机上人员工资是否包括在台时租赁费内,如需另行计算,这些费用项目的具体数额为多少等。

8.3.2 分包询价

1) 分包形式

分包形式通常有两种。

(1) 业主指定分包形式

这种形式是由业主直接与分包单位签订合同。总包商或主承包商仅负责在现场为分包商提供必要的工作条件、协调施工进度或提供一些约定的施工配合,总包可向业主收取一定数量的管理费。指定分包的另一种形式是由业主和监理工程师指定分包商,但由总包商或主承包商与指定分包商签订分包合同,并不与业主直接发生经济关系。当然,这种指定分包商,业主不能强制总包商或主承包商接受。

(2) 总包确定分包形式

这种形式由总包商或主承包商直接与分包商签订合同,分包商完全对总包商负责,而不与业主发生关系。如果承包合同没有明文禁止分包,或没有明文规定分包必须由业主许可,采用这种形式是合法的,业主无权干涉。分包工程应由总包商统一报价,业主也不干涉。承包商最好在签订分包合同前向业主报告,以取得业主许可。

2) 分包询价的内容

除由业主指定的分包工程项目外,总承包商应在确定施工方案的初期就定出需要分包的工程范围。决定分包商范围主要考虑工程的专业性和项目规模。大多数承包商都把自己不熟悉的专业化程度高或利润低、风险大的分部分项工程分包出去,决定了分包工作内容后,承包商应备函将准备交分包的图纸说明送交预定的几个分包商,请他们在约定的时间内报价,以便进行比较选择。

分包询价单相当于一份招标文件,其主要内容应包括:

(1) 分包工程施工图及技术说明。

(2) 分包工程在总包工程的进度安排。

(3) 需要分包商提供服务的时间,以及这段时间可能发生的变化范围,以便适应日后进度计划不可避免的变动。

(4) 分包商对分包工程应负的责任和应提供的技术措施。

(5) 总包商提供的服务设施及分包商到总包现场认可的日期。

(6) 分包商应提供的材料合格证明、施工方法及验收标准、验收方式。

(7) 分包商必须遵守的现场安全和劳资关系条例。

(8)分包工程报价及报价日期。

上述资料主要来源于合同文件和总承包商的施工计划,询价人员可把合同文件中有关部分的复印件、图纸总包施工计划有关细节发给分包商,使他们能清楚地了解在总工程中工作期需要达到的水平,以及与其他分包商之间的关系。

3)分包询价分析

分包询价分析在收到各分包商报价单之后,可从以下几方面开展工作:

(1)分析分包标函的完整性

审核分包标函是否包括分包询价单要求的全部工作内容,对于那些分包商用模棱两可的含糊语言来描述的工作内容,既可解释为已列入报价又可解释为未列入报价的,应特别注意。必须用更确切的语言加以明确,以免日后工作中引起争议。

(2)核实分项工程单价的完整性

估价人员应核准分项工程单价的内容,如材料价格是否包括运杂费,分项单价是否含人工费、管理费等。

(3)分析分包报价的合理性

分包工程的报价高低对总包商影响很大。总包商应对分包商的标函进行全面分析,不能仅把报价的高低作为唯一的标准。作为总包商,除了要保护自己的利益之外,还应考虑分包商的利益。与分包商友好交往,实际上也是保护了总包商的利益。总包商让分包商有利可图,分包商也会帮助总包商共同搞好工程项目,完成总包合同。

(4)其他因素分析

对有特殊要求的材料或特殊要求的施工技术的关键性的分包工程,估价人员不仅要弄清标函的报价,还应当分析分包商对这些特殊材料的供货情况和为该关键分项工程配备人员等措施是否有保证。

分析分包询价时还要分析分包商的工程质量、合作态度及其可信赖性。总分包商在决定采用某个分包商的报价之前,必须通过各种渠道来确定并肯定该分包商是可信赖的。

8.3.3 价格数据维护

承包商进行投标报价需要用到大量的价格数据,估价人员应注意各类价格数据的积累与维护。

1)价格信息的获得

通常价格信息可以从下列渠道获得:

(1)互联网

许多工程造价网站提供当地或本部门、本行业的价格信息;不少材料设备供应商也利用互联网介绍其产品性能和价格。网络价格信息量大、更新快、成本低,适用于产品性能和价格的初步比选,但主要材料价格尚需进一步核实。

(2)政府部门

各地工程造价管理机构定期发布各类材料预算价格、材料价格指数及材差调整系数,可以作为编制投标报价的主要依据。

(3)厂商及其代理人

主要设备及主要材料应向厂商及其代理人询价,货比三家,以求获得更准确的价格信息。

（4）其他

估价人员还可从同行、招标市场及相关机构或部门，如运输公司等获得各类价格信息。

2）价格数据的分类

（1）按价格种类划分

按价格种类可划分为人工单价、材料价格、机械台班价格、设备价格。人工单价又可按不同工种、不同熟练程度细分。材料按大类划分为建筑材料、安装材料、装饰材料，建筑材料又可细分为地方材料及建材制品、木材及竹材类、金属及有色金属类、金属制品类、涂料类、防水及保温材料类、燃料及油料类。《江苏省建筑与装饰工程计价定额》（2014 年）对上述分类有详细的论述，并按一定的分类规则给出了代码编号，这些人工、材料及机械的代码编号可以作为造价软件中的电算代码，承包商的估价人员可以参照这种分类方法建立本企业的价格信息库。

（2）按价格用途划分

按价格用途可分为以下几类：

① 辅助价格信息。是计算基础价格即要素单价的辅助资料，如材料的运输单价、中转堆放、过闸装卸收费标准等。

② 基础价格。包括人工、材料、机械单价。

③ 半成品单价。如抹灰砂浆等混合材料单价。

3）价格数据的维护

价格数据面广量大，变化快，投标报价人员应在平时积累各类价格数据，应用计算机和网络技术，实现本企业内各分公司间的信息共享，参加有关的投标报价协会，实现会员间的信息共享，从而为快速准确估价做好充分的准备。

8.4 工程估价

8.4.1 分项工程单价计算

分项工程单价由直接费、管理费和利润等组成。

1）分项工程直接费估价方法

分项工程直接费包括人工费、材料费和机械使用费。估算分项工程直接费涉及人工、材料、机械的用量和单价。每个建筑工程，可能有几十项甚至几百项分项工程，在这些分项工程中，通常是较少比例（例如 20%）分项工程包含合同工程款的绝大部分（例如 80%），因此可根据不同分项工程所占费用比例的重要程度，采用不同的估价方法。

（1）定额估价法

这是我国现阶段主要采用的估价方法，有些项目可以直接套用地区计价表中的人工、材料、机械台班用量，有些项目应根据承包商自身情况在地区估价表的基础上进行适当调整，也可自行补充本企业的定额消耗量。人工、材料、机械台班的价格则尽量采用市场价或招标文件指定的价格。

（2）作业估价法

定额估价法是以定额消耗为依据，不考虑作业的持续时间，当机械设备所占比重较大，使用均衡性较差，机械设备搁置时间难以在定额估价中给予恰当的考虑，这时可以采用作业估价法进行计算。

应用作业估价法应首先制订施工作业计划。即先计算各分项工程的工作量，各分项工程的资源消耗，拟定分项工程作业时间及正常条件下人工、机械的配备及用量，在此基础上计算该分项工程作业时间内的人工、材料、机械费用。

（3）匡算估价法

对于某些分项工程的直接费单价的估算，估价人员可以根据以往的实际经验或有关资料，直接估算出分项工程中人工、材料的消耗定额，从而估算出分项工程的直接费单价。采用这种方法，估价师的实际经验直接决定了估价的正确程度。因此，往往适用于工程量不大、所占费用比例较小的那些分项工程。

2）分项工程基础单价的计算与确定

分项工程基础单价是指人工、材料、半成品、设备单价及施工机械台班使用费等。

（1）人工工资单价的计算与确定

人工工资单价的计算与确定有下列三种方法。

① 综合人工单价

工人不分等级，采用综合人工单价。人工预算单价由下列内容组成：基础工资、工资性津贴、流动施工津贴、房租津贴、职工福利费、劳动保护费等。

② 分等级分工种工资单价

可以将工人划分为高级熟练工、熟练工、半熟练工和普工，不同等级、不同工种的工作采用不同的工资标准。

工资单价可以由基本工资、辅助工资、工资附加费、劳动保护费四部分组成。其中基本工资由技能工资、岗位工资、年功工资三部分；辅助工资包括地区津贴、施工津贴、夜餐津贴、加班津贴等；工资附加费包括职工福利基金、工会经费、劳动保险基金、职工待业保险基金四项内容。

③ 人工费价格指数或市场定价

人工费单价的计算还可以采用国家统计局发布的工程所在地的人工费价格指数，即职工货币工资指数，结合工程情况调整确定该工程人工工资单价。投标报价时人工工资单价也可根据市场行情，或向劳务公司询价确定。但工资单价的内容应包含政策规定的劳动保险或劳保统筹、职工待业保险等内容。

（2）材料、半成品和设备单价的计算

估价人员通过询价可以获得材料、设备的报价，这些报价是材料、设备供应商的销售价格，估价人员还必须仔细确定材料设备的运杂费、损耗费以及采购保管费。同一种材料来自不同的供应商，则按供应比例加权平均计算单价。

半成品主要是按一定的配合比混合组成的材料，如砂浆等，这些材料应用广泛，可以先计算各种配合比下的混合材料的单价。也可根据各种材料所占总工程量的比例，加权计算出综合单价，作为该工程统一使用的单价。

（3）施工机械使用费

施工机械使用费由基本折旧费、运杂费、安装拆卸费、燃料动力费、机上人工费、维修保养费以及保险费组成。有时施工机械台班费还包括银行贷款利息、车船使用税、牌照税、养路费等。

在招标文件中,施工机械使用费可以列入不同的费用项目中,一是在施工措施项目中列出机械使用费的总数,在工程单价中不再考虑;二是全部摊入工程量单价中;三是部分列入施工措施费,如垂直运输机械等,部分摊入工程量单价,如土方机械等。具体处理方法应根据招标文件的要求确定。

施工机械若向专业公司租借,其机械使用费就包括付给租赁公司的租金以及机上人员工资、燃料动力费和各种消耗材料费用。若租赁公司提供机上操作人员,且租赁费包含了他们的工资,估价人员可适当考虑他们的奖金、加班费等内容。

3)管理费的内容

投标报价时,有许多内容在招标文件中没有直接开列,但又必须编入投标报价,这些内容包括许多项目,各个工程情况也不尽相同。这里我们将可以分摊到每个分项工程单价的内容,称为管理费,也称分摊费用,而将不宜分摊到每个分项工程单价的内容称为措施项目费用,措施项目费单独列项独立报价。

8.4.2 措施项目费的估算

措施项目费按招标文件要求单独列项,各个工程的内容可能不一样。如沿海某市将措施项目费确定为施工图纸以外,施工前和施工期间可能发生的费用项目以及特殊项目费用。内容包括:履约担保手续费、工期补偿费、风险费、优质优价补偿费、使用期维护费、临时设施费、夜间施工增加费、雨季施工增加费、高层建筑施工增加费、施工排水费、保险费、维持交通费、工地环卫费、工地保安费、大型施工机械及垂直运输机械使用费、施工用脚手架费、施工照明费、流动津贴、临时停水停电影响费、施工现场招牌围板费、职工上下班交通费、特殊材料设备采购费、原有建筑财产保护费、地盘管理费、业主管理费及其他等项目。计算施工措施费时,避免与分项工程单价所含内容重复(如脚手架费、临时设施费等)。施工措施费需逐项分析计算。

8.5 投标报价

8.5.1 投标价编制要求

投标价应由投标人或受其委托具有相应资质的工程造价咨询人编制。除《建设工程工程量清单计价规范》(GB 50500—2013)强制性规定外,投标价由投标人自主确定,但不得低于成本。

投标人应按招标人提供的工程量清单填报价格。填写的项目编码、项目名称、项目特征、计量单位、工程量必须与招标人提供的一致。分部分项工程费按招标文件中分部分项工程量清单项目的特征描述确定综合单价计算。综合单价中应考虑招标文件中要求投标人承担的风险费用。招标文件中提供了暂估单价的材料,按暂估的单价计入综合单价。

投标人可根据工程实际情况结合施工组织设计,对招标人所列的措施项目进行增补。措施项目费应根据招标文件中的措施项目清单及投标时拟定的施工组织设计或施工方案确定。

其他项目费应按下列规定报价:

(1) 暂列金额应按招标人在其他项目清单中列出的金额填写。

(2) 材料暂估价应按招标人在其他项目清单中列出的单价计入综合单价;专业工程暂估价应按招标人在其他项目清单中列出的金额填写。

(3) 计日工按招标人在其他项目清单中列出的项目和数量,自主确定综合单价并计算计日工费用。

(4) 总承包服务费根据招标文件中列出的内容和提出的要求自主确定。

投标总价应当与分部分项工程费、措施项目费、其他项目费和规费、税金的合计金额一致。估价人员在分项工程单价和拟建项目初步标价的基础上,根据招标工程具体情况及收集到的各方面的信息资料,对初拟标价进行自评,应用报价技巧,经过报价决策,最终确定招标项目的投标报价。

8.5.2　标价自评

标价自评是在分项工程单价及其汇总表的基础上,对各项计算内容进行仔细检查,对某些单价作出必要的调整,并形成初步标价后,再对初步标价作出盈亏及风险分析,进而提出可能的低标价和可能的高标价,供决策者选择。

1) 影响标价调整的因素

(1) 业主及其工程师

实践表明,业主及其工程师对承包商的效益有较大的影响,因此报价前应对业主及其工程师作出分析。

① 业主的资金情况。若业主资金可靠,标价可适当降低,若业主资金紧缺或可能很难及时到位,标价宜适当提高。

② 业主的信誉情况。若业主是政府拨款或是信誉良好的大型企事业单位,则资金风险小,标价可降低,反之标价应提高。

③ 业主及工程师的其他情况。包括业主及工程师是否有建设管理经验,是否喜欢为难承包商等。

(2) 竞争对手

竞争对手是影响报价的重要因素,承包商不仅要收集分析对手的既往工程资料,更应采取有效措施,了解竞争对手在本工程项目中的各种信息。

(3) 分包商

承包商应慎重选择分包商,并对分包商的报价作出严格的比选,以确保分包商的报价科学合理,从而提高总报价的竞争力。

(4) 工期

工期的延误有两种原因:一是非承包商原因造成的工期延误,从理论上讲,承包商可以通过索赔获得补偿,但从我国工程实际出发,这种工期延误给承包商造成的损失往往很难由索赔完全获得,因此报价应对这种延误考虑适当的风险及损失;二是由于承包商原因造成的工期延误,如管理失误、质量问题等导致工期延误,不仅增大承包商的管理费、劳务费、机械费及资金成本,还可能发生违约拖期罚款,因此投标阶段可对工期因素进行敏感性分析,测定工期变化对费用增加的影响关系。

（5）物价波动

物价波动可能造成材料、设备、工资及相关费用的波动,报价前应对当地的物价趋势幅度作出适当的预测,借助敏感性分析测出物价波动时对项目成本的影响。

（6）其他可变因素

影响报价的因素很多,有些因素难以作出定量分析,有些因素投标人无法控制。但投标人仍应对这些因素作出必要的预测和分析,如政策法规的变化、汇率利率的波动等。

2）标价风险分析

在项目实施过程中,承包商可能遭遇到各种风险。标价风险分析就是要对影响标价的风险因素进行评价,对风险的危害程度和发生概率作出合理的估计,并采取有效对策与措施来避免或减少风险。

风险管理的内容包括风险识别、风险分析与评价、风险处理和风险监督。对潜在的可能损失的识别是最首要、最困难的任务,识别风险的方法可依靠观察、掌握有关知识、调查研究、实地踏勘、采访或参考有关资料、听取专家意见、咨询有关法规等。

风险分析和评价是对已识别的风险进行分析和评价,这一阶段的主要任务是测度风险量 R。德国人马特提出风险量的测度模型为

$$R = f(p, q, A)$$

式中：p——风险发生的概率;

    q——风险对项目财务的影响量;

    A——风险评价员的预测能力。

从上述模型可以看出,由于风险量均为风险评价员预测而得出,所以评价员的预测能力和水平就成了至关重要的因素。

常见的工程风险有两类:一是因估价人员素质低、经验少,在估价计算上有质差、量差、漏项等造成的费用差别;另一类是属于估价时依据不足,工程量粗糙造成的费用差别。对这些风险估算时可遵循下列原则:现场勘察资料充分,风险系数小,反之风险系数大;标书计算依据完整、详细,风险系数可以小一些;工程规模大、工期长的工程,风险系数应大一些;分包多,用当地工人多,风险系数应增大。

风险费用的计算可以采用系数方法。现将某工程风险系数计算列于表 8.5.1。

表 8.5.1 某工程风险系数计算表

费用名称	占造价比例/%	风险概率/%	风险系数
工程设备	37	4.4	0.016 28
材料采购	8	10	0.008
人工费	12	15	0.018
施工机械	2.6	15	0.003 9

（续　表）

费用名称	占造价比例/%	风险概率/%	风险系数
分包	24	4.8	0.011 52
施工管理费	4.8	15	0.007 2
上涨增加费	10	15	0.015
其他	1.6	20	0.003 2
合计	100		0.083 1

注：　该工程风险系数为0.083 1。

3）标价盈亏分析

（1）标价盈余分析

标价盈余分析，是指对标价所采用数据中的人工、材料、机械消耗量，人工、材料、机械台班（时）价，综合管理费，施工措施费，保证金，保险费，贷款利息等各计价因素逐项分析，重新核实，找出可以挖掘潜力的地方。经上述分析，最后得出总的估计盈余总额。

（2）标价亏损分析

标价亏损分析是对计价中可能少算或低估，以及施工中可能出现的质量问题，可能发生的工期延误等带来的损失的预测。主要内容包括：可能发生的工资上涨；材料设备价格上涨；质量缺陷造成的损失；估价计算失误；业主或监理工程师引起的损失；不熟悉法规、手续而引起的罚款；管理不善造成的损失。

（3）盈亏分析后的标价调整

估价人员可根据盈亏分析调整标：

$$低标价＝基础标价－估计盈利×修正系数$$
$$高标价＝基础标价＋估计亏损×修正系数$$

修正系数一般约为0.5～0.7。

4）提高报价的竞争力

业主通过招标促使多个承包商在以价格为核心的各方面（如工期、质量、技术能力、施工等）展开竞争，从而达到工期短、质量好、费用低的目的。承包商要击败其他竞争对手而中标，在很大程度上取决于能否迅速报出极有竞争力的价格。

提高报价的竞争力，可从以下几个方面入手。

（1）提高报价的准确性

既要注意核实各项报价的原始数据，使报价建立在数据可靠、分析科学的基础之上，更要注意施工方案比选、施工设备选择，从而实现价格、工期、质量的优化。

（2）价格水平务求真实准确

对工程所在地的情况应尽最大可能调查清楚，这样报价才有针对性。对于那些专业性强，技术水平要求高的工程，可以报高。有时候在特殊情况下，一个高级工的工资可能高于工程师，工种之间的价格也要有区别。对于物资价格应了如指掌，用货比三家的原则选择最低的价格，力争报出有竞争力的价格。

（3）提高劳动生产率

长期以来，我国的承包商往往重视向业主算钱，而轻视企业内部的管理，但是承包商要想提高竞争力,取得好的效益,就必须大力挖掘企业内部的潜力。通过周密科学安排计划,巧妙地减少工序交叉和组织工序衔接,提倡一专多能,使劳动效力能够最大地发挥出来;采用先进的施工工艺和方法,提高机械化水平,特别是应用先进的中小型机械及相应的工具,借以加快进度、缩短工期;认真控制质量,减少返工损失也会增加盈利。

（4）加强和改善管理,降低成本

科学的施工组织,合理的平面布置,高效的现场管理,可以减少二次搬运,节省工时和机具,减少临时房屋的面积,提高机械的效率等,从而降低成本。

（5）降低非生产人员的比例

降低非生产人员比例,并要求非生产人员既懂技术又懂管理,减少机构层次,提高工作效率,降低管理费用。

（6）提高生产人员的技术素质

生产人员技术素质高,可提高效率,保证质量,这对提高报价竞争力影响很大。总之,认真分析影响报价的各项因素,充分合理地反映本企业较高的管理、技术和生产水平,可以提高报价的竞争力。

8.5.3 投标报价决策

在招标市场的激烈竞争中,任何建筑施工企业都必须重视投标报价决策问题的研究,投标报价决策是企业经营成败的关键。

1）投标报价决策的主要内容

建筑施工企业的投标报价决策,实际就是解决投标过程中的对策问题,决策贯穿竞争的全过程,对于招标投标中的各个主要环节,都必须及时作出正确的决策,才能取得竞争的全胜。投标报价决策的主要内容可概括为下列四方面:

（1）分析本企业在现有资源条件下,在一定时间内,应当和可承揽的工程任务数量。

（2）对可投标工程的选择和决定。当只有一项工程可供投标时,决定是否投标;有若干项工程可供投标时,正确选择投标对象,决定向哪个或哪几个工程投标。

（3）确定进行某工程项目投标后,在满足招标单位对工程质量和工期要求的前提下对工程成本的估价作出决策,即对本企业的技术优势和实力结合实际工程作出合理的评价。

（4）在收集各方信息的基础上,从竞争谋略的角度确定高价、微利、保本等方面的投标报价决定。

投标报价应遵循经济性和有效性的原则。所谓经济性,是尽量利用企业的有限资源,发挥企业的优势,积极承揽工程,保证企业的实际施工能力和工程任务的平衡。所谓有效性,是指决策方案必须合理可行,必须促进企业兴旺发达,谨防因决策不正确致使企业经营管理背上包袱。

2）确定企业承揽工程任务的能力

企业承揽的工程任务超过了企业的生产能力,就只能追加单位工程量投入的资源,从而增大成本;企业承揽任务不足,人力窝工,设备闲置,维持费用增加,可能导致企业亏损。因此,正确分析企业的生产能力十分重要。

（1）用企业经营能力指标确定生产能力

企业经营能力指标包括技术装备产值率、流动资金周转率、全员劳动生产率等。这些指标均以年为单位,并依据历史数据,再采用一元线性回归等方法考虑生产能力的变动趋势,确定未来的生产能力和经营规模。

(2)用量、本、利分析确定生产能力

根据量本利关系计算出盈亏平衡点,即确定企业或内部核算单位保本的最低限度的经营规模。盈亏平衡点可按实物工程量、营业额等分别计算。

(3)用边际收益分析方法确定生产能力

产品的成本可分为固定成本和变动成本两部分,在一定限度下总成本随着产量的增加而增加,但单位产品的成本却随着产量的增加而逐渐减少。因为固定成本是不变的,产量越多,摊入每个产品的固定成本越少,但产量超过一定限度时,必须追加设备、管理人员等,这样平均成本又会随着产量的增加而增加。我们把由增加每一个产品而同时增加的成本,称为边际成本,即每增加一个单位产量而需追加的成本。

当边际成本小于平均成本时,平均成本是随产量的增加而减少;若边际成本大于平均成本,这时再增大产量就是增大平均成本。因此企业生产存在一个最高产量点。在盈亏平衡点与最高产量点之间的产量都是可盈利的产量。

上述三种确定企业生产能力的具体方法,读者可参阅有关书籍。

3)决定是否参加某项工程投标

(1)确定投标的目标

决定是否参加某项工程的投标,首先应根据企业的经营状况确定投标的目标,投标的目标可能是获得最大的利润或确保企业有活干即可,也可能是为了克服一次生存危机。

(2)确定对投标机会判断的标准

投标机会判断的标准即达到什么标准就决定参加投标,达不到该标准则不参加投标。投标的目标不同,确定的判断标准也不同。判断标准一般从三个方面综合拟定。一是现有技术对招标工程的满足程度,包括技术水平、机械设备、施工经验等能否满足施工要求;二是经济条件,如资金运转能否满足施工进度,利润的大小等;三是对生存与发展方面的考虑,包括招标单位的资信是否已经履行各项审批手续、工程会不会中途停建缓建、有没有内定的得标人、能不能通过该工程的施工而取得有利于本企业的社会影响、竞争对手的情况、自身的优势等。将上述三方面的内容分别制定评分标准,若该工程得分达到某一标准则决定投标。

(3)判断是否投标的步骤

首先应确定评价是否投标的影响因素,其次确定评分方法,再依据以往经验确定最低得分标准。

举例如表8.5.2,该工程影响投标因素共8个,权数合计为20,每个因素按5分制打分,满分100分。该工程最低得分标准65分,实际打分70分,满足最低得分标准,可以投标。

表 8.5.2 投标条件评分表

影响投标的因素	权数	评价	得分
技术水平	4	5	20
机械设备能力	4	3	12
设计能力	1	3	3
施工经验	3	5	15

影响投标的因素	权数	评价	得分
竞争的激烈程度	2	3	6
利润	2	2	4
对今后机会的影响	2	0	0
招标单位信誉	2	5	10
合计	20		70
最低可接受的分数			65

（4）与竞争者对比分析，确定是否投标

首先确定对比分析的因素及评分标准，再收集各竞争对手的信息，采用表8.5.3的方法综合评分。若得分优于对手，显然参加投标是合适的；若与对手不相上下，则应考虑应变措施；若明显低于对手，则是否投标应慎重考虑。

表 8.5.3　投标优势评价表

评价因素（满分5分）	投标单位			
	A	B	C	D
劳动工效与技术装备水平 L	3	3	5	3
施工速度 V	4	3	5	3
施工质量 M	3	4	4	2
成本控制水平 C	2	3	4	5
在本地区的信誉与影响 B	3	3	5	3
与招标单位的关系及交往渠道 R	3	3	4	5
过去中标的概率 P	3	3	4	3
合计	21	22	31	24

4）选择投标工程

当企业有若干工程可供投标时，选择其中一项或几项工程投标。

（1）权数计分评价法

采用表8.5.2所示的方法对不同的投标工程打分，选择得分较高的一个或几个工程去投标。

（2）其他决策方法

有条件时可采用线性规划模型分析、决策树等现代管理中的决策方法决定是否投标。

9 建筑工程施工阶段计价

9.1 施工合同的签订与履行

9.1.1 施工合同签订前的审查分析

1) 概述

工程承包经过招标、投标、授标的一系列交易过程之后,根据《合同法》规定,发包人和承包人的合同法律关系就已经建立。但是,由于建设工程标的规模大、金额高、履行时间长、技术复杂,再加上可能由于时间紧,工程招标投标工作较仓促,从而可能会导致合同条款完备性不够,甚至合法性不足,给今后合同履行带来很大困难。因此,中标后,发包人和承包人在不背离原合同实质性内容的原则下,还必须通过合同谈判,将双方在招投标过程中达成的协议具体化或作某些增补或删减,对价格等合同条款进行法律认证,最终订立一份对双方均有法律约束力的合同文件。根据《中华人民共和国招标投标法》及《房屋建筑和市政基础设施工程施工招标投标管理办法》规定,发包人和承包人必须在中标通知书发出之日起 30 日内签订合同。

由于这是双方合同关系建立的最后也是最关键的一步,因而无论是发包人还是承包人都极为重视合同的措辞和最终合同条款的确定,力争在合同条款上通过谈判全力维护自己的合法利益。双方愿意进一步通过合同谈判签订合同的原因有以下几个方面。

(1) 完善合同条款。招标文件中往往存在缺陷和漏洞,如工程范围含糊不清,合同条款较抽象,可操作性不强,合同中出现错误、矛盾和争议等,从而给今后合同履行带来很大困难。为保证工程顺利实施,必须通过合同谈判完善合同条款。

(2) 降低合同价格。在评标时,发包人虽然从总体上可以接受承包人的报价,但发现承包人投标报价仍有部分不太合理。因此,希望通过合同谈判,进一步降低正式的合同价格。

(3) 评标时发现其他投标人的投标文件中某些建议非常可行,而中标人并未提出,发包人非常希望中标人能够采纳这些建议。因此需要与承包人商讨这些建议,并确定由于采纳建议导致的价格变更。

(4) 讨论某些局部变更,包括设计变更、技术条件或合同条件变更对合同价格的影响。对承包人来说,由于建筑市场竞争非常激烈,发包人在招标时往往提出十分苛刻的条件,在投标时,承包人只能被动应付。进入合同谈判、签订合同阶段,由于被动地位有所改变,承包人往往利用这一机会与发包人讨价还价,力争改善自己的不利处境,以维护自己的合法利益。承包人的主要目标有:

① 澄清标书中某些含糊不清的条款,充分解释自己在投标文件中的某些建议或保留意见。

② 争取改善合同条件,谋求公正和合理的权益,使承包人的权利与义务达到平衡。

③ 利用发包人的某些修改变更进行讨价还价,争取更为有利的合同价格。

为了切实维护自己的合法利益,在合同谈判之前,无论是发包人还是承包人都必须认真仔细地研究招标文件及双方在招投标过程中达成的协议,审查每一个合同条款,分析该条款的履行后果,从中寻找合同漏洞及于己不利的条款,力争通过合同谈判使自己处于较为有利的位置,以改善合同条件中一些主要条款的内容,从而能够从合同条款上全力维护自己的合法权益。

2) 合同审查分析的内容

合同审查分析是一项技术性很强的综合性工作,它要求合同管理者必须熟悉与合同相关的法律法规,精通合同条款,对工程环境有全面的了解,有合同管理的实际工作经验并有足够的细心和耐心。

土木工程合同审查分析主要包括以下几方面内容:

(1) 合同效力的审查与分析

合同必须在合同依据的法律基础的范围内签订和实施,否则会导致合同全部或部分无效,从而给合同当事人带来不必要的损失。这是合同审查分析的最基本也是最重要的工作。合同效力的审查与分析主要从以下几方面入手:

① 合同当事人资格的审查。即合同主体资格的审查。无论是发包人还是承包人必须具有发包和承包工程、签订合同的资格,即具备相应的民事权利能力和民事行为能力。有些招标文件或当地法规对外地或外国承包商有一些特别规定,如在当地注册、获取许可证等。在我国,承包人要承包工程不仅必须具备相应的民事权利能力(营业执照、许可证),而且还必须具备相应的民事行为能力(资质等级证书)。

② 工程项目合法性审查。即合同客体资格的审查。主要审查工程项目是否具备招标投标合同的一切条件,包括:

a. 是否具备工程项目建设所需要的各种批准文件。

b. 工程项目是否已经列入年度建设计划。

c. 建设资金与主要建筑材料和设备来源是否已经落实。

③ 合同订立过程的审查。如审查招标人是否有规避招标行为和隐瞒工程真实情况的现象;投标人是否有串通作弊、哄抬标价或以行贿的手段谋取中标的现象;招标代理机构是否有泄露应当保密的与招标投标活动有关的情况和资料的现象,以及其他违反公开、公平、公正原则的行为。

有些合同需要公证,或由官方批准后才能生效,这应当在招标文件中说明。在国际工程中,有些国家项目、政府工程,在合同签订后,或业主向承包商发出中标通知书后,还得经过政府批准后,合同才能生效。对此,应当特别注意。

④ 合同内容合法性审查。主要审查合同条款和所指的行为是否符合法律规定,如关于分包转包、劳动保护、环境保护、赋税和免税、外汇额度、劳务进出口等条款是否符合相应的法律规定。

(2) 合同的完备性审查

根据《合同法》规定,合同应包括合同当事人、合同标的、标的的数量和质量、合同价款或酬金、履行期限、地点和方式、违约责任和解决争议的方法。一份完整的合同应包括上述所有条款。由于建设工程的工程活动多，涉及面广，合同履行中不确定性因素多，从而给合同履行带来很大风险。如果合同不够完备，就可能会给当事人造成重大损失。因此，必须对合同的完备性进行审查。合同的完备性审查包括：

① 合同文件完备性审查。即审查属于该合同的各种文件是否齐全。如发包人提供的技术文件等资料是否与招标文件中规定的相符，合同文件是否能够满足工程需要等。

② 合同条款完备性审查。这是合同完备性审查的重点，即审查合同条款是否齐全，对工程涉及的各方面问题是否都有规定，合同条款是否存在漏项等。合同条款完备性程度与采用何种合同文本有很大关系。

a. 如果采用的是合同示范文本，如 FIDIC 条件，或我国施工合同示范文本等，则一般认为该合同条款较完备。此时，应重点审查专用合同条款是否与通用合同条款相符，是否有遗漏等。

b. 如果未采用合同示范文本，但合同示范文本存在，在审查时应当以示范文本为样板，将拟签订的合同与示范文本的对应条款一一对照，从中寻找合同漏洞。

c. 如果无标准合同文本，如联营合同等，无论是发包人还是承包人在审查该类合同的完备性时，应尽可能多地收集实际工程中的同类合同文本，并进行对比分析，以确定该类合同的范围和合同文本结构形式。再将被审查的合同按结构拆分开，并结合工程的实际情况，从中寻找合同漏洞。

（3）合同条款的公正性审查

公平公正、诚实信用是《中华人民共和国合同法》的基本原则，当事人无论是签订合同还是履行合同，都必须遵守该原则。但是，在实际操作中，由于建筑市场竞争异常激烈，而合同的起草权掌握在发包人手中，承包人只能处于被动应付的地位，因此业主所提供的合同条款往往很难达到公平公正的程度。所以，承包人应逐条审查合同条款是否公平公正，对明显缺乏公平公正的条款，在合同谈判时，通过寻找合同漏洞，向发包人提出自己的合理化建议，利用发包人澄清合同条款及进行变更的机会，力争使发包人对合同条款作出有利于自己的修改。同时，发包人应当认真审查研究承包人的投标文件，从中分析投标报价过程中承包人是否存在欺诈等违背诚实信用原则的现象。对施工合同而言，应当重点审查以下内容。

① 工作范围。即承包人所承担的工作范围，包括施工，材料和设备供应，施工人员的提供，工程量的确定，质量、工期要求及其他义务。工作范围是制定合同价格的基础，因此工作范围是合同审查与分析中一项极其重要的不可忽视的问题。招标文件中往往有一些含糊不清的条款，故有必要进一步明确工作范围。在这方面，经常发生的问题有：

a. 因工作范围和内容规定不明确或承包人未能正确理解而出现报价漏项，从而导致成本增加甚至整个项目出现亏损。

b. 由于工作范围不明确，对一些应纳入的工程量没有进行计算而导致施工成本上升。

c. 规定工作内容时，对于规格、型号、质量要求、技术标准文字表达不清楚，因而在实施过程中易产生合同纠纷。

因此，合同审查一定要认真仔细，规定工作内容时一定要明确具体，责任分明。特别是在固定总价合同中，根据双方已达成的价格，查看承包人应完成哪些工作，界面划分是否明确，对追加工程能否另计费用。对招标文件中已经体现，工程质量也已列入，但总价中未计入者,是否已经逐项指明不包括在本承包范围内,否则要补充计价并相应调整合同价格。为现场监理工程师提供的服务如包含在报价内,分析承包人必须提供的办公及住房的建筑面积、标准,工作、生活设备数量和标准等是否明确。合同中是否有诸如"除另有规定外的一切工程"、"承包人可以合理推知需要提供的为本工程服务所需的一切工程"等含糊不清的词句。

② 权利和责任。合同应公平合理地分配双方的责任和权益。因此,在合同审查时,一定要列出双方各自的责任和权力,在此基础上进行权利义务关系分析,检查合同双方责权利是否平衡,合同是否有逻辑问题等。同时,还必须对双方责任和权力的制约关系进行分析。如在合同中规定一方当事人有一项权力,则要分析该权力的行使会对对方当事人产生什么影响,该权力是否需要制约,权力方是否会滥用该权力,使用该权力的权力方应承担什么责任等。据此可以提出对该项权力的反制约。例如合同中规定"承包商在施工中随时接受工程师的检查"条款。作为承包商,为了防止工程师滥用检查权,应当相应增加"如果检查结果符合合同规定,则业主应当承担相应的损失(包括工期和费用赔偿)"条款,以限制工程师的检查权。

如果合同中规定一方当事人必须承担一项责任,则要分析承担该责任应具备什么前提条件,以及相应拥有什么权力,如果对方不履行相应的义务应承担什么责任等。例如,合同规定承包商必须按时开工,则在合同中应相应地规定业主应按时提供现场施工条件,及时支付预付款等。

在审查时,还应当检查双方当事人的责任和权益是否具体、详细、明确,责权范围界定是否清晰等。例如,对不可抗力的界定必须清晰,如风力为多少级,降雨量为多少毫米,地震的震级为多少,等等。如果招标文件提供的气象、水文和地质资料明显不全,则应争取列入非正常气象、水文和地质情况下业主提供额外补偿的条款,或在合同价格中约定对气象、水文和地质条件的估计,如超过该假定条件,则需要增加额外费用。

③ 工期和施工进度计划

a. 工期:工期的长短直接与承发包双方利益密切相关。对发包人而言,工期过短,不利于工程质量,还会造成工程成本增加;而工期过长,则影响发包人正常使用,不利于发包人及时收回投资。因此,发包人在审查合同时,应当综合考虑工期、质量和成本三者的制约关系,以确定一最佳工期。对承包人来说,应当认真分析自己能否在发包人规定的工期内完工;为保证自己按期竣工,发包人应当提供什么条件,承担什么义务;如发包人不履行义务应承担什么责任,以及承包人不能按时完工应当承担什么责任等。如果根据分析,很难在规定工期内完工,承包人应在谈判过程中依据施工规划,在最优工期的基础上,考虑各种可能的风险影响因素,争取确定一个承发包双方都能够接受的工期,以保证施工的顺利进行。

b. 开工:主要审查开工日期是已经在合同中约定还是以工程师在规定时间发出开工通知为准,从签约到开工的准备时间是否合理,发包人提交的现场条件的内容和时间能否满足施工需要,施工进度计划提交及审批的期限,发包人延误开工、承包人延误进场各应承担什么责任等。

c. 竣工:主要审查竣工验收应当具备什么条件,验收的程序和内容;对单项工程较多的工程,能否分批分栋验收交付,已竣工交付部分,其维修期是否从出具该部分工程竣工证书之日算起;工程延期竣工罚款是否有最高限额;对于工程变更、不可抗力及其他发包人原因而导致承包人不能按期竣工的,承包人是否可延长竣工时间等。

④ 工程质量

主要审查工程质量标准的约定能否体现优质优价的原则;材料设备的标准及验收规定;工程师的质量检查权力及限制;工程验收程序及期限规定;工程质量瑕疵责任的承担方式;工程保修期期限及保修责任等。

⑤ 工程款及支付问题

工程造价条款是工程施工合同的关键条款,但通常会发生约定不明或设而不定的情况,往往为日后争议和纠纷的发生埋下隐患。实际情况表明,业主与承包商之间发生的争议、仲裁和诉讼等,大多集中在付款上,承包工程的风险或利润,最终也都要在付款中表现出来。因此,无论发包人还是承包人都必须花费相当多的精力来研究与付款有关的各种问题。

A. 合同价格

包括合同的计价方式,如采用固定价格方式,则应检查在合同中是否约定合同价款风险范围及风险费用的计算方法,价格风险承担方式是否合理;如采用单价方式,则应检查在合同中是否约定单价随工程量的增减而调整的变更限额百分比(如 15%、20% 或 25%);如采用成本加酬金方式,则应检查合同中成本构成和酬金的计算方式是否合理。还应分析工程变更对合同价格的影响。

同时,还应检查合同中是否约定工程最终结算的程序、方式和期限。对单项工程较多的工程,是否约定按各单项工程竣工日期分批结算;对"三边"工程,能否设定分阶段决算程序。当合同当事人对结算工程最终造价有异议时应当如何处理等。

B. 工程款支付

工程款支付主要包括以下内容:

a. 预付款。由于施工初期承包人的投入较大,因此如在合同中约定预付款以支付承包人初期准备费用是公平合理的。对承包人来说,争取预付款既可以使自己减少垫付的周转资金及利息,也可以表明业主的支付信用,减少部分风险。因此,承包人应当力争取得预付款,甚至可适当降低合同价款以换取部分预付款,同时还要分析预付款的比例、支付时间及扣还方式等。在没有预付款时,通过合同,分析能否要求发包人根据工程初期准备工作的完成情况给付一定的初期付款。

b. 付款方式。对于采用根据工程进度按月支付的,主要审查工程计量及工程款的支付程序,以及检查合同中是否有中期支付的支付期限及延期支付的责任。对于采用按工程形象进度付款的,应重点分析各付款阶段付款额对工程资金现金流的影响,以合理确定各阶段的付款比例。

c. 支付保证。支付保证包括承包人预付款保证和发包人工程款支付保证。

对预付款保证,应重点审查保证的方式及预付款保证的保值是否随被扣还的预付款金额而相应递减。业主支付能力直接影响到承包商资金风险是否会发生及风险发生后影响程度的大小,承包商事先必须详细调查业主的资信状况,并尽可能要求业主提供银行出具的资金到位的证明或资金支付担保。

d. 保留金。主要检查合同中规定的保留金限额是否合理,保留金的退还时间,分析能否以维修保函代替扣留的应付款。对于分批交工的工程,是否可分批退还保留金。

⑥ 违约责任:违约责任条款订立的目的在于促使合同双方严格履行合同义务,防止违约行为的发生。发包人拖欠工程款、承包人不能保证工程质量或不按期竣工,均会给对方以及第三人带来不可估量的损失。因此,违约责任条款的约定必须具体、完整。在审查违约责任条款时,要注意以下几点:

a. 对双方违约行为的约定是否明确,违约责任的约定是否全面。在工程施工合同中,双方的义务繁多,因此一些违反非合同主要义务的责任承担往往容易被忽视。而违反这些义务极可能影响到整个合同的履行,所以,应当注意必须在合同中明确违约行为,否则很难追究对方的违约责任。

b. 违约责任的承担是否公平。针对自己关键性权利,即对方的主要义务,应向对方规定违约责任,如对承包人必须按期完工、发包人必须按规定付款等,都要详细规定各自的履行义务和违约责任。在对自己确定违约责任时,一定要同时规定对方的某些行为是自己履约的先决条件,否则自己不应当承担违约责任。

c. 对违约责任的约定不应笼统化,而应区分情况作相应约定。有的合同不论违约的具体情况,笼统约定一笔违约金,这很难与因违约而造成的实际损失相匹配,从而导致出现违约金过高或过低等不合理现象。因此,应当根据不同的违约行为,如工程质量不符合约定、工期延误等分别约定违约责任。同时,对同一种违约行为,应视违约程度,承担不同的违约责任。

d. 虽然规定了违约责任,在合同中还要强调,以作为督促双方履行各自的义务和承担违约责任的一种保证措施。此外,在合同审查时,还必须注意合同中关于保险、担保、工程保修、争议的解决及合同的解除等条款的约定是否完备、公平合理。

9.1.2 签订工程承包合同

《建设工程工程量清单计价规范》(GB 50500—2013)第7.1.3条规定:实行工程量清单计价的工程,应采用单价合同;建设规模较小,技术难度较低,工期较短,且施工图设计已审查批准的建设工程可采用总价合同;紧急抢险、救灾以及施工技术特别复杂的建设工程可采用成本加酬金合同。

1)办理好相关手续

签订工程承包合同之前,必须办理好履约保证书和各项保险手续。

"履约保证书"是投标单位在中标之后,为确保自己能履行拟签订的承包合同,而必须在承包合同签订之前,先向业主交纳的保证书。保证书提出的保证金数额的确定方法一般有两种:一种是按标价的10%计算保证金数额;另一种是按规定的保证金数额确定。若承包人履约,则履约保证书的有效期应持续到完工之日。若承包人违约,该保证书的有效期就要持续到保证人以保证金额赔偿了业主方面的损失之日止。

需要办理的各项保险手续主要指:工程保险、第三方保险、工人人身保险等。

2)商签工程承包合同

根据我国合同法对合同的定义,合同是"平等主体的自然人、法人、其他组织之间设立、变更、终止民事权利义务关系的协议"。

任何合同均应具备三大要素:主体、标的、内容。主体,即签约双方的当事人;标的,是当事人的权利和义务共同指向的对象;内容,指合同当事人之间的具体权利与义务。

工程承包合同,是由工程业主和承包商双方以承揽包工方式完成某一工程项目而签订的合同。它是双方履行各自权利、义务的具有法律效力的经济契约。业主根据合同条款对工程的工期、质量、价格等方面进行全面监督,并对承包商支付报酬;承包商则根据合同条款完成该项工程的施工建造,并取得酬金。因此,也可以认为工程承包合同是承包商保证为业主完成委托任务,业主保证按商定的条件给承包商支付酬金的法律凭证。

9.1.3　履行工程承包合同

工程承包合同的履行过程亦即商品交易中的付款提货过程。

1) 承包人的履约工作

在履约过程中,承包人必须按照合同的约定保质、保量、如期地将工程交付给发包人使用,并根据合同中规定的价格及支付条款收取工程款。其主要工作是:

(1) 办理好预付款保证书,及时收取预付款。

(2) 备工、备料,做好施工前的各项准备工作。

(3) 按计划精心组织施工,确保工程质量、工期和安全施工。

(4) 保存好全套工程项目资料并做好记录。必须妥善保存的文件、资料,主要是指投标文件、标书、图纸以及与业主、工程师的来往信件,各种财务方面及工程量计算方面的原始凭据等。需做好的各项记录是:工程师通知的工程变更记录、暂定项目的工程量记录、标书外的零星点工及零星机械使用量记录、天气记录、工伤事故记录等。这些记录均须取得有关方面的签认。

(5) 办理支付证书并交工程师签认。根据工程的实际进度,及时累计所完成的各项工程量(包括开办费中的一些设备购置费、临时设施费等),并及时办理支付款项证明书,送交工程师签认,以便能及时领取应得款项。

(6) 及时向工程师报告有关情况。及时以书面形式向工程师报告那些无法按照合同规定供应的材料、设备等。并应提出合适的代用品的建议,及时征得工程师的同意,以保证工程进度和承包人在价格方面不受影响。

(7) 注意进行施工索赔必须做的各项工作。这些工作包括:分析标书及图纸等方面的漏误;核对施工中的项目内容与标书及图纸的出入;详细记录影响施工的恶劣气候的天数;详细记录由于工程所在国当局的原因及业主方面人员的原因贻误工期的具体情况;详细记录工程变更的具体情况等。

对上述各类问题导致必须增加的费用额及必须延长的施工工期日数,均应以书面形式及时(一般是一个月以内)通知工程师或其代表,请他们签认,以备日后能较顺利地进行费用和工期两方面的施工索赔。

2) 发包人的履约工作

发包人在履约过程中,主要是按合同的约定,协同施工。

(1) 按期提交合格的工程施工现场。

(2) 据合同的约定协助承包方办理相关的各项手续。

(3) 及时进行材料、设备样品的认可。

(4) 做好工程的检验、检查工作,及时办理验收手续。

(5) 按合同的规定,如期向承包人支付款项。

（6）委派工程师。委派得力的驻地工程师，代表业主全面负责工程实施的各项工作，解决、处理好应由缔约双方协商的各项重要事宜。

9.1.4 建设工程承包合同纠纷的解决

建设工程承包合同在履行的过程中，由于受政治、经济、自然条件等诸多因素的影响，且工程本身情况复杂又变化多端，履约中不可避免地会出现一些预料不到的问题。缔约双方从维护各自权益的角度出发，对这些问题的解决就难免产生矛盾和纠纷。这些纠纷应当依据双方在合同中规定解决纠纷的有关条款及国际通用的解决工程承包合同纠纷的常用方法进行解决。

1）履约中常见主要纠纷

建设工程承包合同在履行过程中出现的各种纠纷可概括为以下几类：

（1）工作命令

原则上承包商有义务执行工程师下达的所有工作命令，但工程承包合同又通常规定承包商有权在规定的期限内对工程师下达的工作命令提出异议和要求，因此，可能导致双方之间产生分歧，尤其是发生了不可预见事件时，更是如此。

（2）工程材料及施工质量和标准

关于工程的质量和标准，虽有技术规范、设计图纸和合同条款的规定，但有些标准并非绝对的，有些标准并无十分明确的界限。工程质量能否得到监理工程师的认可，与工程师的水平、立场、态度关系极大，因此，也经常产生争议。

（3）工程付款依据

这方面的分歧主要产生于对已实施工程的确认。通常是在对施工日志、工程进度报表的确认及对工程付款临时、正式账单审核签字时产生争议和纠纷。

（4）工期延误

工期纠纷是工程承包合同缔约双方间最常发生的纠纷。主要表现在对造成工期延误原因的确认和应采取的处理方法等方面出现争议。

（5）合同条款的解释

由于某些合同在签订时只是原则地提及双方的权利和义务，缺乏限定条款；还有些合同中部分条款的措词有时可以有多种解释，因而在合同实施中往往导致对合同条款如何解释产生分歧。

（6）不可抗力及不可预见事宜

因为各国的法律对这两类事件赋予的定义存在差异，有些合同在签订时很难对这两者间的界限予以明确规定，尤其是一些人为因素如罢工、内乱等造成的事件，所以，履约过程中此类事件一旦发生，双方极易出现纠纷。

（7）工程验收

业主或工程师与承包商在工程验收时，往往围绕工程是否合格的问题发生纠纷。工程是否合格的问题弹性很大，除明显的施工缺陷外，对于工程的评价通常很难确定一个双方完全一致公认的标准，极易为此发生争议。

（8）工程分包

某些合同签订时对于是否允许分包并未作出明确规定，而承包商则利用合同中未设明确禁止分包的条款,在没有征得业主同意的情况下,进行了工程分包,因而导致双方产生纠纷。

(9) 工程变更

工程承包合同实施过程中,往往出现工程变更的量或时间与合同规定的范围稍有不符,而双方都斤斤计较,因此产生分歧。

(10) 误期付款

尽管合同中都有明文规定业主拖欠工程款应付延期利息,但执行起来却非常困难,特别是延期利息数额巨大时,势必导致双方纠纷的产生。

除上述种种情况外,因工程设计修改及由此导致的工程性质及用料改变,业主无正当理由而拖延了对承包商提出要求的答复,承包商违章施工造成第三者受害,战争摧毁承包商已实施的工程,业主中途将合同转让导致与新老承包商之间难以合理确定酬金等问题,都会导致承发包双方产生纠纷。

2) 解决合同纠纷的基本方法

解决工程承包合同纠纷常用的方法有以下几种:

(1) 协商

协商是指缔约双方的当事人直接进行接触、磋商,自行解决纠纷和争议的一种方法。

进行协商的一般做法是,通过双方的接触和磋商,互相均作出一定限度的让步,在双方都认为能够接受的基础上,消除争议,达成和解,使问题得以解决。

用协商的方法来解决纠纷和争议,有利于保持双方的良好合作关系,并且能节省费用。

(2) 调解

调解是指由工程师(或法律专家)受当事人之托作为调解人,对缔约人发生争端,通过全面、公正地考虑双方的权益而作出决定性的解决意见,双方照此办理,使争端得到解决的一种方法。

调解的做法大致是这样的:若工程业主和承包商在合同或工程建造方面发生争端,双方均可将争端提交工程师(或法律专家),请其进行调解。调解人在接到任何一方的请求后,即可考虑可行的调解意见,并于三个月内,将自己所考虑的决定意见通知业主和承包商双方。双方若都对调解决定满意,即调解有效,该决定意见对双方均有约束力;若有任何一方对决定不满意,均可在一个月内提出仲裁要求,此时,调解无效。

用调解的方法解决争端,一般花费不大,解决问题也较快。但由于调解决定需要双方自愿履行,其约束力和强制性均较差。

(3) 仲裁

仲裁是指通过仲裁组织,按照仲裁程序,由仲裁员作为裁判,对于那些涉及的金额巨大或后果严重,双方均不愿做较大让步,经过长时期反复协商、调解仍无法解决的争端或一方有意毁约,态度恶劣,无解决问题诚意的争端作出裁决,是解决争端的一种常用方法。

仲裁有自己的仲裁组织,有固定的仲裁程序,由作为裁判的仲裁员来对双方争议的事项作出具体裁决。仲裁员的裁决是对双方均有约束力的最终裁决。尽管仲裁组织本身并没有强制能力和强制措施,但是法院可出面根据胜诉方的要求,强制败诉方执行裁决,致使败诉方无法忽视裁决而逃避责任,从而保障裁决的约束力和强制性。仲裁有较大的灵活性,能迅速解决问题且费用较省。

（4）诉讼

诉讼，是指按照诉讼程序法向有管辖权的法院起诉，通过法院的判决，来解决那些通过协商、调解均无法解决，且所涉及的金额巨大、后果严重、合同中又没签订仲裁条款的争端的方法。

上述争端中，双方当事人中的任何一方，都有权向当地法院起诉，申请判决。这种诉讼一般称为"民事诉讼"。法院的判决是具有法律约束力和强制性的，无任何协调余地。但是所需的花费比较多，时间也比较长。

以上简述了解决工程承包合同争端的几种基本方法。其中仲裁是最普遍的方法。

9.2　建筑工程标后预算

建筑工程标后预算是在建筑工程施工前，由施工单位内部编制的预算，它在工程承包合同价的控制下，根据施工定额编制。

在每一个建筑工程开工之前，施工单位都必须编制作业进度计划，计算工程材料用量、分析施工所需的工种、人工数量、机械台班消耗数量和直接费用，并提出各类构配件和外加工项目委托书等，以便有计划、有组织地进行施工，从而达到节约人力、物力和财力的目的。因此，编制标后预算和进行工料分析，是建筑施工企业管理工作中的一项重要措施和制度。

9.2.1　建筑工程标后预算概述

1）标后预算的内容与作用

标后预算包括工程量、人工、材料和机械台班数量。以单位工程为对象，按分部工程进行计算。标后预算由说明书及表格两大部分组成。

（1）说明书部分

说明书部分简要说明以下几方面的内容：

① 编制的依据，如采用什么定额、图纸等。

② 工程性质、范围及地点。

③ 设计图纸和说明书的审查意见及现场的主要资料。

④ 施工方案、施工期限。

⑤ 施工中采取的主要技术措施和降低成本的措施。

（2）表格部分

标后预算为了满足各职能部门的管理要求，常采用以下几种表格：

① 标后预算工料分析表。这是标后预算中的基本表格，该表格依据工程量乘以工料消耗量编制。

② 标后预算工、料和机械消耗量汇总表。

③ "两算"对比表。用于进行合同价与标后预算对比。

④ 其他表格。如门窗加工表、五金明细表等。

（3）标后预算的作用

标后预算有以下几方面的作用：

① 标后预算是施工计划部门安排作业和组织施工，进行施工管理的依据。

② 标后预算是施工管理部门或项目经理部向班组下达施工任务单和限额领料单的依据。

③ 标后预算是劳务部门安排劳动人数和进场时间的依据。

④ 标后预算是材料部门编制材料供应计划,进行备料和按时组织进场的依据。

⑤ 标后预算是财务部门定期进行经济活动分析,核算工程成本的依据。

⑥ 标后预算是施工企业加强内部管理,进行"两算"对比的依据。

2) 标后预算的编制依据

① 会审后的施工图和说明书。标后预算要分层、分段地编制。采用会审后的施工图和说明书以及会审纪要来编制,目的是使标后预算更符合实际情况。

② 企业的劳动定额、材料消耗定额和施工机械台班定额。

③ 施工组织设计或施工方案。标后预算与施工组织设计或施工方案中选用的施工机械、施工方法等有密切关系,所以它是编制标后预算必不可少的依据。

④ 报价书。标后预算的分项工程项目划分比报价书的分项工程项目划分要细一些,但有的工程量与报价书是相同的,为了减少重复计算,标后预算可参考报价书。

⑤ 人工工资标准及材料预算价格。

⑥ 现场实际勘测资料。

3) 标后预算的编制方法

标后预算的编制方法有实物法和实物金额法两种。

(1) 实物法

根据图纸以及施工定额计算出工程量套用企业定额,计算并分析汇总工、料以及机械台班数量。

(2) 实物金额法

实物金额法又可分为以下两种:

① 根据实物法计算工、实和机械台班数量,分别乘以工、料和机械台班的单价,求出人工费、材料费和机械使用费。

② 根据施工定额的规定计算工程量,套用定额估价表的人工费、材料费和机械使用费,计算出标后预算的人工费、材料费和施工机械使用费。

4) 标后预算的编制步骤

(1) 熟悉图纸,了解现场情况及施工组织情况。

(2) 根据图纸、定额、现场情况列出工程项目,再计算工程量。

(3) 套用企业定额,计算人工、材料、机械用量。

(4) 工料分析。根据所用定额逐项进行工料分析,并将同类项目工料相加汇总,形成完整的分部、分层、分段工料汇总表。

(5) 编写编制说明及计算其他表格(门窗加工表、五金配件表等)。

(6) 编制标后预算与合同价对比表。

9.2.2 标后预算与合同价对比分析

1) 标后预算与合同价的不同点

(1) 工程项目粗细程度不同

① 标后预算的工程量计算要分层、分段、分工种、分项进行,其项目比较多。

② 标后预算项目划分比较细。

(2) 计算范围不同

标后预算一般算到直接费为止,投标报价要完成整个工程造价计算。

(3) 所考虑的施工组织方面的因素不同

标后预算所考虑的施工组织方面的因素比投标报价细得多。

2) 标后预算与合同价的对比分析

(1) 对比方法

① 实物对比法,是将标后预算与合同价的人工、材料、机械台班消耗数量分别进行对比。

② 实物金额对比法,是将标后预算与合同价的人工费、材料费、机械使用费分别进行对比。

(2) 对比的内容

① 人工。一般标后预算应低于合同价 10%～15%。

② 材料。标后预算消耗量总体上低于合同价。因为施工操作损耗一般低于计价表中的材料损耗。

③ 机械台班。计价表中的机械台班耗用量是综合考虑的。施工定额要求根据实际情况计算,即根据施工组织设计或施工方案规定的进场施工的机械种类、型号、数量、工期计算。机械台班采用以金额表示的机械费进行标后预算,与合同价对比。

(3) 对比的范围

对比的范围可根据管理的要求灵活确定,可以是一个主要工序、一个分项工程、一个分部工程直至一个单位工程,可以对人工、材料、机械用量分别对比,可以仅对比其中一项,也可以用实物金额法对比人工费、材料费、机械费。

9.2.3 合同价与实际消耗对比分析

综合分析可采取预算、财务、施工等职能部门配合的方法进行,通过对工程实际耗用情况与承包合同价的绝对和相对比较,有利于对工程完成情况、经营成果提出合理的、有说服力的综合评价,并通过分析找出降低成本的突破口。

1) 承包合同价与实际消耗降低程度分析

承包合同价与实际成本项目的对比分析,首先应将工程造价划分为若干个项目。划分的方法可参照责任会计中的成本项目划分方法。合理划分项目,有利于分析出各责任单位的成本节超情况。

如某工程各项费用的实际消耗与预算成本对比分析见表 9.2.1。

(1) 工程预算成本 159.0 万元,实际成本 149.6 万元,实际比预算降低 9.4 万元,即该工程的成本降低率为 5.91%。

(2) 在各成本项目中,材料费比重最大,降低额也最大,降低额 7.0 万元,降低率占材料费的 6.99%,占工程总成本的 4.40%。

(3) 在各成本项目中,只有机械费超支,应分析其原因,是因机械进退场不合理,是因为台班数量多了,还是由于机械台班使用费发生了变化等。

表 9.2.1　某工程各项费用实际消耗降低程度分析表

成本项目	预算/万元	实际/万元	降低额/万元	降低率/%（占本项）	降低率/%（占总成本）
人工费	15.6	15.3	0.3	1.92	0.19
材料费	100.2	93.2	7.0	6.99	4.40
机械使用费	8.4	8.9	−0.5	−5.95	−0.31
其他直接费	3.0	2.8	0.2	6.67	0.13
工程直接成本	127.2	120.2	7.0	5.50	4.40
间接费	31.8	29.4	2.4	7.55	1.50
工程总成本	159.0	149.6	9.4	5.91	5.91

2）合同价与实际工程成本相对构成分析

合同价与实际工程成本相对构成分析的目的是找出各成本项目对实际总成本降低计划的影响程度,分析结果见表 9.2.2。

表 9.2.2　某工程合同价与实际成本对比分析表

成 本 项 目	合同价成本构成/%	实际成本构成/%	增减/%
人 工 费	9.81	10.22	+0.41
材 料 费	63.02	62.30	−0.72
机械使用费	5.28	5.95	+0.67
其他直接费	1.89	1.87	−0.02
工程直接成本	80.00	80.35	+0.35
间 接 费	20.00	19.65	−0.35
工程总成本	100	100	

从分析表中可看出:

(1)实际成本中,材料费、其他直接费、间接费比例降低,人工费和机械使用费比例上升。

(2)对比例降低项目应分析原因,总结经验。如间接费比例下降可能是施工临时设施搭设较少,也可能是未遇上冬雨季施工或其他原因。

(3)人工费、机械使用费比例上升,说明现场管理水平有待提高,应深入分析原因。

施工单位应在施工前根据工程情况和施工方案制订计划成本,并在工程完工后对计划成本与实际成本进行对比分析,这种分析更能反映施工技术和管理水平。

9.2.4　建筑工程成本项目分析方法

在上述综合分析的基础上,进一步分析成本节超原因,应根据工程实际情况,参照下列方法进行。

1）人工费分析

影响人工费节超可能有以下原因:

① 工日差。即预算工日数与实际使用工日数之差,可根据合同价的工料分析结果与实际施工记录对比分析。

② 日工资标准差。合同价的日平均工资标准与实际日平均工资标准之差。

2）材料费分析

材料费的节超直接影响工程成本,是分析的重点。

① 量差。即实际消耗量与合同价用量之差,包括两个方面:一是采购进场过程中短吨少位;二是施工消耗超定额。

② 价差。即材料实际单价与合同价价格之差。

3）机械使用费分析

机械使用费直接以费用的形式分析有一定的难度,因此计算机械实际成本时,涉及机械折旧、大修、擦拭、保管等费用均难以计算,故机械使用应着重于提高效益,合理组织进退场,加强动力燃料管理,加强维护保养等。

4）其他直接费分析

其他直接费分析方法是以合同价中的量或价与实际的量或价相比较。

5）间接费分析

可将报价中间接费拆分成若干项目,再分别与相应项目的实际费用相比较。各项目分析方法、分析范围可能有所不同。如劳保支出不能以一个单位工程为分析对象,可按独立核算单位的年度建安工作量进行统一分析。

9.3 工程变更价款处理

工程变更直接影响工程造价。发生工程变更的原因有业主对工程有新的要求、设计文件粗糙而引起的工程内容调整、施工条件变更、业主对进度计划的变更。

9.3.1 工程变更的控制

工程变更的效果可能有两种情况:一是通过变更促进工程的功能完善、设计合理、节约成本、提高投资效益;二是因工程变更导致建设规模扩大、建设标准提高、投资超概算。因此对工程变更必须作出科学合理的分析,严格控制不合理变更。

（1）控制投资规模

施工过程中必须严格控制新增工程内容,严禁通过设计变更扩大建设规模。若工程变更导致造价超支部分在预备费中难以调剂时,必须报经概算审批部门批准后方可发出变更通知。

（2）尽量减少设计变更

施工阶段的设计变更往往因设计深度不够、设计不合理或不切实际而引起,这种变更常因贻误变更时机而造成经济损失。因此,设计单位应预先考虑周到,减少设计变更。对承包商因在施工技术或施工管理中发生失误而要求设计者发出某种变更以弥补其损失的行为必须严格禁止。

对必须且合理的设计变更,应先作工程量及造价变化分析,经业主同意,设计单位审查签证,发出相应图纸和说明后,方可发出变更通知,并调整原合同确定的工程造价。

(3)控制施工条件变更

施工条件变更是指施工中实际遇到的现场条件与招标文件中描述的现场条件有本质的差异,承包商因此向业主提出费用和工期的索赔。因此,承发包双方均应做好现场记录资料和试验数据的收集整理工作,把握施工条件变化引起的施工单位和施工工期变化的科学性、合理性,从而控制合同价款的变化。

(4)业主要求的进度计划变更

业主由于某种原因要求较合同进一步缩短工期,承包商因此加大成本并提出相应的索赔要求。因此业主应在科学决策的前提下,慎重地提出缩短工期的要求。

9.3.2 工程变更价款的确定

工程变更必然导致合同价款的变化。因非承包商原因发生的工程变更,由业主承担费用支出并顺延工期;因承包商违约或不合理施工导致的工程变更,由承包商承担责任。

确定工程变更价款的步骤为:

(1)承包商提出变更价格

承包商根据实际施工方案,在确保施工质量及安全的前提下,科学、合理、经济地编制预算,并计算出与变更前相应部分的合同价款的差额,确定该项变更引起的工期顺延天数,报监理单位或业主批准。

(2)监理单位或业主方的造价工程师审核承包商提出的变更价格

因分部分项工程量清单漏项或非承包人原因的工程变更,造成增加新的工程量清单项目,其对应的综合单价按下列方法确定:

① 合同中已有适用的综合单价,按合同中已有的综合单价确定。

② 合同中有类似的综合单价,参照类似的综合单价确定。

③ 合同中没有适用或类似的综合单价,由承包人提出综合单价,经发包人确认后执行。

9.3.3 现场签证

合同造价确定后,施工过程中如有工程变更和材料代用,可由施工单位根据变更核定单和材料代用单来编制变更补充预算,经建设单位签证,对原合同价进行调整。为明确建设单位和施工单位的经济关系和责任,凡施工中发生一切合同预算未包括的工程项目和费用,必须及时根据施工合同规定办理签证,以免事后发生补签和结算困难。

1)追加合同价款签证

追加合同价款签证指在施工过程中发生的,经建设单位确认后按计算合同价款的方法增加合同价款的签证。主要内容如下:

(1)设计变更增减费用。建设单位、设计单位和授权部门签发设计变更单,施工单位应及时编制增减预算,确定变更工程价款,向建设单位办理结算。

(2)材料代用增减费用。因材料数量不足或规格不符,应由施工单位的材料部门提出经技术部门决定的材料代用单,经设计单位、建设单位签证后,施工单位应及时编制增减预算,向建设单位办理结算。

(3)设计原因造成的返工、加固和拆除所发生的费用,可按实结算确定。

（4）技术措施费。施工时采取施工合同中没有包括的技术措施及因施工条件变化所采取的措施费用,应及时与建设单位办理签证手续。

（5）材料价差。合同规定允许调整的材料价格的变化,可以计算材料价格的差值。

2）费用签证

指建设单位在合同价款之外需要直接支付的开支的签证,主要内容如下:

（1）图纸资料延期交付造成的窝工损失。

（2）停水、停电、材料计划供应变更、设计变更造成停工、窝工的损失。

（3）停建、缓建和设计变更造成材料积压或不足的损失。

（4）因停水、停电、设计变更造成机械停置的损失。

（5）其他费用。包括建设单位不按时提供各种许可证,不按期提供建设场地,不按期拨款所产生的利息或罚金的损失,计划变更引起临时工招募或遣散等费用。

9.4　索赔

9.4.1　索赔管理

1）索赔管理

索赔是指合同履行过程中,合同一方因对方不履行或没有全面适当地履行合同所设定的义务而遭受损失时,向对方提出的赔偿或补偿要求。

建筑工程索赔主要发生在施工阶段,合同双方分别为业主与承包商。

业主,也称招标人。在国内,即指建设单位或其法人代表,也称甲方。业主作为工程建设的发包人,采用招标方式,雇用承包人,通过一定的合法程序,签订承包合同。

承包商,也称承包人。在国内,即指施工单位或其法人代表,也称乙方。

承包商向业主提出的索赔称为索赔,业主向承包商索赔称为反索赔。一般来说,业主在向承包商索赔的过程中占有主动地位,可以直接从应付给承包商的工程款中扣抵,因此这里讲的索赔主要是指承包商向业主的索赔。

索赔是法律和合同赋予的正当权利,承包商应当重视索赔,善于索赔。我们不提倡国际承包市场上惯用的低标价、高索赔以获取利润的投标策略,但必要的施工索赔制度,应该得到大力提倡和推行。索赔的含义可概括为以下三个方面:

① 承包商应当获得的利益,业主未能给予认可和支付,承包商以正式函件索要。

② 由于一方违约给另一方造成损失,受损方向对方提出赔偿损失的要求。

③ 施工中遇到应由业主承担责任的不利自然条件或特殊风险事件,承包商向业主提出补偿损失的要求。

2）索赔事项分类

建筑施工过程中,引起索赔的事项很多,经常引发索赔的事项有:

① 业主违约。如工程缓建、停建、拖欠工程款等。

② 业主代表或监理工程师的不当行为。

③ 合同文件的缺陷。

④ 合同变更,如设计变更、追加或取消某项工作等。

⑤ 不可抗力事件,如自然灾害、社会动乱、物价大幅上涨等。

⑥ 第三方原因,如业主指定的供应商违约,业主付款被银行延误等。

上述索赔事项的索赔内容包括费用索赔和工期索赔两类。费用索赔是指承包商向业主提出赔偿损失或补偿额外费用的要求;工期索赔是指承包商在索赔事件发生后向业主提出延长工期,即推迟竣工日期的要求。

3) 施工索赔的原则

提出索赔的一方必须收集充分的证据,采用合适的方法,并依据下列原则及时提出索赔要求。

(1) 以合同为依据

施工索赔涉及面广,法律程序严格,参与施工索赔的人员应熟悉施工的各个环节,通晓建筑合同和法律,并具有一定的财会知识。索赔工作人员必须对合同条件、协议条款有深刻的理解,以合同为依据做好索赔的各项工作。

(2) 以索赔证据为准绳

索赔工作的关键是证明承包商提出的索赔要求是正确的,还要准确地计算出要求索赔的数额,并证明该数额是合情合理的,而这一切都必须基于索赔证据。索赔证据必须是实施合同过程中存在和发生的;索赔证据应当能够相互关联、相互说明,不能互相矛盾,索赔证据应当具有可靠性,一般应是书面内容,有关的协议、记录均应有当事人的签字认可;索赔证据的取得和提出都必须及时。

承包商必须保存一套完整的工程项目资料,这是做好索赔工作的基础。下列资料均有可能成为索赔证据:

① 招标文件、合同文本及附件、中标通知书、投标书。

② 工程量清单、工程预算书、设计文件及其他技术资料。

③ 各种纪要、协议及双方来往信函。

④ 施工进度计划及具体的施工进度安排。

⑤ 施工现场的有关资料及照片。

⑥ 施工阶段的气象资料。

⑦ 工程检查验收报告、材料质检报告及其他技术鉴定报告。

⑧ 施工阶段水、电、路、气、通信等情况记录。

⑨ 政府发布的材料价格变动、工资调整信息。

⑩ 有关的财务、会计核算资料。

⑪ 建筑材料采购、供应、使用等方面的凭据。

⑫ 有关的政策、法规等。

(3) 及时、合理地处理索赔

索赔发生后,承发包双方应依据合同及时、合理地处理索赔。若单项索赔累积,可能影响承包商资金周转和施工进度,甚至增加双方矛盾。此外,拖到后期综合索赔,往往还牵涉到利息、预期利润补偿等问题,从而使矛盾进一步复杂化,增加了处理索赔的困难。

4) 施工索赔的内容

(1) 不利自然条件引起的索赔

承包商在工程施工期间遇到不利的自然条件或人为障碍,而这些条件与障碍是有经验的承包商也不能预见到的,则承包商可以提出索赔。

不利自然条件是指施工中遇到的实际自然条件比招标文件中所描述的更为恶劣和困难,这些不利自然条件导致承包商必须花费更多的时间和费用,此时,承包商可提出索赔。在有些合同条件中,往往写明承包商应在投标前确认现场环境及性质,即要求承包商承认已经考察和检查了周围环境,承包商不得因误解这些资料而提出索赔。

(2)工期延长和延误的索赔

这类索赔的内容包括两方面:一是承包商要求延长工期;二是承包商要求赔偿工期延误造成的损失。由于两方面索赔不一定同时成立,因此应分别编制索赔报告。

① 可以给予补偿的工期延误。对因场地条件变更、合同文件缺陷、业主或设计单位原因造成临时停工、处理不合理设计图纸造成的耽搁、业主供应的设备或材料推迟到货、场地准备工作不顺利、业主或监理工程师提出或认可的变更、该工程项目其他承包商的干扰等造成的工期延误,承包商有权要求延长工期和补偿费用。

② 可以给予延长工期的索赔。对于因战争、罢工、异常恶劣气候等造成的工期拖延,承包商可以要求适当推迟工期,但一般得不到收回损失费用的权利。

③ 有些工期延误不影响关键路线施工,承包商得不到延长工期的承诺,但可能获得适当的赔偿。

(3)施工中断或工效降低的索赔

因业主或设计单位原因引起的施工中断、工效降低以及业主提出的比合同工期提前竣工而导致的工程费用增加,承包商可以提出人工、材料及机械费用的索赔。

(4)因工程终止或放弃提出的索赔

因非承包方原因造成工程终止或放弃,承包商有权提出盈利损失及补偿损失两方面的索赔。盈利损失等于该工程合同价款与完成该工程所需花费的差额;补偿损失等于承包商在该工程已花费的费用减去已结算的工程款。

(5)关于支付方面的索赔

① 关于价格调整方面的索赔。施工过程中价格调整的方法应在合同中明确规定。一般按各省市定额站颁发的材料预算价格调整系数或单项材料调整。有的地区开始应用材料价格指数进行动态结算。也可在合同中规定哪些费用一次包死,不得调整。

② 货币贬值导致的索赔。在引进外资的项目中,需使用多种货币时,合同中应明确有关货币汇率、货币贬值及动态结算的有关内容。

③ 拖延支付的索赔。业主未按合同规定时间支付工程款,承包商有权索赔利息。

5)施工索赔程序

承包商应当积极地寻找索赔机会,及时收集索赔发生时的有关证据,提出正确的索赔理由。

(1)发出索赔通知

索赔事件发生后,承包商应立即起草索赔通知,其内容包括索赔要求和相关证据。索赔通知应在索赔事件发生后的 20 天内向业主发出。

(2)索赔的批准

业主在收到索赔通知后的 10 天内给予批准,或要求承包商进一步补充索赔理由和证据。业主若在 10 天内未予答复,则视为该项索赔已经批准。

6)施工索赔文件

(1)索赔信

索赔信由承包商致业主或其代表,内容包括索赔事件的内容、索赔理由、费用及工期索赔要求、附件说明。

(2)索赔报告

索赔报告是索赔文件的核心内容,包括标题、事实与理由、费用及工期损失的计算结果。

(3)详细计算书及证据

这部分内容可繁可简,视具体情况而定。

9.4.2 索赔费用的计算

1)计算索赔费用的原则

承包商在进行费用索赔时,应遵循以下两个原则:

(1)所发生的费用应该是承包商履行合同所必需的,若没有该项费用支出,合同无法履行。

(2)承包商不应由于索赔事件的发生而额外受益或额外受损,则费用索赔应以赔(补)偿损失为原则,实际损失可作为费用索赔值。实际损失包括两部分:一是直接损失,指实际工程中实际成本的增加或费用的超支;二是间接损失,指可能获得的利润的减少。

2)索赔费用的组成

索赔费用的组成与建筑工程造价的组成相似,主要包括:

(1)人工费。包括完成业主要求的合同外工作而发生人工费、非承包商责任造成工效降低或工期延误而增加的人工费、政策规定的人工费增长等。

(2)材料费。包括索赔事件引起的材料用量增加、材料价格大幅度上涨、非承包商原因造成的工期延误而引起的材料价格上涨和材料超期存储费用。

(3)施工机械使用费。包括完成业主要求的合同外工作而发生的机械费、非承包商原因造成的工效降低或工期延误而增加的机械费、政策规定的机械费调增等。

(4)现场管理费。指承包商完成业主要求的合同外工作、索赔事件工作、非承包商原因造成的工期延长期间的现场管理费,主要包括管理人员工资及办公费等。

(5)企业管理费。主要指非承包商原因造成的工期延长期间所增加的企业管理费。

(6)利息。指业主拖期付款利息、索赔款的利息、错误扣款的利息等。利率按双方协议或银行贷款、透支利率计算。

(7)利润。对工程范围、工作内容变更及施工条件变化等引起的索赔,承包商可按原报价单中的利润百分率计算利润。

3)费用索赔的计算方法

费用索赔的计算方法有分项法和总费用法两种。

(1)分项法

即对每个索赔文件所引起的损失费用分别计算索赔值。该索赔值可能包括该项工程施工过程中所发生的额外的人工费、材料费、施工机械使用费及相应的管理费、利润等。分项法计算准确,应用面广,采用该方法必须注意第一手资料的收集与整理。

（2）总费用法

发生多次索赔事件后，重新计算该工程的实际总费用，再减去合同价，其差即为索赔金额。这种方法有两方面的缺点：一是实际发生的总费用中可能包括承包商的施工组织不合理等因素；二是投标报价时为竞争中标而压低标价，现在则通过索赔得到补偿。因此，只有难以应用分项法计算实际费用时才应用总费用法。

9.4.3 业主反索赔

业主反索赔的内容包括：

（1）工期延误反索赔

由于承包商原因推迟了竣工日期，业主有权提出反索赔，要求承包商支付延期竣工违约金。违约金的组成包括：工期延长而引起的货款利息增加；工期延长而增加的业主管理费及监理费；工期延长，本工程不能使用而租用其他建筑物的费用；业主的盈利损失等。违约金一般按每延误一天罚款一定金额表示，并在合同文件中具体约定，累计赔偿额一般不超过合同总额的 10%。

（2）施工缺陷反索赔

当承包商使用的材料质量不符合合同规定、施工质量达不到合同约定的标准、保修期未满以前未完成应该修补的工程时，业主有权提出关于施工缺陷的索赔。

（3）对超额利润的反索赔

若设计变更增加的工程量很多，承包商需投入的固定成本变化不大，单位产品成本下降，承包商预期收益增大；或政策法规的调整致使承包商获得超额利润时，双方可讨论调整合同价，业主收回部分超额利润。

（4）对指定分包商付款的反索赔

承包商未能向业主指定的其他分包商转付工程款，且又无合理证明时，业主可从承包商应得款项中扣除分包款，并直接付给指定分包商。

（5）业主合理终止合同或承包商不正当放弃工程的反索赔

业主合理终止合同，或承包商不合理放弃工程，业主有权向承包商索赔。新的承包商完成未完工程所需工程款与原合同未付部分的差额即为反索赔金额。例如，按原合同未完工程造价 100 万元，新的承包商完成该部分需 110 万元，则业主向原承包商反索赔 10 万元。

10 建筑工程造价管理信息系统

10.1 概述

工程造价管理信息系统,是指由人和计算机网络组成的,能够对工程造价信息进行收集、加工、传输、应用和管理的系统。工程造价管理信息系统的用户可以是工程造价管理部门、建设单位、设计单位、施工单位及咨询单位等。工程造价管理信息系统由造价依据管理系统、造价确定系统、造价控制系统和造价资料积累系统组成。

10.1.1 计价依据管理系统

1) 计价依据管理系统功能划分

根据系统需求和功能分析的结果,可以将计价依据管理系统功能粗略地划分为图10.1.1所示。

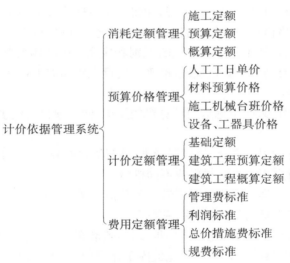

图 10.1.1 计价依据管理系统功能划分图

2) 计价依据管理系统功能要求

(1) 促进建设定额体系的建立和完善

住建部编制的《全国工程建设定额体系表》,目的是从总体上展示工程建设定额体系的种类、结构层次和各类定额的名称、适用范围及其相互关系,为工程造价管理的科学化、规范化奠定基础。按该体系表的规定,定额在纵向上划分为基础定额或预算定额、概算定额与概算指标、估算指标 3 个层次,在横向上划分为全国统一、行业统一和地区统一 3 个类别。应用计算机和网络技术管理工程造价计价依据,便于各地区、各部门相互交流和借鉴,国家有关部门也可以加以对照和比较,从中反映出各地区的技术水平,并逐步扩大全国统一部分,防止同类定额之间的重复或脱节及定额水平的不协调,减少编制工作中的重复劳动。

(2) 应用计算机编制和修订定额

① 应用计算机可以在施工定额的基础上,自动汇总出预算定额、概算定额中的人工、材料及机械台班消耗量。由于建筑技术日新月异,新工艺、新材料、新结构不断涌现,应用计算机可对原有定额及时修订和补充,并以计算机网络的方式迅速贯彻实施。施工企业应用该功能可以编制企业定额。

② 依据消耗定额和预算价格管理系统提供的价格信息,各部门、各地区可以适时生成单位估价表、综合预算定额,方便设计、施工、咨询单位计算定额直接费。

③ 收集招投标市场的间接费费率和利润率,经过计算机比较分析,得出代表市场动态的指导性取费标准,及时修订取费定额或给出取费费率的上下限,以维护建筑市场的正常秩序,维护承发包双方利益,并对市场供需平衡进行有效的事前控制。

3) 计价依据管理系统的实现

设计和实现计价依据管理系统,必须完成大量的基础工作,其主要任务包括:

(1) 基础定额标准化

按照量价分离、工程实体消耗和施工措施性消耗分离的原则,编制并不断完善《全国统一建筑工程基础定额》,在项目划分、计量单位、工程量计算规则统一的基础上实现消耗量基本统一。

(2) 统一材料名称和材料编码

现行定额中不少材料以不同名称出现,如将定额原样输入定额库,同一材料因名称不同被分别汇总。材料价格信息中的材料名称与定额不统一,以木材为例,定额中与材料价格信息中的分类就不一样,这样不利于计算机的识别和应用。因此需要将材料编码、材料名称、规格、单位等标准化,有利于计算机快速、准确地进行识别和加工处理。

(3) 定额项目系统化

现行定额在编制时,未能考虑应用计算机的要求,同一项目可做多项调整。这些调整可概括为以下四类:

① 同一定额项目适用于复合材料(混凝土、砂浆等)的多种强度等级。

② 同一定额项目适用于不同材料或不同机械。

③ 定额中的部分内容实际施工时不做或改其他做法。

④ 定额中包含有大量的附注、说明、系数等。

上述调整内容在定额中的表述方式多种多样,若能在定额编制、修订、增补时,将所有注解、说明纳入同一数据系统,不仅大大简化建库工作,更有利于自动套用定额。采用定额"分项目"是处理附注、说明、系数、换算的最佳有效方法,个别难以处理的问题可单列定额项目。当然,设立定额分项目号,采用"××—×××—××"定额编号方式,会加大定额库容量。但目前的计算机软硬件技术已经有了很大的发展,完全有能力进行快速处理,不仅不会影响计算速度,还可大大简化定额换算工作,增大定额库的适应性。

4) 计价依据软件化

采用计算机编制、修订和增补消耗定额、计价定额、取费定额,定期调整人工、材料、机械价格,可以大大提高定额编制、修订和增补的效率,节约成本和时间。各类工程计价依据信息均发行软件版,从而彻底改变七八年修订一次定额的被动局面。

5）价格信息网络化

人工、材料、机械价格随市场行情不断波动,新材料、新的机械设备也不断出现。一方面,目前从造价管理部门获得的价格信息往往难以满足预算编制、投标报价、结算审核等的计价要求,许多设计、施工、咨询单位为收集整理材料价格信息投入了大量的人力和资金;另一方面,建筑材料、设备生产厂家又迫切希望更多的用户了解其产品性能和价格。建立地区甚至全国范围的材料价格信息网络是解决供需两方面要求的最佳办法,目前已经有多种方式实现。

一种实现方式是通过专业的价格信息服务提供商建立的网络化信息平台,为建筑材料、设备生产厂家和供应商提供销售信息和价格的发布平台,又为需货方提供建材采购渠道和价格信息。目前已经有中国建材在线、慧讯网等专业网站,为政府部门、开发商、工程造价咨询公司、设计公司、施工企业提供建材产品价格信息服务,既提供按材料名称、规格等的直接网络搜索功能,也提供信息服务人员人工方式的价格信息服务。这种方式,信息服务商通常按收取年费的方式提供有偿服务。与能获得大量的建材价格信息相比,信息需求方付出的费用是值得的。

另一种方式,是目前电子商务已经得到了很大的发展,越来越多的建材供应商已经通过电子商务平台进行产品的销售。需货方或咨询单位可以通过电子商务平台获得建材产品的价格信息,或通过电子商务平台直接向供货商进行询价。

还有一种设想,是联合一个地区甚至是全国的造价咨询单位,建立造价咨询行业内共享的建材价格信息采集、使用平台,做到建材价格信息的共享。这种方式,需要行业协会牵头,制定信息收集、发布的模式和标准,还有待尝试。

10.1.2　造价确定系统

1）造价确定系统功能划分

造价确定系统的功能划分如图 10.1.2 所示。

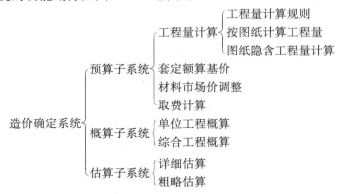

图 10.1.2　造价确定系统功能划分图

造价确定系统包括预算、概算、估算 3 个层次,以下侧重说明预算子系统的实现。

2）预算子系统的实现

预算子系统的主要功能包括工程量自动计算系统、图纸隐含工程量专家系统、清单计价软件系统,现分别介绍如下。

（1）工程量自动计算系统

工程量计算是工程造价确定的主要工作,传统的手工计算方法,由于工作效率低、计算精度低、出错概率大等原因,已经远远不能满足当前的建筑工程规模大、造型复杂、预算完成时间要求快等要求。目前,在建筑工程中,已经有较为成熟的图形算量软件,如广联达、神机妙算、鲁班、PKPM等,通过在软件系统中手工输入各类建筑结构构件的参数,或通过对CAD施工图电子文件的自动识别的方式,进行建筑结构的三维建模,通过软件系统内嵌的工程量计算规则、结构规范和通用构造详图,自动计算出工程量,并输出与工程量有关的各类报表文件,极大地提高了工程量计算工作的效率和精度,将预算人员从繁重的手工计算工作中解放出来。目前的图形算量软件在标准、通用的建筑结构构件的工程量计算中已经完全满足要求,但在零星工程、非标构件的计算中,还有待进一步提高和完善。CAD图形电子文件自动识别能大大地提高工作效率,但在CAD图形自动识别转换方面,目前的算量软件还有待完善。

(2) 图纸隐含工程量专家系统

计算建筑工程量时,有许多内容在图纸上没有明确表示,如脚手费、超高费等技术措施费,强制性规范条文规定的做法工程量等,这些项目也是普通预算员易漏的内容。如需应用计算机辅助系统隐含工程量进行提示和计算,可从两方面入手:一是建立计算隐含工程量专家系统,列出可能发生的各种隐含工程量及其计算方法和相关资料;二是将常用的措施工程量与实体工程进行关联,根据实体工程量,将模板、脚手等措施性工程自动分析计算出来。

(3) 工程量清单计价软件系统

工程量清单计价软件系统目前已经成熟,得到了广泛的应用。工程量清单计价软件集成了工程量清单编制系统、计价定额库、人材机市场价格自动调整计算、费用计算标准和计算程序。通过清单计价软件,能够快速编制工程量清单,套用计价定额进行清单组价,对各类费用进行设置和计算,并能生成符合现行清单计价规范要求的工程量清单、工程招标控制价(预算)、投标报价、工程结算等成果报表文件。

10.1.3 造价控制系统

1) 造价控制系统功能划分

造价控制系统的功能划分如图10.1.3所示。

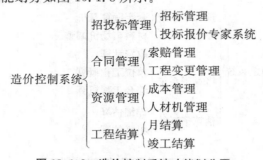

图 10.1.3 造价控制系统功能划分图

造价控制贯穿建设项目全过程,设计阶段对造价影响最大,施工阶段需要做的工作最多,这里着重介绍施工阶段的造价控制。

2) 造价控制系统的实现

(1) 招标管理

招标管理部分应具备计算机辅助编写招标文件、编制标底、存储投标单位标书、计算机辅助评标等功能。

① 计算机辅助评标

评标工作涉及面广,虽不能完全交由计算机完成,但可由计算机提供必要的决策支持信息。国外应用层次分析法(AHP法)评标较为成功,国内也开展了这方面的研究工作。层次分析法是一种定量和定性因素相结合的处理复杂问题的决策方法,它将复杂问题分解成若干个层次,在比原问题简单得多的层次上进行分析,再逐步汇总,进而得出最优解。层次分析法的评标步骤包括:建立层次分析模型、构造并检验判断矩阵、层次单排序、层次总排序。这一设计计算过程很适合计算机工作,这样就可以将定性定量的内容综合分析,从而克服计分法的局限性和主观性缺陷。

目前计算机辅助评标已经在很多地区推广使用,在政府部门招投标管理机构和招投标交易中心建成了电子化招投标的信息网络平台,从发布招标公告、发布招标文件和工程量清单及招标控制价,到投标单位制作电子化投标文件进行网上投标,再到计算机辅助开标、清标、评标,全部在计算机信息网络平台上进行,利用计算机强大的数据处理能力,快速地对投标人的工程量清单报价的数据进行对比、分析,筛选出投标报价中招标文件规定的重大偏差项目、需投标人予以澄清的允许偏差项目,根据系统设定的与招标文件完全一致的评分标准或评标方式,向评标委员会提供评标定标的依据信息。与人工评标相比,减少了人为因素的干扰,更公开透明、科学、公正。

② 投标报价专家系统

投标报价要求速度快,反映市场行情和本企业的优势,且常在投标截止日期临近时作出报价决策,传统的手工计算方法很难适应投标报价快速灵活的要求,国内已有大型施工企业开发出适用的投标报价专家系统。

(2) 合同管理

合同管理是施工管理的重要工作,为承发包双方所重视。合同管理中较为复杂的问题是索赔管理和工程变更管理。承包方的索赔管理模块,应具备下列功能:收集加工索赔证据、管理索赔文件、计算索赔金额和工期等。索赔及工程变更所带来的工期、预算和材料需求的变化,必须及时地反映到合同文件中,并依据变更调整进度计划和成本计划。材料、设备的供应计划和拨款计划也可能会发生变动,这些工作均可由计算机来自动完成。

(3) 资源管理

在进度计划的基础上,根据标后预算,可以计算出每月的成本需求和人、材、机需求。随着进度计划的调整,这些计划也可以重新编制。其中的材料计划可进一步应用于材料的采购、供应、运输、仓储等环节。

(4) 工程结算子系统

工程结算是工程造价控制的重要环节,其主要工作是按工程承包合同、承包人的投标报价文件、工程变更、现场签证等,对承包人的阶段性(通常是按月统计)完成的工程造价和最终的总的工程造价进行结算,作为工程进度款支付和结算价款支付的依据。工程量清单计价方式,特别适合利用计算机造价管理软件,存储各单项工程量的价格信息和完成的工程量信息,快速完成月结算和工程竣工结算。

10.1.4　工程造价资料积累系统

1) 工程造价资料积累制度

住建部印发的《建立工程造价资料积累制度的几点意见》,标志着我国工程造价资料积累制度进入了经常化、制度化阶段。

工程造价资料积累是基本建设管理的一项基础工作,全面、系统地积累和利用工程造价资料,建立稳定的造价资料积累制度,对加强工程造价管理,合理确定和有效控制工程造价,具有十分重要的意义,也是改进工程造价管理工作的重要内容。

工程造价资料必须具有真实性、合理性和适用性。工程造价资料的积累必须有量有价,区别造价资料的不同服务对象,做到有粗有细,所收集的造价基础资料应满足工程造价动态分析的需要。

造价资料的收集整理应做到规范化、标准化。各行业、各地区应区别不同专业工程做到工程项目划分、设备材料目录及编码、表现形式、不同层次资料收集深度和计算口径的五统一。既要注重工程造价资料的真实性,又要做好科学的对比分析,反映出造价的变动情况和合理性。

应用通用性程序建立造价数据库,是提高资料适用性和可靠性的关键工作。

2)工程造价资料积累系统的实现

(1)工程造价资料积累系统功能划分如图 10.1.4 所示。

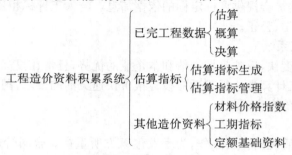

图 10.1.4　工程造价资料积累系统功能划分图

(2)已完工程数据

已完工程数据的积累范围包括:可行性研究报告、投资估算、初步设计概算、修正概算;经有关单位审定或签订的施工图预算、合同价、结算价和竣工决算。按照建设项目的组成,一般包括建设项目总造价、单项工程造价和单位工程造价资料。

已完工程数据应包括"量"和"价",以及工程概况、建设条件等。

① 建设项目总造价和单项工程造价资料

a. 对造价有重要影响的技术经济条件,如建设标准、建设工期、建设地点等。

b. 主要工程量,主要材料用量,主要设备的名称、型号、规格、数量等。

c. 投资估算、概算、预算、竣工决算及造价指数等。

② 单位工程造价资料

a. 工程内容,建筑结构特征。

b. 主要工程量,主要设备和材料的用量、单价,人工工日和人工费。

c. 单位工程造价。

③ 其他造价资料

还应积累新材料、新工艺、新技术所在分部分项工程的人工工日和人工费、主要材料和单价、主要机械台班和单价以及相应的分部分项工程造价资料。

（3）估算指标

估算指标可分为指标生成和指标调整两部分。为实现估算指标的生成，可由计算机完成下列工作：

① 典型工程预算、结算数据的汇总与分析。

② 主要材料的分析及价格的调整。

③ 取费及估算指标的计算。

④ 估算指标的检索与维护。

估算指标的调整是指依据工料机价格的变化及建筑市场行情的影响，及时发布新的估算指标。估算指标一般用金额表述。为使工程造价估算更符合实际情况，估算指标不应该像定额那样基本保持不变，而应当随着时间和市场价格的变化不断调整。这种调整用手工完成比较困难，而计算机可以充分发挥作用。

10.1.5　BIM 技术在工程造价方面的应用

1）BIM 技术简介

建筑信息模型（Building Information Modeling）是以建筑工程项目的各项相关信息数据作为模型的基础，进行建筑模型的建立，通过数字信息仿真模拟建筑物所具有的真实信息。它具有可视化、协调性、模拟性、优化性和可出图性五大特点。

利用现代计算机强大的信息存储和数据处理的能力，将建筑物的各种要素的物理特征信息（建筑构件的几何特征、空间位置、材质信息等），以及功能特征信息（在工程施工进度中的工期、物料消耗、成本、耐久性等），建立在统一的信息模型上，建筑工程的各方参与主体在此共享的信息模型上，插入、提取、更新和修改信息，以支持和反映其各自职责的协同作业。设计单位在此模型上进行设计，并对设计进行优化调整；施工单位利用此模型进行模拟施工，对施工方案进行设计和优化，以及对各种施工资源进行调配和规划，也可进行施工成本管理；项目管理单位利用此模型提供的丰富信息，方便地进行质量、进度、安全、投资的管理和控制；业主单位可以利用此模型对建成后的项目进行维护和运营管理，包括以后的改造升级直至拆除提供有价值的信息。下面重点对 BIM 中造价管理方面应用作简单介绍。

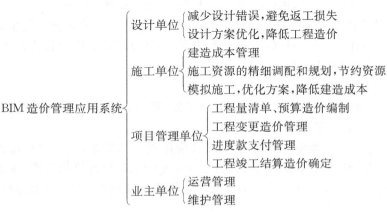

图 10.1.5　BIM 造价管理应用系统功能划分图

2）各方建设主体应用 BIM 技术进行工程造价管理的情况简介

（1）设计单位的应用

使用 BIM 技术进行建筑设计，是所有 BIM 技术的应用源头。在设计阶段工程造价管理方面，有以下几个方面的优势：

① 运用 BIM 技术进行建筑设计，使得运用价值工程进行设计方案对比和优化，在设计阶段进行精细的造价控制真正成为可能。设计阶段的造价控制是最有效的造价控制方式，但由于建筑的单一性、复杂性的特点，对于每一个不同的设计方案，要进行工程造价的对比分析，其计算量是非常大的，使用传统的设计方法，需要花费大量时间和成本，实际上很难做到精细化的对比分析。采用 BIM 技术进行设计，可以利用 BIM 信息中的工程量和价格信息，迅速得到建筑物的造价信息，为设计方案的造价分析提供高效的信息支撑。

② 运用 BIM 技术进行建筑设计，摆脱了传统的平面设计方式，实现了三维设计。由于现代建筑的复杂性越来越高，采用传统的平面设计方法，很难完全消除设计时在空间上的矛盾或错误，也很难完全保持各专业的协调一致性。实现三维设计后，设计软件系统可以自动进行所谓的碰撞检查，大大地减少了设计错误，避免后期施工时的工程变更甚至返工造成的损失。

（2）施工单位的应用

在 BIM 技术中，信息模型中可以加入包含各建筑构件的施工管理信息，例如各分部分项工程和建筑构件在总进度计划中的工期信息、物料消耗信息等，还可以按构想的施工方案，实现模拟施工建造功能。施工单位利用 BIM 技术，在工程建造成本管理和控制方面可以实现以下几个方面的应用：

① 施工单位可以利用 BIM 技术，根据工程进度计划，快速地生成以工期进度为主线的资金使用量计划、施工资源使用计划等，提高资金和资源的使用效率，从根本上改变建筑工程施工粗犷化管理的现状，实现精细化管理，提高管理水平，节约施工成本。

② 利用 BIM 技术的模拟施工的功能，可以实现施工方案的多方案比较和优化，并进行施工成本的对比分析，选择既满足工期质量安全的要求，又是建造成本较低的方案，有利施工企业降低建造成本，提高核心竞争力。

③ 由于 BIM 技术提供了工程构件的各种精细化信息，将从根本上改进建筑构件的建造和施工工艺，提高工厂化制造的比例，改变目前建筑施工中大量利用原材料进行现场加工制作安装的落后的施工工艺，可以减少建造工期，并进一步降低成本。

④ 利用 BIM 技术提供的三维设计信息，可以使施工人员对复杂结构和造型进行三维立体化的读图，精确地掌握各种施工参数和细节，可以提高施工质量和合格率，减少因施工误差超标或施工错误造成的返工损失。

（3）项目管理单位的应用

工程投资控制和管理是项目管理的核心部分，利用 BIM 技术，可以大大提高工作效率和管理水平。主要有以下几个方面的运用：

① 可以通过内置工程量计算规则对 BIM 应用软件功能进行扩展，直接进行工程量计算，或者通过数据接口，将信息模型的数据导入专业的工程量计算软件中，快速地进行工程量计算，从而将造价咨询人员从繁重的工程量计算工作中解放出来，大大地提高预算、结算的工作效率和工作质量。

② 利用 BIM 技术，可以快速地按时间（工期进度）或空间（工程部位）对工程量及造价

进行统计分析,及时地为业主进行资金使用量计划编制、审核进度款支付、对分包商的合同管理等工作,提高工作效率和数据精度。

③ 方便对工程变更的控制和管理。通常在实施工程变更前要进行造价评估,变更后要进行变更造价的结算。通过 BIM 技术,将变更信息直接在信息模型中进行变更调整,及时得到关联工程量的变更数据,快速准确地得到变更将引起的或已经造成的工程造价变更。

④ 快速实施工程结算。工程结算审计中,工程量的计算和核对是主要工作内容,采用 BIM 技术进行设计建造的项目,由于施工单位和审计单位采用同一信息模型进行操作,不再存在工程量上的明显分歧和争议,可以大大地提高结算工作的速度。

(4) 项目业主的应用

使用 BIM 技术进行设计和建造,在工程竣工投入使用阶段,信息模型中包含了建筑物各要素完整的实体信息和功能信息,甚至可以包含建筑构件的生产厂家或供应商的信息,对于使用阶段的运营维护提供了很大的方便,同时也降低了运营管理成本。主要可以从以下几方面体现出来:

① 可以充分发挥空间定位和数据记录的优势,合理制订维护计划,分配专人专项进行维护工作,以降低建筑物在使用过程中出现突发状况的概率,减少意外损失。

② 对一些重要设备可跟踪维护工作的历史记录,以便对设备的使用状态作提前判断,减少故障率,提高设备的使用寿命,降低运营成本。

③ 运用 BIM 技术提供的信息资源,可以对火灾等安全隐患进行及时处理,对突发事件进行快速应变和处理,从而减少不必要的损失。

10.2　建筑工程造价管理信息化发展前景与展望

市场经济的发展对建立工程造价管理信息系统提出了十分迫切的要求。可以认为,制约工程造价管理信息系统建立和应用的关键因素不是软件开发水平,而是工程造价管理基础工作的标准化。从计算机在建筑工程管理中应用的发展情况来看,国际上已经经历了单项应用、综合应用和系统应用三个阶段,应用软件也从单一的功能发展到集成化功能,目前许多国家已进入第二、第三阶段。我国的软件开发商为建筑管理软件的综合应用做了有益的尝试,如广联达软件股份有限公司将工程设计软件、工程造价软件、工程施工软件等应用软件进行了集成化的开发,各软件间实现了数据共享,大大提高了各方参与主体的工作效率,并建立"数字建筑"网站提供相关市场信息。我国目前正处于对建筑信息化迫切需要和快速发展的时期,当务之急是从国家层面高度重视建筑信息化的标准化工作和基础研究,为建设各方参与主体建立和制定相应的标准,大力推进建筑业信息化的发展,促进建设行业整体生产效率和质量的提升。

住房和城乡建设部于 2011 年 5 月发布了《2011—2015 年建筑业信息化发展纲要》,提出了在"十二五"期间,基本实现建筑企业信息系统的普及应用,加快建筑信息模型(BIM)、基于网络的协同工作等新技术在工程中的应用,推动信息化标准建设,促进具有自主知识产权软件的产业化,形成一批信息技术应用达到国际先进水平的建筑企业的总体目标。尽管该纲要主要是针对施工企业和勘察设计类企业制订的规划,但是专业的项目管理企业和造价咨询服务企业在信息化建设方面必须同步甚至超前发展,才能适应建筑业信息化快速发展的趋势,为建筑业提供优质高效的管理和咨询服务。

参 考 文 献

1. 住建部.建设工程工程量清单计价规范(GB 50500—2013),2012
2. 住建部.房屋建筑与装饰工程工程量计算规范(GB 50854—2013),2012
3. 江苏省住建厅.江苏建设工程费用定额,2014
4. 江苏省住建厅.江苏建筑与装饰工程计价定额.南京:江苏凤凰科学技术出版社,2014
5. 刘钟莹,俞启元,等.工程估价.南京:东南大学出版社,2010
6. 刘钟莹.建筑装饰工程造价与投标报价.南京:东南大学出版社,2002
7. 上官子昌,杜贵成.招标工程师实务手册.北京:机械工业出版社,2006
8. 王卓甫.工程项目管理模式及其创新.北京:中国水利水电出版社,2006
9. 戚安邦.工程项目全面造价管理.天津:南开大学出版社,2000
10. 刘钟莹,茅剑,等.建筑工程工程量清单计价.南京:东南大学出版社,2010
11. 卜龙章,李蓉,等.装饰工程工程量清单计价.南京:东南大学出版社,2010

附录一　建筑工程工程量清单编制实例

一、编制依据

1. 设计文件,详见附表 1.1～附表 1.4、附图 1.1～附图 1.15。

2. 地质勘察资料

    2.1　根据地质勘察资料分析,土方类别为三类土。

    2.2　地下水位在－3.00 m(相对室内地面标高)。

3. 《建设工程工程量清单计价规范》(GB 50500—2013)。

4. 《房屋建筑与装饰工程工程量计算规范》(GB 50854—2013)。

5. 与清单编制相关的施工招标文件主要内容。

    5.1　招标单位:×××房地产开发公司。

    5.2　项目名称:物业管理用房土建。

    5.3　工程质量等级要求:合格工程。

    5.4　安全生产文明施工要求:创建省级文明工地。

    5.5　工期要求:定额工期。

    5.6　合同类型:单价合同。

    5.7　材料供应方式:材料均为承包人供应。

    5.8　暂列金额:考虑到设计变更、材料涨价风险等因素,按 50 000 元计入。

    5.9　地砖、墙砖的价格为暂定。

    5.10　进户塑钢门由专业厂家制作安装,由招标人指定分包。

二、工程量清单成果文件

1. 清单工程量计算见附表 1.5。

2. 工程量清单见附表 1.6。

三、设计文件

建筑设计说明

1 设计依据

1.1 设计委托合同书；

1.2 建设、规划、消防、人防等主管部分对项目的审批文件；

1.3 其他（略）。

2 项目概况

2.1 建筑名称：物业管理用房；

2.2 建设单位：×××房地产开发有限公司

2.3 建筑面积：336.9 m²；

2.4 建筑层数：二层；

2.5 主要结构结构类型：框架结构；

2.6 抗震设防烈度：7度；

2.7 设计使用年限：50年。

3 标高及定位（略）

4 墙体工程

4.1 外墙：200厚 A5.0，B06级蒸压粉煤灰混凝土加气混凝土砌块用.DMM5专用水泥类砌筑砂浆砌筑；

4.2 内墙：200或100厚 A3.5，B06级蒸压粉煤灰混凝土砌块.DMM5专用石膏类砌筑砂浆砌筑。

5 屋面工程

5.1 屋面工程执行《屋面工程技术规范》（GB 50345—2004）和地方的有关规程和规定。

5.2 坡屋面面做法（自上而下）：

1) 水泥瓦；

2) 木挂瓦条 30×25；

3) 3厚 SBS防水卷材；

4) 木顺水条 40×80（高）@500；

5) 木顺水条之间镶嵌挤塑聚苯板（XPS）55厚；

6) 1.5厚合成高分子防水涂膜；

7) 20厚1:3水泥砂浆找平层；

8) 120厚现浇钢筋混凝土屋面板。

6 门窗工程

6.1 外门窗的抗风压、气密性、水密气密性、水密性三项指标应符合 GB/T 7106—2008《建筑外门窗气密、水密、抗风压性能分级及检测方法》的有关规定；

6.2 门窗的选型见门窗表。

7 外装饰工程

7.1 外墙做法如下：

1) 20厚1:3水泥砂浆找平；

2) 界面剂一道；

3) 20厚Ⅰ型复合发泡水泥板；

4) 6 mm厚抗裂砂浆压入满铺钢丝网一层、与墙体尼龙锚栓固定；

5) 弹性底涂、柔性耐水腻子；

6) 外墙乳胶漆。

7.2 其他（略）。

8 内装饰工程

8.1 内装饰工程做法详见用料做法表；

8.2 其他（略）。

9 油漆涂料工程

9.1 详见用料做法表；

9.2 其他（略）。

10 室外工程

10.1 散水做法：详见苏 J01—2005—3/12；

10.2 坡道做法：详见 03J926—3/22。

11 其他（略）

附表 1.1　用料做法表

类别	编号	名　称	做　法	使用部位及说明
地面	地1	地砖地面	1. 10 mm 厚地砖地面,干水泥擦缝 2. 洒适量清水 3. 5 mm 厚 1∶1 水泥细砂浆结合层 4. 20 mm 厚 1∶3 水泥砂浆找平层,四周做成圆弧状 5. 60 mm 厚 C15 细石混凝土 6. 素土夯实	用于一层除卫生间以外部分
地面	地2	防滑地砖地面（带防水层）	1. 8~10 mm 厚防滑地面砖,干水泥擦缝 2. 5 mm 厚 1∶1 水泥细砂浆结合层 3. 30 mm 厚 C20 细石混凝土 4. 1.8 mm 厚 JS 复合防水涂料,与竖管、转角处上翻300 5. 20 mm 厚 1∶3 水泥砂浆找坡（四角做钝角,坡向地漏,最薄处10厚） 6. 60 mm 厚 C15 细石混凝土 　素土夯实	用于一层卫生间 卫生间防水涂料上翻1 800
楼面	楼1	地砖楼面	1. 10 mm 厚地面砖,干水泥擦缝 2. 5 mm 厚 1∶1 水泥细石砂浆结合层 3. 20 mm 厚 1∶3 水泥砂浆（DSM20）找平层 4. 现浇钢筋混凝土楼面	用于门厅、公共走道等
楼面	楼2	防滑地砖楼面（带防水层）	1. 8~10 mm 厚防滑地面砖,干水泥擦缝 2. 5 mm 厚 1∶1 水泥细砂浆结合层 3. 30 mm 厚 C20 细石混凝土 4. 1.8 mm 厚 JS 复合防水涂料,与竖管、墙转角上翻300 5. 20 mm 厚 1∶3 水泥砂浆（DSM20）找坡（四角钝角,坡向地漏,最薄处 10 mm 厚） 6. 现浇混凝土楼面	用于卫生间 卫生间防水涂料上翻1 800

附表 1.2　用料做法表

类别	编号	名　称	做　法	使用部位及说明
踢脚	踢脚 1	地砖踢脚	1. 8 mm 厚地砖素水泥擦缝 2. 5 mm 厚1：1水泥细砂结合层 3. 12 mm 厚1：3水泥砂浆打底 4. 刷界面处理剂一道	用于门厅、公共走道
内墙面	内 1	釉面砖墙面	1. 5 mm 厚釉面砖白水泥擦缝 2. 2～3 mm 厚建筑陶瓷胶黏剂 3. 6 mm 厚1：2.5水泥砂浆粉面 4. 12 mm 厚1：3防水水泥砂浆打底(内掺防水剂) 5. 刷专用墙体界面处理剂一道	用于卫生间
内墙面	内 2	乳胶漆墙面	1. 刷乳胶漆 2. 5 mm 厚1：0.3：3水泥石灰膏砂浆粉面 3. 12 mm 厚1：1：6水泥石灰膏砂浆打底 4. 刷专用墙体界面处理剂一道	用于除卫生间外的所有房间
护角线		水泥护角线	15 mm 厚1：2.5水泥砂浆每边宽大于50 mm,高2 000 mm护角线,粉面同墙面	用于除表面贴面材者外所有墙柱阳角
顶棚	棚 1	白色乳胶漆顶棚(由下至上)	1. 白色乳胶漆 2. 批白水泥两道 3. 板底腻子抹平 4. 刷水泥浆一道(内掺建筑胶) 5. 现浇钢筋混凝土楼板	用于雨篷等屋面 用于楼梯间、公共走道

附表 1.3　门　窗　表

序号	设计编号	洞口尺寸(宽×高)	数量(樘)	类型	图集
窗	C1515	1 500×1 500	1	塑钢推拉窗	TSC-1515
	C1818	1800×1800	7	塑钢推拉窗	TSC-1818
	C1518	1500×1800	1	塑钢推拉窗	TSC-1518
	C1218	1200×1800	4	塑钢推拉窗	TSC-1218-b
窗	C2331	2300×3100	1	塑钢推拉窗	详见门窗大样
	C1520	1500×2000	5	塑钢推拉窗	详见门窗大样
	C2329	2300×2900	1	塑钢推拉窗	详见门窗大样
	C3427	3400×2700	1	塑钢推拉窗	详见门窗大样
门	M0921	900×2100	8	成品木门	用户自理
	M1221	1200×2100	1	成品木门	用户自理
	M1021	1000×2100	4	塑钢平开门	用户自理
	MLC	5900×2700	1	成品	详见门窗大样

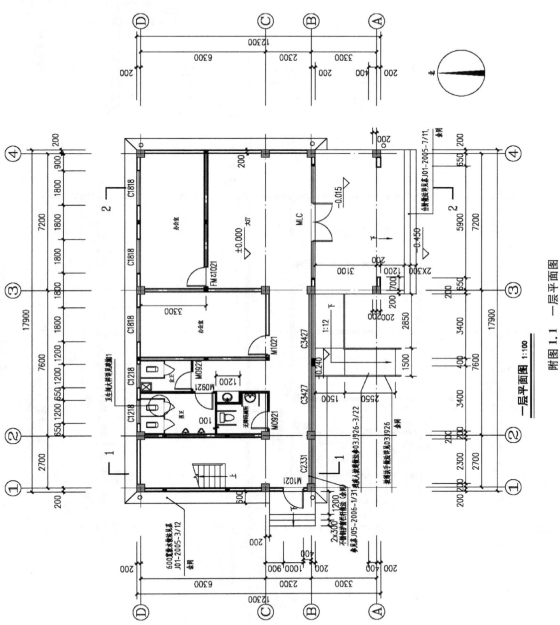

一层平面图 1:100

附图 1.1 一层平面图

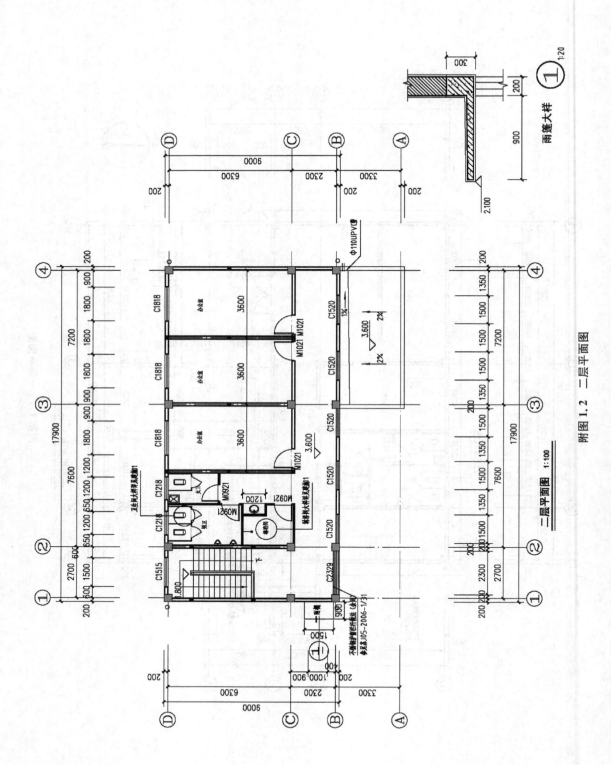

附图 1.2 二层平面图

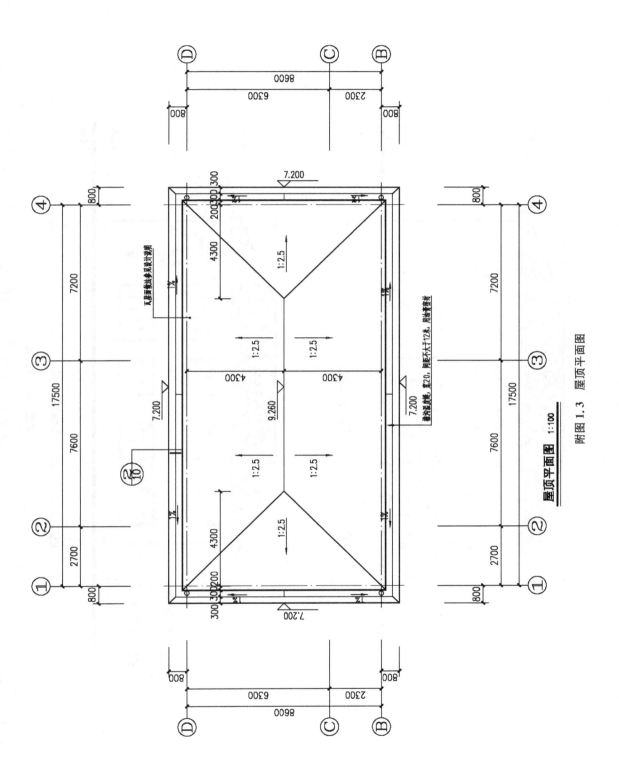

屋顶平面图 1:100

附图 1.3 屋顶平面图

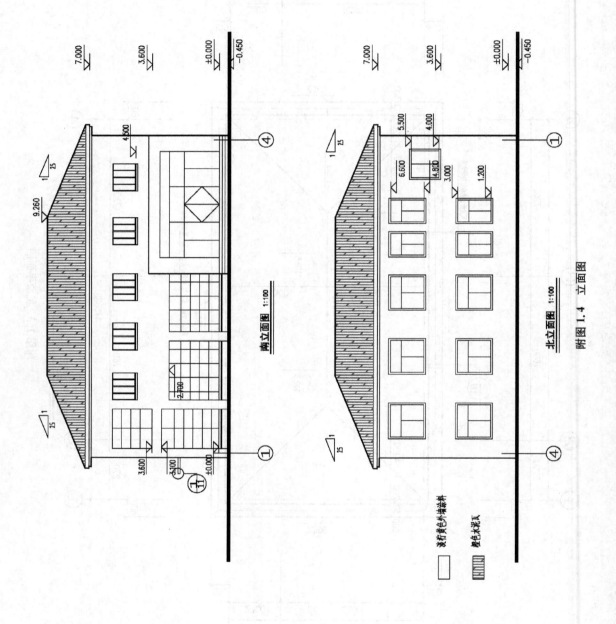

南立面图 1:100

北立面图 1:100

附图 1.4　立面图

刷浅黄色外墙涂料

棕色水泥瓦

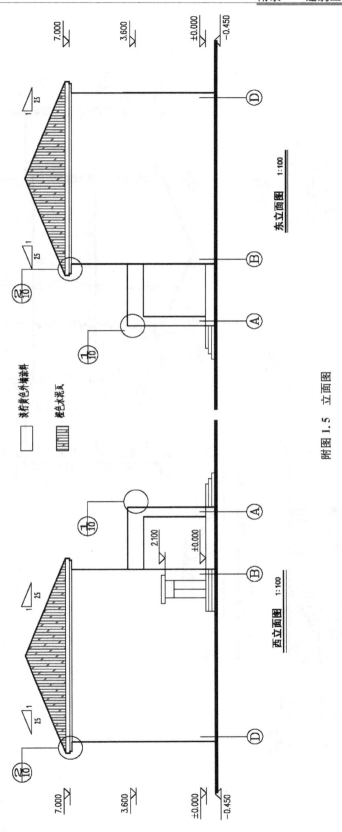

附图 1.5　立面图

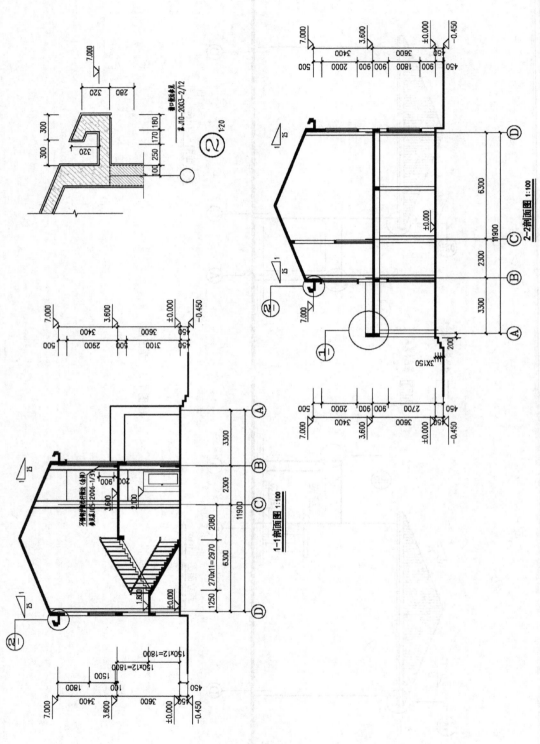

附图 1.6 剖面图

结构设计说明

1 设计依据

1.1 国家、地方现行的有关结构设计的规范、规程、规定。

1.2 其他（略）。

2 设计原则及主要荷载

2.1 主要结构类型：框架结构；抗震设防烈度：7度；设计使用年限：50年。

2.2 其他（略）。

3 基础工程

3.1 本工程采用C25独立基础，C10混凝土垫层100 mm厚。

3.2 其他（略）。

4 主体工程

4.1 本工程采用框架结构。

4.2 框架梁、柱、板采用C25混凝土，构造柱及圈梁为C25混凝土。

4.3 其他（略）。

5 施工材料

5.1 本工程所注钢筋I级钢为HPB235，$f_y = 210$ N/mm²，II级钢为HRB335，$f_y = 300$ N/mm²，III级钢为HPB400，$f_y = 360$ N/mm²。

5.2 砖砌体

5.2.1 外墙：200厚 A5.0、B06级蒸压粉煤灰加气混凝土砌块用.DMM5专用水泥类砌筑砂浆砌筑；内墙：200或100厚 A3.5、B06级蒸压粉煤灰混凝土砌块，DMM5专用石膏类砌筑砂浆砌筑。

5.2.2 内墙：200或100厚 A3.5、B06级蒸压粉煤灰混凝土砌块，DMM5专用石膏类砌筑砂浆砌筑。

6 施工要求及其他说明

6.1 本工程砌体施工质量控制等级为B级，施工时必须掌握好垂直度；

6.2 抗震构造按照《建筑物抗震构造详图》苏 G02—2004 实施；

6.3 其他（略）。

7 所用规范和结构设计通用图

附表 1.4　规范和结构设计通用图列表

序号	规范类别	编　号
1	建筑结构可靠度设计统一标准	GB 50088—2001
2	建筑结构制图统一标准	GB/T 50105—2001
3	建筑地基基础设计规范	GB 50007—2002
4	多孔砖砌体结构技术规范	JGJ 137—2001
5	砌体结构设计规范	GB 50003—2001
6	混凝土结构设计规范	GB 50010—2002
7	建筑抗震设计规范	GB 50011—2001（2008 版）
8	建筑结构荷载规范	GB 50009—2001

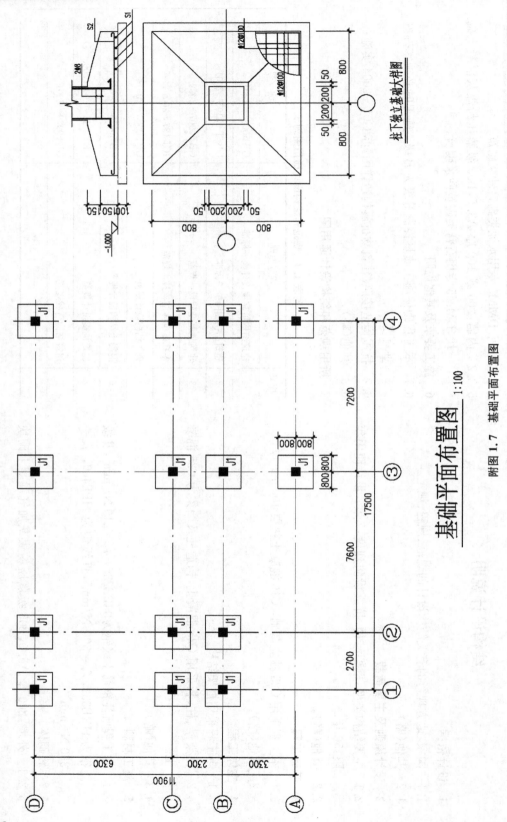

基础平面布置图 1:100

柱下独立基础大样图

附图 1.7 基础平面布置图

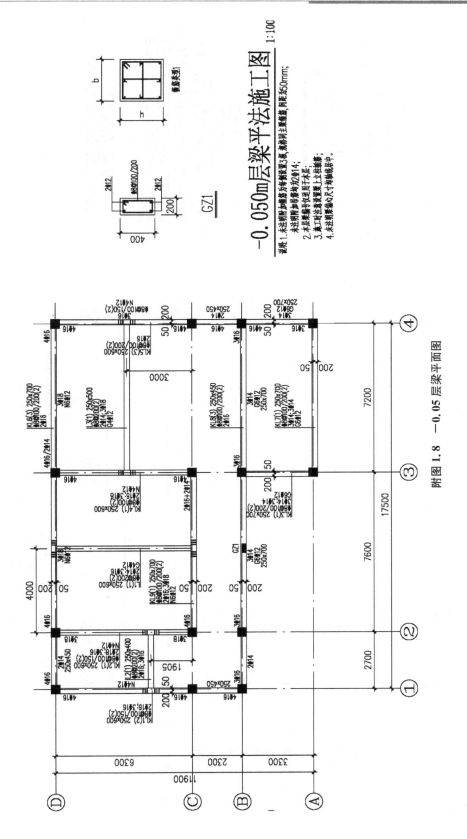

附图1.8 -0.05层梁平面图

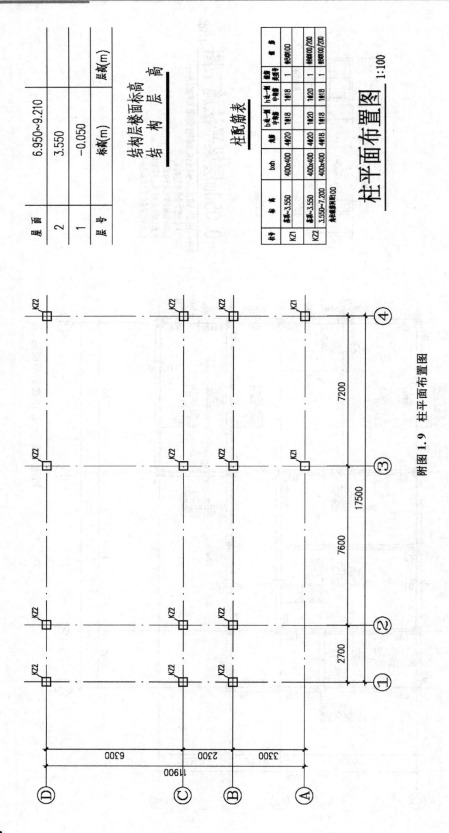

附图 1.9　柱平面布置图

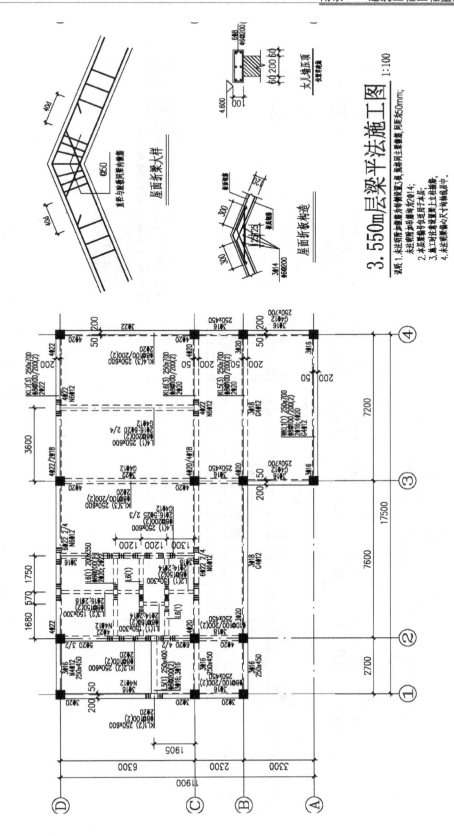

附图 1.10 3.55 层梁平面图

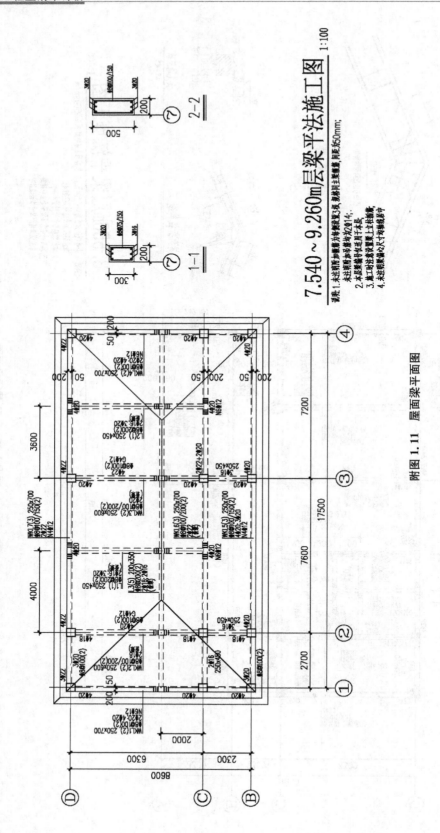

附图 1.11　屋面梁平面图

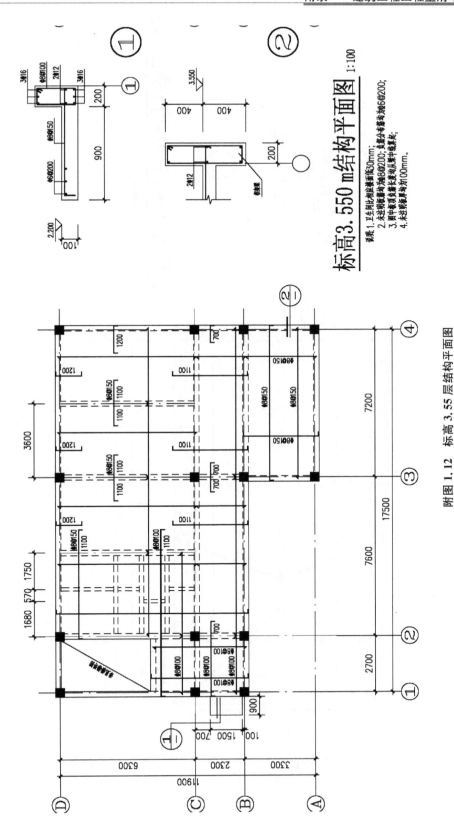

说明：1. 卫生间与阳台建筑面层降30mm；
2. 未注明板面均为φ8@200；负筋分布筋均为φ6@200；
3. 图中受力筋各筋长度均从梁中线算起；
4. 未注明板厚均为100mm。

标高3.550 m结构平面图 1:100

附图 1.12 标高 3.55 层结构平面图

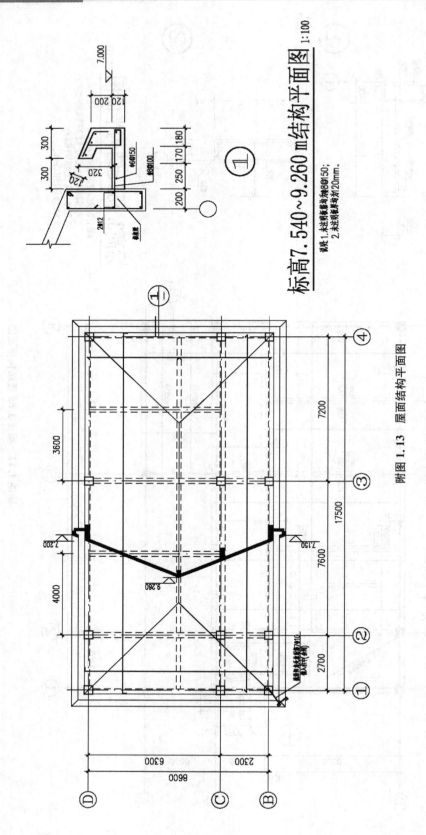

标高7.540~9.260 m结构平面图 1:100

说明：1.未注明梁箍筋均为φ8@150；
2.未注明梁保护层均为20mm。

附图1.13 屋面结构平面图

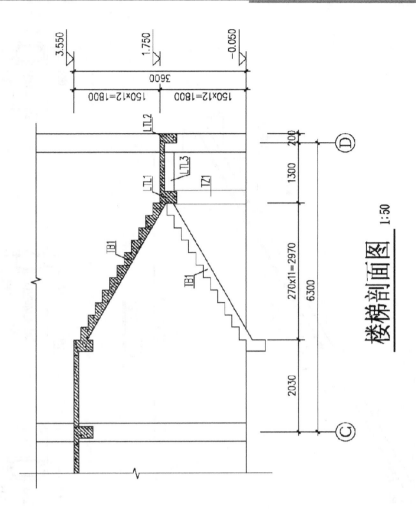

楼梯剖面图 1:50

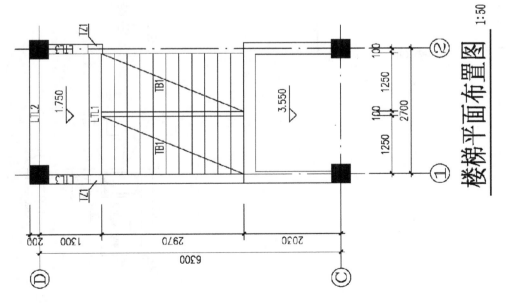

楼梯平面布置图 1:50

附图 1.14　楼梯平面布置图

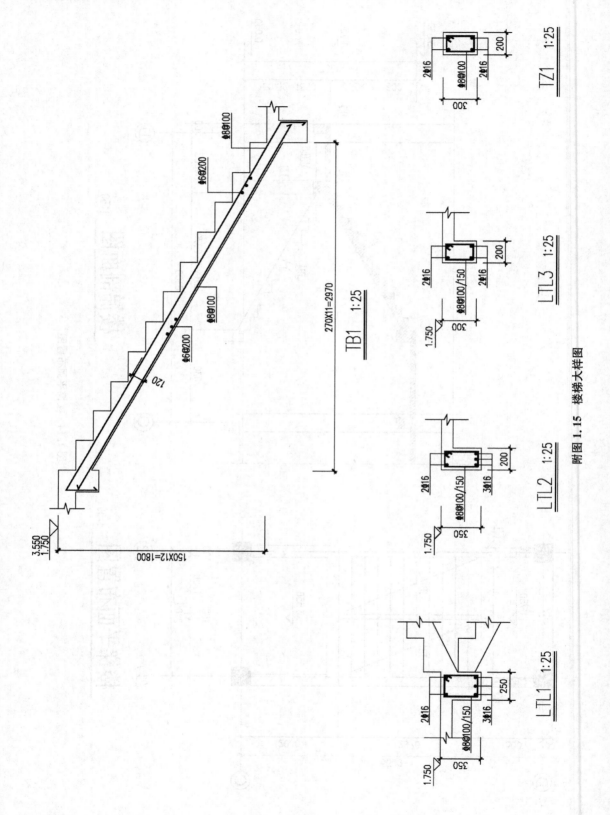

附图 1.15 楼梯大样图

附表 1.5　清单工程量计算表

清单序号	分项工程名称(清单编号)	单位	数量	工程量计算式
	建筑面积按《建筑工程建筑面积计算规范》GB/T 50353—2013 计算	m²	336.9	一层:(17.9+0.04)×(9+0.04)=162.18(m²) 二层:(17.9+0.04)×(9+0.04)=162.18(m²) 有柱的雨篷:(7.2+0.2×2)×3.3×0.5=12.54(m²) 总建筑面积:162.18+162.18+12.54=336.9(m²)
			0101	土(石)方工程
1	平整场地(010101001001)	m²	162.18	建筑物首层建筑面积:(17.9+0.04)×(9+0.04)=162.18(m²)
2	挖基坑土方(010101004001)	m³	91.63	独立基础: 垫层支模,工作面 300 mm 放工作面后的面积(0.8×2+0.1×2+0.3×2)×(0.8×2+0.1×2+0.3×2)=5.76(m³) 1 轴交 D 轴基础土方工程量:5.76×(1.5+0.1−0.45)=6.62(m³) 其余略
3	挖沟槽土方(010101003001)	m³	10.15	1 轴/C~D 轴: (0.3×2+0.25)×(0.6−0.45)×(6.3−(0.8+0.1+0.3)×2)=0.5(m³) 其余略
4	回填方(010103001001)	m³	84	挖方:91.63+10.15=101.78(m³) 扣除室外地面下基础体积:1.78+3.56+7.9+4.54=17.78(m³) 101.78−17.78=84(m³) 0104 砌筑工程
5	填充墙(外墙,无水房间,无混凝土坎台)(010401008001)	m³	32.22	D 轴/1~2 轴净长 2.7−0.2×2=2.3(m) 墙高:3.6−0.45=3.15(m) 扣中部腰梁:0.2×0.12×2.3=0.06(m³) 体积:0.2×2.3×3.15−0.06=1.39(m³) 其余略
6	填充墙(外墙,有水房间,有混凝土坎台)(010401008003)	m³	1.62	略
7	填充墙(内墙 200,无水房间、无混凝土坎台)(010401008002)	m³	30.34	略
8	填充墙(内墙 200,有水房间、有混凝土坎台)(010401008004)	m³	10.18	略
9	填充墙(内墙 100,有水房间、有混凝土坎台)(010401008006)	m³	7.04	略 0105 混凝土及钢筋混凝土工程
10	垫层(010501001001)	m³	4.54	1.8×1.8×0.1×14=4.54 (m³)

（续 表）

清单序号	分项工程名称（清单编号）	单位	数量	工程量计算式
11	独立基础 (010501003001)	m³	7.84	1.6×1.6×0.15+(1.6×1.6+0.5×0.5+2.1×2.1) ×0.15/6=0.56(m³) 独立基础体积:0.56×14=7.84(m³)
12	矩形柱 (010502001001)	m³	18.78	(1) 基础部分: 0.4×0.4×(1.50−0.30)=0.19(m³) (2) 一层部分: 0.4×0.4×3.6=0.58(m³) 其余略
13	构造柱 (010502002001)	m³	6.36	略
14	构造柱 （门窗侧柱） (010502002002)	m³	1.75	略
15	基础梁 (010503001001)	m³	15.14	1轴/B~D轴:0.25×0.45×(2.3−0.2××2)+0.25× 0.6×(6.3−0.2×2)=1.1(m³) 其余略
16	矩形梁 (010503002001)	m³	0.61	1轴/B~C轴:0.25×0.6×4.07=0.61(m³)
17	圈梁 (010503004001)	m³	3.62	略
18	过梁 (010503005001)	m³	1.66	略
19	有梁板 (010505001001)	m³	32.72	标高 3.55 m: A~B轴/3~4轴: (7.2+0.2×2)×(3.3+0.2−0.2)×0.1+0.25×(0.7 −0.1)×[(7.2−0.2×2)+(3.3−0.2×2)×2] =4.4(m³) 其余略
20	有梁板 (010505001002)	m³	33.66	略
21	雨篷、悬挑板、阳台板 (010505008001)	m³	0.14	雨篷板: 0.9×1.5×0.1=0.14(m³)
22	天沟（檐沟）、挑檐板 (010505007001)	m³	7.43	底板:[(17.5+0.2×2+0.6×2)×(8.6+0.2×2+0.6 ×2)−(17.5+0.2×2)×(8.6+0.2×2)]×0.12 =4.05(m³) 侧板:(17.5×2+8.6×2+0.2×4+0.6×4)×0.061= 3.38(m³) 天沟、挑檐板工程量:4.05+3.38=7.43（m³)
23	直形楼梯 (010506001001)	m²	11.62	(2.97+1.3+0.2)×2.6=11.62(m²)
24	散水、坡道 (010507001001)	m²	25.17	散水: 0.6×(6.7+17.9+9.6+0.6×2+6.55=25.17(m²)
25	散水、坡道 (010507001001)	m²	10.35	1.5×2.55+(1.5+2.85)×1.5=10.35(m²)
26	台阶 (010507004001)	m²	8.91	(7.2+0.2×2)×(0.3×3)+(2.3−0.2+0.2)× (0.3×3)=8.91(m²)

（续 表）

清单序号	分项工程名称（清单编号）	单位	数量	工程量计算式
27	现浇构件钢筋 （直径 12 mm 以内一、二级钢） （010515001001）	t	0.183	略
28	现浇构件钢筋 （直径 12 mm 以内三级钢） （010515001002）	t	9.46	略
29	现浇构件钢筋 （直径 25 mm 以内三级钢） （010515001003）	t	8.511	略
30	现浇构件钢筋 （直径 6.5 mm 一级钢） （010515001004）	t	0.202	略
31	支撑钢筋（铁马） （12 mm 以内三级钢） （010515009001）	t	0.116	略
32	钢筋电渣压力焊接头 （直径 16 mm 以上三级钢） （010516004001）	个	216.0	略
	0108 门窗工程			
33	木质门 （010801001001）	m²	21.84	见门窗表
34	钢质防火门 （乙级防火门） （010802003002）	m²	2.10	见门窗表
35	金属（塑钢、断桥）窗 （010807001001）	m²	77.49	见门窗表 0109 屋面及防水工程
36	瓦屋面 （010901001001）	m²	190.72	[17.99×9＋(18.5＋9.6＋0.3×2）×2×0.3]×1.077 ＝190.72（m²）
37	屋面卷材防水 （010902001001）	m²	226.02	瓦屋面卷材：190.72 m² 天沟内侧：1.23×(18.5＋9.6＋0.3×2)＝35.3（m²） 屋面卷材防水工程量：190.72＋35.3＝226.02（m²）
38	屋面涂膜防水 （010902002001）	m²	226.02	略
39	平面砂浆找平层 （011101006001）	m²	190.72	略
40	楼（地）面涂膜防水 （010904002001）	m²	50.07	略
41	平面砂浆找平层 （011101006002）	m²	33.26	略 0110 保温、隔热、防腐工程
42	保温隔热屋面 （011001001001）	m²	173.50	17.99×9×1.077＝173.5（m²）

（续　表）

清单序号	分项工程名称（清单编号）	单位	数量	工程量计算式
43	保温隔热墙面 (011001003001)	m²	139.75	一层： (17.9＋9)×(3.6＋0.45)－(2.3×3.1＋3.4×2.7×2 ＋5.9×2.7＋1.2×1.8×2＋1.8×1.8×3＋1×2.1)＋ 〔(2.3＋3.1)×2＋(3.4＋2.7)×2×2＋(5.9＋2.﹒7× 2)＋(1.2＋1.8)×2×2＋(1.8＋1.8)×2×3＋(1＋ 2.1×2)〕×0.1＝69.64(m²) 二层： (17.9＋9)×(3.4＋0.44－0.12)－(2.3×2.9＋1.5×2 ×5＋1.5×1.5＋1.2×1.8×2＋1.8×1.8×3)＋〔(2.3 ＋2.9)×2＋(1.5×2)×2×5＋(1.5＋1.5)×2＋(1.2 ＋1.8)×2×2＋(1.8＋1.8)×2×3〕×0.1＝70.11(m²) 外墙保温面积：69.64＋70.11＝139.75(m²) 0111 楼地面工程
44	垫层 (010404001001)	m³	5.02	南侧台阶：(7.2＋0.2×2)×(1.2－0.3)＋24.56＝31.4 (m²) 西侧台阶：2.3×(1.2－0.3)＝2.07(m²) 台阶面积：31.4＋2.07＝33.47(m²) 垫层体积：33.47×0.15＝5.02(m³)
45	垫层 (010501001002)	m³	8.59	首层地面面积：143.21 m² 垫层体积：143.21×0.06＝8.59(m³)
46	垫层 (010501001003)	m³	3.35	台阶面积：33.47 m² 垫层体积：33.47×0.1＝3.35(m³)
47	块料楼地面 (011102003001)	m²	244.17	略
48	块料楼地面 (011102003002)	m²	33.260	略
49	石材楼地面 (011102001001)	m²	33.47	台阶面积：33.47 m²
50	块料踢脚线 (011105003001)	m²	18.3	略
51	块料楼梯面层 (011106002001)	m²	11.62	同直形楼梯面积：11.62 m²
52	石材台阶面 (011107001001)	m²	8.91	同混凝土台阶面积：8.91 m² 0112 墙、柱面装饰与隔断、幕墙工程
53	墙面一般抹灰 (不保温外墙面) (011201001008)	m²	16.64	台阶处墙与柱周长：2.6 m 不保温墙面：2.6×(3.6－0.4)×2＝16.64(m²)
54	墙面一般抹灰 (011201001009)	m²	810.15	略
55	墙面一般抹灰 (011201001010)	m²	221.13	略
56	零星项目一般抹灰 (室外天沟底) (011203001001)	m²	33.720	194.82－161.1＝33.72(m²)

（续　表）

清单序号	分项工程名称（清单编号）	单位	数量	工程量计算式
57	零星项目一般抹灰（天沟）（011203001002）	m²	86.19	天沟外侧：0.32×58.6＝18.75(m²) 内侧：1.2×56.2＝67.44(m²) 天沟粉刷：18.75＋67.44＝86.19(m²)
58	块料墙面（011204003001）	m²	221.13	同卫生间墙面
59	零星项目一般抹灰（空调、雨篷板）（011203001003）	m²	1.350	0.9×1.5＝1.35(m²) 0114 油漆、涂料、裱糊工程
60	墙面喷刷涂料（外墙面）（011407001001）	m²	276.3	保温墙面：139.72 m² 不保温墙面：16.64 m² 天沟底：33.72 m² 天沟侧边：86.19 m² 外墙涂料面积：139.72＋16.64＋33.72＋86.19＝276.3(m²)
61	墙面喷刷涂料（墙面）（011407001002）	m²	810.15	同内墙面面积：810.15 m²
62	天棚喷刷涂料（天棚面）（011407002001）	m²	322.43	略
63	天棚喷刷涂料（室外板底）（011407002002）	m²	43.02	板底面积：24.56 m² 梁侧边：(0.8＋0.2＋0.3)×(3.3×2＋7.6)＝18.46(m²) 室外天棚涂料：24.56＋18.46＝43.02(m²) 0115 其他装饰工程
64	金属扶手、栏杆、栏板（011503001001）	m	11.8	2.3×2＋7.2＝11.8(m)
65	硬木扶手、栏杆、栏板（011503002001）	m	8.26	2.97×1.18×2＋1.25＝8.26(m)
66	金属扶手、栏杆、栏板（011503001002）	m	10.05	4.35＋2.85×2＝10.05(m) 011701 脚手架工程
1	综合脚手架（011701001001）	m²	336.9	建筑面积：336.9 m² 011703 垂直运输
2	垂直运输（011703001001）	天	159	基础：三类土：30×0.95＝29(天) 上部二层：130 天 总工期：29＋130＝159(天)
011702 混凝土模板及支架(撑)（按计价定额含模量计算）				
3	基础（011702001001）	m²	4.54	垫层模板：4.54 m²
4	基础（011702001002）	m²	13.8	略
5	矩形柱（011702002001）	m²	250.34	略

（续　表）

清单序号	分项工程名称(清单编号)	单位	数量	工程量计算式
6	构造柱 (011702003001)	m²	70.6	略
7	构造柱 (011702003002)	m²	21.14	略
8	基础梁 (011702005001)	m²	37.85	略
9	矩形梁 (011702006001)	m²	5.3	略
10	圈梁 (011702008001)	m²	30.16	略
11	过梁 (011702009001)	m²	19.92	略
12	有梁板 (011702014001)	m²	350.1	略
13	有梁板 (011702014002)	m²	271.64	略
14	雨篷、悬挑板、阳台板 (011702023001)	m²	1.35	略
15	天沟、檐沟 (011702022001)	m²	185.75	略
16	楼梯 (011702024001)	m²	11.62	略
17	台阶 (011702027001)	m²	8.91	略

附表 1.6

<u>　　　　物业管理用房　　　　</u>工程

招 标 工 程 量 清 单

招　标　人：<u>　　　　　　　　　</u>　　　　造价咨询人：<u>　　　　　　　　　</u>

　　　　　　　（单位盖章）　　　　　　　　　　　　　（单位资质专用章）

法定代表人　　　　　　　　　　　　法定代表人
或其授权人：<u>　　　　　　　　　</u>　　　或其授权人：<u>　　　　　　　　　</u>

　　　　　　（签字或盖章）　　　　　　　　　　　　（签字或盖章）

编　制　人：<u>　　　　　　　　　</u>　　　复　核　人：<u>　　　　　　　　　</u>

　　　　（造价人员签字盖专用章）　　　　　　　（造价工程师签字盖专用章）

编制时间：2015 年 5 月 1 日　　　　　　　复核时间：2015 年 5 月 1 日

总 说 明

工程名称:物业管理用房土建

一、工程概况

1. 建设规模:建筑面积 336.9 m²;

2. 工程特征:框架结构;二层;

3. 计划工期:159 日历天;

4. 施工现场实际情况:施工场地较平整;

5. 交通条件:交通便利,有主干道通入施工现场;

6. 环境保护要求:必须符合当地环保部门对噪音、粉尘、污水、垃圾的限制或处理的要求。

二、招标范围:设计图纸范围内的土建工程,详见招标文件。

三、工程量清单编制依据

1. 《建设工程工程量清单计价规范》(GB 50500—2013);

2. 《房屋建筑与装饰工程工程量计算规范》(GB 50854—2013);

3. 国家及省级建设主管部门颁发的有关规定;

4. 江苏省建设厅文件苏建价〔2014〕448 号《省住房和城乡建设厅关于〈建设工程工程量清单计价规范〉(GB 50500—2013)及其 9 本工程量计算规范的贯彻意见》;

5. 本工程项目的设计文件;

6. 与本工程项目有关的标准、规范、技术资料;

7. 招标文件及其补充通知、答疑纪要;

8. 施工现场情况、工程特点及常规施工方案;

9. 其他相关资料。

四、工程质量:合格工程,详见招标文件。

五、安全生产文明施工:创省级文明工地,详见招标文件。

六、投标人在投标时应按《建设工程工程量清单计价规范》(**GB 50500—2013**)和招标文件规定的格式,提供完整齐全的文件。

七、投标文件的份数详见招标文件。

八、工程量清单编制的相关说明

1. 分部分项工程量清单

1.1 挖基础土方自设计室外地面标高算起。

1.2 本工程中的所有混凝土要求使用商品混凝土。

2. 措施项目清单:根据本项目的具体情况,列入以下措施项目清单。

2.1 总价措施项目清单

2.1.1 安全文明施工费。

2.1.1.1 基本费。

2.1.1.2 省级标化增加费。

总　说　明

工程名称:物业管理用房土建　　　　　　　　　　　　　　第2页　共2页

2.1.2　夜间施工费。

2.1.3　冬雨季施工增加费。

2.1.4　已完工程及设备保护。

2.1.5　临时设施。

2.2　单价措施项目清单

2.2.1　大型机械设备进出场及安拆。

2.2.2　混凝土、钢筋混凝土模板及支架:按《江苏省建筑与装饰工程计价定额》(2014年)中的定额含量计算。

2.2.3　脚手架。

2.2.4　垂直运输运输机械。

2.3　投标人可根据工程实际与施工组织设计进行增补措施项目,但不得更改本清单中已列措施项目。结算时,除工程变更引起施工方案改变外,承包人不得以招标工程措施项目清单缺项为由要求新增措施项目。

3. 其他项目清单

3.1　暂列金额:考虑工程量偏差及设计变更的因素计入30 000元,材料涨价风险因素计入20 000元,详见《暂列金额明细表》。

3.2　暂估价

3.2.1　材料暂估价:地砖、墙砖为暂估价,详见《材料(工程设备)暂估单价及调整表》。

3.2.2　专业工程暂估价:进户塑钢门由专业厂家生产并安装,详见《专业工程暂估价及结算价表》。

3.3　计日工:详见《计日工表》。

3.4　总承包服务费:见《总承包服务费计价表》。

4. 规费和税金项目清单。此项为不可竞争费,必须按《江苏省建设工程费用定额》(2014)的费用标准及相关的规定计价。

4.1　规费

4.1.1　工程排污费。

4.1.2　社会保险费。

4.1.3　住房公积金。

4.2　税金。

分部分项工程和单价措施项目清单与计价表

工程名称：物业管理用房　　　　　　　　　　　　　　标段：　　第 1 页　共 11 页

序号	项目编码	项目名称	项目特征描述	计量单位	工程量	金额(元)		
						综合单价	合价	其中：暂估价
			A.1 土(石)方工程					
1	10101001001	平整场地	1、土壤类别：三类土 2、弃土运距：投标人自行考虑	m²	162.18			
2	010101004001	挖基坑土方	1、土壤类别：三类土 2、挖土深度：1.5 m 内 3、弃土运距：50 m 内	m³	91.63			
3	010101003001	挖沟槽土方	1、土壤类别：三类土 2、挖土深度：1.5 m 内 3、弃土运距：50 m 内	m³	10.15			
4	010103001001	回填方	1、密实度要求：按设计要求 2、填方材料品种：按设计要求 3、填方粒径要求：按设计要求 4、填方来源、运距：投标人自行考虑	m³	84			
		分部小计						
			0104 砌筑工程					
5	010401008001	填充墙	1、砖品种、规格、强度等级：A5.0，B06 级蒸压粉煤灰加气混凝土砌块 2、墙体类型：外墙(用于无水房间、底无混凝土坎台) 3、填充材料种类及厚度：200 mm 4、砂浆强度等级、配合比：DMM5 混合砂浆	m³	32.22			
6	010401008003	填充墙	1、砖品种、规格、强度等级：A5.0，B06 级蒸压粉煤灰加气混凝土砌块 2、墙体类型：外墙(用于有水房间、底有混凝土坎台) 3、填充材料种类及厚度：200 mm 4、砂浆强度等级、配合比：DMM5 混合砂浆	m³	1.62			
			本页小计					

分部分项工程和单价措施项目清单与计价表

工程名称:物业管理用房　　　　　　　　　　　　　　　标段:　　　第2页　共11页

序号	项目编码	项目名称	项目特征描述	计量单位	工程量	金额(元)		
						综合单价	合价	其中:暂估价
7	010401008002	填充墙	1、砖品种、规格、强度等级:A5.0,B06级蒸压粉煤灰加气混凝土砌块 2、墙体类型:内墙(用于无水房间、底无混凝土坎台) 3、填充材料种类及厚度:200 mm 4、砂浆强度等级、配合比:DMM5混合砂浆	m³	30.34			
8	010401008004	填充墙	1、砖品种、规格、强度等级:A5.0,B06级蒸压粉煤灰加气混凝土砌块 2、墙体类型:内墙(用于多水房间、底有混凝土坎台) 3、填充材料种类及厚度:200 mm 4、砂浆强度等级、配合比:DMM5混合砂浆	m³	10.18			
9	010401008006	填充墙	1、砖品种、规格、强度等级:A5.0,B06级蒸压粉煤灰加气混凝土砌块 2、墙体类型:内墙(用于多水房间、底有混凝土坎台) 3、填充材料种类及厚度:100 mm 4、砂浆强度等级、配合比:DMM5混合砂浆	m³	7.04			
		分部小计						
			0105 混凝土及钢筋混凝土工程					
10	010501001001	垫层	1、混凝土种类:商品混凝土 2、混凝土强度等级:C10	m³	4.54			
11	010501003001	独立基础	1、混凝土种类:商品混凝土 2、混凝土强度等级:C25	m³	7.84			
12	010502001001	矩形柱	1、混凝土种类:商品混凝土 2、混凝土强度等级:C25 3、截面尺寸:周长1.6 m内	m³	18.78			
			本页小计					

分部分项工程和单价措施项目清单与计价表

工程名称:物业管理用房　　　　　　　　　　　标段:　　　第3页　共11页

序号	项目编码	项目名称	项目特征描述	计量单位	工程量	金额(元)		
						综合单价	合价	其中:暂估价
13	010502002001	构造柱	1、混凝土种类:商品混凝土 2、混凝土强度等级:C25	m³	6.36			
14	010502002002	构造柱	1、混凝土种类:商品混凝土 2、混凝土强度等级:C25 3、部位:门(窗)框侧柱	m³	1.75			
15	010503001001	基础梁	1、混凝土种类:商品混凝土 2、混凝土强度等级:C25	m³	15.14			
16	010503002001	矩形梁	1、混凝土种类:商品混凝土 2、混凝土强度等级:C25	m³	0.61			
17	010503004001	圈梁	1、混凝土种类:商品混凝土 2、混凝土强度等级:C25 3、部位:窗台梁(板)、腰梁等	m³	3.62			
18	010503005001	过梁	1、混凝土种类:商品混凝土 2、混凝土强度等级:C25	m³	1.66			
19	010505001001	有梁板	1、混凝土种类:商品混凝土 2、混凝土强度等级:C25	m³	32.72			
20	010505001002	有梁板	1、混凝土种类:商品混凝土 2、混凝土强度等级:C25 3、部位:屋面斜板	m³	33.66			
21	010505008001	雨篷、悬挑板、阳台板	1、混凝土种类:商品混凝土 2、混凝土强度等级:C25	m³	0.14			
22	010505007001	天沟(檐沟)、挑檐板	1、混凝土种类:商品混凝土 2、混凝土强度等级:C25	m³	7.43			
23	010506001001	直形楼梯	1、混凝土种类:商品混凝土 2、混凝土强度等级:C25	m²	11.62			
			本页小计					

分部分项工程和单价措施项目清单与计价表

工程名称：物业管理用房　　　　　　　　　　　　　标段：　　　　　　第 4 页　共 11 页

序号	项目编码	项目名称	项目特征描述	计量单位	工程量	金额（元）		
						综合单价	合价	其中：暂估价
24	010507001001	散水、坡道	1、垫层材料种类、厚度：素土夯实，向外坡 4%，120 mm 厚碎石，60 mm 厚 C15 混凝土，上撒 1：1 水泥砂子压实抹光 2、面层厚度：20 mm 厚 1：2 水泥砂浆抹面 3、变形缝填塞材料种类：每隔 6 m 留伸缩缝一道，墙身与散水设 10 宽，沥青砂浆嵌缝 4、部位：散水	m²	25.17			
25	010507001002	散水、坡道	1、垫层材料种类、厚度：素土夯实，150 mm 厚 3：7 灰土 2、面层厚度：25 mm 厚 1：3 干硬性水泥砂浆粘结层，撒素水泥面，30 mm 厚烧毛花岗岩石板面层，干石灰粗砂扫缝后洒水封缝 3、部位：残疾人坡道	m²	10.35			
26	010507004001	台阶	1、踏步高、宽：高 150 mm，宽 300 mm 2、混凝土种类：商品混凝土 3、混凝土强度等级：C15	m²	8.91			
27	010515001001	现浇构件钢筋	1、钢筋种类、规格：φ12 以内Ⅰ、Ⅱ级钢	t	0.183			
28	010515001002	现浇构件钢筋	1、钢筋种类、规格：φ12 以内Ⅲ级钢	t	9.46			
29	010515001003	现浇构件钢筋	1、钢筋种类、规格：φ25 以内Ⅲ级钢	t	8.511			
30	010515001004	现浇构件钢筋	1、钢筋种类、规格：Ⅰ级钢、φ6.5	t	0.202			
31	010515009001	支撑钢筋（铁马）	1、钢筋种类：φ12 以内Ⅲ级钢	t	0.116			
32	010516004001	钢筋电渣压力焊接头	1、钢筋类型、规格：Ⅲ级钢，φ16 以上的竖向构件	个	216			
		分部小计						
			0108 门窗工程					
33	010801001001	木质门	1、门类型：成品木门	m²	21.84			
34	010802003002	钢质防火门	1、门类型：乙级防火门（成品）	m²	2.1			
			本页小计					

分部分项工程和单价措施项目清单与计价表

工程名称:物业管理用房　　　　　　　　　　　　标段:　　　第5页　共11页

序号	项目编码	项目名称	项目特征描述	计量单位	工程量	综合单价	合价	其中:暂估价
						金额(元)		
35	010807001001	金属(塑钢、断桥)窗	1、框、扇材质:塑钢 2、玻璃品种、厚度:6较低透光Low－E＋12空气＋6透明	m²	77.49			
		分部小计						
			0109 屋面及防水工程					
36	010901001001	瓦屋面	1、瓦品种、规格:水泥瓦 2、挂瓦条及顺水条:木挂瓦条30×25,木顺水条40×80(高)@500	m²	190.72			
37	010902001001	屋面卷材防水	1、卷材品种、规格、厚度:3 mm厚SBS卷材	m²	226.02			
38	010902002001	屋面涂膜防水	1、防水膜品种:高分子涂膜 2、涂膜厚度、遍数:1.5 mm厚	m²	226.02			
39	011101006001	平面砂浆找平层	1、找平层厚度、砂浆配合比:20 mm厚1:3水泥砂浆	m²	190.72			
40	010904002001	楼(地)面涂膜防水	1、防水膜品种:JS复合防水涂料 2、涂膜厚度、遍数:1.8 mm厚 3、反边高度:与竖管、墙转角处上翻300 mm	m²	50.07			
41	011101006002	平面砂浆找平层	1、找平层厚度、砂浆配合比:20 mm厚1:3水泥砂浆找坡(四周做钝角,坡向地漏,最薄处10 mm厚)	m²	33.26			
		分部小计						
			0110 保温、隔热、防腐工程					
42	011001001001	保温隔热屋面	1、保温隔热材料品种、规格、厚度:挤塑保温板55 mm厚 2、粘结材料种类、做法:屋面预留φ10锚筋@1000伸进保温层	m²	173.5			
			本页小计					

分部分项工程和单价措施项目清单与计价表

工程名称:物业管理用房　　　　　　　　　　　　　　　标段:　　　　　第 6 页　共 11 页

序号	项目编码	项目名称	项目特征描述	计量单位	工程量	金额(元)		
						综合单价	合价	其中:暂估价
43	011001003001	保温隔热墙面	1、保温隔热部位:墙体 2、保温隔热材料品种、规格及厚度:Ⅰ型复合发泡水泥板 20 mm 3、增强网及抗裂防水砂浆种类:6 mm厚抗裂砂浆压入满铺钢丝网一层,与墙体尼龙锚栓固定 4、基层处理:20 mm 厚1:3 水泥砂浆找平,界面剂一道	m²	139.75			
		分部小计						
			0111 楼地面装饰工程					
44	010404001001	垫层	1、垫层材料种类、配合比、厚度:150 mm厚碎石 2、部位:室外平台	m³	5.02			
45	010501001002	垫层	1、混凝土种类:商品混凝土 2、混凝土强度等级:C15	m³	8.59			
46	010501001003	垫层	1、混凝土种类:商品混凝土 2、混凝土强度等级:C15 3、部位:室外平台	m³	3.35			
47	011102003001	块料楼地面	1、找平层厚度、砂浆配合比:20 mm厚1:3水泥砂浆 2、结合层厚度、砂浆配合比:5 mm厚1:1 水泥细砂浆 3、面层材料品种、规格、颜色:10 mm 厚地砖面,干水泥擦缝	m²	244.17			
48	011102003002	块料楼地面	1、找平层厚度、砂浆配合比:30 mm厚 C20 细石混凝土 2、结合层厚度、砂浆配合比:5 mm厚1:1 水泥细砂浆 3、面层材料品种、规格、颜色:10 mm厚防滑地砖,干水泥擦缝 4、部位:卫生间	m²	33.26			
			本页小计					

分部分项工程和单价措施项目清单与计价表

工程名称:物业管理用房   标段: 第7页 共11页

序号	项目编码	项目名称	项目特征描述	计量单位	工程量	金额(元)		
						综合单价	合价	其中:暂估价
49	011102001001	石材楼地面	1、结合层厚度、砂浆配合比:素水泥浆一道,30 mm厚1:3干硬性水泥砂浆结合层 2、面层材料品种、规格、颜色:撒素水泥面(洒适量清水),20 mm厚石材,水泥浆擦缝 3、部位:入口平台	m²	33.47			
50	011105003001	块料踢脚线	1、踢脚线高度:100 mm 2、粘贴层厚度、材料种类:12 mm厚1:2.5水泥砂浆打底扫毛,水泥浆一道,5 mm厚1:1水泥砂浆结合层 3、面层材料品种、规格、颜色:10 mm厚面砖(稀水泥浆擦缝)	m²	18.3			
51	011106002001	块料楼梯面层	1、粘结层厚度、材料种类:水泥浆一道(内掺建筑胶),20 mm厚1:2干硬性水泥砂浆结合层,撒素水泥面(洒适量清水) 2、面层材料品种、规格、颜色:8～10 mm厚防滑地砖,水泥浆擦缝(面层防滑处理)	m²	11.62			
52	011107001001	石材台阶面	1、粘结材料种类:素水泥浆一道,30 mm厚1:3干硬性水泥砂浆结合层 2、面层材料品种、规格、颜色:撒素水泥面(洒适量清水),20 mm厚石材,水泥浆擦缝 3、部位:室外台阶	m²	8.91			
		分部小计						
		0112 墙、柱面装饰与隔断、幕墙工程						
53	011201001008	墙面一般抹灰	1、底层厚度、砂浆配合比:12 mm厚1:3水泥砂浆 2、面层厚度、砂浆配合比:8 mm厚1:3水泥砂浆 3、部位:不保温外墙面	m²	16.64			
		本页小计						

分部分项工程和单价措施项目清单与计价表

工程名称:物业管理用房 标段: 第 8 页 共 11 页

序号	项目编码	项目名称	项目特征描述	计量单位	工程量	综合单价	合价	其中:暂估价
54	011201001009	墙面一般抹灰	1、底层厚度、砂浆配合比:刷专用墙体界面处理剂一道,12 mm厚1:1:6水泥石灰膏砂浆打底 2、面层厚度、砂浆配合比:5 mm厚1:0.3:3水泥石灰膏砂浆粉面 3、部位:用于除卫生间外的所有房间	m²	810.15			
55	011201001010	墙面一般抹灰	1、底层厚度、砂浆配合比:刷专用墙体界面处理剂一道,12 mm厚1:3防水砂浆打底(内掺防水剂) 2、面层厚度、砂浆配合比:6 mm厚1:2.5水泥砂浆粉面 3、部位:用于卫生间	m²	221.13			
56	011203001001	零星项目一般抹灰	1、基层类型、部位:室外天沟底 2、底层厚度、砂浆配合比:6 mm厚1:3水泥砂浆 3、面层厚度、砂浆配合比:6 mm厚1:2.5水泥砂浆	m²	33.72			
57	011203001002	零星项目一般抹灰	1、基层类型、部位:天沟 2、底层厚度、砂浆配合比:1:3水泥砂浆 3、面层厚度、砂浆配合比:1:2水泥砂浆	m²	86.19			
58	011204003001	块料墙面	1、面层材料品种、规格、颜色:2～3 mm厚建筑陶瓷胶黏剂,5 mm厚釉面砖白水泥擦缝	m²	221.13			
59	011203001003	零星项目一般抹灰	1、基层类型、部位:混凝土、空调及雨篷板外挑板 2、面层厚度、砂浆配合比:20 mm厚DPM20防水砂浆抹面	m²	1.35			
		分部小计						
		0114 油漆、涂料、裱糊工程						
		本页小计						

分部分项工程和单价措施项目清单与计价表

工程名称:物业管理用房 标段: 第 9 页 共 11 页

序号	项目编码	项目名称	项目特征描述	计量单位	工程量	金额(元)		
						综合单价	合价	其中:暂估价
60	011407001001	墙面喷刷涂料	1、基层类型:抹灰面 2、喷刷涂料部位:外墙 3、腻子种类:弹性底漆、柔性耐水腻子 4、涂料品种、喷刷遍数:外墙乳胶漆	m²	276.3			
61	011407001002	墙面喷刷涂料	1、基层类型:抹灰面 2、喷刷涂料部位:内墙 3、涂料品种、喷刷遍数:底漆一道,乳胶漆两道 4、部位:墙面	m²	810.15			
62	011407002001	天棚喷刷涂料	1、基层类型:混凝土面 2、腻子种类:素水泥浆一道,刮内墙腻子两遍,打磨平整 3、涂料品种、喷刷遍数:乳胶漆 4、部位:天棚面	m²	322.43			
63	011407002002	天棚喷刷涂料	1、基层类型:混凝土面 2、腻子种类:素水泥浆一道,刮内墙腻子两遍,打磨平整 3、涂料品种、喷刷遍数:乳胶漆 4、部位:室外板底	m²	43.02			
		分部小计						
		0115 其他装饰工程						
64	011503001001	金属扶手、栏杆、栏板	1、栏杆材料种类,规格:3×φ25×2钢栏杆 2、防护材料种类:调和漆 3、部位:护窗栏杆	m	11.8			
65	011503002001	硬木扶手、栏杆、栏板	1、扶手材料种类,规格:50×120 2、栏杆材料种类,规格:2 根 28×2方钢管@3G 3、栏板材料种类,规格、颜色:2 根50×5 钢板+40×5 钢板 4、固定配件种类:苏 J05—2006 第 5页节点 1 5、部位:楼梯栏杆	m	8.26			
		本页小计						

分部分项工程和单价措施项目清单与计价表

工程名称:物业管理用房　　　　　　　　　　　　　　　标段:　　　第 10 页　共 11 页

序号	项目编码	项目名称	项目特征描述	计量单位	工程量	综合单价	合价	其中:暂估价
66	011503001002	金属扶手、栏杆、栏板	1、扶手材料种类、规格:不锈钢 Φ75×1.5＋Φ45×1.5 2、栏杆材料种类、规格:不锈钢 Φ50×1.5@1200＋Φ25×1.5@200 3、高度:$H=850$ mm 4、部位:无障碍坡道栏杆	m	10.05			
		分部小计						
			分部分项合计					
1	011701001001	综合脚手架	1、建筑结构形式:框架结构 2、檐口高度:7.0 m	m²	336.9			
2	011703001001	垂直运输	1、建筑物建筑类型及结构形式:办公楼、框架结构 2、建筑物檐口高度、层数:7.0 m,二层	天	159			
3	011705001001	大型机械设备进出场及安拆	1、机械设备名称:塔吊 2、机械设备规格型号:60 t·m	台次	1			
4	011702001001	基础	1、基础类型:独立基础 2、部位:垫层	m²	4.54			
5	011702001002	基础	1、基础类型:独立基础	m²	13.8			
6	011702002001	矩形柱	1、支模高度:3.6 m内	m²	250.34			
7	011702003001	构造柱	1、支模高度:3.6 m内 2、部位:构造柱	m²	70.6			
8	011702003002	构造柱	1、支模高度:3.6 m内 2、部位:门框柱	m²	21.14			
9	011702005001	基础梁	1、梁截面形状:矩形	m²	37.85			
10	011702006001	矩形梁	1、支撑高度:3.6 m内	m²	5.3			
11	011702008001	圈梁		m²	30.16			
12	011702009001	过梁		m²	19.92			
13	011702014001	有梁板	1、支撑高度:3.6 m内 2、板厚:100 mm内	m²	350.1			
14	011702014002	有梁板	1、支撑高度:3.6 m内 2、板厚:200 mm内	m²	271.64			
			本页小计					

分部分项工程和单价措施项目清单与计价表

工程名称：物业管理用房   标段：   第 11 页 共 11 页

序号	项目编码	项目名称	项目特征描述	计量单位	工程量	金额（元）		
						综合单价	合价	其中：暂估价
15	011702023001	雨篷、悬挑板、阳台板	1、构件类型：板式雨棚 2、板厚度：100 mm 内	m²	1.35			
16	011702022001	天沟、檐沟	1、构件类型：天沟	m²	185.75			
17	011702024001	楼梯	1、类型：直形楼梯	m²	11.62			
18	011702027001	台阶	1、台阶踏步宽：300 mm	m²	8.91			
			单价措施合计					
			本页小计					
			合 计					

总价措施项目清单与计价表

工程名称：物业管理用房　　　　　　　　　　　　标段：　　　　　　　第1页　共1页

序号	项目编码	项目名称	计算基础	费率（%）	金额（元）	调整费率（%）	调整后金额(元)	备注
1	011707001001	安全文明施工费						
1.1		基本费	分部分项合计＋单价措施项目合计－设备费	3.000				
1.2		增加费	分部分项合计＋单价措施项目合计－设备费	0.700				
2	011707002001	夜间施工	分部分项合计＋单价措施项目合计－设备费					
3	011707003001	非夜间施工照明	分部分项合计＋单价措施项目合计－设备费					
4	011707004001	二次搬运	分部分项合计＋单价措施项目合计－设备费					
5	011707005001	冬雨季施工	分部分项合计＋单价措施项目合计－设备费					
6	011707006001	地上、地下设施、建筑物的临时保护设施	分部分项合计＋单价措施项目合计－设备费					
7	011707007001	已完工程及设备保护	分部分项合计＋单价措施项目合计－设备费					
8	011707008001	临时设施	分部分项合计＋单价措施项目合计－设备费					
9	011707009001	赶工措施	分部分项合计＋单价措施项目合计－设备费					
10	011707010001	工程按质论价	分部分项合计＋单价措施项目合计－设备费					
11	011707011001	住宅分户验收	分部分项合计＋单价措施项目合计－设备费					
12	011707012001	特殊条件下施工增加费	分部分项合计＋单价措施项目合计－设备费					

其他项目清单与计价汇总表

工程名称:物业管理用房　　　　　　　　　　　　标段:　　　　第1页　共1页

序号	项目名称	金额(元)	结算金额(元)	备注
1	暂列金额	50 000.00		
2	暂估价	23 895.00		
2.1	材料暂估价			
2.2	专业工程暂估价	23 895.00		
3	计日工			
4	总承包服务费			
	合计		73 895.00	

暂列金额明细表

工程名称:物业管理用房　　　　　　　　　　　　标段:　　　　第1页　共1页

序号	项目名称	计量单位	暂定金额(元)	备注
1	暂列金额		50 000.00	
	合计		50 000.00	

材料(工程设备)暂估单价及调整表

工程名称:物业管理用房　　　　　　　　　　　　标段:　　　　第1页　共1页

序号	材料编码	材料(工程设备)名称、规格、型号	计量单位	数量		暂估(元)		确认(元)		差额±(元)		备注
				投标	确认	单价	合价	单价	合价	单价	合价	
1	06612145	墙面砖 300×450	m²			250						
2	06650101	同质地砖	m²			50						
	合计											

专业工程暂估价及结算价表

工程名称:物业管理用房　　　　　　　　　　　　标段:　　　　第1页　共1页

序号	工程名称	工程内容	暂估金额(元)	结算金额(元)	差额±(元)	备注
1	塑钢门		23 895.00			
	合计		23 895.00			

计日工表

工程名称：物业管理用房　　　　　　　　　　　　　　　标段：　　　　第 1 页　共 1 页

编号	项目名称	单位	暂定数量	实际数量	综合单价	合价（元）	
						暂定	实际
一	人工						
1	计日工	工日	10.000				
		人工小计					
二	材料						
		材料小计					
三	施工机械						
		机械小计					
四、企业管理费和利润							
		总　计					

总承包服务费计价表

工程名称：物业管理用房　　　　　　　　　　　　　　　标段：　　　　第 1 页　共 1 页

序号	项目名称	项目价值（元）	服务内容	计算基础	费率（%）	金额（元）
1	发包人发包专业工程	23 895.00		项目价值		
2	发包人供应材料			项目价值		
	合计					

规费、税金项目计价表

工程名称：物业管理用房　　　　　　　　　　　　　　　标段：　　　　第 1 页　共 1 页

序号	项目名称	计算基础	计算基数（元）	计算费率（%）	金额（元）
1	规费	工程排污费＋社会保险费＋住房公积金		100.000	
1.1	社会保险费	分部分项工程费＋措施项目费＋其他项目费－工程设备费		3.000	
1.2	住房公积金	分部分项工程费＋措施项目费＋其他项目费－工程设备费		0.500	
1.3	工程排污费	分部分项工程费＋措施项目费＋其他项目费－工程设备费		0.100	
2	税金	分部分项工程费＋措施项目费＋其他项目费＋规费－按规定不计税的工程设备金额		3.477	
	合计				

承包人提供主要材料和工程设备一览表
（适用造价信息差额调整法）

工程名称：物业管理用房   标段： 第1页 共1页

序号	材料编码	名称、规格、型号	单位	数量	风险系数(%)	基准单价(元)	投标单价(元)	发承包人确认单价(元)	备注
1	80212114	预拌混凝土（非泵送型）C15	m³		5.00		402.00		
2	80212105	预拌混凝土（泵送型）C30	m³		5.00		434.00		
3	80212104	预拌混凝土（泵送型）C25	m³		5.00		424.00		
4	80212103	预拌混凝土（泵送型）C20	m³		5.00		414.00		
5	80212101	预拌混凝土（泵送型）C10	m³		5.00		394.00		
6	01010100	钢筋 综合	t		5.00		2 617.00		
7	01010100～1	钢筋 三级钢	t		5.00		2 681.00		

附录二 工程招标控制价编制实例

一、工程内容:同附录一中的物业管理用房。

二、根据附录一的工程量清单,按《建设工程工程量清单计价规范》(GB 50500—2013)规定的格式和要求编制招标控制价。

三、本附录中只列出部分工程量清单项目中计价工程量计算公式,其他均从略。

四、与招标控制价相关的施工组织设计

(一)项目工期要求

根据招标文件的要求,本项目计划工期按定额工期,为159天。

(二)项目质量要求

根据招标文件的要求,合格工程。

(三)安全文明施工费要求

根据招标文件的要求,创省级文明工地。

(四)主要分部分项工程施工方法及安排

1. 基础工程

1)土方工程:采用人工平整场地,土方就地平整,不考虑运输;

2)基础采用人工开挖,人力车运至50 m处弃土堆放;

3)回填土从弃土处运回;

4)因基础开挖深度较小,根据现场测量资料,基底标高在下水位线以上60 cm,因此无需人工降低地下水位。

2. 钢筋混凝土工程

1)模板支设:均采用复合木模板。

2)钢筋工程:钢筋接头采用搭接接头。

3)混凝土工程:根据招标文件的要求,采用商品混凝土。

五、报表及计算公式

(1)建筑工程招标控制价计算报表如附表2.1。

(2)分部分项工程和单价措施项目清单与计价表如附表2.2。

附表 2.1 工程量清单所含组价项目工程量计算表

清单序号	分项工程名称（清单编号）	单位	清单数量	组表项目	计价定额工程量计算式
	建筑面积	m²	336.9	建筑面积	同清单计算部分：336.9 m²
	0101 土(石)方工程				
1	平整场地（010101001001）	m²	162.18	1-98 人工平整场地	首层建筑面积：162.18 m² 外扩 2 m：(17.9+2×2+9)×2×2=123.6(m²) 平整场地面积：162.18+123.6=285.78(m²)
2	挖基础土方（010101004001）	m³	91.63	1-59 人工挖基坑三类干土	同清单工程量：91.63 m³
				1-92 单(双)轮车运 50 m 以内	同清单工程量：91.63 m³
3	挖沟槽土方（010101003001）	m³	10.15	1-27 人工挖沟槽　深度 1.5 m 以内	同清单工程量：10.15 m³
				1-92 单(双)轮车运 50 m 以内	同清单工程量：10.15 m³
4	回填方（010103001001）	m³	84.0	1-1 人工挖土方一类土	同清单工程量：84.0 m³
				1-92 人工车运 50 m 以内土	同清单工程量：84.0 m³
				1-104 土方回填	同清单工程量：84.0 m³
	0104 砌筑工程				
5	填充墙（外墙，无水房间、无混凝土坎台）（010401008001）	m³	32.22	4-7 M5 普通砂浆砌筑加气混凝土砌块墙 200 mm 厚（用于无水房间、底无混凝土坎台）	同清单工程量：32.22 m³
6	填充墙（外墙，有水房间、有混凝土坎台）（010401008003）	m³	1.62	4-10 M5 普通砂浆砌筑加气混凝土砌块墙 200 mm 厚（用于多水房间、底有混凝土坎台）	同清单工程量：1.62 m³
7	填充墙（内墙 200，无水房间、无混凝土坎台）（010401008002）	m³	30.34	4-7 M5 普通砂浆砌筑加气混凝土砌块墙 200 mm 厚（用于无水房间、底无混凝土坎台）	同清单工程量：30.34 m³
8	填充墙（内墙 200，有水房间、有混凝土坎台）（010401008004）	m³	10.18	4-10 M5 普通砂浆砌筑加气混凝土砌块墙 200 mm 厚（用于多水房间、底有混凝土坎台）	同清单工程量：10.18 m³
9	填充墙（内墙 100，有水房间、有混凝土坎台）（010401008006）	m³	7.04	4-9 M5 普通砂浆砌块加气混凝土砌块墙 100 mm 厚（用于多水房间、底有混凝土坎台）	同清单工程量：7.04 m³
	0105 混凝土及钢筋混凝土工程				
10	垫层（010501001001）	m³	4.54	6-178 泵送现浇构件 C10 现浇垫层	同清单工程量：4.54 m³
11	独立基础（010501003001）	m³	7.84	6-185 泵送现浇构件 C25 现浇桩承台独立柱基	同清单工程量：7.84 m³
12	矩形柱（010502001001）	m³	18.78	6-190 泵送现浇构件 C25 现浇矩形柱	同清单工程量：18.78 m³
13	构造柱（010502002001）	m³	6.36	6-316 非泵送现浇构件 C25 构造柱	同清单工程量：6.36 m³

（续　表）

清单序号	分项工程名称（清单编号）	单位	清单数量	组表项目	计价定额工程量计算式
	建筑面积	m²	336.9	建筑面积	同清单计算部分：336.9 m²
0101 土（石）方工程					
14	构造柱（门窗侧柱）（010502002002）	m³	1.75	6-346 非泵送现浇构件 C25 门框柱	同清单工程量：1.75 m³
15	基础梁（010503001001）	m³	15.14	6-193 泵送现浇构件 C25 现浇基础梁地坑支撑梁	同清单工程量：15.14 m³
16	矩形梁（010503002001）	m³	0.61	6-194 泵送现浇构件 C25 现浇单梁框架梁连续梁	同清单工程量：0.61 m³
17	圈梁（010503004001）	m³	3.62	6-320 非泵送现浇构件 C25 圈梁	同清单工程量：3.62 m³
18	过梁（010503005001）	m³	1.66	6-321 非泵送现浇构件 C25 过梁	同清单工程量：1.66 m³
19	有梁板（010505001001）	m³	32.72	6-207 泵送现浇构件 C25 现浇有梁板	同清单工程量：32.72 m³
20	有梁板（010505001002）	m³	33.66	6-207 备注 6 泵送现浇构件 C30 现浇有梁板	同清单工程量：33.66 m³
21	雨篷、悬挑板、阳台板（010505008001）	m³	0.14	6-215 泵送现浇构件 C25 现浇水平挑檐板式雨篷	雨篷板：0.9×1.5＝1.35（m²）
22	天沟（檐沟）、挑檐板（010505007001）	m³	7.43	6-219 泵送现浇构件 C25 现浇天檐沟竖向挑板	同清单工程量：7.43 m³
23	直形楼梯（010506001001）	m²	11.62	6-213 泵送现浇构件 C20 现浇直形楼梯	同清单工程量：11.62 m³
24	散水、坡道（010507001001）	m²	25.17	13-163 C15 混凝土散水	同清单工程量：25.17 m²
25	散水、坡道（010507001001）	m²	10.35	13-1 垫层灰土 3∶7	10.35×0.15＝1.533（m³）
				13-44 石材块料面板干硬性水泥砂浆楼地面	同清单工程量：10.35 m²
26	台阶（010507004001）	m²	8.91	6-351 非泵送现浇构件 C15 台阶	同清单工程量：8.91 m²
27	现浇构件钢筋直径（12 mm 以内一、二级钢）（010515001001）	t	0.183	5-1 现浇混凝土构件钢筋 12 mm 以内	同清单工程量：0.183 t
28	现浇构件钢筋直径（12 mm 以内三级钢）（010515001002）	t	9.46	5-1 现浇混凝土构件钢筋 12 mm 以内	同清单工程量：9.46 t
29	现浇构件钢筋直径（25 mm 以内三级钢）（010515001003）	t	8.511	5-2 现浇混凝土构件钢筋 25 mm 以内	同清单工程量：8.511 t
30	现浇构件钢筋直径（6.5 mm 一级钢）（010515001004）	t	0.202	5-25 砌体、板缝内加固钢筋不绑扎	同清单工程量：0.202 t

（续 表）

清单序号	分项工程名称（清单编号）	单位	清单数量	组表项目	计价定额工程量计算式
	建筑面积	m²	336.9	建筑面积	同清单计算部分：336.9 m²
0101 土(石)方工程					
31	支撑钢筋（铁 马）（12 mm以内三级钢）（010515009001）	t	0.116	5-1 现浇混凝土构件钢筋直径 12 mm以内	同清单工程量：0.166 t
32	钢筋电渣压力焊接头直径 16 mm 以上三级钢（010516004001）	个	216	5-32 电渣压力焊	同清单工程量：216 个
0108 门窗工程（按洞口面积计算，含框、扇的制作和安装及油漆，计算公式略）					
0109 屋面及防水工程（略）					
0110 保温、隔热、防腐工程					
43	保温隔热屋面（011001001001）	m²	173.50	11-15 屋面、楼地面保温隔热聚苯乙烯挤塑板（厚 25 mm）	同清单工程量：173.5 m²
44	保温隔热墙面（011001003001）	m²	139.75	11-39-[11-40]×1 外墙外保温聚苯乙烯挤塑板厚度 20 mm 混凝土墙面	同清单工程量：139.75 m²
				14-28 保温砂浆机抗裂基层墙面耐碱玻纤网格布一层	同清单工程量：139.75 m²
				14-30 保温砂浆机抗裂基层热镀锌钢丝网	同清单工程量：139.75 m²
0111 楼地面工程（略）					
0112 墙、柱面装饰与隔断、幕墙工程（略）					
0114 油漆、涂料、裱糊工程					
61	墙面喷刷涂料（外墙面）（011407001001）	m²	276.3	17-195-[17-196]×1 柔性耐水腻子二遍	同清单工程量：276.3 m²
				17-192 外墙苯丙乳胶漆抹灰面	同清单工程量：276.3 m²
62	墙面喷刷涂料（墙面）（011407001002）	m²	810.15	17-177 内墙面在抹灰面上 901 胶白水泥腻子批、刷乳胶漆各三遍	同清单工程量：810.15 m²
63	天棚喷刷涂料（天棚面）（011407002001）	m²	322.43	12-B11 楼面刷素水泥浆一道	同清单工程量：322.43 m²
				17-181 备注 3 内墙面在刮糙面上 901 胶白水泥腻子批二遍、刷乳胶漆三遍	同清单工程量：322.43 m²
64	天棚喷刷涂料（室外板底）（011407002002）	m²	43.02	12-B11 楼面刷素水泥浆一道	同清单工程量：43.02 m²
				17-181 备注 3 内墙面在刮糙面上 901 胶白水泥腻子批二遍、刷乳胶漆三遍	同清单工程量：43.02 m²
0115 其他装饰工程（略）					
011701 脚手架工程					
1	综合脚手架（011701001001）	m²	336.9	20-1 综合脚手架檐高在 12 m 以内层高在 3.6 m 内	同清单工程量：336.9 m²
011703 垂直运输					
2	垂直运输（011703001001）	天	159	23-8 塔式起重机施工现浇框架檐口高度 20 m 以内（6层以内）	同清单工程量：159 天
011702 混凝土模板及支架(撑)（按计价表含模量计算，计算公式略）					

附表 2.2

___物业管理用房___ 工程

招 标 控 制 价

招标控制价(小写):895 335.94_____(元)

(大写):捌拾玖万伍仟叁佰叁拾伍元玖角肆分_____

招 标 人:_____   造价咨询人:_____
             (单位盖章)   (单位资质专用章)

法定代表人   法定代表人
或其授权人:_____   或其授权人:_____
             (签字或盖章)   (签字或盖章)

编 制 人:_____   复 核 人:_____
      (造价人员签字盖专用章)   (造价工程师签字盖专用章)

编制时间:2015 年 月 日   复核时间:2015 年 月 日

招标控制价总说明

工程名称:物业管理用房土建　　　　　　　　　　　　　　　　第1页　共1页

一、工程概况

1. 建设规模:总建筑面积 336.9 m²。

2. 工程特征:框架二层。

3. 计划工期:根据招标文件规定,合同工期为 159 日历天。

4. 施工现场实际情况:施工场地较平整。

5. 交通条件:交通便利,有主干道通入施工现场。

6. 环境保护要求:必须符合当地环保部门对噪音、粉尘、污水、垃圾的限制或处理的要求。

二、招标范围(同工程量清单部分)

设计图纸范围内的土建工程。

三、编制依据

1.《建设工程工程量清单计价规范》(GB 50500—2013)。

2.《房屋建筑与装饰工程工程量计算规范》(GB 50854—2013)。

3. 国家、省、市级建设行政主管部门颁发的有关计量计费依据和规定。

4. 江苏省住房城乡建设厅关于《建设工程工程量清单计价规范》(GB 50500—2013)及其 9 本工程量计算规范的贯彻意见(苏建价〔2014〕448 号)。

5.《江苏省建筑与装饰工程计价定额》(2014 年)。

6. 本工程项目的设计文件及相关资料。

7. 与本工程项目有关的标准、规范、技术资料。

8. 招标文件及其补充通知、答疑纪要。

9. 工程量清单及总说明文件。

10. 施工现场情况、工程特点及常规施工方案。

11.《扬州工程造价管理》(2015 年 2 月)。

12. 其他相关资料。

四、计价说明

1. 通用说明

1.1　分部分项工程量和单价措施费用清单计价:根据本项目工程量清单中的分部分项工程和单价措施项目清单的项目特征、工程量,套用相应专业的计价定额进行计价。

1.2　总价措施项目计价:根据《江苏省建设工程费用定额》(2014 年)中相应的费用标准计价。

1.2.1　安全文明施工费计价:按创省级标化工地标准计价。

1.2.2　费用定额中规定取值范围的总价措施费计价:按平均价计价。

1.2.3　赶工措施费:招标文件按定额工期实施,不计。

1.2.4　按质论价费:招标文件要求达到合格工程标准,不计。

1.3　其他项目清单计价:暂列金额、材料(设备)暂估价、专业工程暂估价、计日工、总承包服务费根据工程量清单给定的项目内容、金额和数值计量计价。

1.4　规费和税金清单计价:根据工程量清单给定的费率标准计价。

1.5　材料价格依据:执行《扬州工程造价管理》(2015 年 2 月)的指导价,指导价中没有的参照市场调查价。

单位工程招标控制价表

工程名称:物业管理用房　　　　　　　　标段:　　　　　　　　　第1页　共1页

序号	汇总内容	金额(元)	其中:暂估价(元)
1	分部分项工程费	519 851.72	73 053.68
1.1	人工费	122 977.08	
1.2	材料费	342 263.28	73 053.68
1.3	施工机具使用费	6 634.34	
1.4	企业管理费	32 412.95	
1.5	利润	15 564.07	
2	措施项目费	238 188.30	
2.1	单价措施项目费	198 669.63	
2.2	总价措施项目费	39 518.67	
2.2.1	其中:安全文明施工措施费	26 585.29	
3	其他项目费	77 144.50	23 895.00
3.1	其中:暂列金额	50 000.00	
3.2	其中:专业工程暂估	23 895.00	23 895.00
3.3	其中:计日工	860.00	
3.4	其中:总承包服务费	2 389.50	
4	规费	30 066.64	
4.1	社会保险费	25 055.54	
4.2	住房公积金	4 175.92	
4.3	工程排污费	835.18	
5	税金	30 084.78	
	招标控制价合计=1+2+3+4+5	895 335.94	96 948.68

分部分项工程和单价措施项目清单与计价表

工程名称：物业管理用房 　　　　　　　　　　　　　　　　标段：　　　第 1 页　共 11 页

序号	项目编码	项目名称	项目特征描述	计量单位	工程量	综合单价	合价	其中：暂估价
			0101 土石方工程					
1	010101001001	平整场地	1、土壤类别：三类土 2、弃土运距：投标人自行考虑	m²	162.18	11.15	1 808.31	
2	010101004001	挖基坑土方	1、土壤类别：三类土 2、挖土深度：1.5 m 内 3、弃土运距：50 m 内	m³	91.63	77.69	7 118.73	
3	010101003001	挖沟槽土方	1、土壤类别：三类土 2、挖土深度：1.5 m 内 3、弃土运距：50 m 内	m³	10.15	71.02	720.85	
4	010103001001	回填方	1、密实度要求：按设计要求 2、填方材料品种：按设计要求 3、填方粒径要求：按设计要求 4、填方来源、运距：投标人自行考虑	m³	84	64.88	5 449.92	
	分部小计						15 097.81	
			0104 砌筑工程					
5	010401008001	填充墙	1、砖品种、规格、强度等级：A5.0,B06 级蒸压粉煤灰加气混凝土砌块 2、墙体类型：外墙(用于无水房间、底无混凝土坎台) 3、填充材料种类及厚度：200 mm 4、砂浆强度等级、配合比：DMM5 混合砂浆	m³	32.22	408.42	13 159.29	
6	010401008003	填充墙	1、砖品种、规格、强度等级：A5.0,B06 级蒸压粉煤灰加气混凝土砌块 2、墙体类型：外墙(用于有水房间、底有混凝土坎台) 3、填充材料种类及厚度：200 mm 4、砂浆强度等级、配合比：DMM5 混合砂浆	m³	1.62	409.09	662.73	
	本页小计						28 919.83	

分部分项工程和单价措施项目清单与计价表

工程名称：物业管理用房　　　　　　　　　　　　　　　标段：　　第 2 页　共 11 页

序号	项目编码	项目名称	项目特征描述	计量单位	工程量	金额（元）		
						综合单价	合价	其中：暂估价
7	010401008002	填充墙	1、砖品种、规格、强度等级：A5.0,B06 级蒸压粉煤灰加气混凝土砌块 2、墙体类型：内墙（用于无水房间，底无混凝土坎台） 3、填充材料种类及厚度：200 mm 4、砂浆强度等级、配合比：DM M5 混合砂浆	m³	30.34	408.42	12 391.46	
8	010401008004	填充墙	1、砖品种、规格、强度等级：A5.0,B06 级蒸压粉煤灰加气混凝土砌块 2、墙体类型：内墙（用于多水房间，底有混凝土坎台） 3、填充材料种类及厚度：200 mm 4、砂浆强度等级、配合比：DM M5 混合砂浆	m³	10.18	409.09	4 164.54	
9	010401008006	填充墙	1、砖品种、规格、强度等级：A5.0,B06 级蒸压粉煤灰加气混凝土砌块 2、墙体类型：内墙（用于多水房间，底有混凝土坎台） 3、填充材料种类及厚度：100 mm 4、砂浆强度等级、配合比：DM M5 混合砂浆	m³	7.04	433.55	3 052.19	
		分部小计					33 430.21	
			0105 混凝土及钢筋混凝土工程					
10	010501001001	垫层	1、混凝土种类:商品混凝土 2、混凝土强度等级:C10	m³	4.54	476.52	2 163.40	
11	010501003001	独立基础	1、混凝土种类:商品混凝土 2、混凝土强度等级:C25	m³	7.84	490.10	3 842.38	
12	010502001001	矩形柱	1、混凝土种类:商品混凝土 2、混凝土强度等级:C25 3、截面尺寸:周长 1.6 m 内	m³	18.78	552.57	10 377.26	
		本页小计					35 991.23	

分部分项工程和单价措施项目清单与计价表

工程名称：物业管理用房   标段：   第3页 共11页

序号	项目编码	项目名称	项目特征描述	计量单位	工程量	金额（元）		
						综合单价	合价	其中：暂估价
13	010502002001	构造柱	1、混凝土种类：商品混凝土 2、混凝土强度等级：C25	m³	6.36	666.43	4 238.49	
14	010502002002	构造柱	1、混凝土种类：商品混凝土 2、混凝土强度等级：C25 3、部位：门（窗）框侧柱	m³	1.75	583.24	1 020.67	
15	010503001001	基础梁	1、混凝土种类：商品混凝土 2、混凝土强度等级：C25	m³	15.14	502.88	7 613.60	
16	010503002001	矩形梁	1、混凝土种类：商品混凝土 2、混凝土强度等级：C25	m³	0.61	533.80	325.62	
17	010503004001	圈梁	1、混凝土种类：商品混凝土 2、混凝土强度等级：C25 3、部位：窗台梁（板）、腰梁等	m³	3.62	578.16	2 092.94	
18	010503005001	过梁	1、混凝土种类：商品混凝土 2、混凝土强度等级：C25	m³	1.66	623.45	1 034.93	
19	010505001001	有梁板	1、混凝土种类：商品混凝土 2、混凝土强度等级：C25	m³	32.72	525.45	17 192.72	
20	010505001002	有梁板	1、混凝土种类：商品混凝土 2、混凝土强度等级：C25 3、部位：屋面斜板	m³	33.66	537.19	18 081.82	
21	010505008001	雨篷、悬挑板、阳台板	1、混凝土种类：商品混凝土 2、混凝土强度等级：C25	m³	0.14	512.57	71.76	
22	010505007001	天沟（檐沟）、挑檐板	1、混凝土种类：商品混凝土 2、混凝土强度等级：C25	m³	7.43	602.04	4 473.16	
23	010506001001	直形楼梯	1、混凝土种类：商品混凝土 2、混凝土强度等级：C25	m²	11.62	114.76	1 333.51	
		本页小计					57 479.22	

分部分项工程和单价措施项目清单与计价表

工程名称:物业管理用房　　　　　　　　标段:　　　第 4 页　共 11 页

序号	项目编码	项目名称	项目特征描述	计量单位	工程量	金额(元)		
						综合单价	合价	其中:暂估价
24	010507001001	散水、坡道	1、垫层材料种类、厚度:素土夯实,向外坡4%,120 mm厚碎石,60 mm厚 C15 混凝土,上撒1:1水泥砂子压实抹光 2、面层厚度:20 mm厚1:2水泥砂浆抹面 3、变形缝填塞材料种类:每隔6 m留伸缩缝一道,墙身与散水设10宽,沥青砂浆嵌缝 4、部位:散水	m²	25.17	113.60	2 859.31	
25	010507001002	散水、坡道	1、垫层材料种类、厚度:素土夯实,150 mm厚3:7灰土 2、面层厚度:25 mm厚1:3干硬性水泥砂浆粘结层,撒素水泥面,30 mm厚烧毛花岗岩石板面层,干石灰粗砂扫缝后洒水封缝 3、部位:残疾人坡道	m²	10.35	342.24	3 542.18	
26	010507004001	台阶	1、踏步高、宽:高 150 mm,宽 300 mm 2、混凝土种类:商品混凝土 3、混凝土强度等级:C15	m²	8.91	85.41	761.00	
27	010515001001	现浇构件钢筋	1、钢筋种类、规格:φ12 以内Ⅰ、Ⅱ级钢	t	0.183	4 104.98	751.21	
28	010515001002	现浇构件钢筋	1、钢筋种类、规格:φ12 以内Ⅲ级钢	t	9.460	4 170.26	39 450.66	
29	010515001003	现浇构件钢筋	1、钢筋种类、规格:φ25 以内Ⅲ级钢	t	8.511	3 619.45	30 805.14	
30	010515001004	现浇构件钢筋	1、钢筋种类、规格:Ⅰ级钢、φ6.5	t	0.202	5 216.97	1 053.83	
31	010515009001	支撑钢筋(铁马)	1、钢筋种类:φ12 以内Ⅲ级钢	t	0.116	4 104.98	476.18	
32	010516004001	钢筋电渣压力焊接头	1、钢筋类型、规格:Ⅲ级钢,φ16以上的竖向构件	个	216	6.97	1 505.52	
		分部小计					155 067.29	
		0108 门窗工程						
33	010801001001	木质门	1、门类型:成品木门	m²	21.84	600.03	13 104.66	
34	010802003002	钢质防火门	1、门类型:乙级防火门(成品)	m²	2.1	573.78	1 204.94	
		本页小计					95 514.63	

分部分项工程和单价措施项目清单与计价表

工程名称:物业管理用房 标段: 第5页 共11页

序号	项目编码	项目名称	项目特征描述	计量单位	工程量	金额(元)		
						综合单价	合价	其中:暂估价
35	010807001001	金属(塑钢、断桥)窗	1、框、扇材质:塑钢 2、玻璃品种、厚度:6 mm 较低透光 Low－E＋12 空气＋6透明	m²	77.49	332.42	25 759.23	
		分部小计					40 068.83	
			0109 屋面及防水工程					
36	010901001001	瓦屋面	1、瓦品种、规格:水泥瓦 2、挂瓦条及顺水条:木挂瓦条 30×25,木顺水条 40×80(高)@500	m²	190.72	62.32	11 885.67	
37	010902001001	屋面卷材防水	1、卷材品种、规格、厚度:3 mm 厚 SBS 卷材	m²	226.02	41.89	9 467.98	
38	010902002001	屋面涂膜防水	1、防水膜品种:高分子涂膜 2、涂膜厚度、遍数:1.5 mm 厚	m²	226.02	48.38	10 934.85	
39	011101006001	平面砂浆找平层	1、找平层厚度、砂浆配合比:20 mm 厚 1：3 水泥砂浆	m²	190.72	14.04	2 677.71	
40	010904002001	楼(地)面涂膜防水	1、防水膜品种:JS 复合防水涂料 2、涂膜厚度、遍数:1.8 mm 厚 3、反边高度:与竖管、墙转角处上翻 300 mm	m²	50.07	31.53	1 578.71	
41	011101006002	平面砂浆找平层	1、找平层厚度、砂浆配合比:20 mm 厚 1：3 水泥砂浆找坡(四周做钝角,坡向地漏,最薄处 10 mm 厚)	m²	33.26	14.04	466.97	
		分部小计					37 011.89	
			0110 保温、隔热、防腐工程					
42	011001001001	保温隔热屋面	1、保温隔热材料品种、规格、厚度:挤塑保温板 55 mm 厚 2、粘结材料种类、做法:屋面预留 φ10 锚筋@1000 伸进保温层	m²	173.5	52.22	9 060.17	
		本页小计					71 831.29	

分部分项工程和单价措施项目清单与计价表

工程名称：物业管理用房　　　　　　　　　　　　　　　标段：　　　　第 6 页　共 11 页

序号	项目编码	项目名称	项目特征描述	计量单位	工程量	金额(元)		
						综合单价	合价	其中：暂估价
43	011001003001	保温隔热墙面	1、保温隔热部位:墙体 2、保温隔热材料品种、规格及厚度:Ⅰ型复合发泡水泥板 20 mm 3、增强网及抗裂防水砂浆种类:6 mm 厚抗裂砂浆压入满铺钢丝网一层,与墙体尼龙锚栓固定 4、基层处理:20 mm 厚1:3水泥砂浆找平,界面剂一道	m²	139.75	96.54	13 491.47	
		分部小计					25 551.64	
			0111 楼地面装饰工程					
44	010404001001	垫层	1、垫层材料种类、配合比、厚度:150 mm 厚碎石 2、部位:室外平台	m³	5.02	243.58	1 222.77	
45	010501001002	垫层	1、混凝土种类:商品混凝土 2、混凝土强度等级:C15	m³	8.59	495.34	4 254.97	
46	010501001003	垫层	1、混凝土种类:商品混凝土 2、混凝土强度等级:C15 3、部位:室外平台	m³	3.35	495.34	1 659.39	
47	011102003001	块料楼地面	1、找平层厚度、砂浆配合比:20 mm厚1:3水泥砂浆 2、结合层厚度、砂浆配合比:5 mm厚1:1水泥细砂浆 3、面层材料品种、规格、颜色:10 mm 厚地砖面,干水泥擦缝	m²	244.17	100.11	24 443.86	12 452.67
48	011102003002	块料楼地面	1、找平层厚度、砂浆配合比:30 mm厚 C20 细石混凝土 2、结合层厚度、砂浆配合比:5 mm厚1:1水泥细砂浆 3、面层材料品种、规格、颜色:10 mm 厚防滑地砖,干水泥擦缝 4、部位:卫生间	m²	33.26	103.61	3 446.07	1 696.26
		本页小计					45 518.53	14 148.93

分部分项工程和单价措施项目清单与计价表

工程名称：物业管理用房 　　　　　　　　　　　　标段：　　第 7 页　共 11 页

序号	项目编码	项目名称	项目特征描述	计量单位	工程量	金额（元）		
						综合单价	合价	其中：暂估价
49	011102001001	石材楼地面	1、结合层厚度、砂浆配合比：素水泥浆一道，30 mm 厚 1：3 干硬性水泥砂浆结合层 2、面层材料品种、规格、颜色：撒素水泥面（洒适量清水），20 mm 厚石材，水泥浆擦缝 3、部位：入口平台	m²	33.47	314.66	10 531.67	
50	011105003001	块料踢脚线	1、踢脚线高度：100 mm 2、粘贴层厚度、材料种类：12 mm 厚 1：2.5 水泥砂浆打底扫毛，水泥浆一道，5 mm 厚 1：1 水泥砂浆结合层 3、面层材料品种、规格、颜色：10 mm 厚面砖（稀水泥浆擦缝）	m²	18.3	211.45	3 869.54	1 399.95
51	011106002001	块料楼梯面层	1、粘结层厚度、材料种类：水泥浆一道（内掺建筑胶），20 mm 厚 1：2 干硬性水泥砂浆结合层，撒素水泥面（洒适量清水） 2、面层材料品种、规格、颜色：8～10 mm 厚防滑地砖，水泥浆擦缝（面层防滑处理）	m²	11.62	223.23	2 593.93	840.24
52	011107001001	石材台阶面	1、粘结材料种类：素水泥浆一道，30 mm厚 1：3 干硬性水泥砂浆结合层 2、面层材料品种、规格、颜色：撒素水泥面（洒适量清水），20 mm 厚石材，水泥浆擦缝 3、部位：室外台阶	m²	8.91	488.85	4 355.65	
			分部小计				56 377.85	
			0112 墙、柱面装饰与隔断、幕墙工程					
53	011201001008	墙面一般抹灰	1、底层厚度、砂浆配合比：12 mm厚 1：3 水泥砂浆 2、面层厚度、砂浆配合比：8 mm厚 1：3 水泥砂浆 3、部位：不保温外墙面	m²	16.64	24.33	404.85	
			本页小计				21 755.64	2 240.19

分部分项工程和单价措施项目清单与计价表

工程名称:物业管理用房　　　　　　　　　　　　　　标段:　　　　第 8 页　共 11 页

序号	项目编码	项目名称	项目特征描述	计量单位	工程量	金额(元)		
						综合单价	合价	其中:暂估价
54	011201001009	墙面一般抹灰	1、底层厚度、砂浆配合比:刷专用墙体界面处理剂一道,12 mm厚1:1:6水泥石灰膏砂浆打底 2、面层厚度、砂浆配合比:5 mm厚1:0.3:3水泥石灰膏砂浆粉面 3、部位:用于除卫生间外的所有房间	m²	810.15	27.22	22 052.28	
55	011201001010	墙面一般抹灰	1、底层厚度、砂浆配合比:刷专用墙体界面处理剂一道,12 mm厚1:3防水砂浆打底(内掺防水剂) 2、面层厚度、砂浆配合比:6 mm厚1:2.5水泥砂浆粉面 3、部位:用于卫生间	m²	221.13	29.90	6 611.79	
56	011203001001	零星项目一般抹灰	1、基层类型、部位:室外天沟底 2、底层厚度、砂浆配合比:6 mm厚1:3水泥砂浆 3、面层厚度、砂浆配合比:6 mm厚1:2.5水泥砂浆	m²	33.72	21.58	727.68	
57	011203001002	零星项目一般抹灰	1、基层类型、部位:天沟 2、底层厚度、砂浆配合比:1:3水泥砂浆 3、面层厚度、砂浆配合比:1:2水泥砂浆	m²	86.19	70.63	6 087.60	
58	011204003001	块料墙面	1、面层材料品种、规格、颜色:2~3 mm厚建筑陶瓷胶黏剂,5 mm厚釉面砖白水泥擦缝	m²	221.13	245.20	76 334.08	5 664.56
59	011203001003	零星项目一般抹灰	1、基层类型、部位:混凝土、空调及雨篷板外挑板 2、面层厚度、砂浆配合比:20 mm厚DPM20防水砂浆抹面	m²	1.35	112.32	151.63	
			分部小计					112 369.91
			0114 油漆、涂料、裱糊工程					
			本页小计				111 965.06	56 664.56

分部分项工程和单价措施项目清单与计价表

工程名称：物业管理用房 　　　　　　　　　　　标段：　　第9页　共11页

序号	项目编码	项目名称	项目特征描述	计量单位	工程量	综合单价	合价	其中：暂估价
						金额（元）		
60	011407001001	墙面喷刷涂料	1、基层类型:抹灰面 2、喷刷涂料部位:外墙 3、腻子种类:弹性底漆、柔性耐水腻子 4、涂料品种、喷刷遍数:外墙乳胶漆	m²	276.3	35.77	9 883.25	
61	011407001002	墙面喷刷涂料	1、基层类型:抹灰面 2、喷刷涂料部位:内墙 3、涂料品种、喷刷遍数:底漆一道,乳胶漆两道 4、部位:墙面	m²	810.15	25.75	20 861.36	
62	011407002001	天棚喷刷涂料	1、基层类型:混凝土面 2、腻子种类:素水泥浆一道,刮内墙腻子两遍,打磨平整 3、涂料品种、喷刷遍数:乳胶漆 4、部位:天棚面	m²	322.43	32.24	10 395.14	
63	011407002002	天棚喷刷涂料	1、基层类型:混凝土面 2、腻子种类:素水泥浆一道,刮内墙腻子两遍,打磨平整 3、涂料品种、喷刷遍数:乳胶漆 4、部位:室外板底	m²	43.02	32.24	1 386.96	
			分部小计				42 526.71	
			0115 其他装饰工程					
64	011503001001	金属扶手、栏杆、栏板	1、栏杆材料种类、规格:3×φ25×2 钢栏杆 2、防护材料种类:调和漆 3、部位:护窗栏杆	m	11.8	25.71	303.38	
65	011503002001	硬木扶手、栏杆、栏板	1、扶手材料种类、规格:50×120 2、栏杆材料种类、规格:2 根 28×2 方钢管@3G 3、栏板材料种类、规格、颜色:2 根 50×5 钢板＋40×5 钢板 4、固定配件种类:苏 J05－2006 第 5 页节点 1 5、部位:楼梯栏杆	m	8.26	192.02	1 586.09	
			本页小计				44 416.18	

分部分项工程和单价措施项目清单与计价表

工程名称：物业管理用房　　　　　　　　　　　　　　　标段：　　第 10 页　共 11 页

序号	项目编码	项目名称	项目特征描述	计量单位	工程量	综合单价	合价	其中：暂估价
66	011503001002	金属扶手、栏杆、栏板	1、扶手材料种类、规格:不锈钢 $\phi75\times1.5+\phi45\times1.5$ 2、栏杆材料种类、规格:不锈钢 $\phi50\times1.5@1200+\phi25\times1.5@200$ 3、高度: $H=850$ mm 4、部位:无障碍坡道栏杆	m	10.05	344.29	3 460.11	
			分部小计				5 349.58	
			分部分分项合计				519 851.72	73 053.68
1	011701001001	综合脚手架	1、建筑结构形式:框架结构 2、檐口高度:7.0 m	m²	336.9	18.12	6 104.63	
2	011703001001	垂直运输	1、建筑物建筑类型及结构形式:办公楼、框架结构 2、建筑物檐口高度、层数:7.0 m,二层	天	159	557.32	88 613.88	
3	011705001001	大型机械设备进出场及安拆	1、机械设备名称:塔吊 2、机械设备规格型号:60 t·m	台次	1	23 080.37	23 080.37	
4	011702001001	基础	1、基础类型:独立基础 2、部位:垫层	m²	4.54	73.02	331.51	
5	011702001002	基础	1、基础类型:独立基础	m²	13.8	63.53	876.71	
6	011702002001	矩形柱	1、支模高度:3.6 m 内	m²	250.34	64.47	16 139.42	
7	011702003001	构造柱	1、支模高度:3.6 m 内 2、部位:构造柱	m²	70.6	77.30	5 457.38	
8	011702003002	构造柱	1、支模高度:3.6 m 内 2、部位:门框柱	m²	21.14	82.85	1 751.45	
9	011702005001	基础梁	1、梁截面形状:矩形	m²	37.85	58.35	2 208.55	
10	011702006001	矩形梁	1、支撑高度:3.6 m 内	m²	5.3	71.81	380.59	
11	011702008001	圈梁		m²	30.16	58.34	1 759.53	
12	011702009001	过梁		m²	19.92	75.97	1 513.32	
13	011702014001	有梁板	1、支撑高度:3.6 m 内 2、板厚:100 mm 内	m²	350.1	53.55	18 747.86	
14	011702014002	有梁板	1、支撑高度:3.6 m 内 2、板厚:200 mm 内	m²	271.64	60.23	16 360.88	
			本页小计				186 786.19	

分部分项工程和单价措施项目清单与计价表

工程名称：物业管理用房　　　　　　　　　　　标段：　　第 11 页　共 11 页

序号	项目编码	项目名称	项目特征描述	计量单位	工程量	综合单价	合价	其中：暂估价
15	011702023001	雨篷、悬挑板、阳台板	1、构件类型:板式雨棚 2、板厚度:100 mm 内	m²	1.35	90.39	122.03	
16	011702022001	天沟、檐沟	1、构件类型:天沟	m²	185.75	70.01	13 004.36	
17	011702024001	楼梯	1、类型:直形楼梯	m²	11.62	168.27	1 955.30	
18	011702027001	台阶	1、台阶踏步宽:300 mm	m²	8.91	29.39	261.86	
			单价措施合计				198 669.63	
			本页小计				15 343.55	
			合　计				718 521.35	73 053.68

总价措施项目清单与计价表

工程名称：物业管理用房　　　　　　　　　　　　　标段：　　　　　　第1页　共1页

序号	项目编码	项目名称	计算基础	费率(%)	金额(元)	调整费率(%)	调整后金额(元)	备注
1	011707001001	安全文明施工费		100.000	26 585.29			
1.1		基本费	分部分项合计＋单价措施项目合计－设备费	3.000	21 555.64			
1.2		增加费	分部分项合计＋单价措施项目合计－设备费	0.700	5 029.65			
2	011707002001	夜间施工	分部分项合计＋单价措施项目合计－设备费	0.050	359.26			
3	011707003001	非夜间施工照明	分部分项合计＋单价措施项目合计－设备费					
4	011707004001	二次搬运	分部分项合计＋单价措施项目合计－设备费					
5	011707005001	冬雨季施工	分部分项合计＋单价措施项目合计－设备费	0.125	898.15			
6	011707006001	地上、地下设施、建筑物的临时保护设施	分部分项合计＋单价措施项目合计－设备费					
7	011707007001	已完工程及设备保护	分部分项合计＋单价措施项目合计－设备费	0.025	179.63			
8	011707008001	临时设施	分部分项合计＋单价措施项目合计－设备费	1.600	11 496.34			
9	011707009001	赶工措施	分部分项合计＋单价措施项目合计－设备费					
10	011707010001	工程按质论价	分部分项合计＋单价措施项目合计－设备费					
11	011707011001	住宅分户验收	分部分项合计＋单价措施项目合计－设备费					
12	011707012001	特殊条件下施工增加费	分部分项合计＋单价措施项目合计－设备费					

其他项目清单与计价汇总表

工程名称:物业管理用房   标段: 第1页 共1页

序号	项目名称	金额(元)	结算金额(元)	备注
1	暂列金额	50 000.00		
2	暂估价	23 895.00		
2.1	材料暂估价			
2.2	专业工程暂估价	23 895.00		
3	计日工	860.00		
4	总承包服务费	2 389.50		
	合 计	77 144.50		

暂列金额明细表

工程名称:物业管理用房   标段: 第1页 共1页

序号	项目名称	计量单位	暂定金额(元)	备注
1	暂列金额		50 000.00	
	合 计		50 000.00	

材料(工程设备)暂估单价及调整表

工程名称:物业管理用房   标段: 第1页 共1页

序号	材料编码	材料(工程设备)名称、规格、型号	计量单位	数量		暂估(元)		确认(元)		差额±(元)		备注
				投标	确认	单价	合价	单价	合价	单价	合价	
1	06612145	墙面砖 300×450	m²	226.66		250	56 665.00					
2	06650101	同质地砖	m²	327.78		50	16 389.00					
	合 计						73 054.00					

专业工程暂估价及结算价表

工程名称:物业管理用房   标段: 第1页 共1页

序号	工程名称	工程内容	暂估金额(元)	结算金额(元)	差额±(元)	备注
1	塑钢门		23 895.00			
	合 计		23 895.00			

计日工表

工程名称:物业管理用房 　　　　　　　　　　　标段: 　　　第1页 共1页

编号	项目名称	单位	暂定数量	实际数量	综合单价	合价(元)	
						暂定	实际
一	人工					860.00	
1	计日工	工日	10.000		86.00	860.00	
	人工小计					860.00	
二	材料						
	材料小计						
三	施工机械						
	机械小计						
四、企业管理费和利润							
	总　计					860.00	

总承包服务费计价表

工程名称:物业管理用房 　　　　　　　　　　　标段: 　　　第1页 共1页

序号	项目名称	项目价值(元)	服务内容	计算基础	费率(%)	金额(元)
1	发包人发包专业工程	23 895.00		项目价值	10.000	2 389.50
2	发包人供应材料			项目价值		
	合计					2 389.50

规费、税金项目计价表

工程名称:物业管理用房 　　　　　　　　　　　标段: 　　　第1页 共1页

序号	项目名称	计算基础	计算基数(元)	计算费率(%)	金额(元)
1	规费	工程排污费＋社会保险费＋住房公积金	30 066.64	100.000	30 066.64
1.1	社会保险费	分部分项工程费＋措施项目费＋其他项目费－工程设备费	835 184.52	3.000	25 055.54
1.2	住房公积金	分部分项工程费＋措施项目费＋其他项目费－工程设备费	835 184.52	0.500	4 175.92
1.3	工程排污费	分部分项工程费＋措施项目费＋其他项目费－工程设备费	835 184.52	0.100	835.18
2	税金	分部分项工程费＋措施项目费＋其他项目费＋规费－按规定不计税的工程设备金额	865 251.16	3.477	30 084.78
	合计				60 151.42

承包人提供主要材料和工程设备一览表
（适用造价信息差额调整法）

工程名称：物业管理用房 　　　　　　　　　　　　　　　　　　　标段：　第1页　共1页

序号	材料编码	名称、规格、型号	单位	数量	风险系数(%)	基准单价(元)	投标单价(元)	发承包人确认单价(元)	备注
1	80212114	预拌混凝土(非泵送型) C15	m³	15.24	5.00	402.00	402.00		
2	80212105	预拌混凝土(泵送型) C30	m³	34.33	5.00	434.00	434.00		
3	80212104	预拌混凝土(泵送型) C25	m³	5.00	5.00	424.00	424.00		
4	80212103	预拌混凝土(泵送型) C20	m³	2.41	5.00	414.00	414.00		
5	80212101	预拌混凝土(泵送型) C10	m³	4.61	5.00	394.00	394.00		
6	01010100	钢筋 综合	t	9.21	5.00	2 617.00	2 617.00		
7	01010100～1	钢筋 三级钢	t	9.65	5.00	3 681.00	2 681.00		

附录三　工程造价全过程控制

第一部分　费用索赔

工程背景:某建设工程系外资贷款项目,业主与承包商按照 FIDIC《土木工程施工合同条件》签订了施工合同。施工合同《专用条件》规定:钢材、木材、水泥由业主供货到现场仓库,其他材料由承包商自行采购。

当工程施工至第五层框架柱钢筋绑扎时,因业主提供的钢筋未到,使该项作业从 10 月 3 日至 10 月 16 日停工(该项作业的总时差为零)。

10 月 7 日至 10 月 9 日因停电、停水使第三层的砌砖停工(该项作业的总时差为 4 天)。

10 月 14 日至 10 月 17 日因砂浆搅拌机发生故障使第一层抹灰迟开工(该项作业的总时差为 4 天)。

为此,承包商于 10 月 20 日根据《房屋建筑与装饰工程工程量清单计价规范》(GB 50500—2013)格式向工程师提交了一份索赔意向书,并于 10 月 25 日送交了一份工期、费用索赔计算书和索赔依据的详细材料,见"费用索赔申请(核准)表"。(工期索赔另附)

附计算书如下:

1. 工期索赔

a. 框架柱扎筋　10 月 3 日至 10 月 16 日停工,计 14 天

b. 砌砖　10 月 7 日至 10 月 9 日停工,计 3 天

c. 抹灰　10 月 14 日至 10 月 17 日迟开工,计 4 天

总计请求顺延工期:21 天

2. 费用索赔

a. 窝工机械设备费

一台塔吊　14×234＝3 276(元)

一台混凝土搅拌机　14×55＝770(元)

一台砂浆搅拌机　7×24＝168(元)

小计　4 214(元)

b. 窝工人工费

扎筋　35 人×20.15×14＝9 873.50(元)

砌砖　30 人×20.15×3＝1 813.50(元)

抹灰　35 人×20.15×4＝2 821.00(元)

小计　14 508.00 元

c. 保函费延期补偿　(1 500×10％×6‰/365)×21＝517.81(元)

d. 管理费增加　(4 214＋14 508.00＋517.81)×15％＝2 885.97(元)

e. 利润损失　(4 214＋14 508.00＋517.81＋2 885.97)×5％＝1 106.29(元)

经济索赔合计　23 232.07 元

费用索赔申请(核准)表

工程名称:×××工程   标段:××标段   编号:001

致:×××   (发包人全称)

　　根据施工合同条款××条的约定,由于<u>建设单位材料供应不及时</u>的原因,我方要求索赔金额(大写)<u>贰万叁仟贰佰叁拾贰元</u>(小写<u>23 232.00 元</u>),请予核准。

附:1. 费用索赔的详细理由和依据:

2. 索赔金额的计算:

3. 证明材料:

                                                        承包人(章)

　　造价人员×××   ┊   承包人代表×××   ┊   日期×××

| 复核意见:
　　根据施工合同条款_____条的约定,你方提出的费用索赔申请经复核:
　　□不同意此项索赔,具体意见见附件。
　　□同意此项索赔,索赔金额的计算,由造价工程师复核。

监理工程师_____
日期_____ | 复核意见:
　　根据施工合同条款_____条的约定,你方提出的费用索赔申请经复核,索赔金额为(大写)_____(小写_____)。

造价工程师_____
日期_____ |

审核意见:
□不同意此项索赔
□同意此项索赔,与本期进度款同期支付。

                                                        发包人(章)
                                                        发包人代表_____
                                                        日期_____

注:1. 在选择栏中的"□"内作标识"√"。
　　2. 本表一式四份,由承包人填报,发包人、监理人、造价咨询人、承包人各存一份。

【问题】:

1. 承包商提出的工期索赔是否正确? 应予批准的工期索赔为多少天?

2. 假定经双方协商一致,窝工机械设备费索赔按台班单价的 65% 计;考虑对窝工人工应合理安排工人从事其他作业后的降效损失,窝工人工费索赔按每工日 10 元计;保函费计算方式合理;管理费、利润损失不予补偿。试确定经济索赔额。

【分析要点】:

该案例主要考核工程索赔成立的条件与索赔责任的划分,工期索赔、费用索赔计算与审核。分析该案例时,要注意网络计划关键线路,工作的总时差的概念及其对工期的影响,因非承包商原因造成窝工的人工与机械增加费的确定方法。

【答案】

问题 1:

答:承包商提出的工期索赔不正确。

(1)框架柱绑扎钢筋停工 14 天,应予工期补偿。这是由于业主原因造成的,且该项作业位于关键路线上。

(2)砌砖停工,不予工期补偿。因为该项停工虽属于业主原因造成的,但该项作业不在关键路线上,且未超过工作总时差。

(3)抹灰停工,不予工期补偿。因为该项停工属于承包商自身原因造成的。

同意工期补偿:14+0+0=14(天)

问题 2:

解:经济索赔审定

(1)窝工机械费

塔吊 1 台: 14×234×65%=2 129.4(元)(按惯例闲置机械只应计取折旧费)

混凝土搅拌机 1 台:14×55×65%=500.5(元)(按惯例闲置机械只应计取折旧费)

砂浆搅拌机 1 台:3×24×65%=46.8(元)(因停电闲置可按折旧计取)

因故障砂浆搅拌机停机 4 天应由承包商自行负责损失,故不给补偿。

小计:2 129.4+500.5+46.8=2 676.7(元)

(2)窝工人工费

扎筋 35×10×14=4 900(元)(业主原因造成,但窝工工人已做其他工作,所以只补偿工效差)

砌砖: 30×10×3=900(元)(业主原因造成,只考虑降效费用)

抹灰: 不应给补偿,因系承包商责任。

小计:4 900+900=5 800(元)

(3)保函费补偿

(1 500×10%×6‰÷365)×14=0.035(万元)=350(元)

经济补偿合计: 2 676.7+5 800+350=8 826.70(元)

费用索赔申请(核准)表

工程名称:×××工程　　　　　　　标段:××标段　　　　　　　编号:001

致:×××　　　　　　　　　　　　　　　　　　　　　　　　　　(发包人全称)

　　根据施工合同条款××条的约定,由于建设单位材料供应不及时的原因,我方要求索赔金额(大写)贰万叁仟贰佰叁拾贰元(小写23 232.00元),请予核准。

附:1. 费用索赔的详细理由和依据:

2. 索赔金额的计算:

3. 证明材料:

　　　　　　　　　　　　　　　　　　　　　　　　　　　　　承包人(章)

造价人员×××　　　　　　　承包人代表×××　　　　　　　日期×××

复核意见:	复核意见:
根据施工合同条款××条的约定,你方提出的费用索赔申请经复核: □不同意此项索赔,具体意见见附件。 □同意此项索赔,索赔金额的计算,由造价工程师复核。	根据施工合同条款×××条的约定,你方提出的费用索赔申请经复核,索赔金额为(大写)捌仟捌佰贰拾陆元柒角整(小写8 826.70元)。
监理工程师＿＿＿＿ 　　　　　　　　　　日期＿＿＿＿	造价工程师＿＿＿＿ 　　　　　　　　　　日期＿＿＿＿

审核意见:
□不同意此项索赔
□同意此项索赔,与本期进度款同期支付。

　　　　　　　　　　　　　　　　　　　　　　　　　　发包人(章)
　　　　　　　　　　　　　　　　　　　　　　　　发包人代表＿＿＿＿
　　　　　　　　　　　　　　　　　　　　　　　　日期＿＿＿＿

注:1. 在选择栏中的"□"内作标识"√"。
　　2. 本表一式四份,由承包人填报,发包人、监理人、造价咨询人、承包人各存一份。

第二部分　工程价款支付

某施工单位承包某工程项目,甲、乙双方签订的关于工程价款的合同内容有:

1.建筑安装工程造价660万元,建筑材料及设备费占施工产值的比重为60%。

2.工程预付款为建筑安装工程造价的20%,工程实施后,工程预付款从未施工工程尚需的主要材料及构件的价值相当于工程预付款数额时起扣,从每次结算工程价款中,按材料和设备比重扣抵工程预付款,竣工前全部扣清。

3.工程进度款逐月计算。

4.工程保修金为建筑安装工程造价的3%,竣工结算月一次扣留。

5.材料价差调整按规定进行(按有关规定上半年材料价差上调10%,在6月份一次调增)。工程各月实际完成产值如下表:

各月实际完成产值

单位:万元

月份	2	3	4	5	6
完成产值	55	110	165	220	110

【问题】

1.该工程的工程预付款、起扣点为多少?

2.该工程2月至5月每月拨付工程款为多少? 累计工程款为多少?

3.6月份办理工程竣工结算,该工程结算造价为多少? 甲方应付工程结算款为多少?

4.该工程在保修期间发生屋面漏水,甲方多次催促乙方修理,乙方一再拖延,最后甲方另请施工单位修理,修理费1.5万元。该项费用如何处理?

【分析要点】

本案例主要考核工程结算方式,按月结算工程款的计算方法,工程预付款和起扣点的计算等;要求针对本案例对工程结算方式、工程预付款和起扣点的计算、按月结算工程款的计算方法和工程竣工结算等内容进行全面、系统的学习掌握。

【答案】

1.预付工程款:660万元×20%=132万元

起扣点:660万元-132万元/60%=440万元

2.各月拨付工程款为:

2月:工程款55万元,累计工程款55万元

3月:工程款110万元,累计工程款165万元

4月:工程款165万元,累计工程款330万元

5月:工程款220万元-(220万元+330万元-440万元)×60%=154万元

累计工程款484万元

3.工程结算总造价为:

660万元+660万元×0.6×10%=699.6万元

甲方应付工程结算款:

699.6 万元－484 万元－699.6 万元×3‰－132 万元＝62.612 万元

4.1.5 万元维修费应从乙方（承包方）的保修金中扣除。

5. 填写 6 月份"竣工结算款支付申请（核准）表"

竣工结算款支付申请（核准）表

工程名称：×××工程　　　　　　　标段：××标段　　　　　　　　编号：001

致：×××　　　　　　　　　　　　　　　　　　　　　　　　　　（发包人全称）

我方于2014 年 2 月至2014 年 6 月期间已完成合同约定的工作，工程已经完工，根据施工合同的约定，现申请支付竣工结算合同款额为（大写）陆拾贰万陆仟壹佰贰拾元（小写626 120 元），请予核准。

序号	名称	申请金额（元）	复核金额（元）	备注
1	竣工结算合同价款总额	699.6 万	699.6 万	
2	累计已实际支付的合同价款	616 万	616 万	
3	应预留的质量保证金	20.988 万	20.988 万	
4	应支付的竣工结算款金额	62.612 万	62.612 万	

承包人（章）

造价人员×××　　　　承包人代表×××　　　　日期×××

复核意见：

□与实际施工情况不相符，修改意见见附件。

□与实际施工情况相符，具体金额应由造价工程师复核。

监理工程师_____

日期_____

复核意见：

你方提出的竣工结算款支付申请经复核，竣工结算款总额为（大写）陆佰玖拾玖万陆仟元整（小写6 996 000 元），扣除前期支付以及质量保证金后应支付金额为（大写）陆拾贰万陆仟壹佰贰拾元（小写626 120 元）。

造价工程师_____

日期_____

审核意见：

□不同意

□同意，支付时间为本表签发后的 15 天内

发包人（章）

发包人代表×××

日期×××

注：1. 在选择栏中的"□"内作标识"√"。

2. 本表一式四份，由承包人填报，发包人、监理人、造价咨询人、承包人各存一份。